合肥工业大学图书出版专项基金资助项目

有机合成化学习题集

主　编　吴　祥
副主编　李有桂　罗云飞

YOUJI HECHENG HUAXUE XITIJI

合肥工业大学出版社

图书在版编目(CIP)数据

有机合成化学习题集/吴祥主编．—合肥:合肥工业大学出版社,2021.4
ISBN 978-7-5650-5180-7

Ⅰ.①有… Ⅱ.①吴… Ⅲ.①有机合成—合成化学—高等学校—习题集 Ⅳ.①O621.3-44

中国版本图书馆CIP数据核字(2020)第253569号

有机合成化学习题集

吴　祥　主编　　　　责任编辑　马栓磊

出　版	合肥工业大学出版社	版　次	2021年4月第1版
地　址	合肥市屯溪路193号	印　次	2021年4月第1次印刷
邮　编	230009	开　本	787毫米×1092毫米　1/16
电　话	编　辑　部:0551-62903120	印　张	10.5
	市场营销部:0551-62903198	字　数	260千字
网　址	www.hfutpress.com.cn	印　刷	安徽联众印刷有限公司
E-mail	hfutpress@163.com	发　行	全国新华书店

ISBN 978-7-5650-5180-7　　　　定价:40.00元

前　　言

有机合成化学是有机化学重要的组成部分，是对有机化学反应的知识总结及实际应用，是创造新的有机化合物的主要手段和工具。通过有机合成得到的有机化合物如染料、香料、药物、农药、洗涤剂等，因具有特殊功能而广泛应用于生命科学、材料、能源、农业、交通、环境科学等与人类生产、生活密切相关的行业中，直接或间接地改善了人类的生活质量。

本书以培养学生的科学思维能力为目标，旨在锻炼学生运用有机化学反应的相关知识设计有机合成路线的能力，加深学生对有机合成化学的基本理论知识的理解并使其能灵活应用相关知识解决实际问题，同时起到复习巩固所学有机化学基本知识的作用。

本书作为李有桂教授主编的《有机合成化学》教材的教学辅导资料，按该教材的章节顺序进行编排。每章均分为内容概要及知识要点、解题示例、习题及参考答案等三部分。内容概要及知识要点部分是对本章内容知识的凝练、概括和总结；解题示例部分针对《有机合成化学》教材的习题进行解题示范，使学生解答各种类型题目的方法和步骤更加清晰和规范；习题及参考答案部分，则是通过习题训练，巩固和深化学生对有机合成化学基本知识的理解和掌握，提高学生应用有机合成化学知识解决实际问题的能力。本书内容丰富、安排合理，有助于学生强化训练有机合成化学知识。本书可供高等院校化学、化工专业的教师和本科生、研究生使用，也可作为相关专业的考研复习指导书，亦可作为相关科研人员的参考用书。

限于编者水平，书中难免有不妥或错误之处，恳请读者和专家批评指正。

编　者

目　　录

第1章 概 述

一、内容概要及知识要点

1. 内容概要

有机合成是利用化学方法将单质、简单的无机物或有机物制备成较复杂的有机物的过程。早期的有机合成主要是用来制造自然界已存在的有机化合物及验证其结构，并将其用作人类的药物防治疾病、用作染料染色等；现在的有机合成则主要是根据化合物结构和性能的关系规律，制造自然界不存在的新物质，以满足人类在医药、农药、日用化学和新材料等方面的需求。有机合成化学今后的发展趋势是设计和合成预期具有优异性能的或具有重大意义的化合物。

有机合成包括基本有机合成和精细有机合成。基本有机合成是从价廉易得的天然资源，如煤、石油、天然气或农副产品等，初步加工成一级有机产品，如甲烷、乙烷、丙烷、乙炔、苯、萘等，再进一步加工成二级有机产品，如乙醇、乙酸、丙酮等。精细有机合成则是以基本有机合成工业中得到的一、二级有机产品为原料，合成一些结构比较复杂、质量要求很高的化合物。其制备过程的操作条件要求严格，步骤较多，一次生产的量比较少但品种比较多，主要用于合成药物、农药、染料、香料等。

现代有机合成应用新试剂、新催化剂、新反应、新方法和新技术，使合成路线更简洁、更高效、更绿色。良好的合成路线设计和合成策略选择能够合理而巧妙地解决复杂的合成问题，使合成路线既具有科学性，又具有艺术性。这已在许多复杂分子的合成中显示了巨大的潜力和广阔的应用前景。

2. 知识要点

(1)逆合成分析：从目标化合物倒退一步寻找上一步反应的中间体，而这个中间体，又可由再上一步的中间体得到，以此类推，最后确定最适合的基础原料和最终的合成路线。

(2)有机合成方法：主要是构筑 C－C 键、C－N 键、C－O 键和碳杂键。

(3)合成路线的评判：一个良好的合成路线应当做到原料易得、步骤简捷、易于分离、产率较高、环境友好。

(4)有机合成反应类型：①离子型反应——共价键发生异裂时，成键电子集中在一个碎片上，产生正负离子，再由正负离子与进攻试剂之间进行的反应；②自由基反应——自由基反应又称游离基反应，是自由基参与的各种化学反应；③协同反应——协同反应又称一步反应，是指起反应的分子(单分子或双分子)发生化学键的变化，反应过程中只有键变化的过渡态，一步发生成键和断键，没有自由基或离子等活性中间体产生。

二、解题示例

1. 对下列化合物进行合理的切断并给出等效试剂。

（1）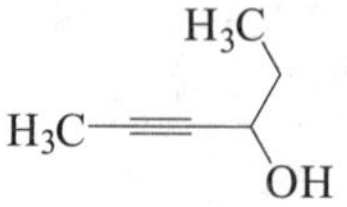

（2）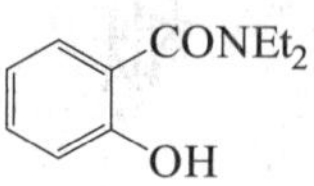

（3）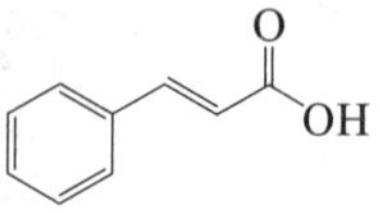

（4）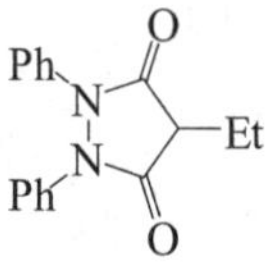

（5）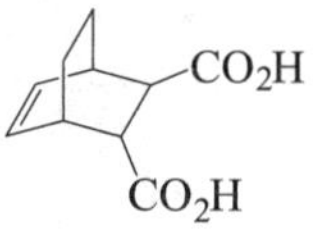

（6）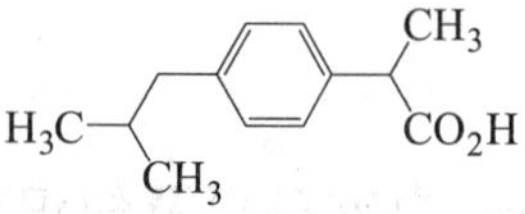

［解］

（1）

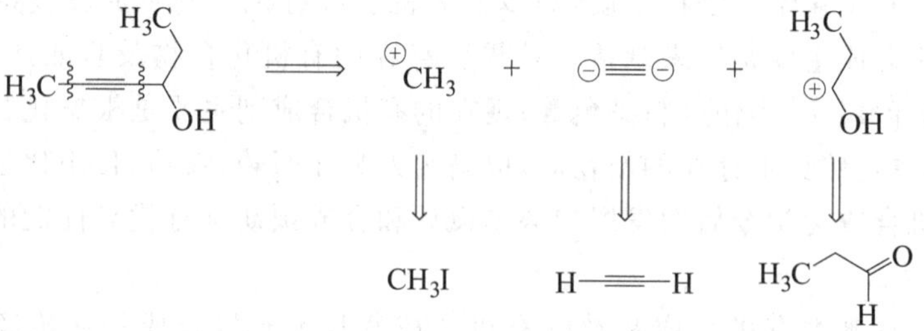

（2）

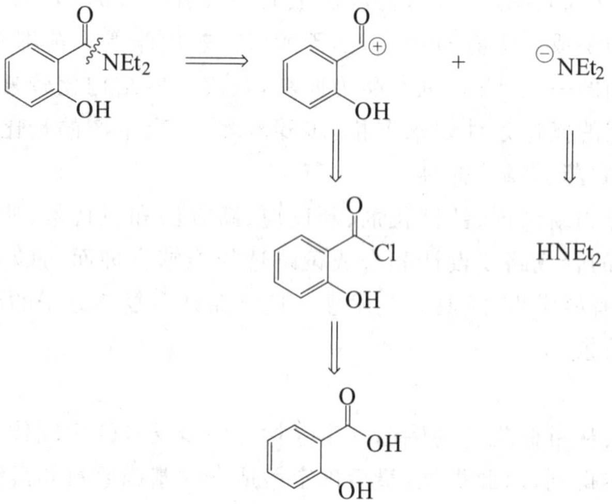

（3）

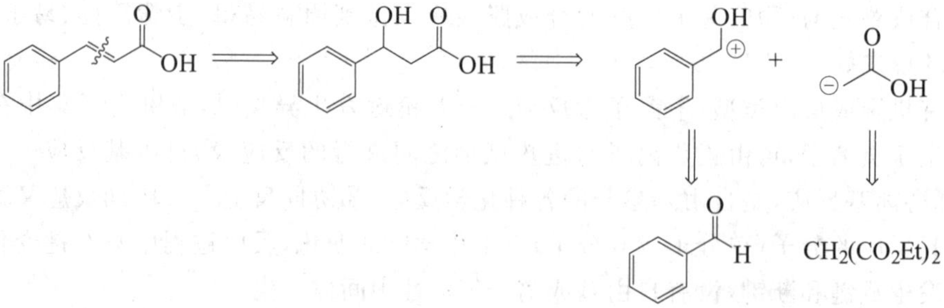

（4）

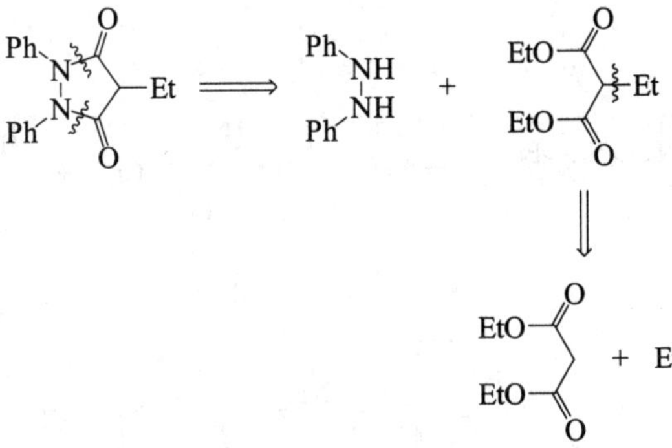

（5）

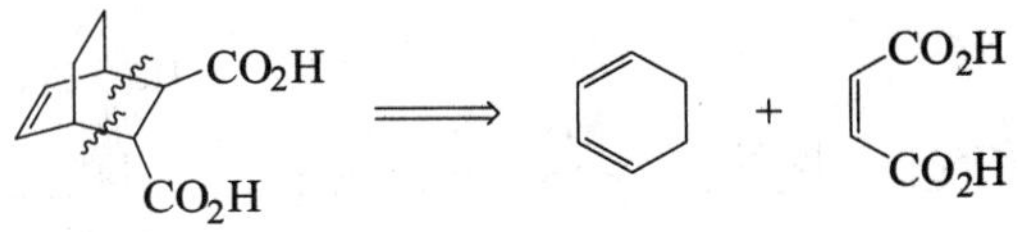

（6）

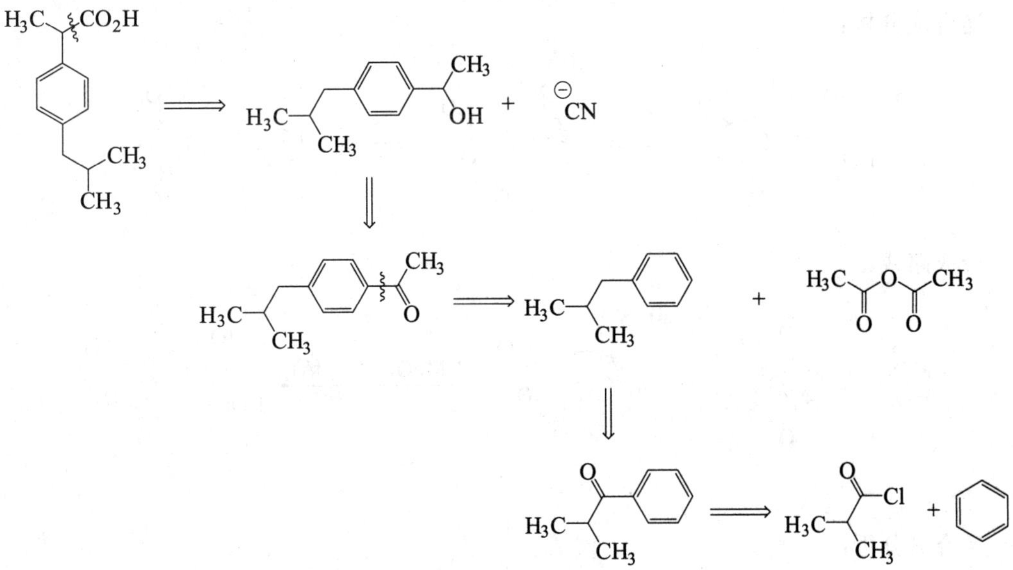

2. 对下列化合物进行逆合成分析并写出合成路线。

（1） 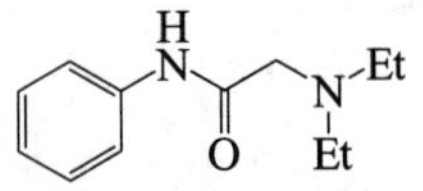　（2） 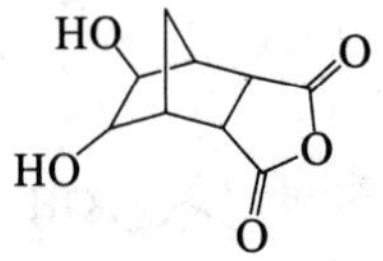　（3） 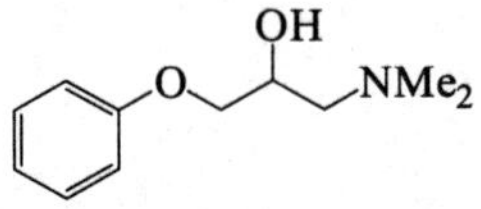

［解］

（1）

逆合成分析：

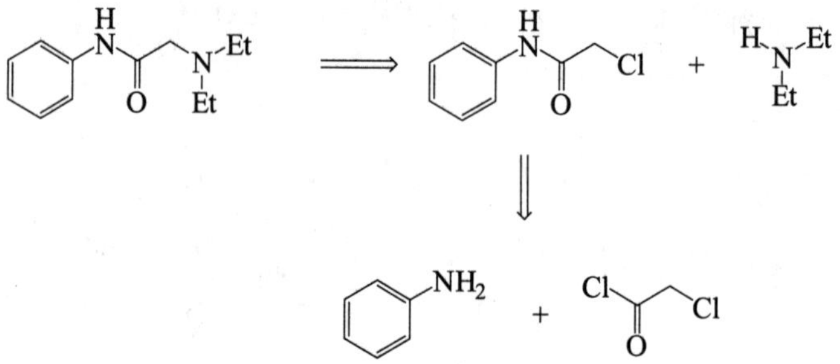

合成路线：

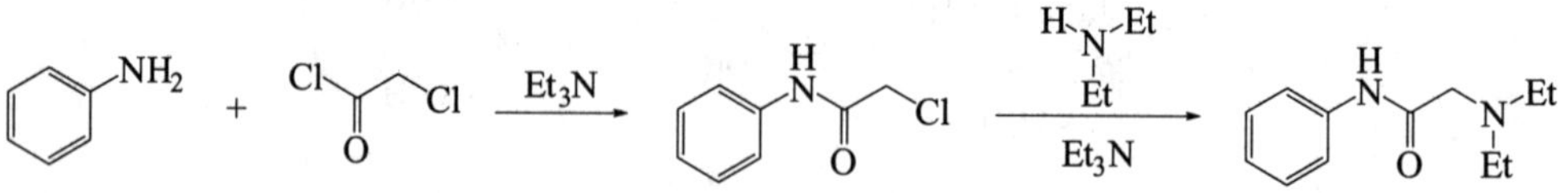

（2）

逆合成分析：

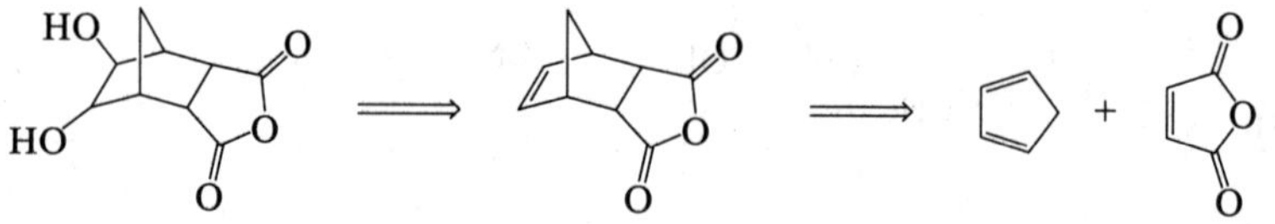

合成路线：

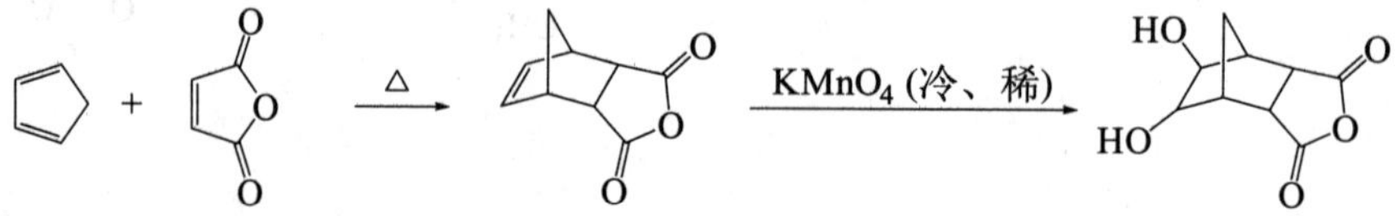

（3）

逆合成分析：

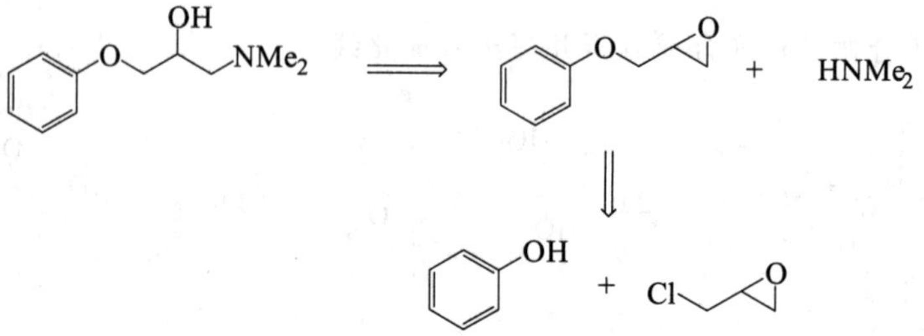

合成路线：

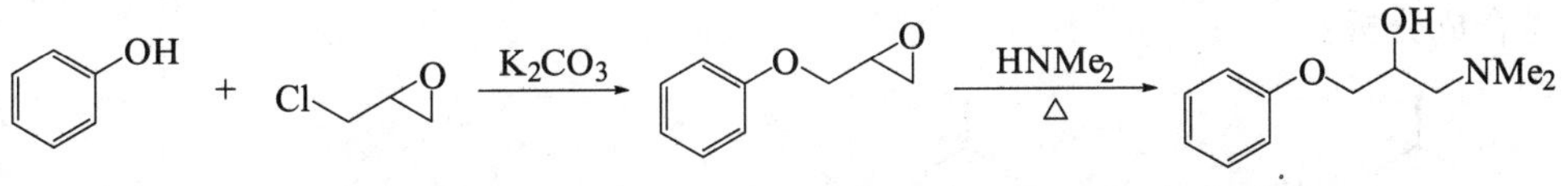

3．请用逆合成分析法对下列化合物进行分析，设计出合理的合成路线。

（1） 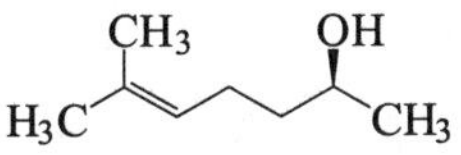 （2） 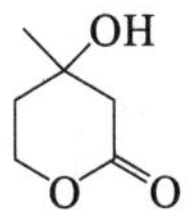 （3） 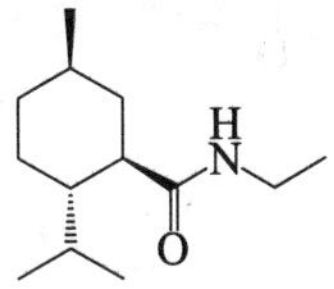

［解］

（1）

逆合成分析：

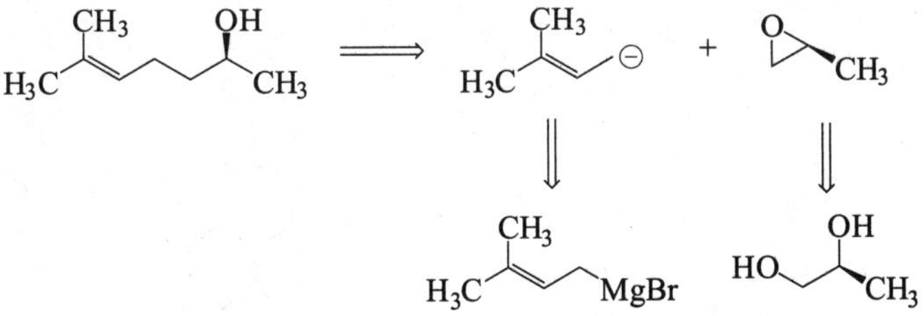

合成路线：

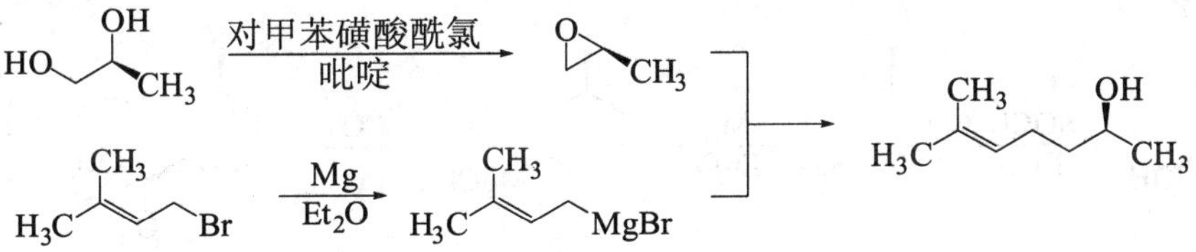

（2）

逆合成分析：

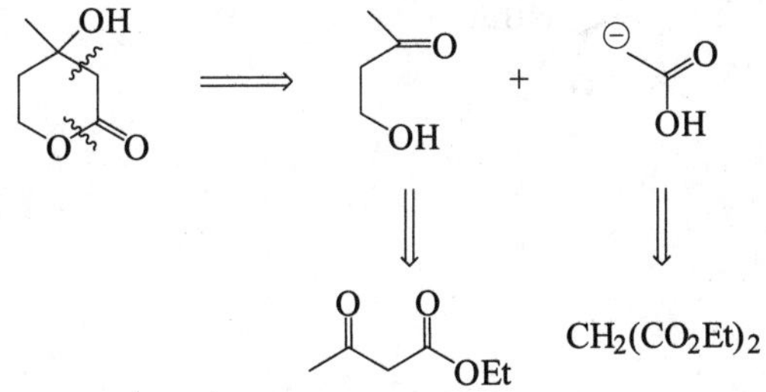

合成路线：

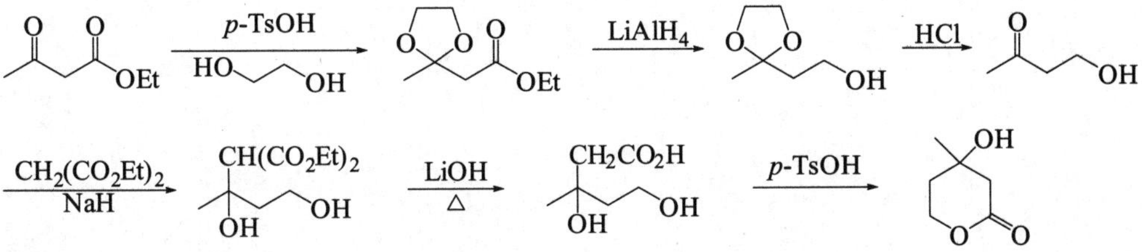

（3）

逆合成分析：

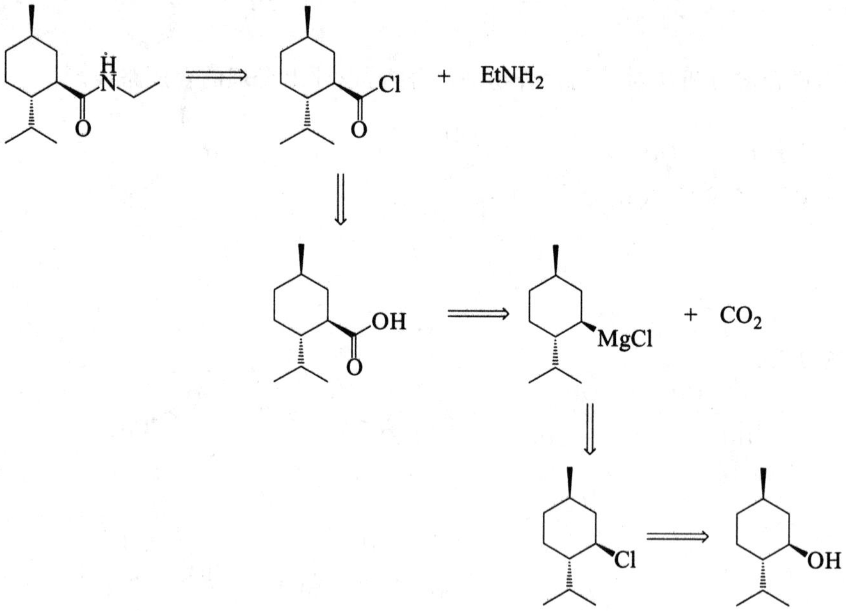
H
N
O
Cl
O
+ EtNH2
OH
O
MgCl
+ CO2
Cl
OH

合成路线：

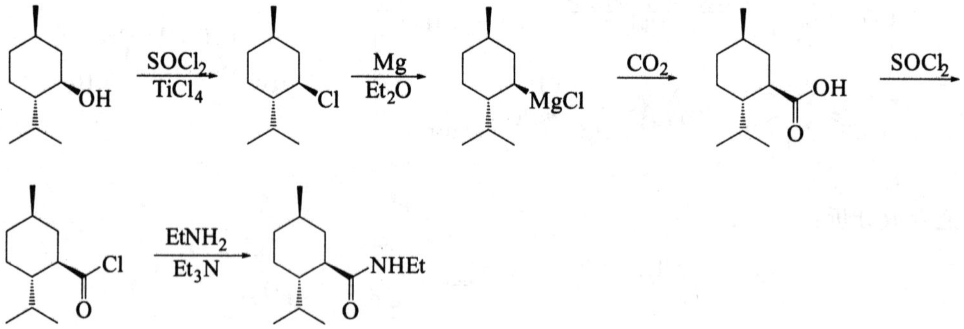
OH
SOCl2
TiCl4
Cl
Mg
Et2O
MgCl
CO2
OH
O
SOCl2
Cl
O
EtNH2
Et3N
NHEt
O

第2章　C－C键的形成

一、内容概要及知识要点

1. 内容概要

碳碳键的合成方法研究是有机合成方法学中最重要的部分之一，它包括碳碳单键和碳碳重键的合成方法，在有机合成特别是复杂的有生理活性的天然产物合成中非常重要。形成碳碳键的方法有离子型反应、自由基型反应以及周环反应。离子型反应中，离子类型有非稳定碳负离子（有机金属）、稳定化碳负离子（烯醇负离子）和碳正离子，主要发生芳香族化合物的亲电取代、亲核试剂的亲核取代，不饱和双键的亲电加成、羰基化合物的亲核加成，金属催化的偶联反应，以及碳正离子引发的重排。自由基型反应包括自由基的取代和加成以及卡宾参与的插入反应等。周环反应则包括电环化反应、环加成反应和σ重排反应。

2. 知识要点

(1)有机金属试剂如格氏试剂、有机铜锂试剂、有机锌试剂等对不饱和键的加成。

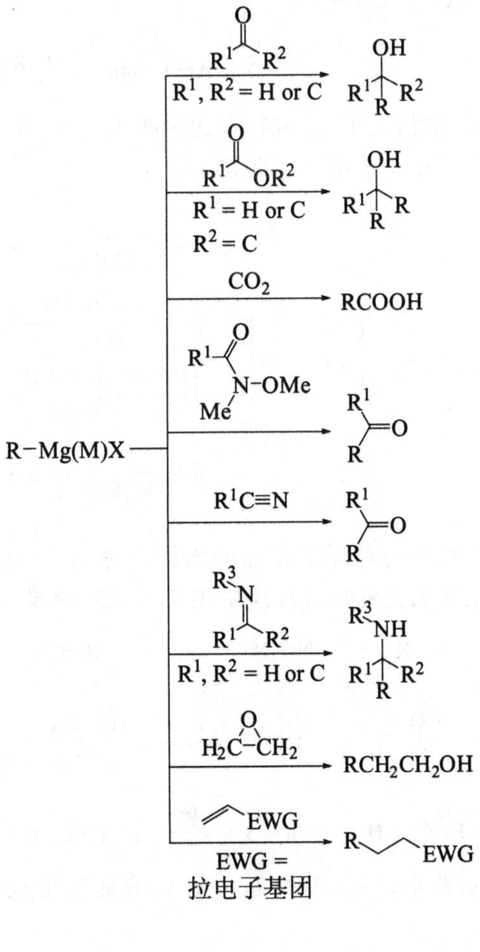

(2)钯在碳碳键的构建中,发挥着越来越重要的作用,可催化交叉偶联反应,如 Suzuki - Miyaura 偶联、Negishi 偶联、Stille 偶联、Kumada 偶联、Hiyama 偶联、Sonogashira 偶联、Heck 偶联等,烯丙基烷基化反应以及羰基化反应。

交叉偶联反应

$$R-X + R'-M \xrightarrow{Pd(0)} R-R'$$

R= 通常为sp^2杂化碳

X= 通常为I、Br、Cl或OTf

R'和M的性质取决于偶联反应

烯丙基烷基化反应Ⅱ

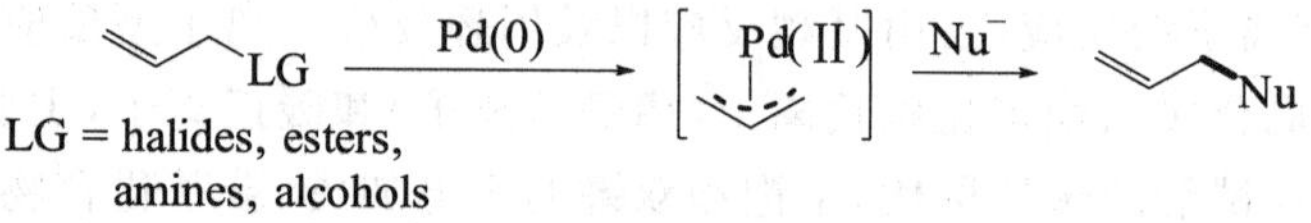

催化羰基化反应

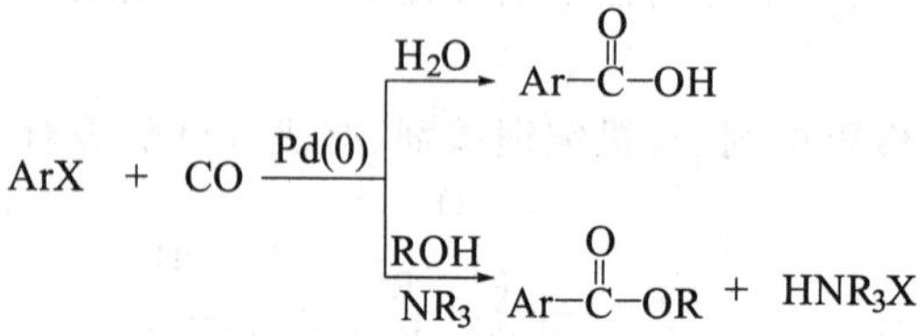

(3)羰基 α -氢在碱存在的情况下,生成稳定的烯醇负离子,作为亲核试剂可以参与缺电子中心的取代和加成反应,从而形成新的碳碳键。

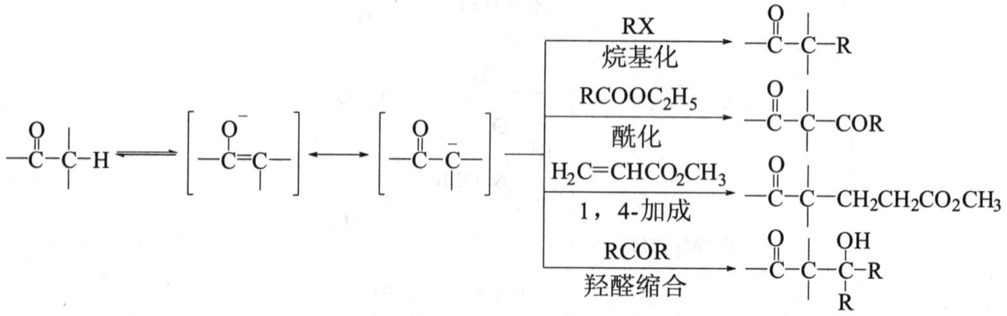

(4)氰化氢和端炔化合物中与氢原子相连的碳原子是 sp 杂化,其有足够的酸性来形成碳负离子,该碳负离子可以在取代和加成反应中用来形成新的碳碳键。

$$R-X + NaCN \longrightarrow R-CN$$

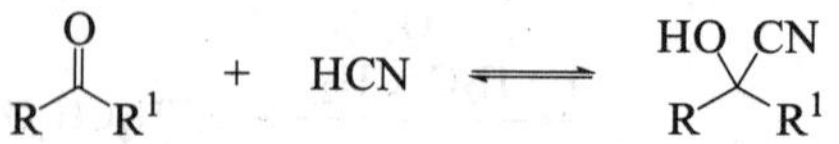

$$R-C\equiv CH + R^1-X \xrightarrow{碱} R-C\equiv C-R^1$$

(5)Wittig 试剂与醛酮发生反应,是构建碳碳双键最常见也最常用的方法;Horner -

Wadsworth－Emmons 反应是对 Wittig 反应的改进。其他试剂与醛酮反应构建碳碳双键的反应有 Tebbe 成烯、Julia 成烯以及 Peterson 成烯。两种端基烯烃在 Ru(Ⅱ)-卡宾(Grubbs Catalyst)催化下，放出乙烯的同时，生成新的碳碳双键。

Wittig 反应

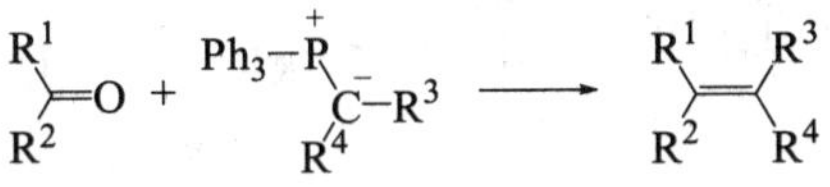

Horner－Wadsworth－Emmons 反应

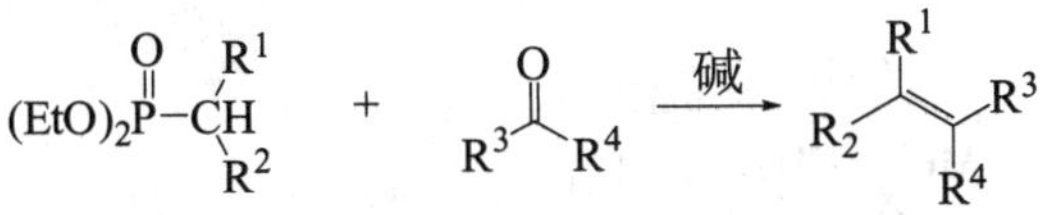

Tebbe 成烯

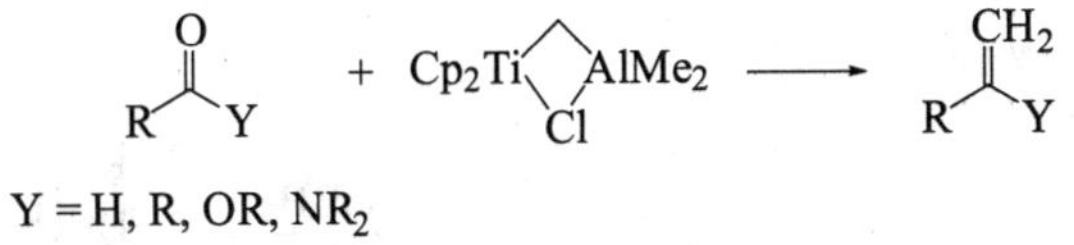

Julia 成烯

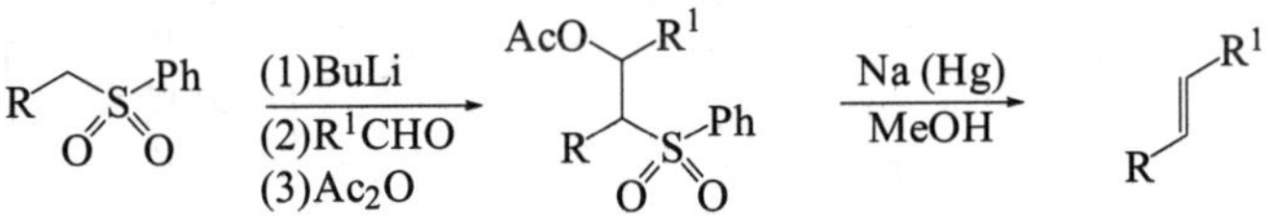

Peterson 成烯

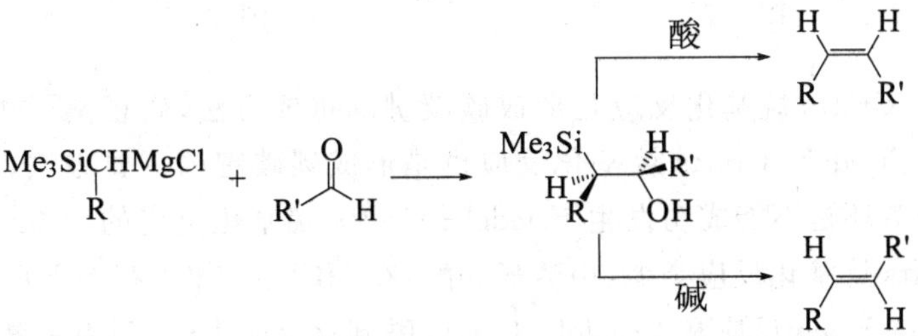

烯烃复分解

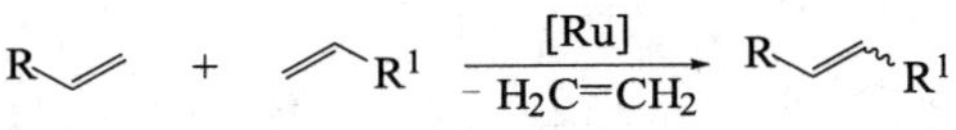

(6)硫叶立德和醛酮反应制备得到环氧化合物的反应称为 Corey－Chaykovsky 环氧化反应。二甲基亚砜亚甲基叶立德和 α,β－不饱和羰基化合物进行共轭加成制备环丙烷类化

合物的反应称为 Corey－Chaykovsky 环丙烷化反应。

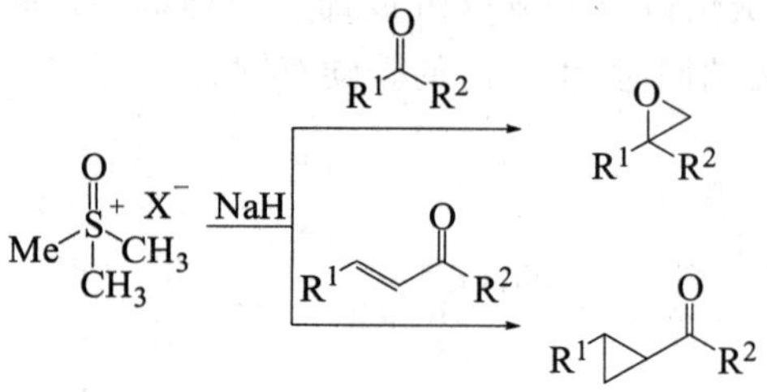

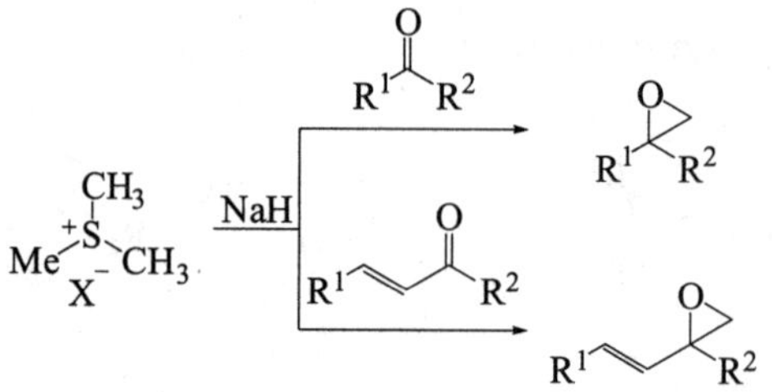

(7)三烷基硼烷易与一氧化碳发生反应，引入新的碳碳键，控制不同的反应条件可以得到醇、醛(或酮)，亦或是叔醇。

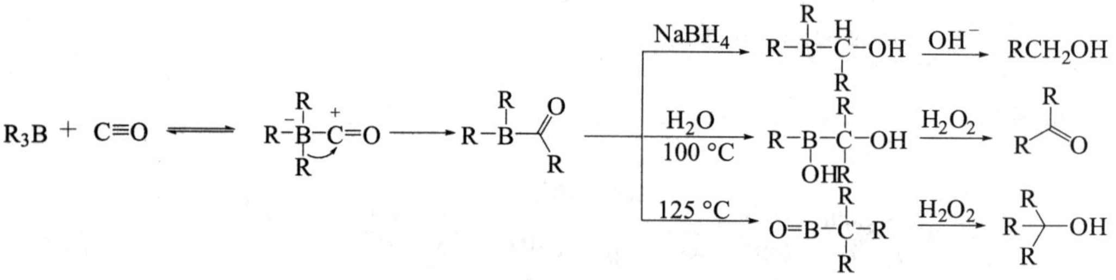

(8)烯丙位硼化反应展示了有机硼化合物在碳碳键形成反应中的作用。

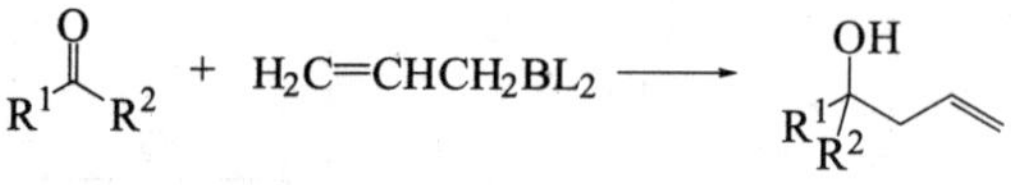

(9)Friedel－Crafts 烷基化反应是形成碳碳键的重要方法，碳正离子可能来源于烯烃、醇或卤代烷烃。Friedel－Crafts 烷基化反应也是形成碳碳键的重要方法，但像硝基苯这样缺电子非活化的芳环是不能成功发生 Friedel－Crafts 烷基化反应的。Blanc 氯甲基化反应和 Friedel－Crafts 烷基化反应类似，由芳烃和醛，在 HCl 和 $ZnCl_2$存在下反应得到氯甲基芳烃。Gattermann－Koch 反应和 Friedel－Crafts 酰基化反应类似，利用一氧化碳和氯化氢在三氯化铝催化下对芳烃进行醛基化反应。

Friedel－Crafts 烷基化反应

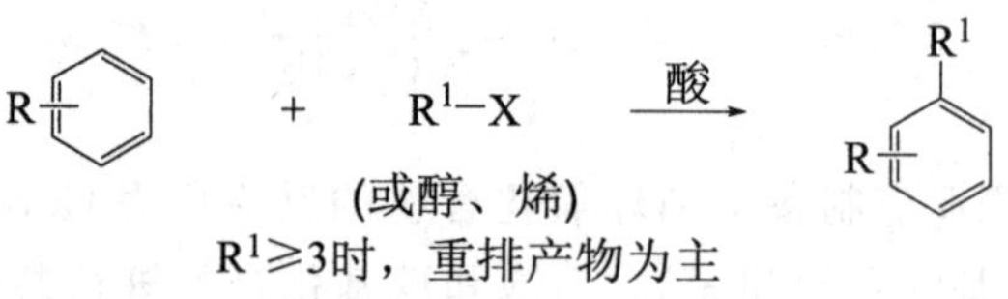

Friedel－Crafts 酰基化反应

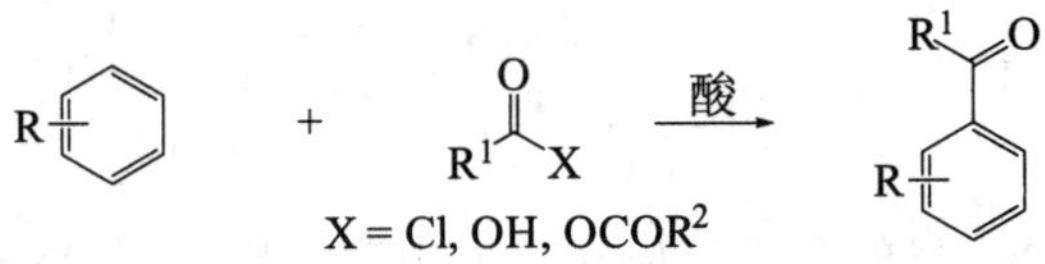

Blanc 反应

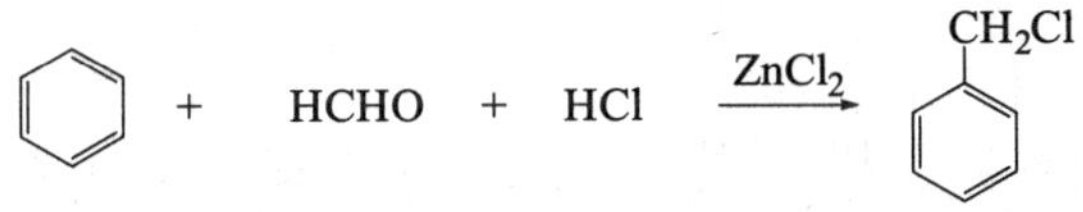

Gattermann－Koch 反应

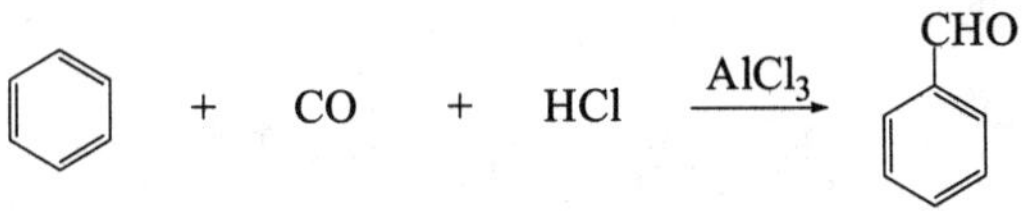

(10)醛和酮衍生的碳正离子引发的羰基 ene 反应和 Prins 反应，也是构建碳碳键的方法。

羰基 ene 反应

Prins 反应

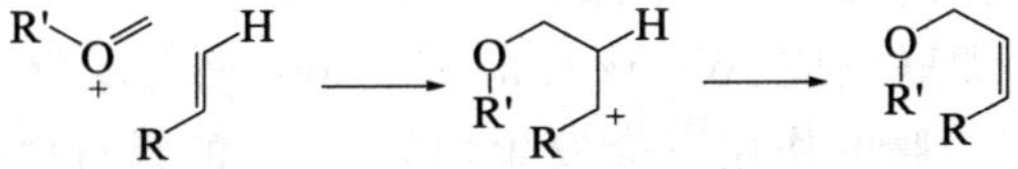

(11)Mannich 反应是仲胺、醛和具有 α－H 的酮在酸性条件下反应，经过亚胺正离子中间体，形成碳碳键。此反应对于合成含氮化合物非常有用。Vilsmeier 反应和 Pictet－Spengler 反应均与 Mannich 反应类似。

Mannich 反应

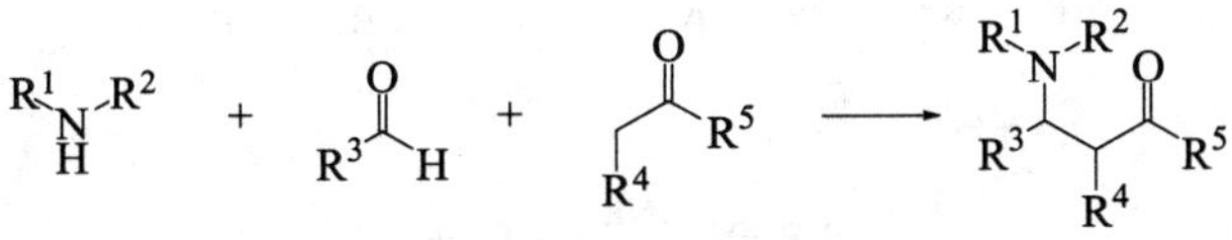

Vilsmeier 反应

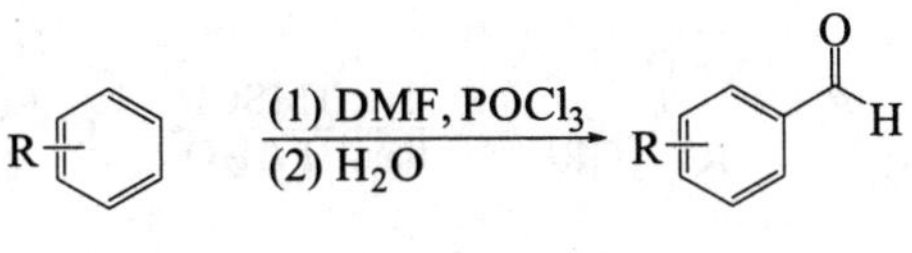

Pictet－Spengler 反应

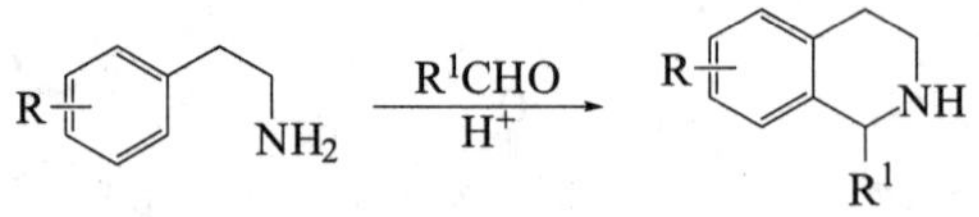

(12)碳正离子中间体引发的重排反应在合成中应用广泛，断裂一根碳碳键的同时生成新的碳碳键。常见的反应有 Pinacol 重排、Wagner－Meerwein 重排和 Tiffeneau－Demjanov 扩环重排。

Pinacol 重排

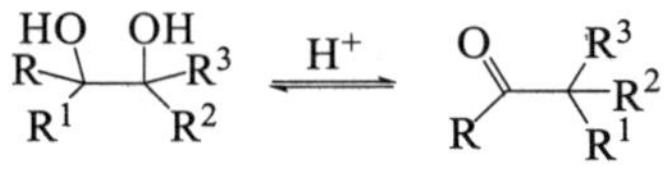

Wagner－Meerwein 重排

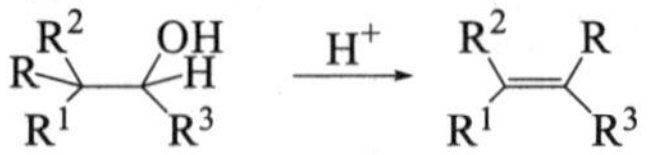

Tiffeneau－Demjanov 扩环重排

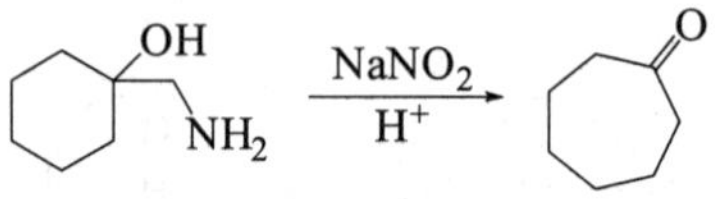

(13)通过产生碳自由基随后发生偶联，也是生成碳碳键的常用方法。活泼金属(Li，Na，K，Mg 和 Zn 等)引发并产生负离子自由基的还原反应以及低价金属离子(Cu^+，Sm^{2+} 和 Ti^{2+} 等)还原缺电子的碳原子中心等反应都能产生自由基，并引起碳碳键的偶联反应。最常见的偶联反应有 Pinacol 偶联反应、Wurtz 反应、Acyloin 缩合反应、McMurry 偶联反应等。三丁基锡烷易在偶氮二异丁腈的作用下会发生均裂，产生的锡自由基会从碳卤键中夺取一个卤原子从而形成碳自由基。二碘化钐作为一种优良的单电子转移试剂，在有机合成碳碳键的构建中的应用非常广泛。

Pinacol 偶联反应

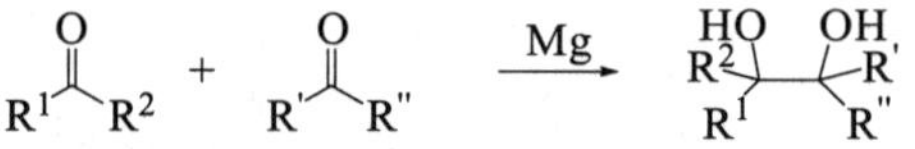

Wurtz 反应

$$2\ R{-}X \xrightarrow{Na} R{-}R$$

Acyloin 缩合反应

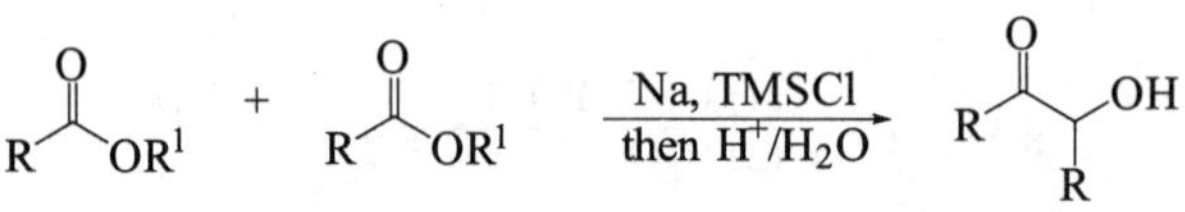

McMurry 偶联反应

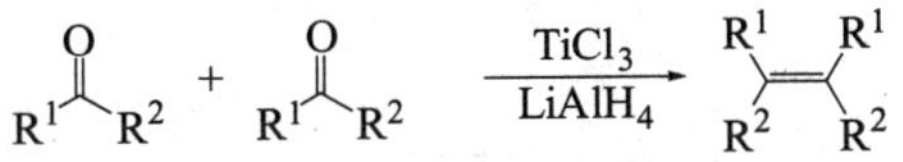

(14)活泼中间体卡宾也用来构建碳碳键。

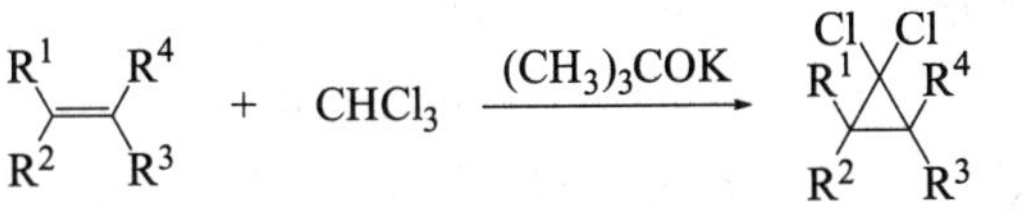

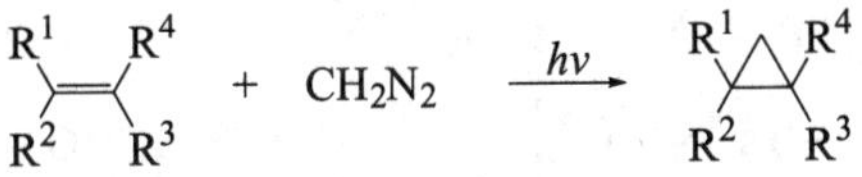

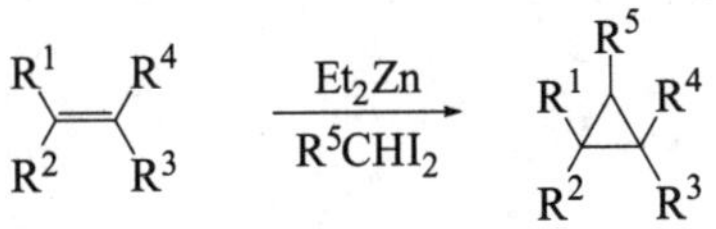

(15)周环反应中，碳碳键的断裂和形成同时发生。

① 电环化反应

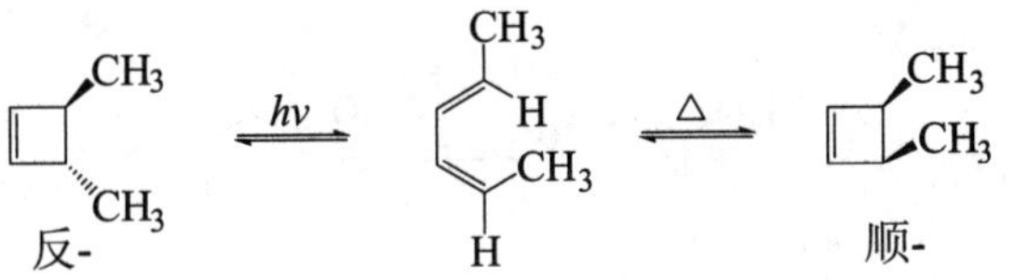

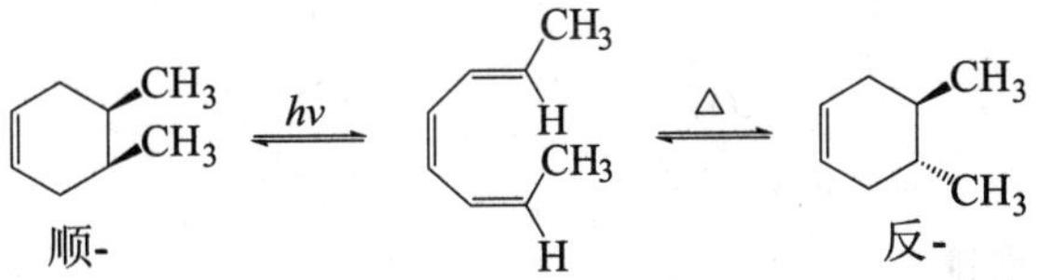

② 环加成反应

[2+2]环加成

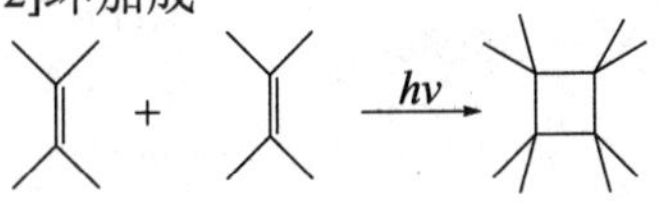

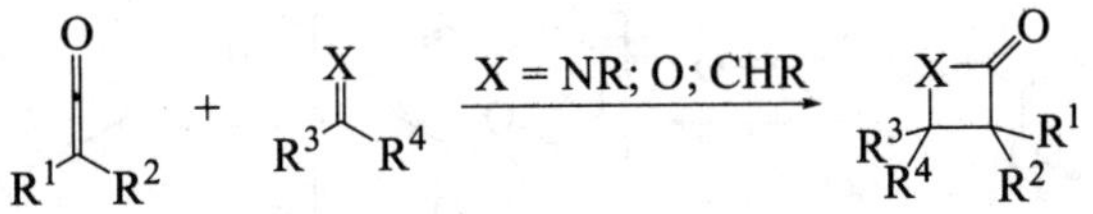

[3+2]环加成

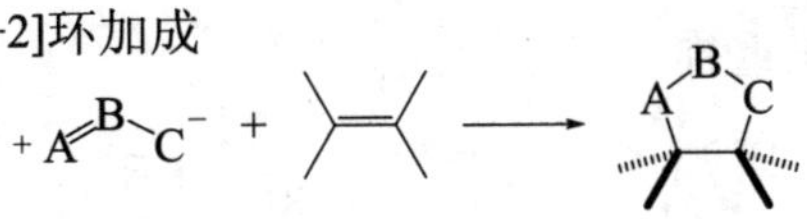

[4+2]环加成

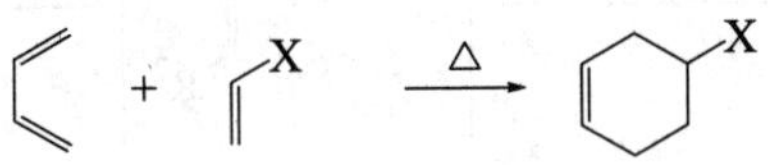

③ σ迁移反应

a. ene 反应

b. [2，3]-σ重排反应

中性型

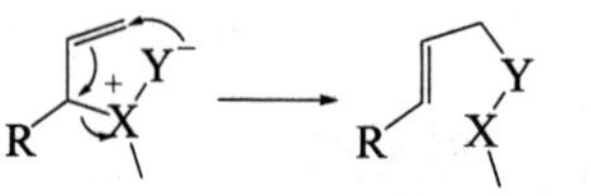

$X{-}Y = {}^{+}S{-}O^{-}$；${}^{+}Se{-}O^{-}$；${}^{+}N{-}O^{-}$

${}^{+}S{-}\bar{C}HZ$；${}^{+}N{-}\bar{C}HZ$

阴离子型

X = O

c. [3，3]-σ重排反应

Cope 重排

氧杂 Cope 重排

Claisen 重排

Ireland-Claisen 重排

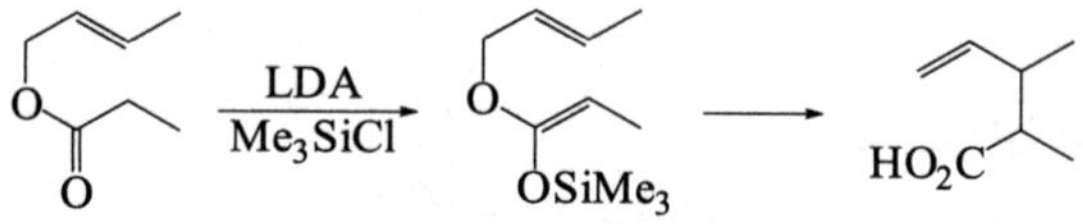

Bellus-Claisen 重排

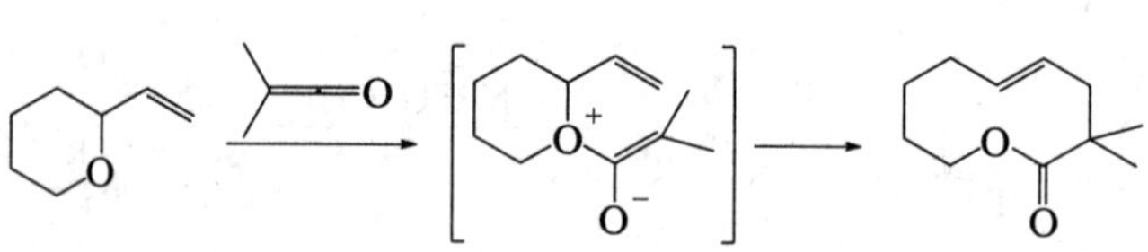

Claisen-Eschenmoser 重排

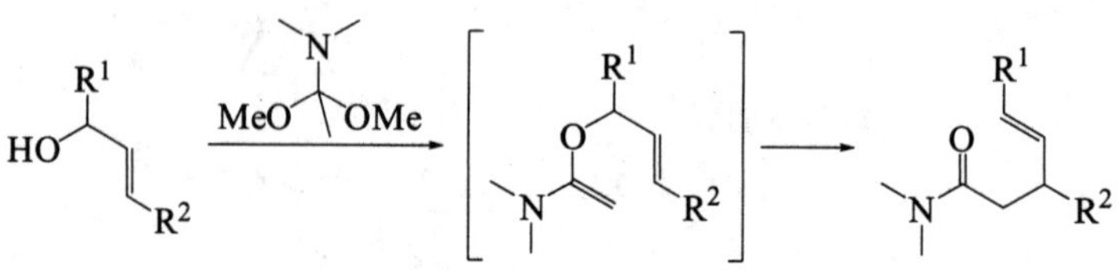

Johnson－Claisen 重排

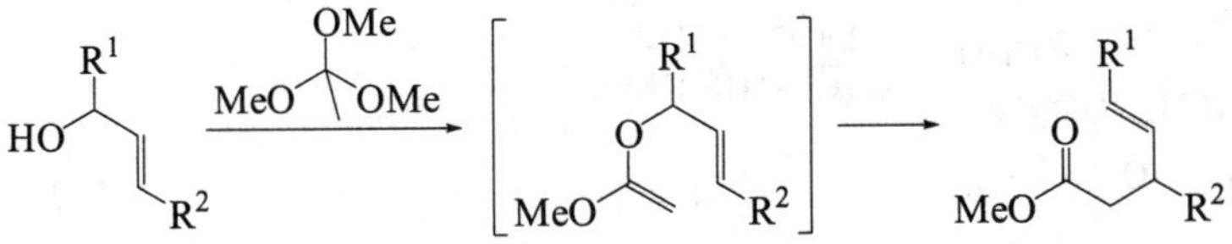

Carroll 重排

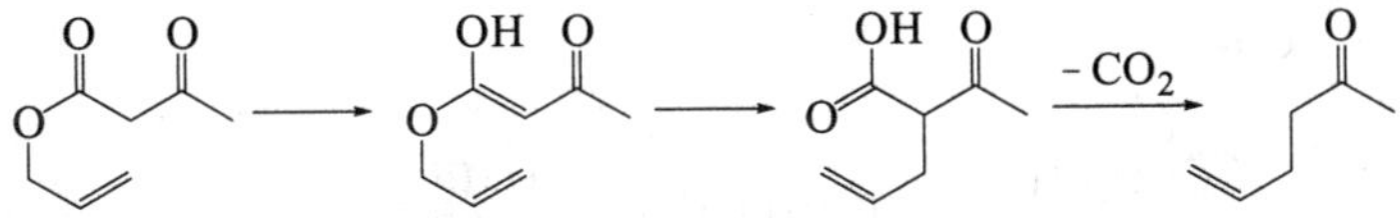

二、解题示例

1. 由原料和反应条件写出产物，注意产物的立体化学结构。

（1） 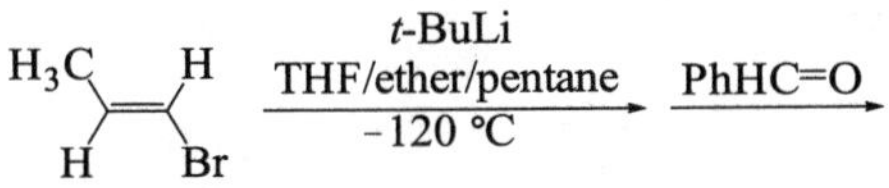

（2） 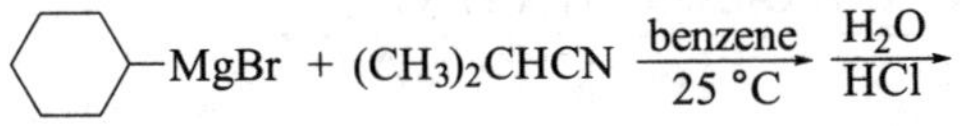

（3） $PhCO_2CH_3 + CH_3CHBr_2 \xrightarrow[\text{TMEDA, 25 °C}]{\text{Zn, } TiCl_4}$

（4） 

（5） 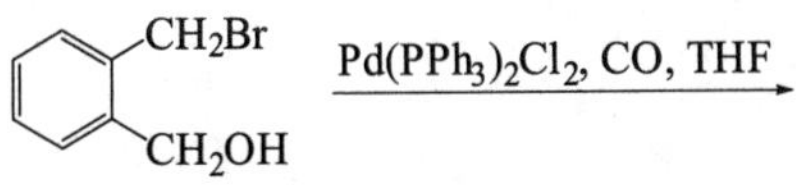

（6） 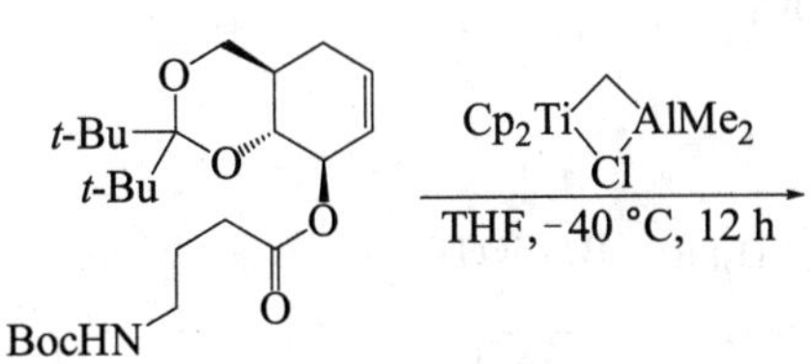

（7） 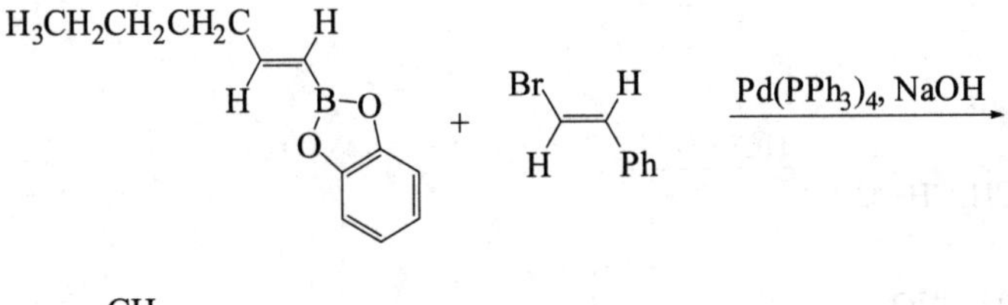

（8） 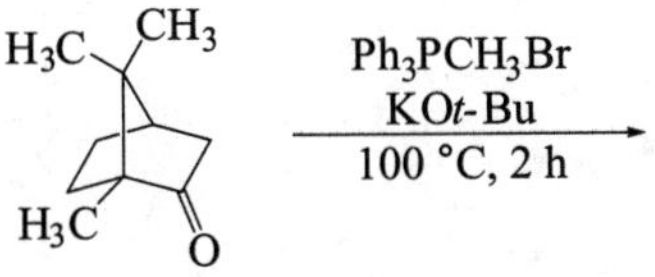

(9) 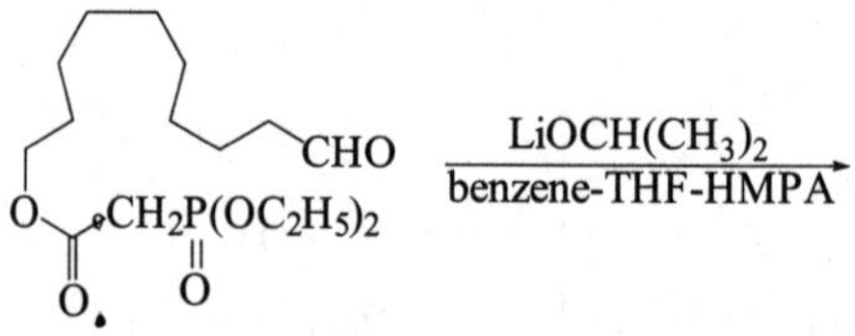

(10) 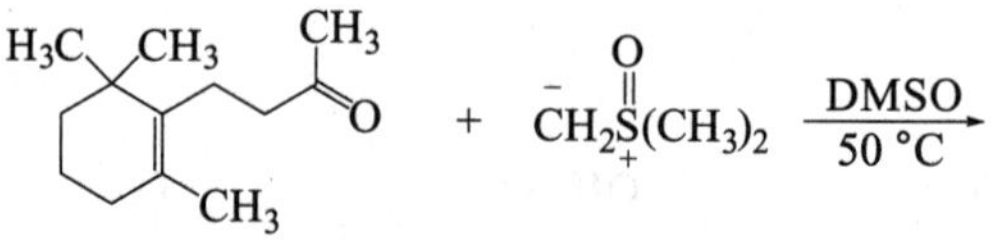

(11) 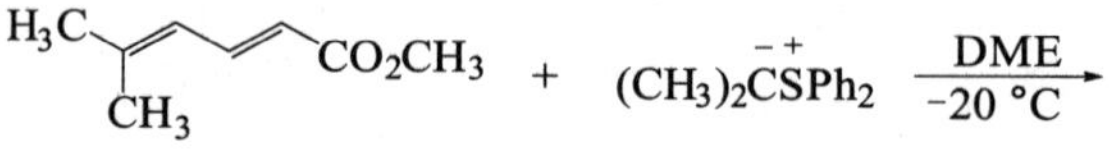

(12) 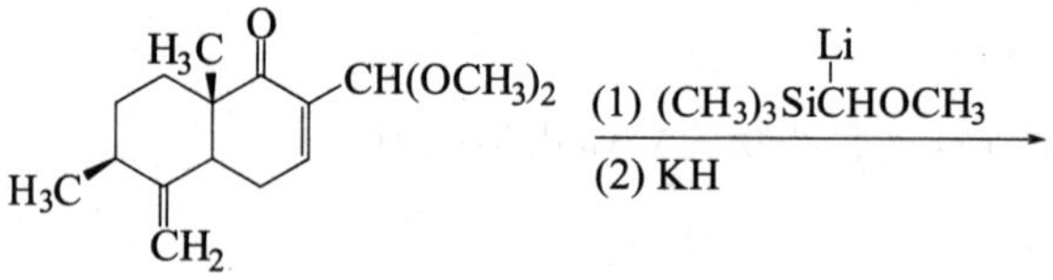

(13) 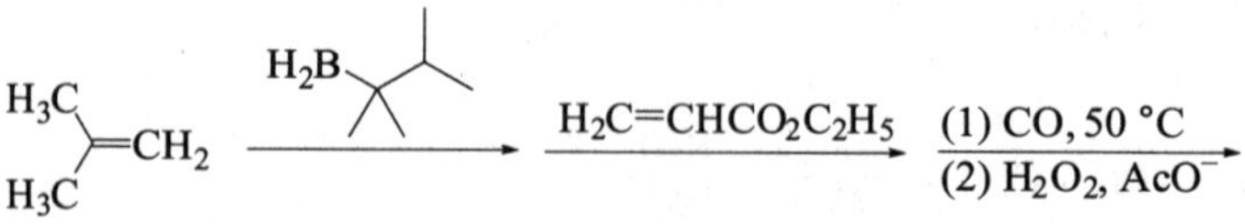

(14) $CH_2(CO_2C_2H_5)_2 + BrCH_2CH_2CH_2Cl \xrightarrow{NaOEt}$

(15) 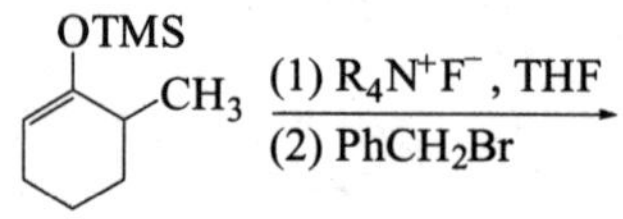

(16) 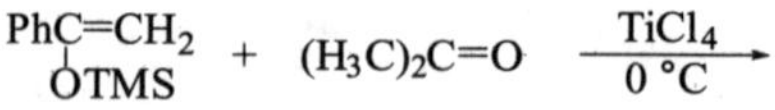

(17) 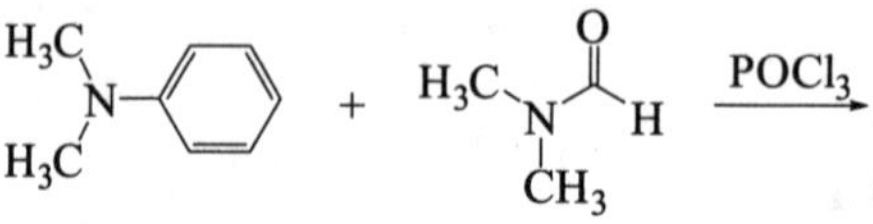

(18) 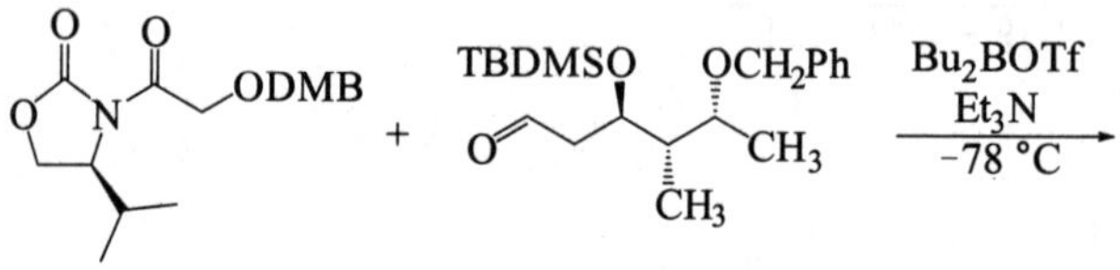

(19) 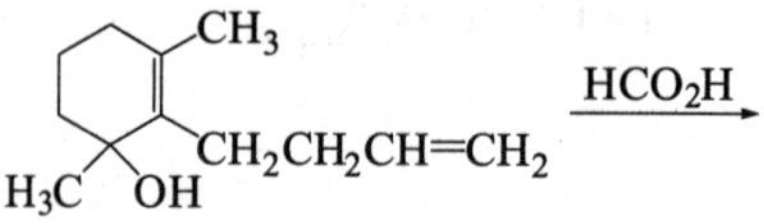

(20) 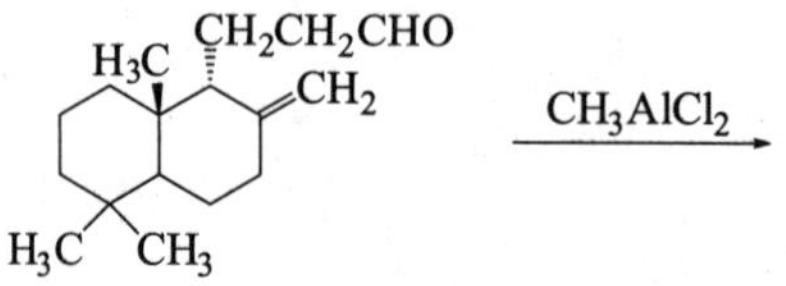

(21) 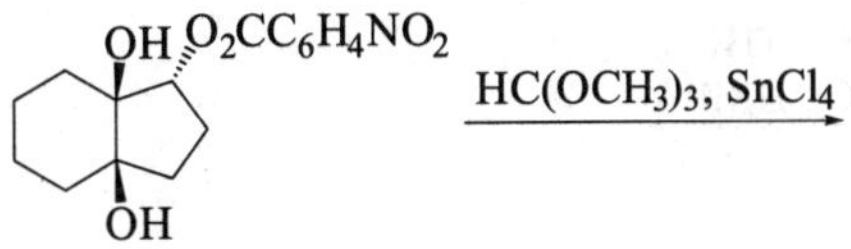

(22) 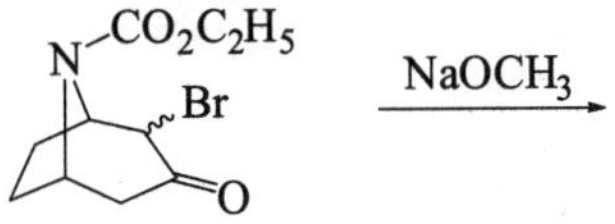

(23) 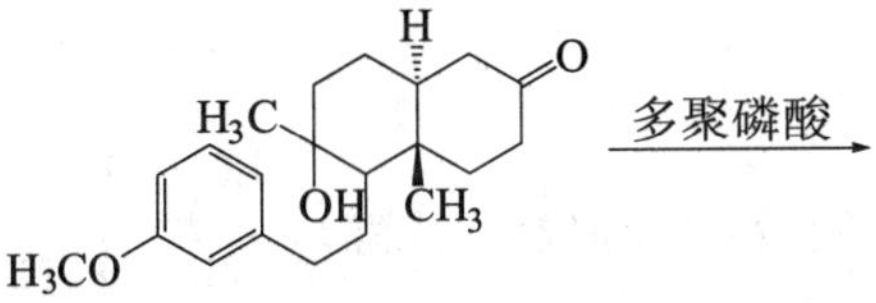

(24) 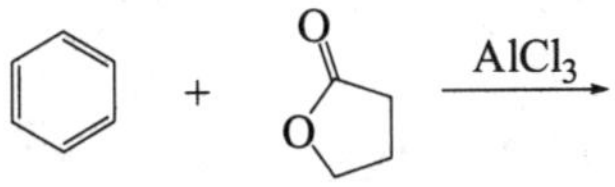

(25) 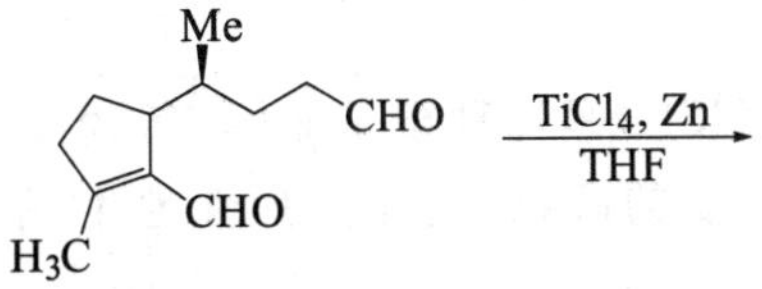

(26) 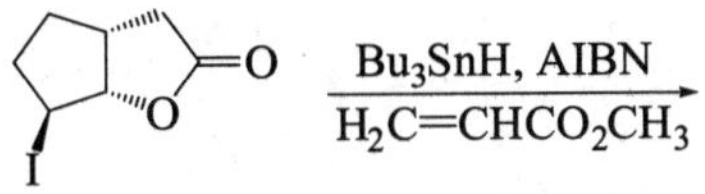

(27) 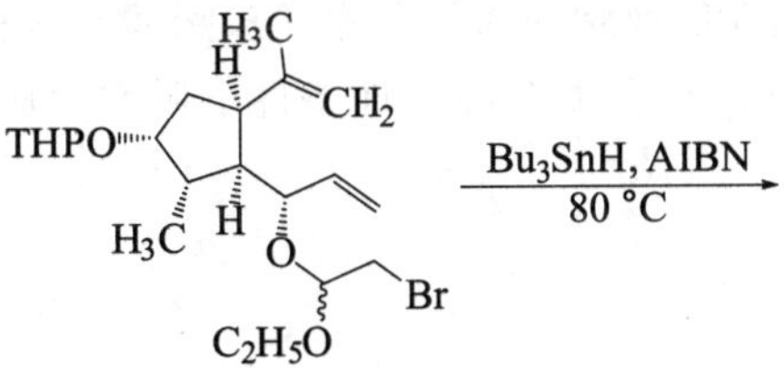

(28) 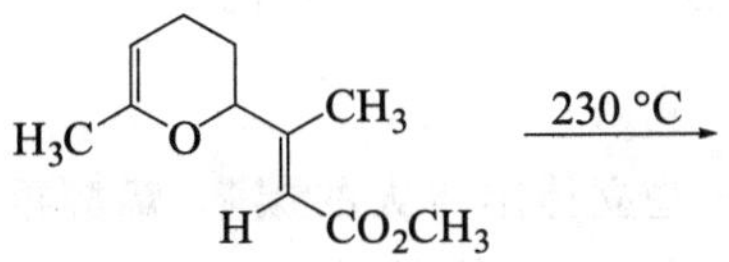

(29) 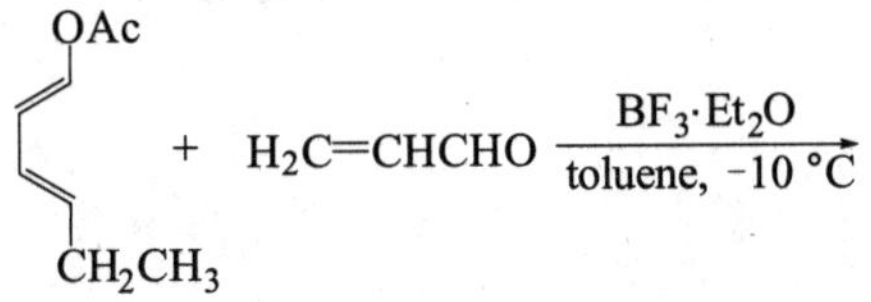

(30) 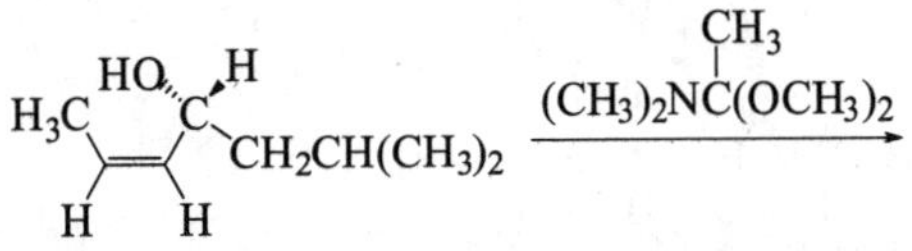

(31) 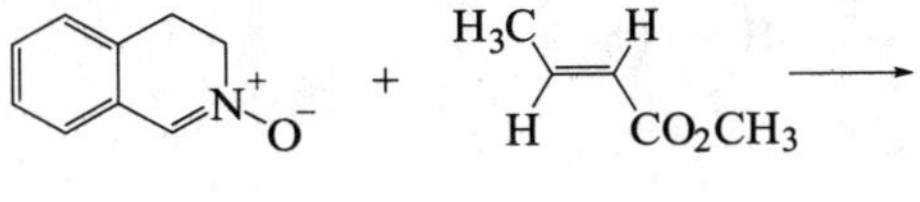

（32） 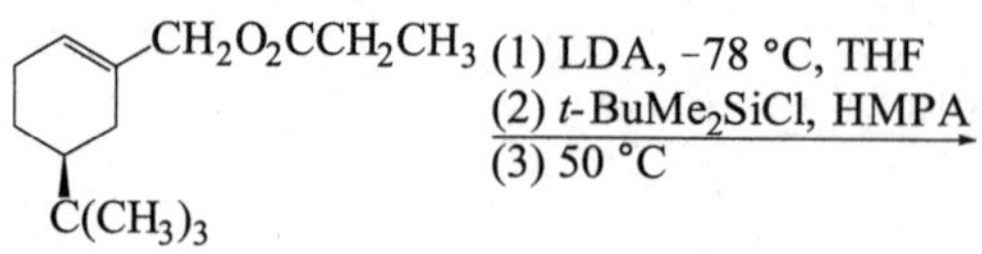

（33） 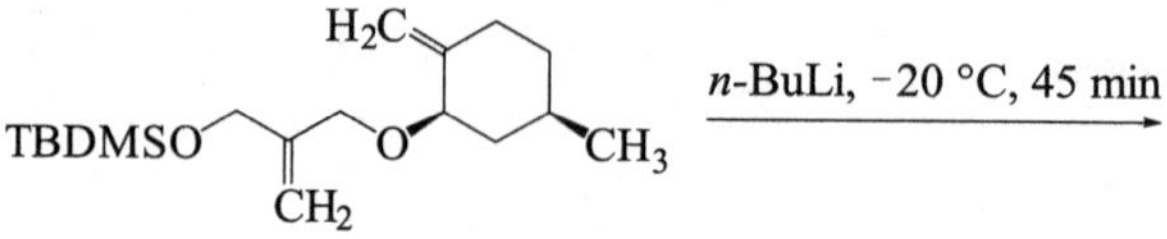

［解］

（1）锂化后生成有机锂试剂 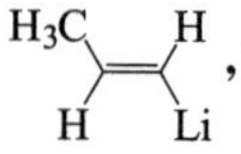，随后对醛加成，生成醇 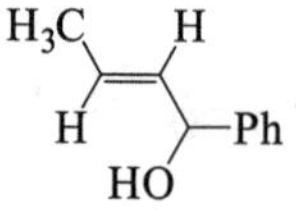。

（2）格氏试剂对氰基加成，生成亚胺中间体，进一步水解，生成酮 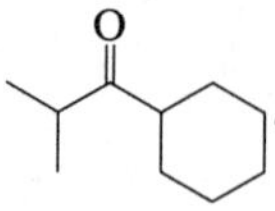。

（3）Sakai－Lombardo 试剂（$RCHBr_2-Zn-TiCl_4$）是一种羰基亚甲基试剂，该试剂的碱性比较弱，所以可以用于一些容易发生烯醇化互变的底物，立体选择性地生成 Z－式产物

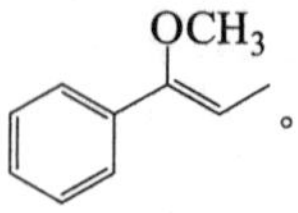。

（4）由 α－卤代酯和锌粉制备得到的有机锌试剂对羰基化合物（醛、酮、酯）进行亲核加成生成 β－羟基酯，该反应是 Reformatsky 反应。β－羟基酯在酸性条件下脱水生成双键，产物为 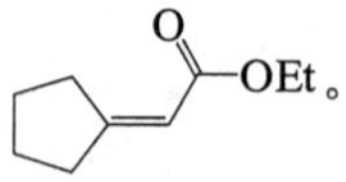。

（5）钯催化羰基化反应，生成内酯 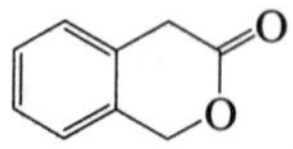。

（6）Tebbe 试剂碱性弱，路易斯酸性强。因此一些立体阻碍大的羰基，烯醇重排的羰基，α 位碳具有手性的羰基，都能够尽量避免差向异构化的发生而进行反应。产物为

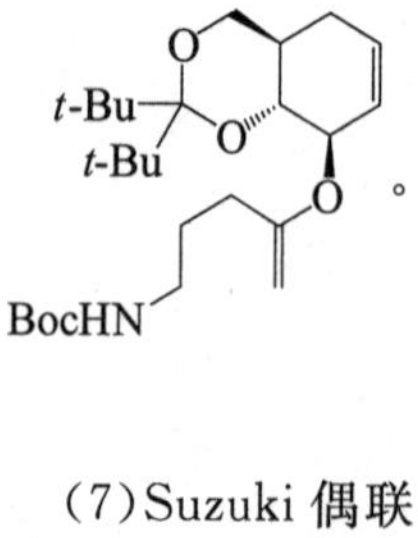。

（7）Suzuki 偶联，产物为 。

(8)Wittig 反应，产物为 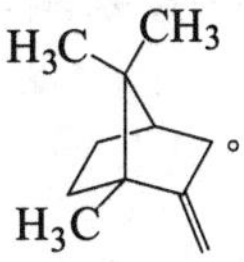。

(9)Horner－Wadsworth－Emmons 反应是 Wittig 反应的改进，利用了磷酸酯制备烯烃。产物为 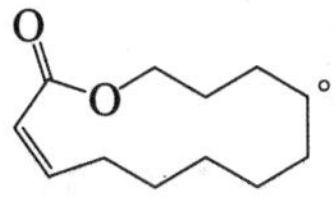。

(10)二甲亚砜叶立德对羰基加成，生成环氧化合物 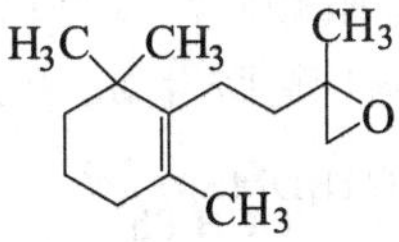。

(11)二甲基亚甲基硫叶立德对不饱和化合物的双键进行加成，生成环丙烷化合物 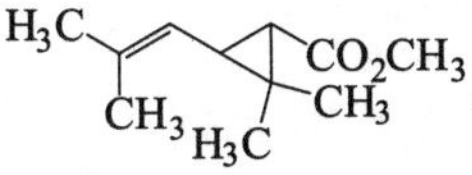。

(12)烷基锂对不饱和羰基化合物发生 1，2－加成，生成 β－羟基硅烷 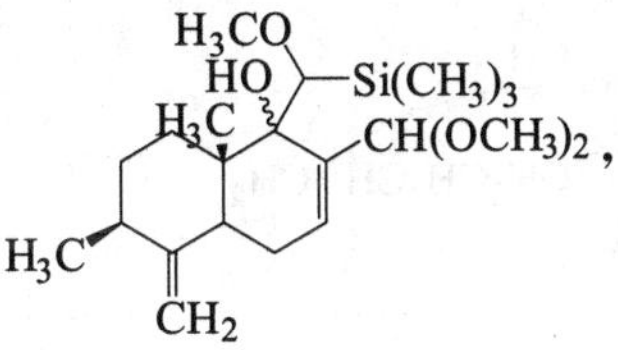，随后在碱性条件下发生顺式消除，生成 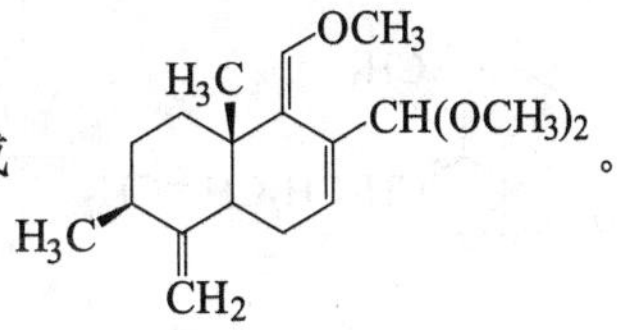。

(13)烯烃与硼烷发生硼氢化反应，生成 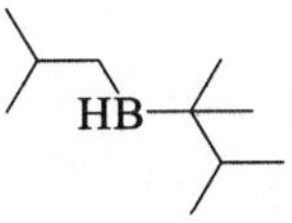；进一步与丙烯酸乙酯发生硼氢化反应，生成 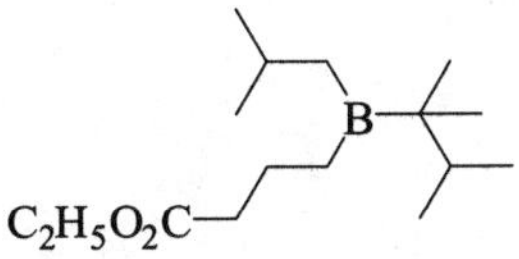；随后与具有 Lewis 碱性的一氧化碳反应形成酸根型配合物，过氧化氢条件下，转化为酮 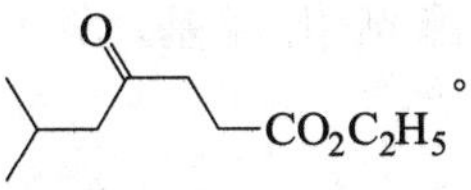。

(14)碳负离子发生两次烷基化反应，得到四元环产物 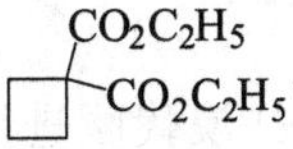。

(15)烯醇硅醚区域选择性地发生烷基化反应，产物为 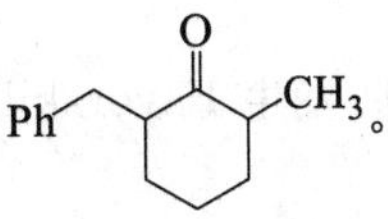。

(16)$TiCl_4$活化羰基,烯醇硅醚对其加成,生成β-羟基酮,进一步脱水成α,β-不饱和酮

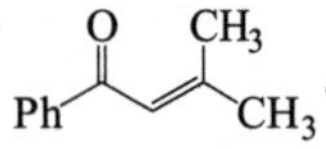

。

(17)N,N-二甲基甲酰胺与三氯氧磷生成氯代亚铵盐(Vilsmeier-Haack 试剂),与富电子的N,N-二甲基苯甲胺发生芳香族化合物的亲电取代反应,在氮原子的对位引入醛基,生成

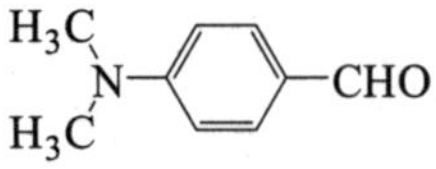

。

(18)使用小位阻硼硬路易斯酸三氟甲磺酸二正丁基化硼(Bu_2BOTf)和大位阻碱三乙胺(Et_3N)有利于手性酰胺生成顺式烯醇硼盐,对醛发生羟醛缩合,立体选择性地得到

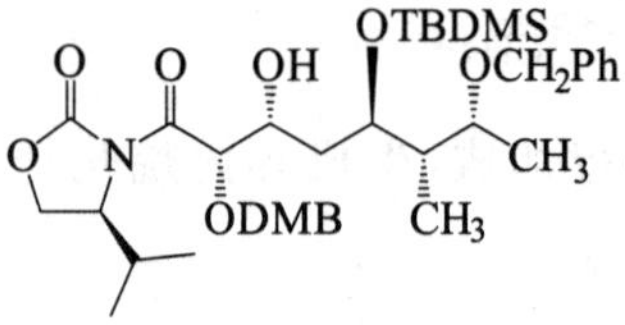

。

(19)碳正离子引发的环化反应,生成

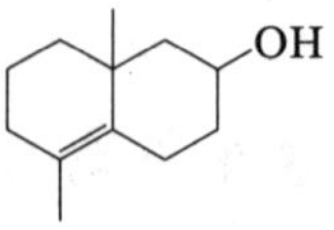

,机理如下。

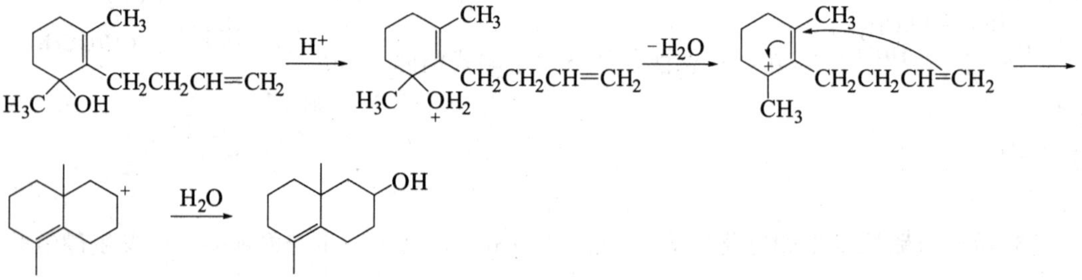

(20)发生分子内 ene 反应,得到

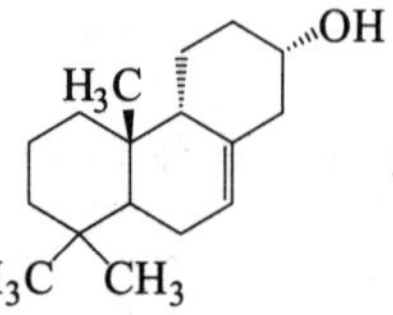

。

(21)Lewis 酸和原甲酸三甲酯活化羟基,发生频哪醇重排,生成螺环化合物

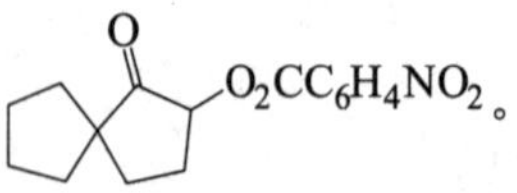

。

(22)烯醇化的α-溴代酮进行分子内的SN2反应得到环丙酮中间体,亲核试剂甲氧基进攻环丙酮的羰基,发生 Favorskii 重排,得到重排产物

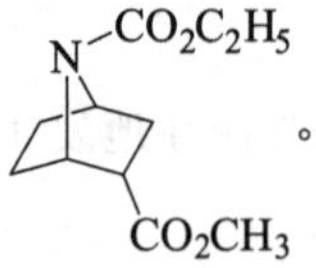

。

(23)多聚磷酸催化 Friedel－Crafts 烷基化，生成 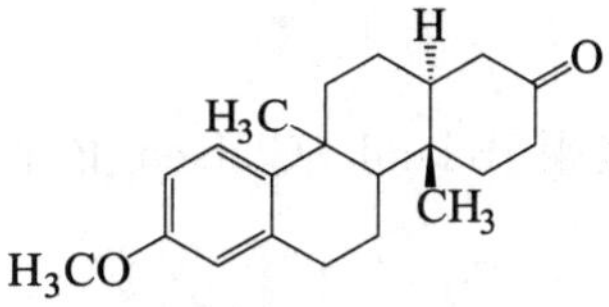。

(24)三氯化铝催化串联 Friedel－Crafts 酰基化和烷基化反应，生成 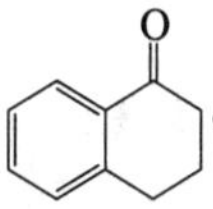。

(25)低价钛催化羰基制备烯烃是 McMurry 偶联反应，生成 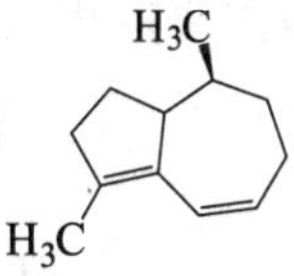。

(26)自由基加成反应，生成 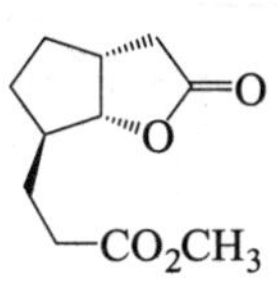。

(27)锡自由基碳溴键中夺取一个溴原子从而形成碳自由基，随后发生分子内的串联自由基加成反应，形成三环化合物 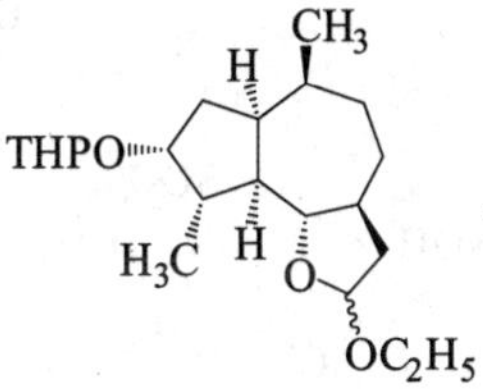。

(28)加热发生 Claisen 重排反应，生成 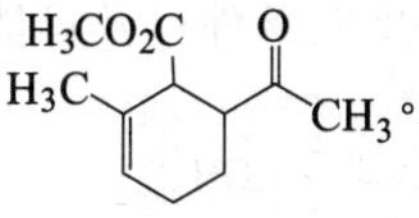。

(29)发生 Diels－Alder 反应，得到 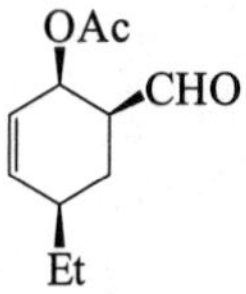，注意区域选择性和立体选择性。

(30)中性条件下，N，O－烯酮缩醛发生 Claisen－Eschenmoser 重排反应，生成 γ，δ－不饱和酰胺 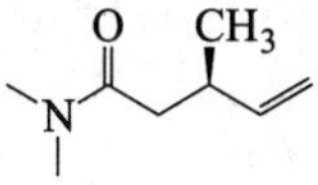。

(31)硝酮发生 1，3－偶极环加成，生成 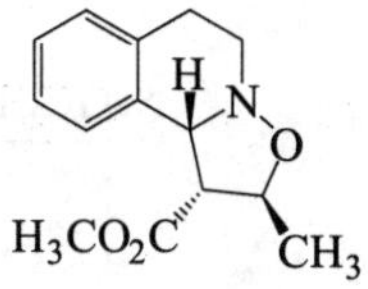。

(32)发生 Ireland－Claisen 重排，生成不饱和酸 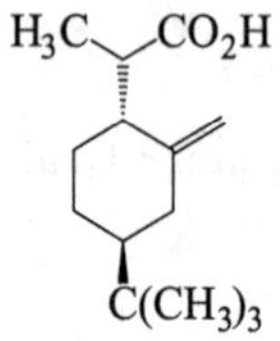。

(33)发生[2,3]－Wittig 重排，生成高烯丙基醇 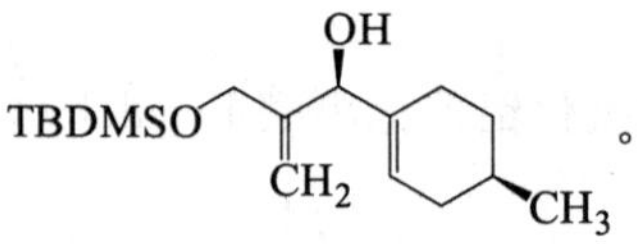。

2. 在三步或三步以内写出从起始原料到产物的转化过程，其中所用试剂为有机金属试剂。

[解]

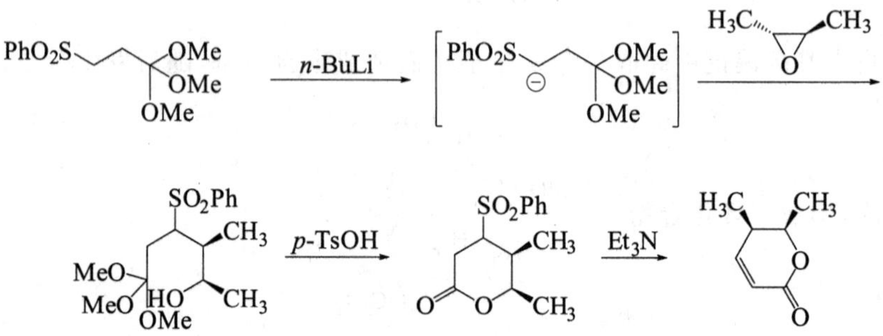

3. 写出反应所用的试剂、反应条件以及可能经过的历程。

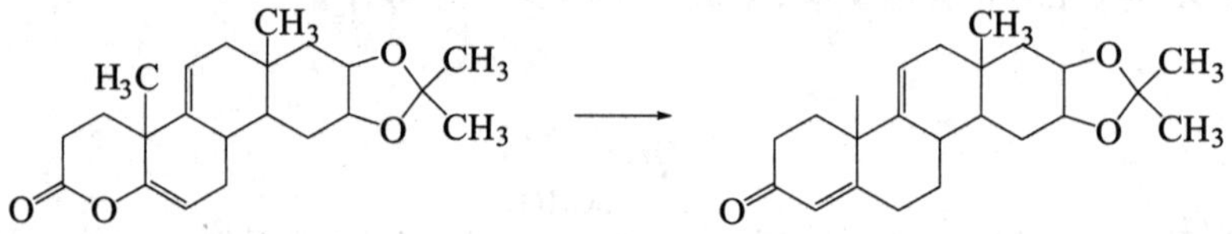

[解]

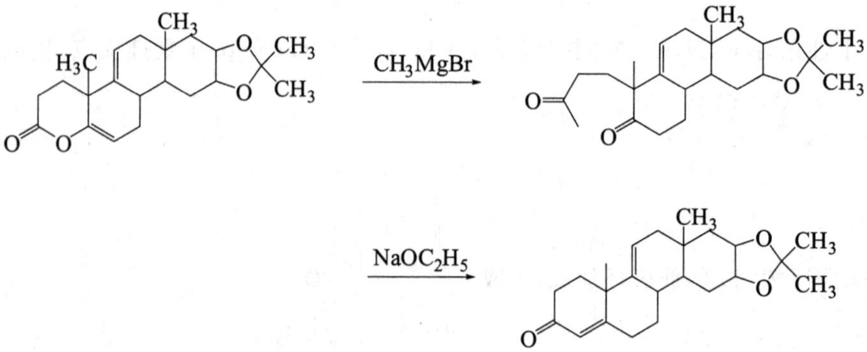

4. 解释如下反应中主要生成内酯化合物的原因。

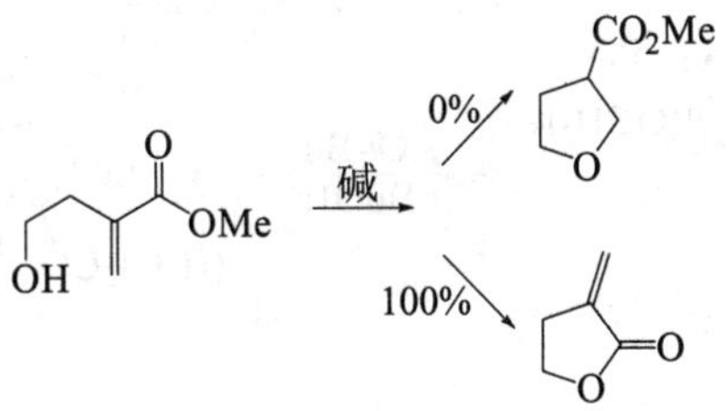

［解］

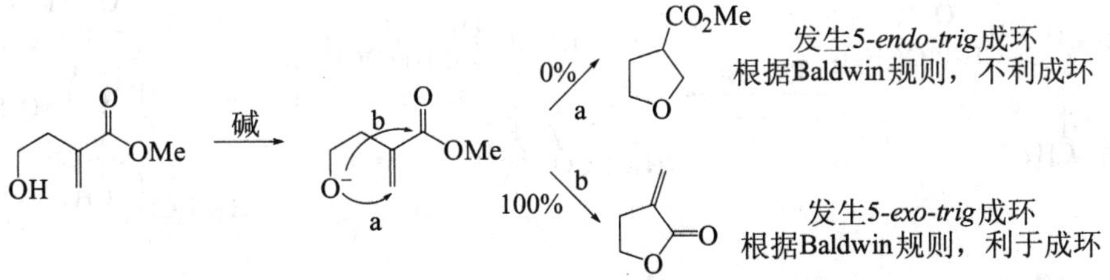

5. 下述底物在亲电环化反应中生成了两个异构体，请解释原因。

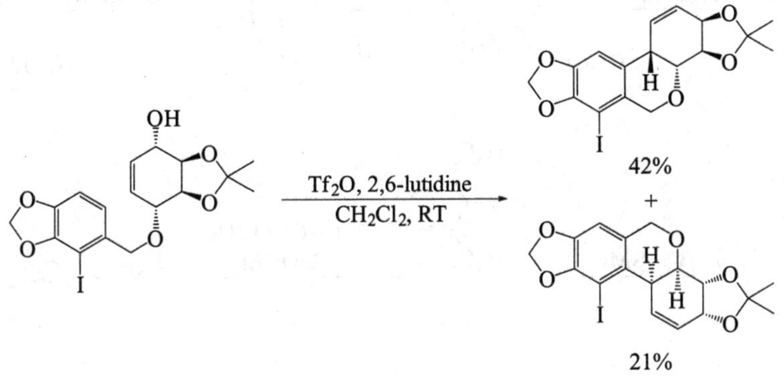

［解］

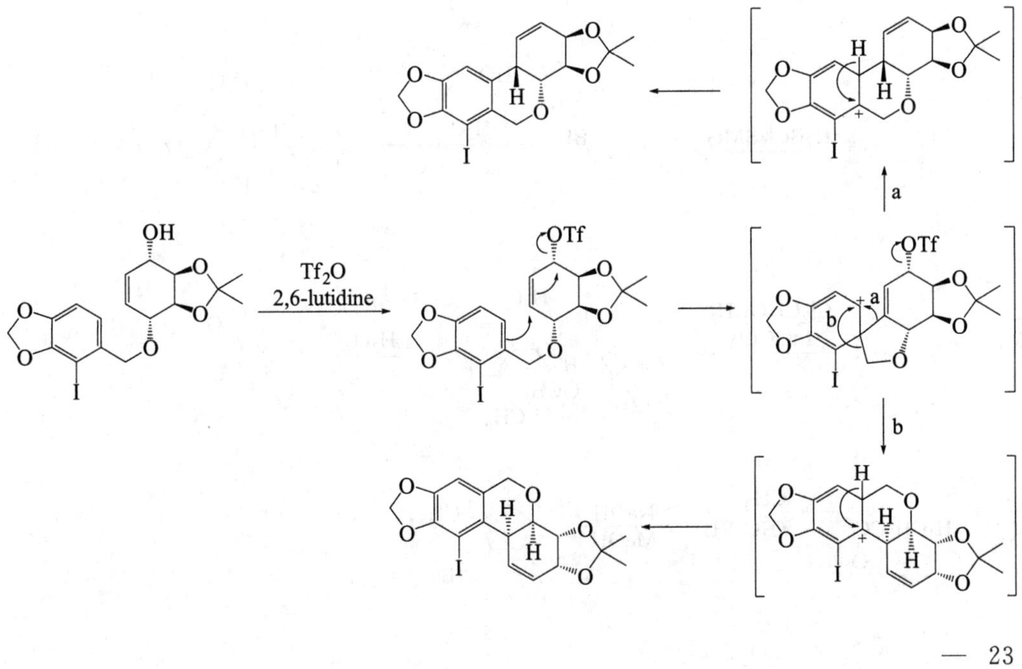

6. 写出反应可能经过的历程。

(1) 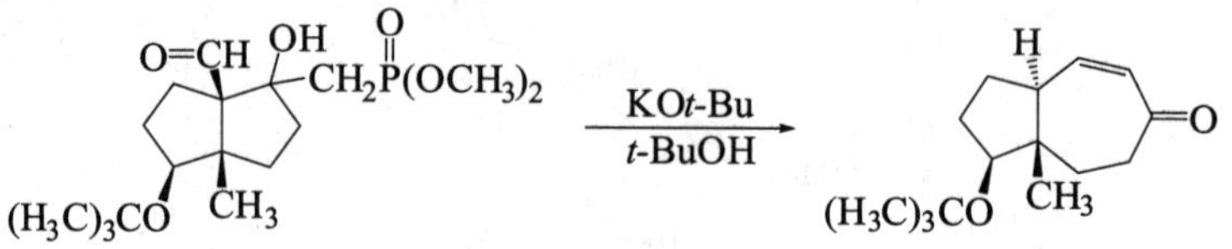

[解]

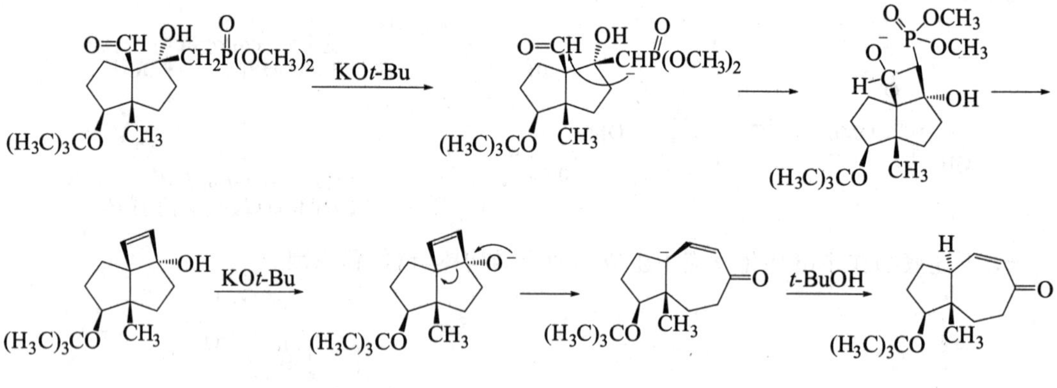

(2) 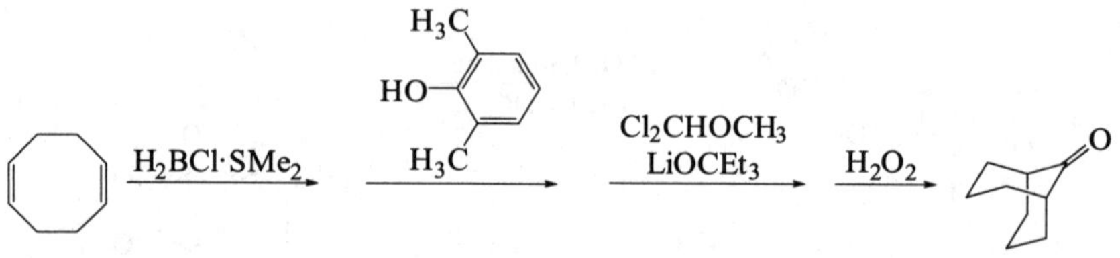

[解]

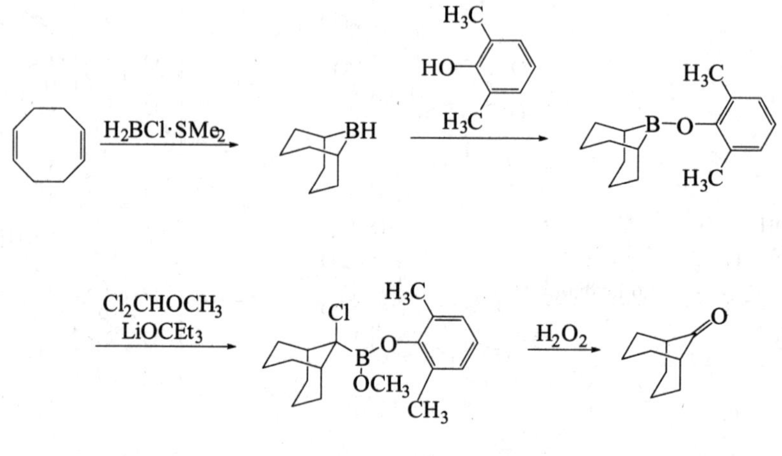

(3) 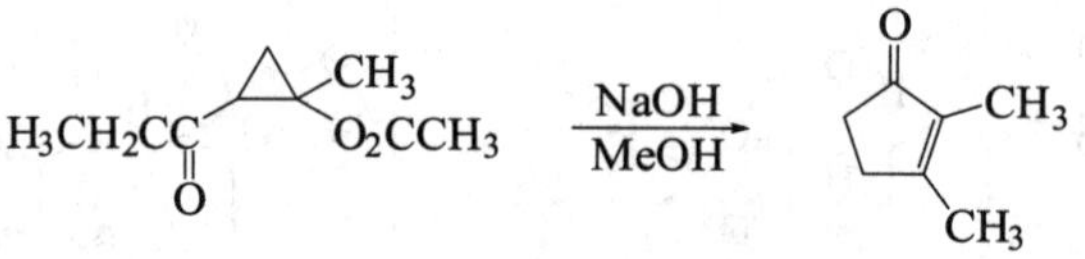

［解］

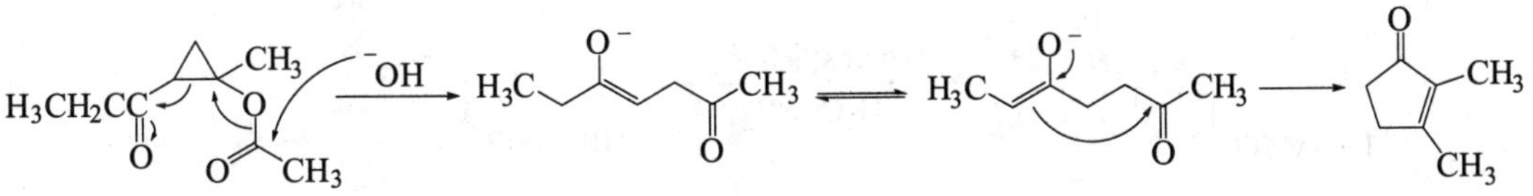

（4）

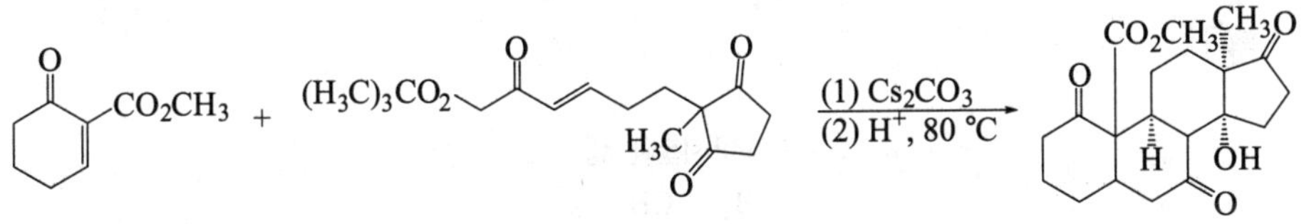

［解］

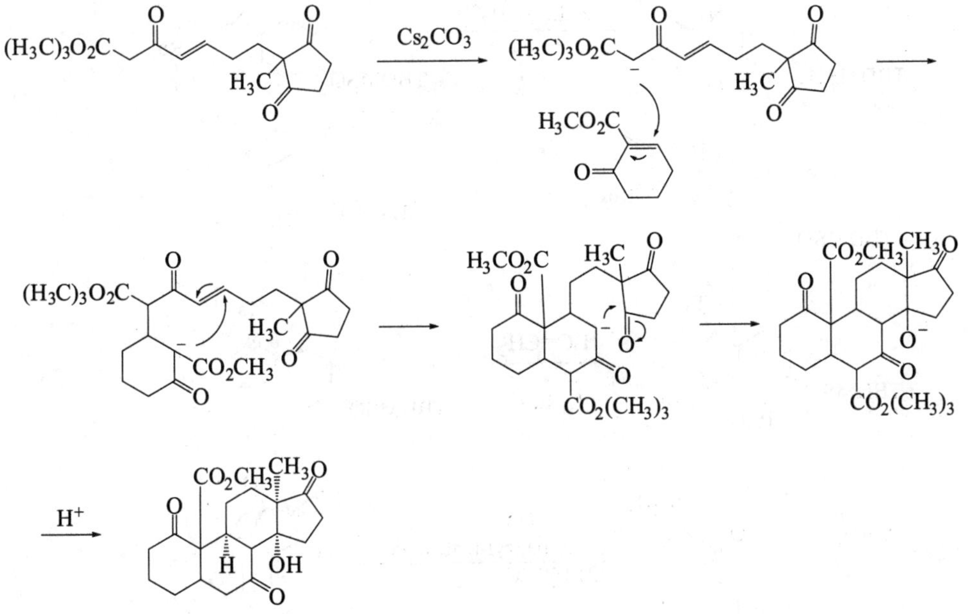

（5）

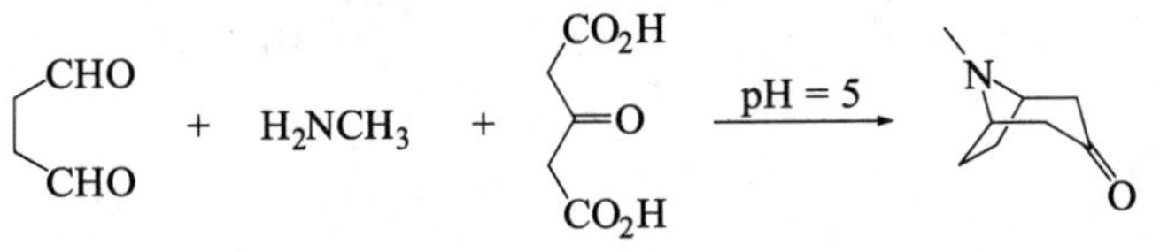

［解］

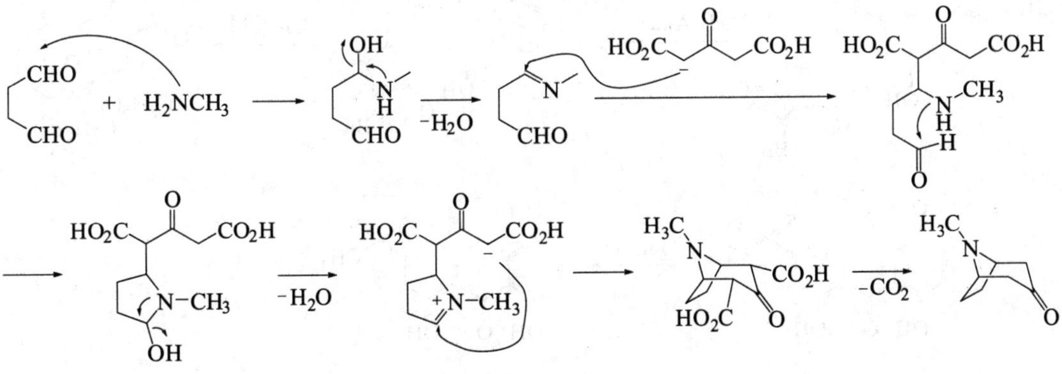

(6)

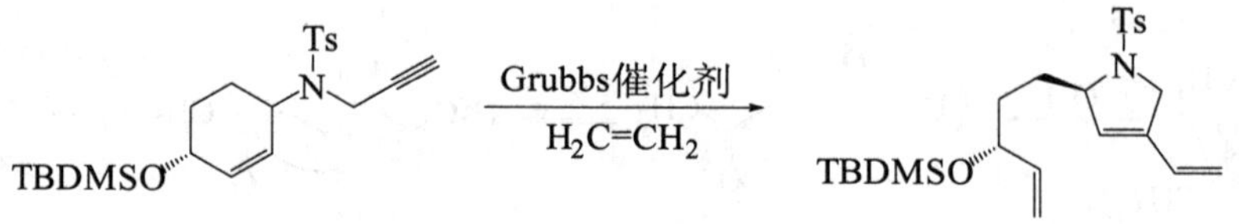
Ts
N
TBDMSO
Grubbs催化剂
$H_2C{=}CH_2$
Ts
N
TBDMSO

[解]

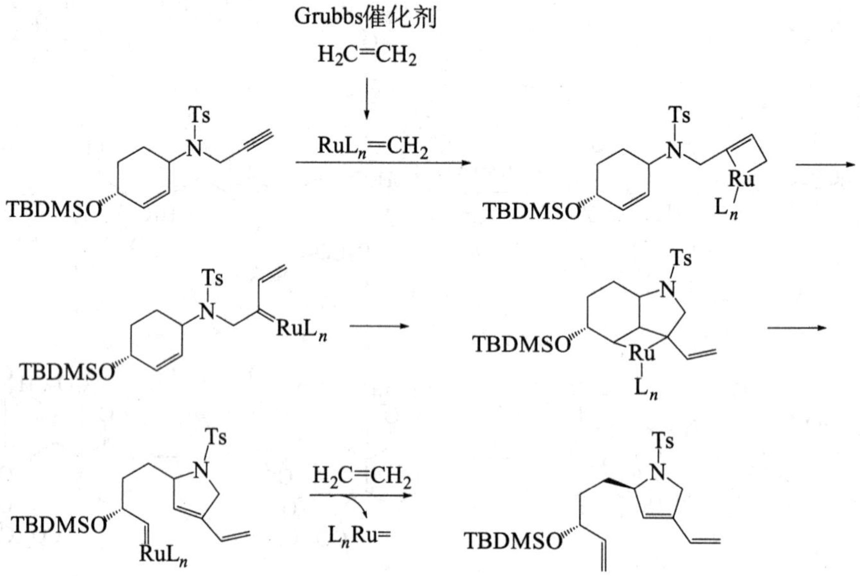
Grubbs催化剂
$H_2C{=}CH_2$
$RuL_n{=}CH_2$
Ts
N
TBDMSO
Ru
L_n
RuL_n
$H_2C{=}CH_2$
$L_nRu{=}$

(7)

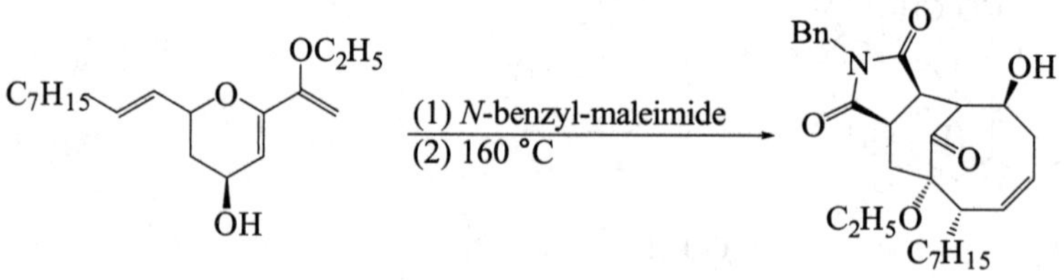
C_7H_{15}
OC_2H_5
O
OH
(1) N-benzyl-maleimide
(2) 160 °C
Bn
N
O
OH
C_2H_5O
C_7H_{15}

[解]

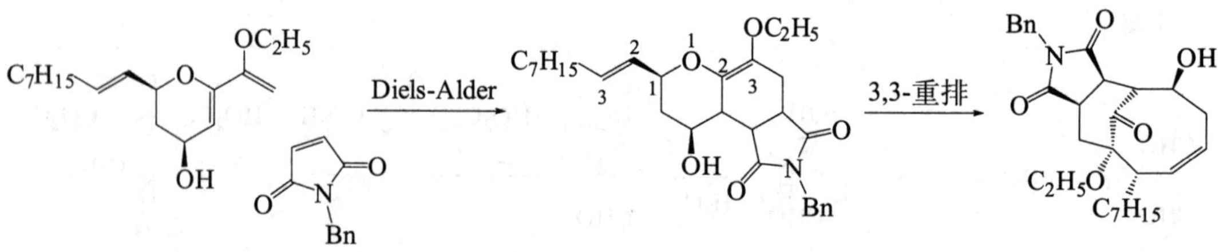
OC_2H_5
C_7H_{15}
O
OH
N
Bn
Diels-Alder
1
2
3
3,3-重排
C_2H_5O

(8)

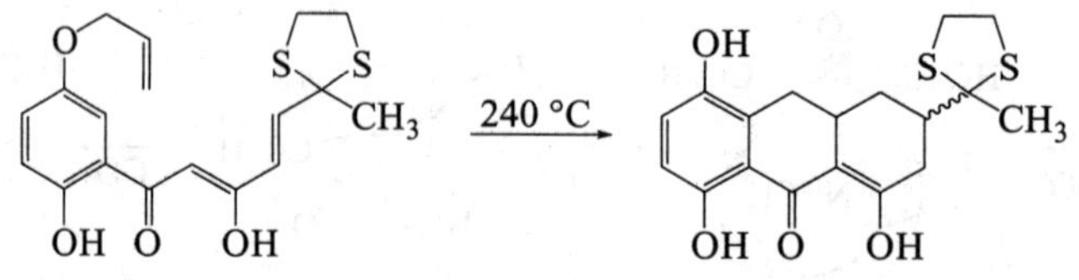
S
S
CH_3
OH
O
240 °C

［解］

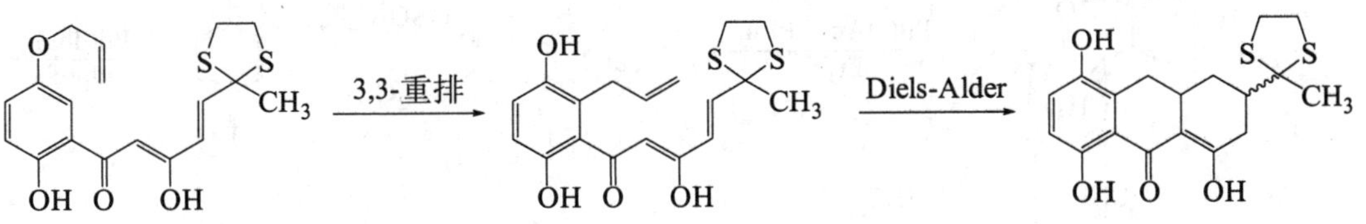

三、习题及参考答案

(一) 习题

1. 由原料和反应条件写出产物，注意产物的立体化学结构。

(1) 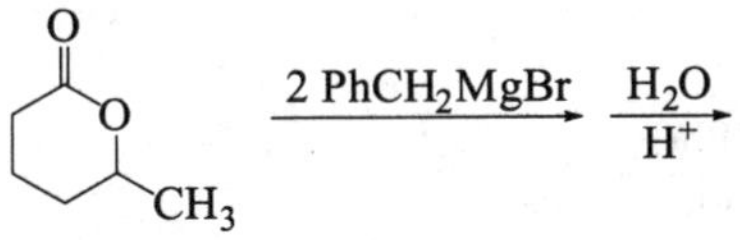

(2) $PhHC{=}CHCH{=}O \xrightarrow{PhCH_2MgBr} \xrightarrow[H^+]{H_2O}$

(3) $3\ PhCH_2MgBr + (CH_3O)_2CO \longrightarrow \xrightarrow[H^+]{H_2O}$

(4) 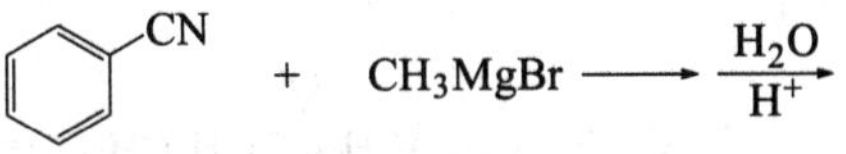

(5) $PhCH_2MgBr + PhC(=O)N(CH_3)OCH_3 \longrightarrow$

(6) 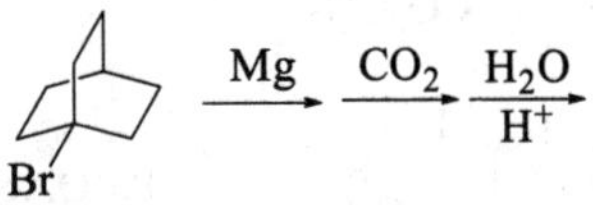

(7) $PhHC{=}CHCH{=}O \xrightarrow{PhCH_2MgBr} \xrightarrow{H_2SO_4}$

(8) 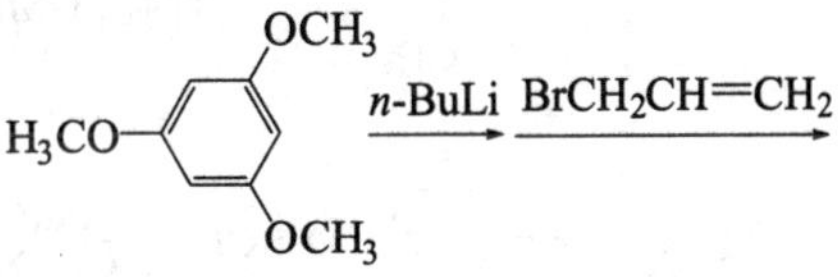

(9) $(CH_3)_3COCH(Li)CH{=}CH_2 + I(CH_2)_5CH_3 \longrightarrow$

(10) 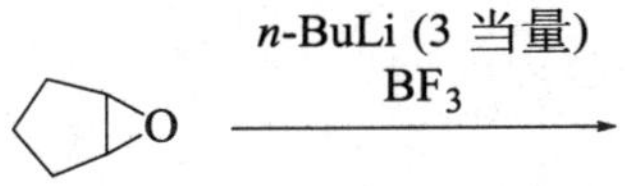

(11) 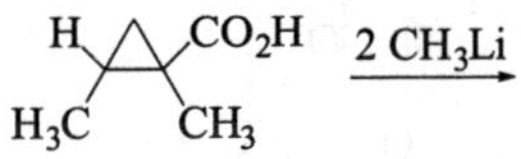

(12) $H_2C{=}CHCH_2Li + PhC(=O)N(CH_3)OCH_3 \longrightarrow$

(13) 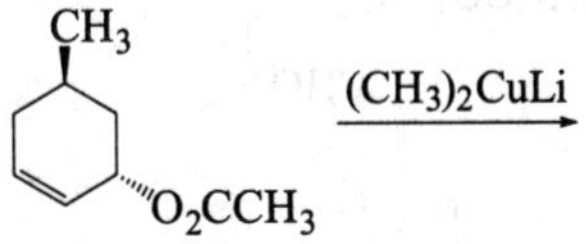

(14) $PhCH{=}CHBr \xrightarrow{(CH_3)_2CuLi}$

(15) $PhCHO + BrCH_2CO_2C_2H_5 \xrightarrow{Zn} \xrightarrow[H^+]{H_2O}$

(16) 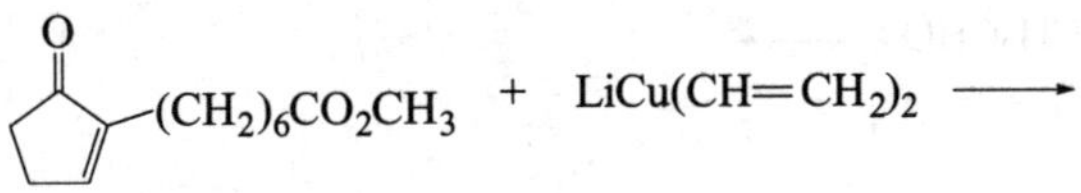

(17) 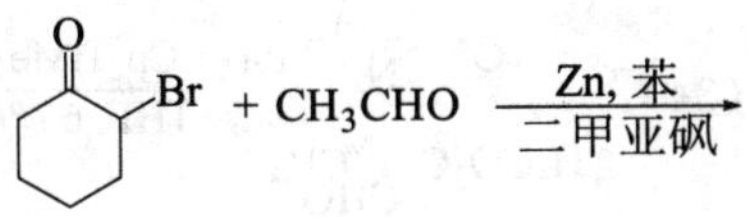

(18) 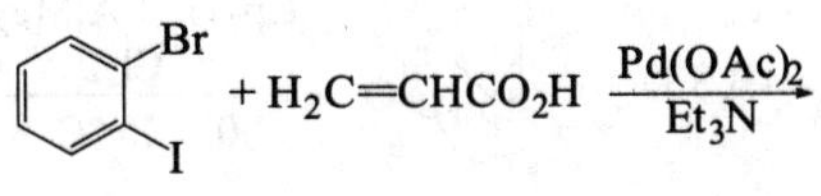

(19) 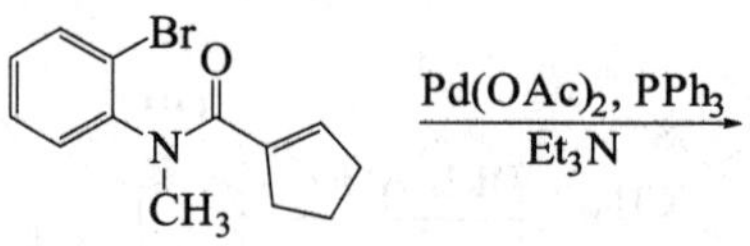
(20) 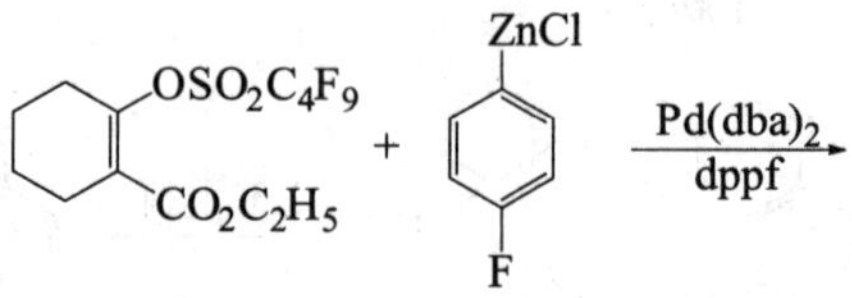

(21) 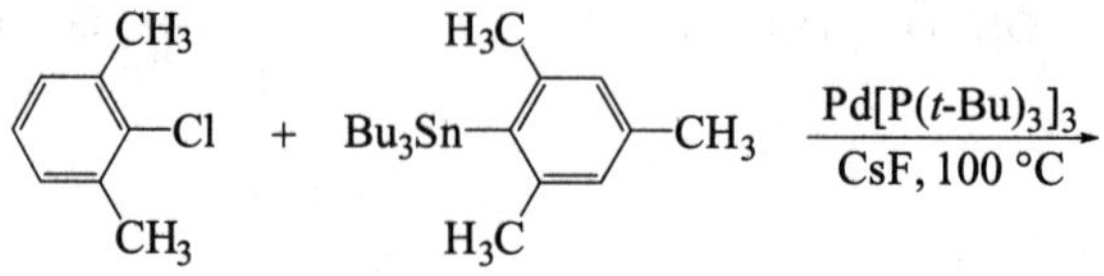

(22) 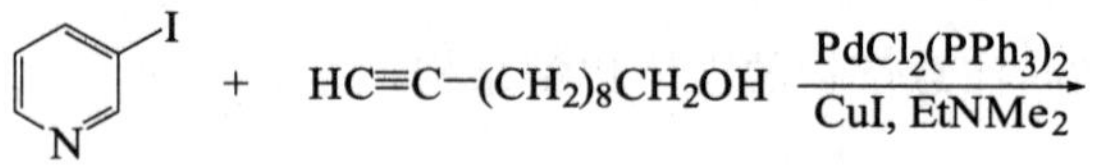

(23) 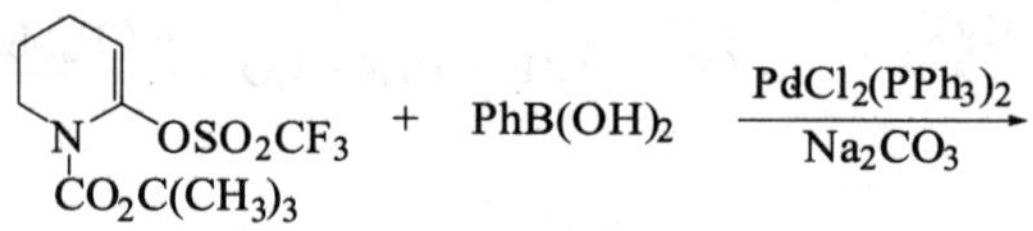

(24) 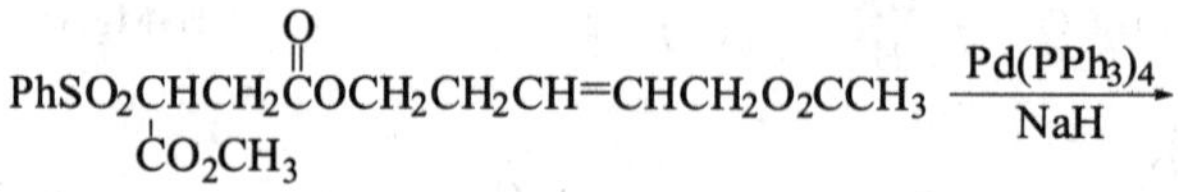

(25) 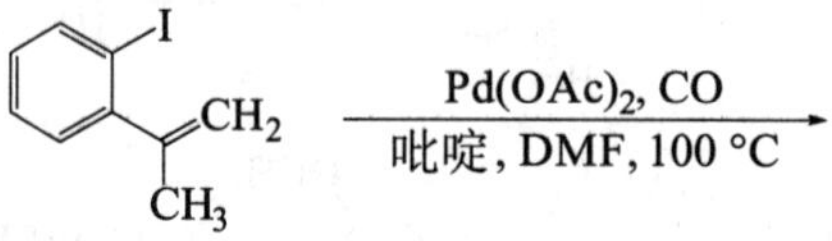
(26) 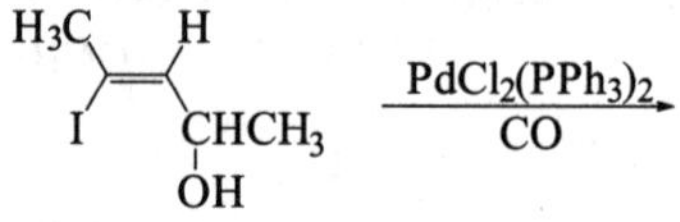

(27) 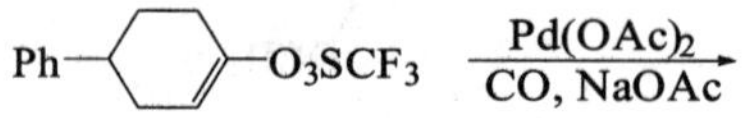
(28) 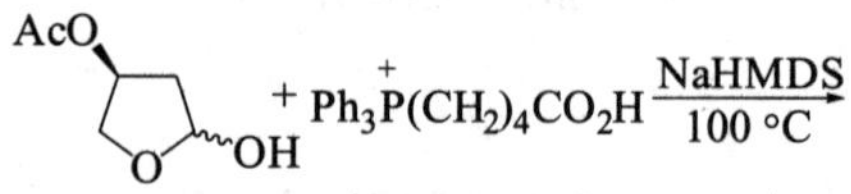

(29) 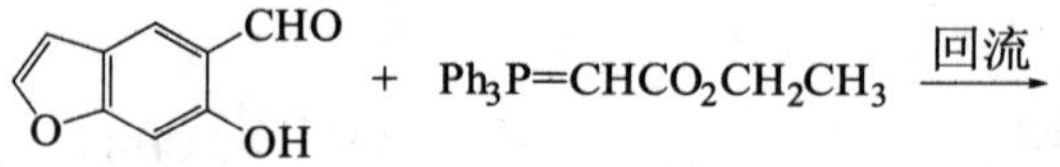

(30) 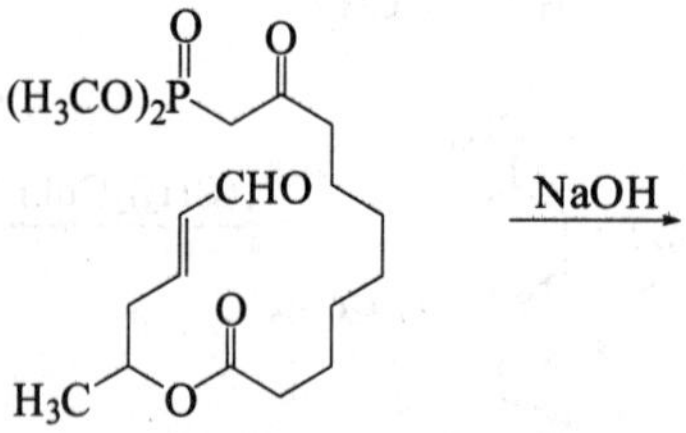
(31) 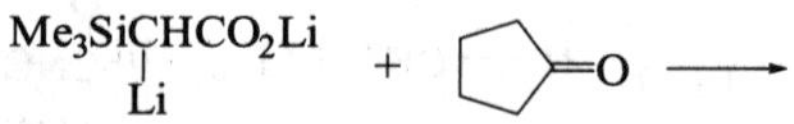

(32) 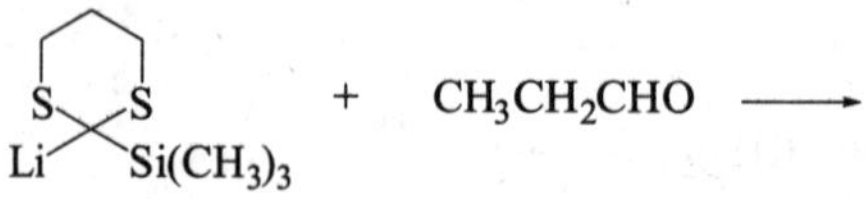

(33) 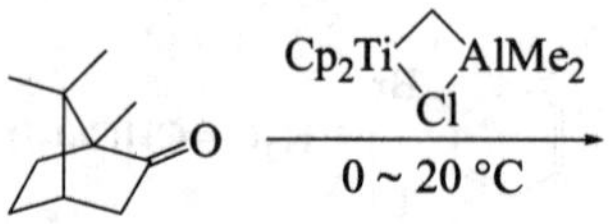
(34) 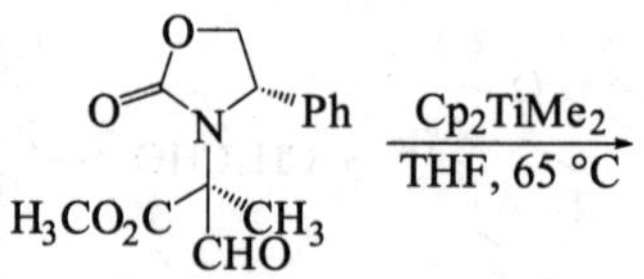

（35）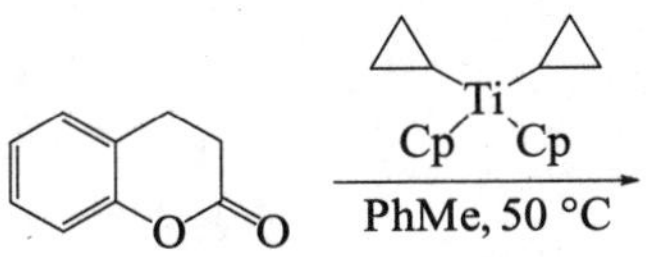

（36）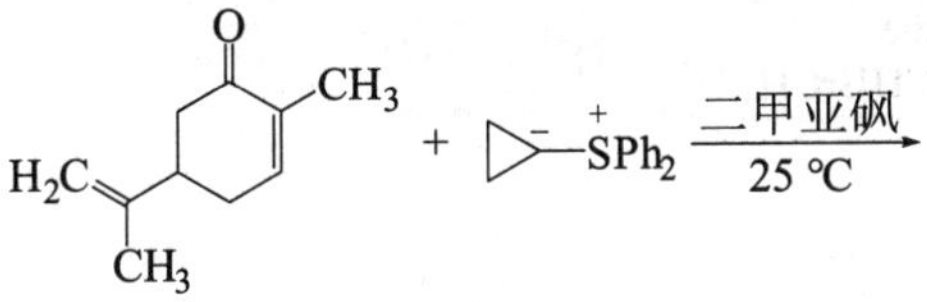

（37）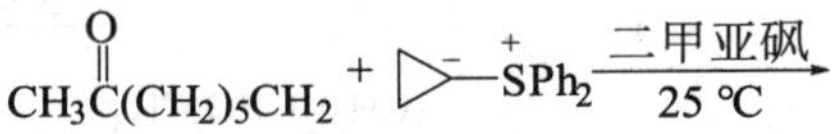　（38）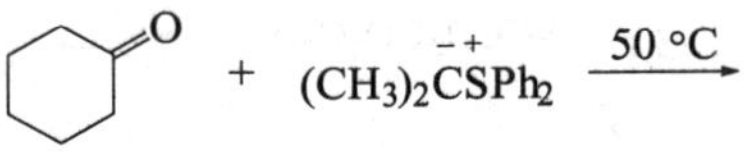

（39）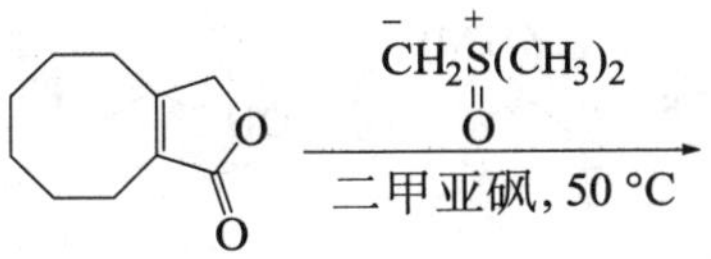　（40）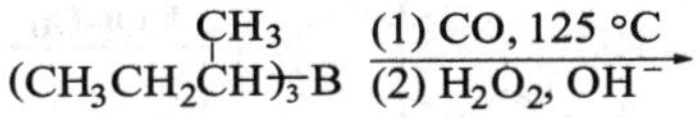

（41）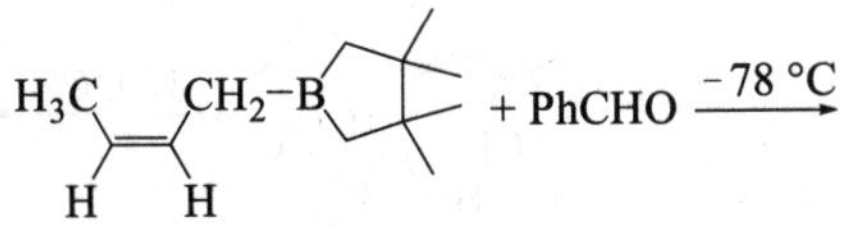　（42）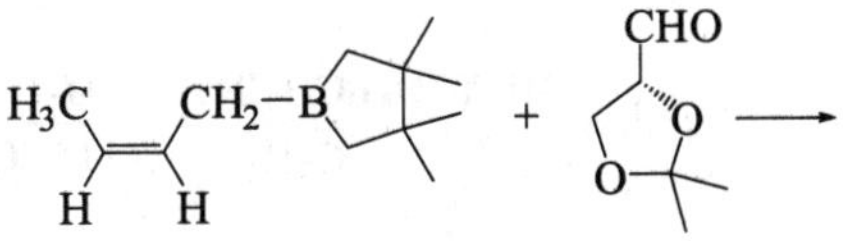

（43）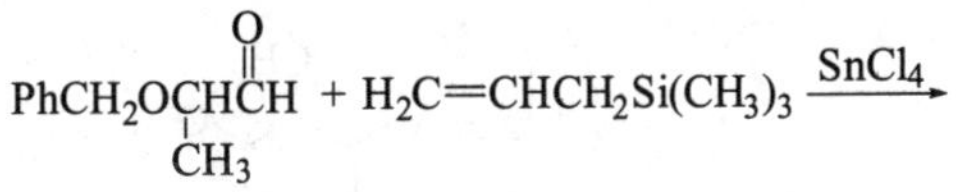

（44）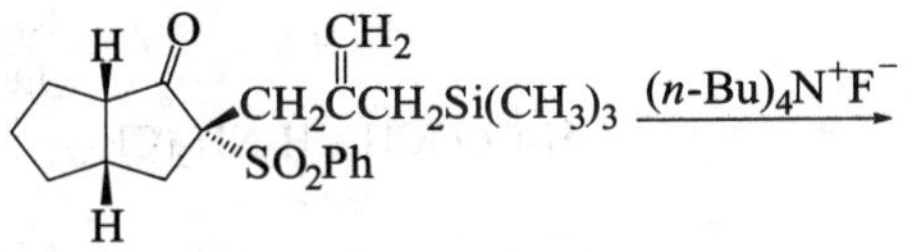

（45）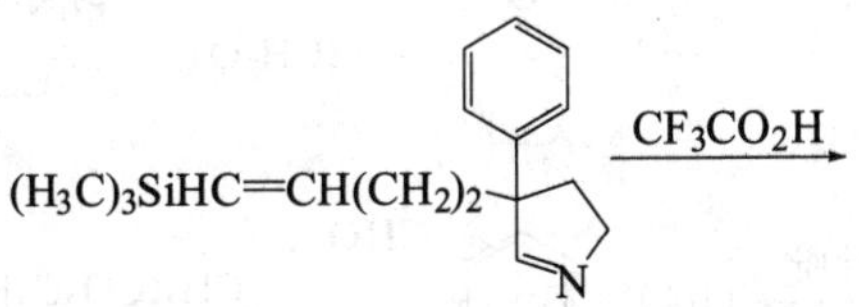　（46）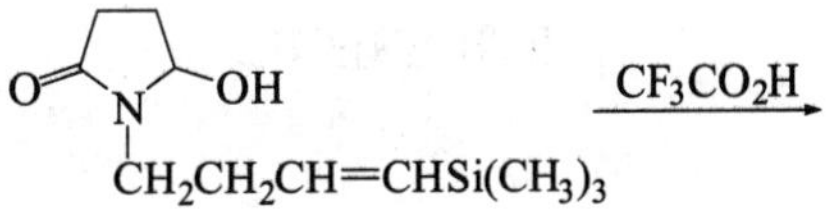

（47）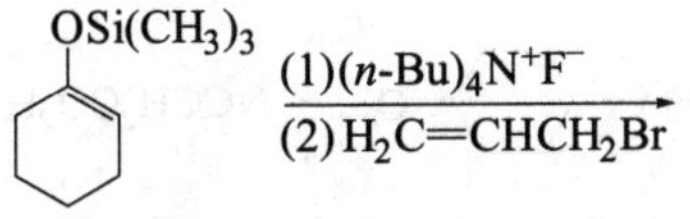　（48）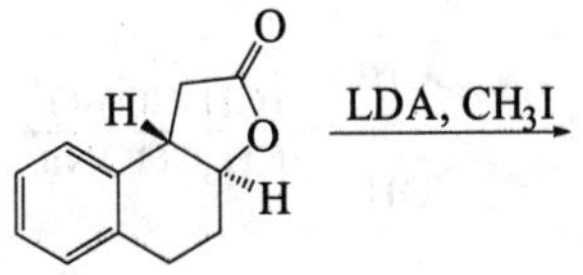

（49）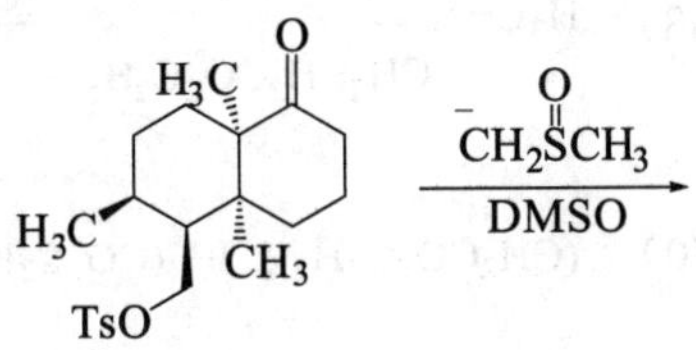　（50）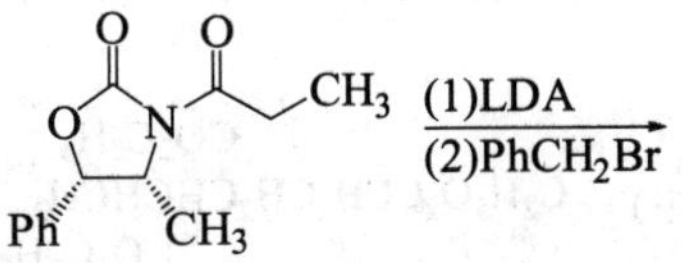

(51) 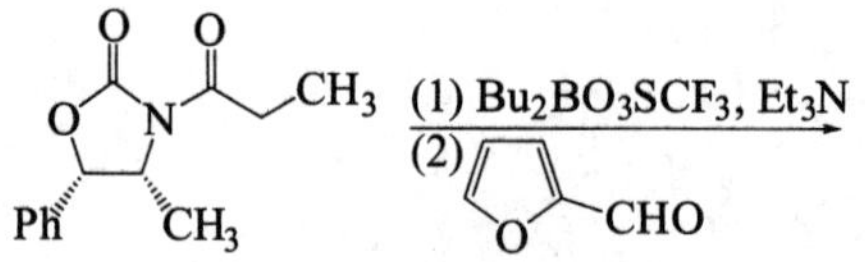

(52) 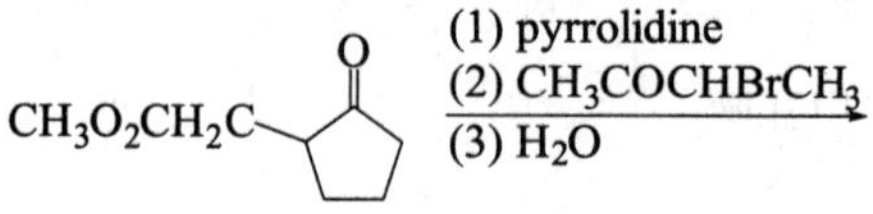

(53) 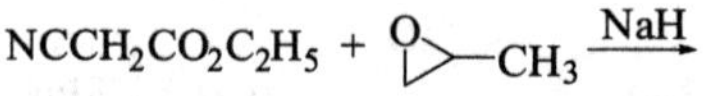

(54) 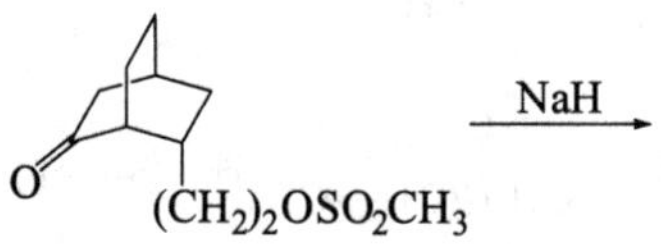

(55) 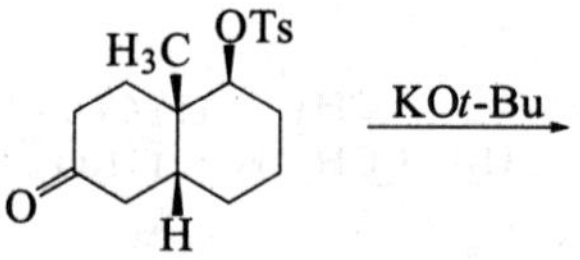

(56) 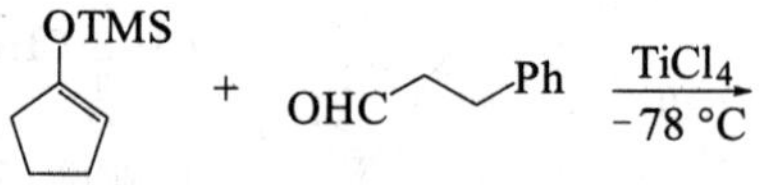

(57) $OHC(CH_2)_3CH(C_3H_7)CHO \xrightarrow[115\ °C]{H_2O}$

(58) 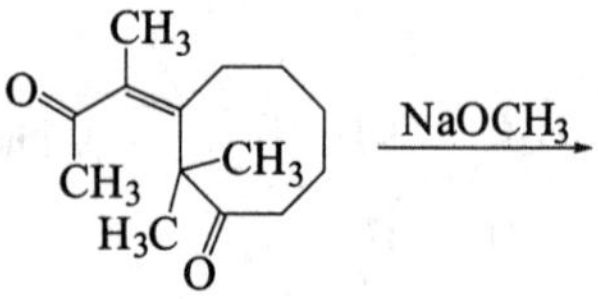

(59) 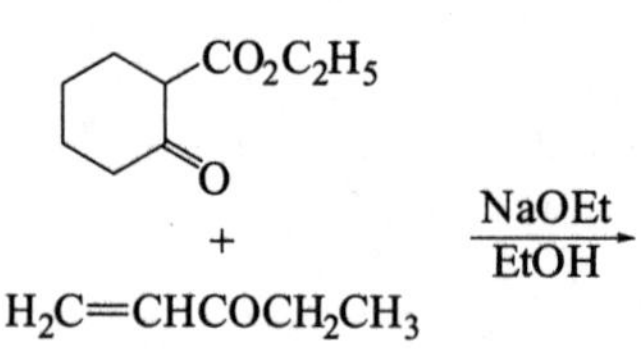

(60) 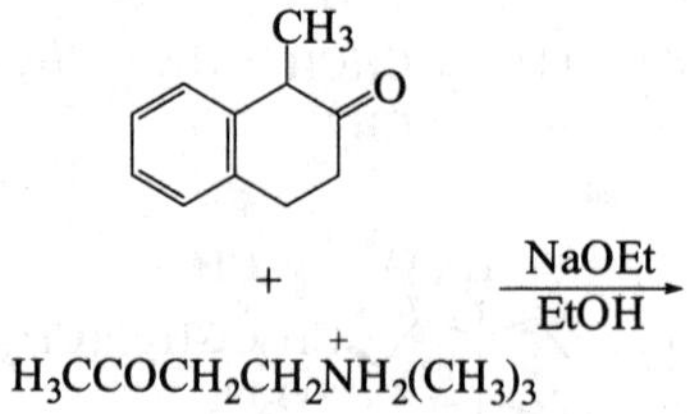

(61) $(CH_3)_2CHCOCH_3 + [(CH_3)_2N]_2CH_2 \xrightarrow{CF_3CO_2H}$

(62) 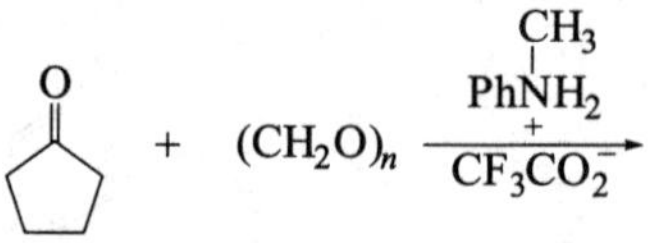

(63) $H_2C{=}CHCH{=}O + CH_2(CO_2H)_2 \xrightarrow[60\ °C]{\text{吡啶}}$

(64) 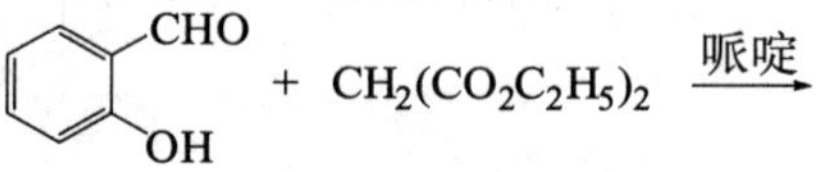

(65) 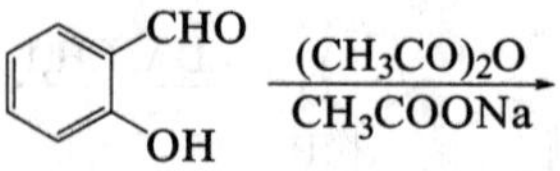

(66) 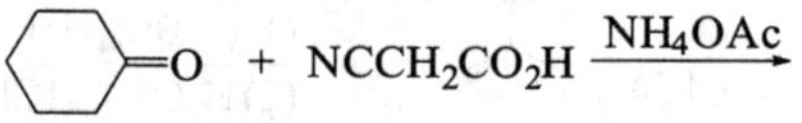

(67) $CH_3(CH_2)_3CO_2C_2H_5 \xrightarrow{NaOEt}$

(68) $H_3C-N(CH_2CH_2CO_2C_2H_5)_2 \xrightarrow{NaOEt}$

(69) $C_2H_5O_2CCH_2CH_2CH(CO_2C_2H_5)CH(CO_2C_2H_5)CH_3 \xrightarrow{NaH}$

(70) $(CH_2CO_2C_2H_5)_2 + (CO_2C_2H_5)_2 \xrightarrow{NaOEt}$

(71) 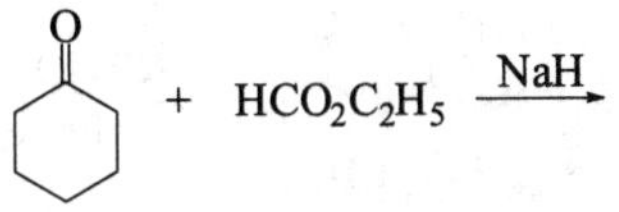

(72) 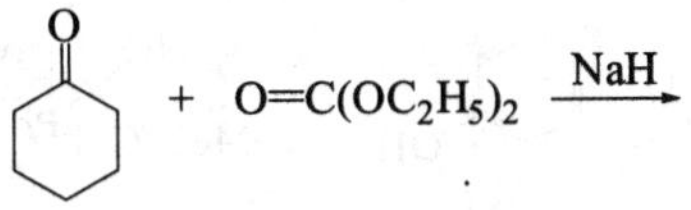

(73) 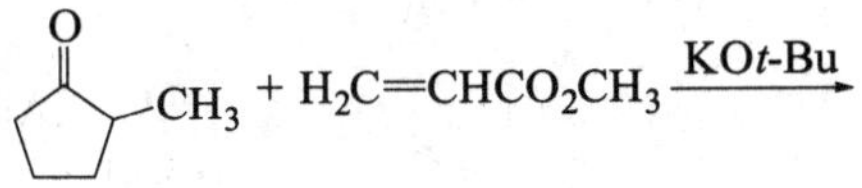

(74) 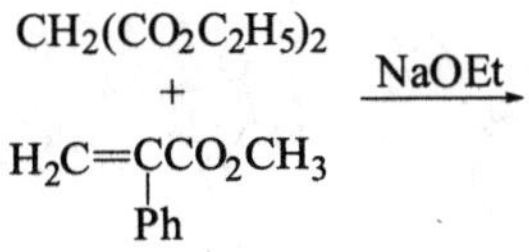

(75) 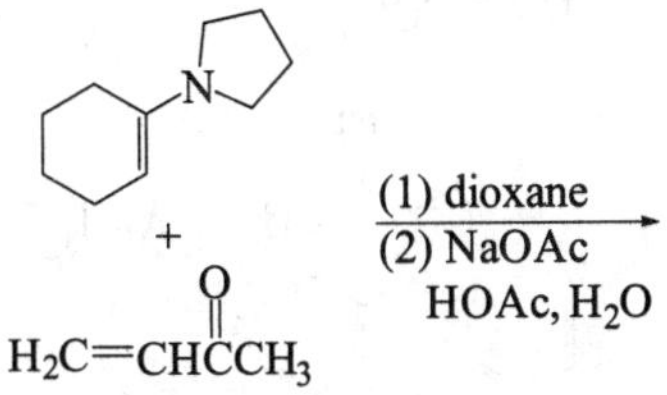

(76) 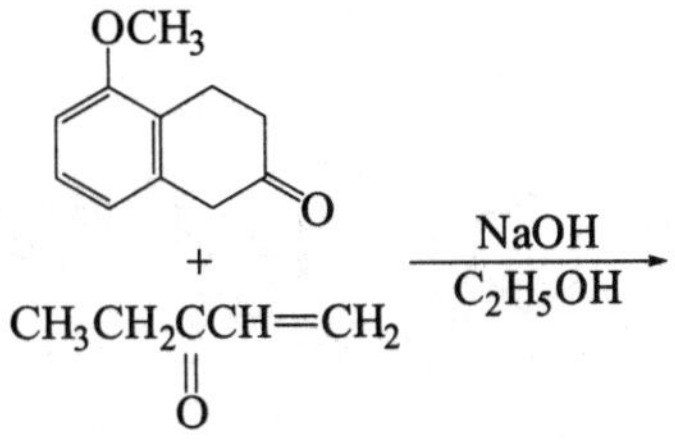

(77) 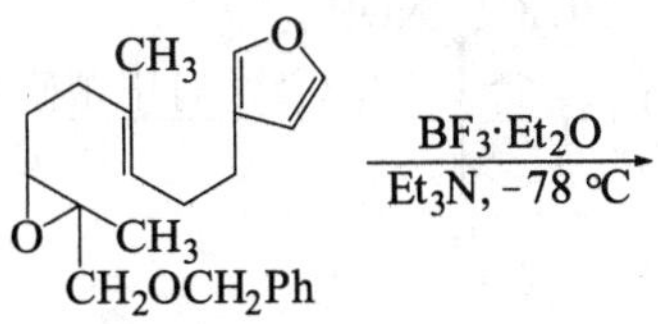

(78) 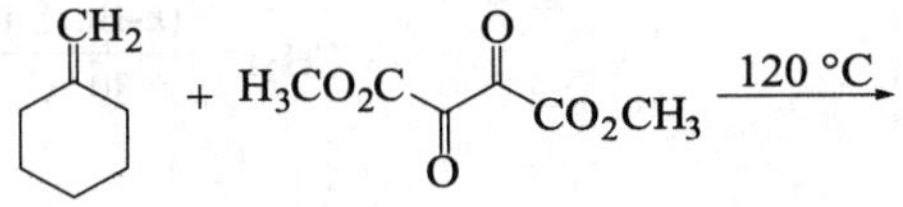

(79) 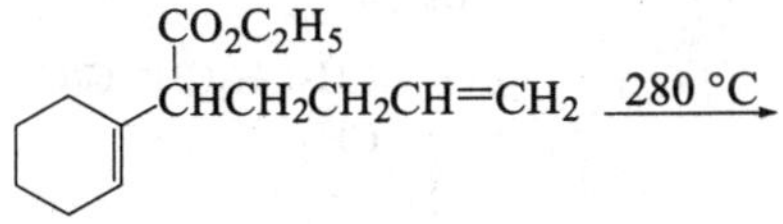

(80) 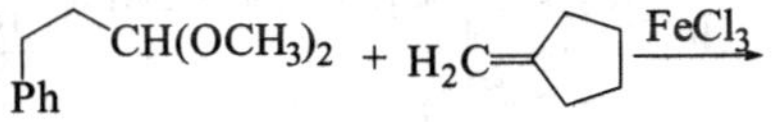

(81) 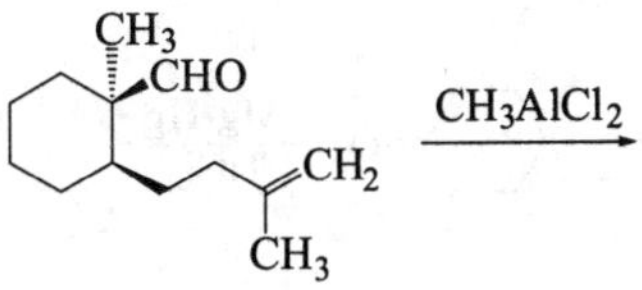

(82) 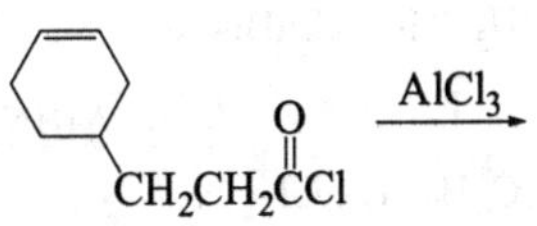

(83) 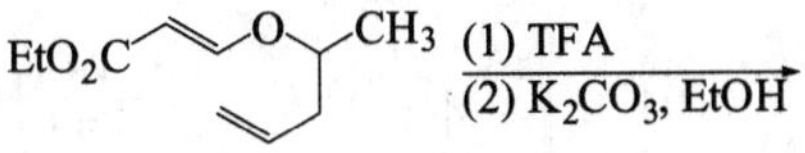

(84) 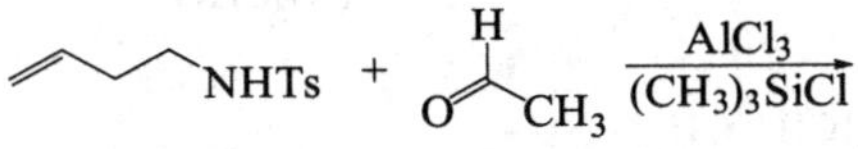

(85) 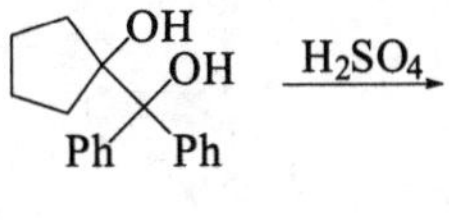

(86) 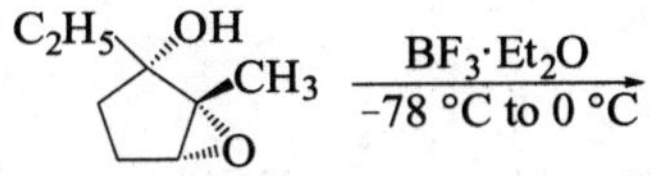

(87) 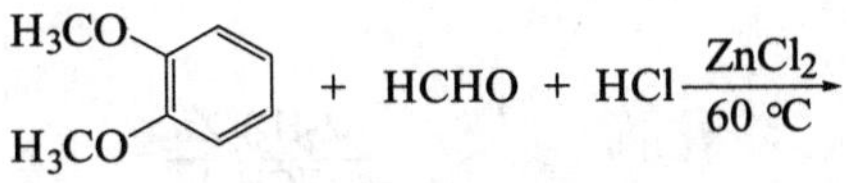

(88) 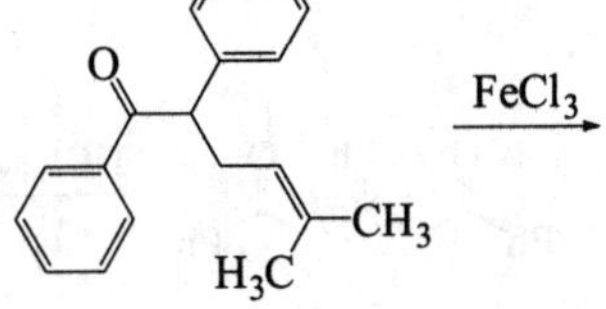

(89) 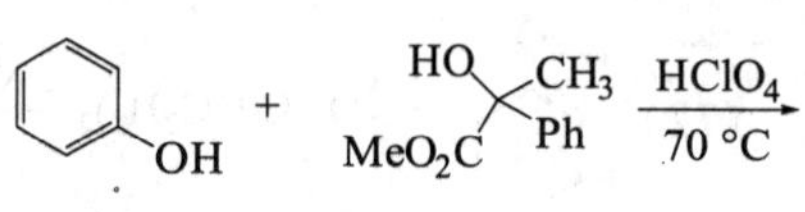

(90) 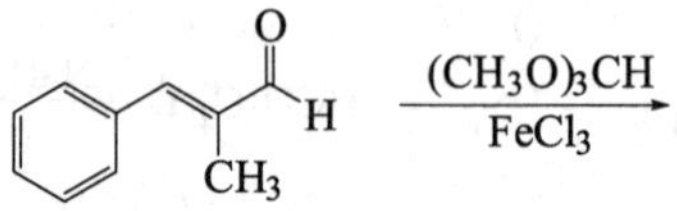

(91) 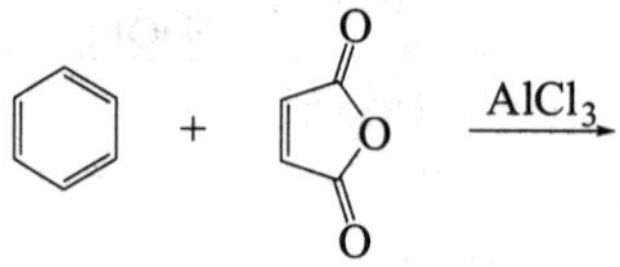

(92) 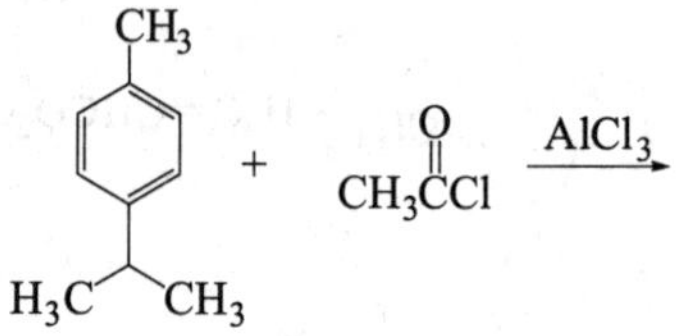

(93) 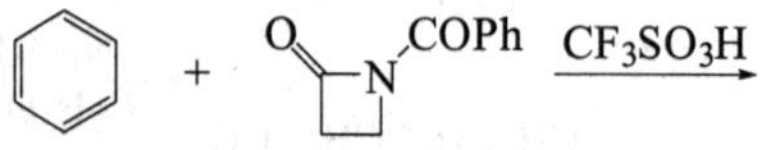

(94) 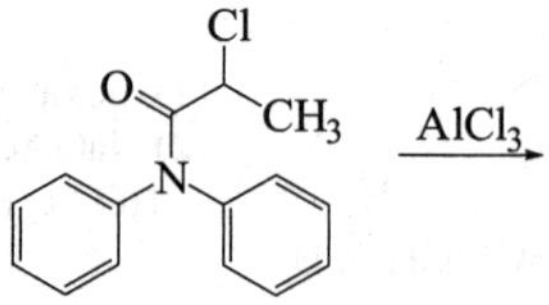

(95) 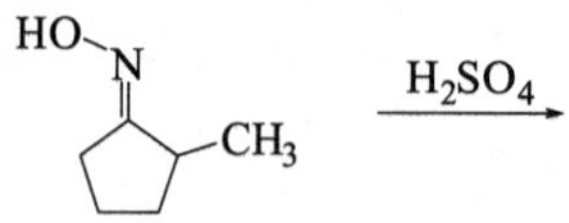

(96) 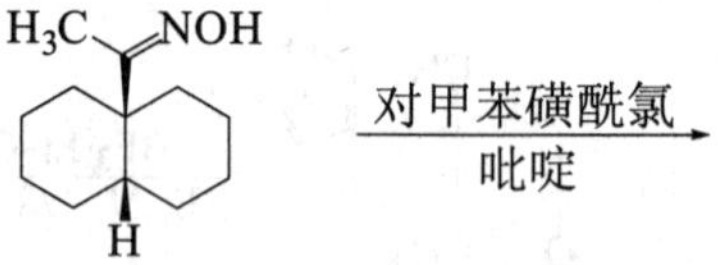

(97) 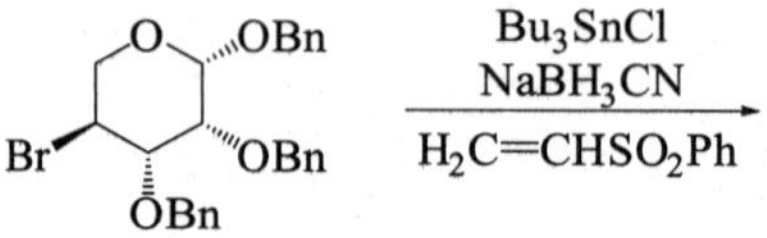

(98) 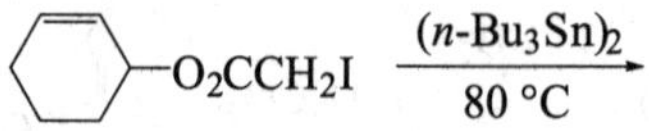

(99) 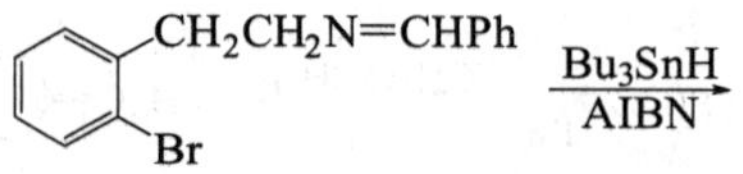

(100) 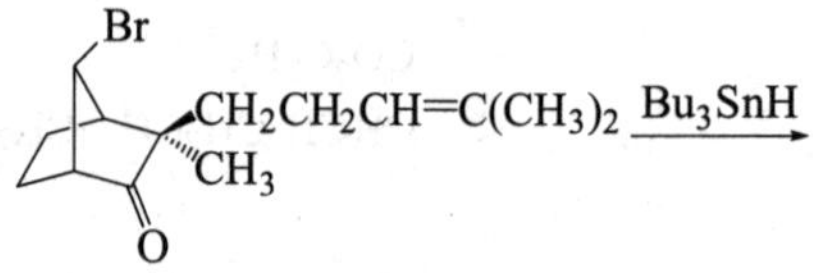

(101) $CH_3CHCO_2SnBu_3$ (I) + $C_4H_9CH{=}CH_2$ $\xrightarrow{\text{AIBN}}$

(102) 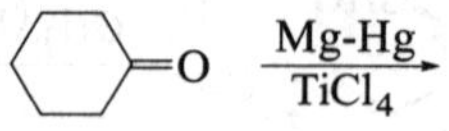

(103) $C_2H_5O_2CCH_2CH_2CO_2C_2H_5 \xrightarrow{\text{Na}}$

(104) 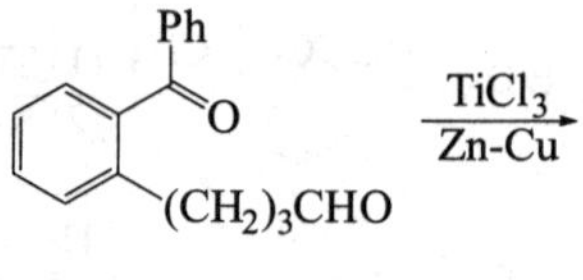

(105) 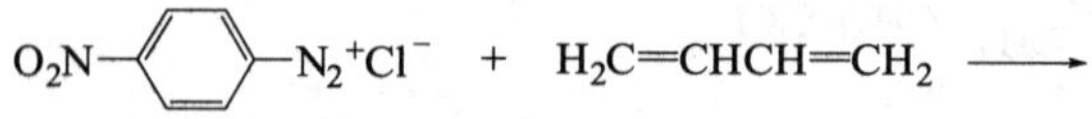

(106) 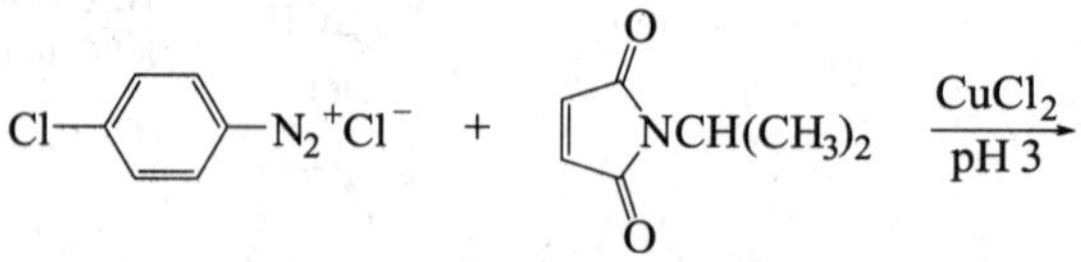

(107) 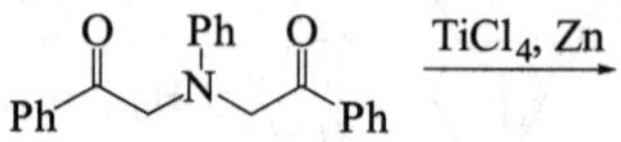

(108) 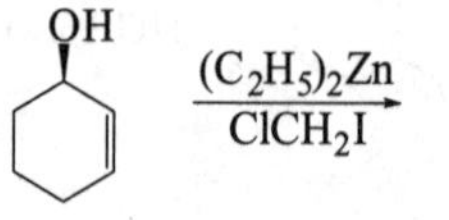

(109) 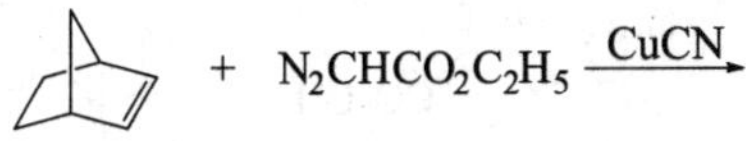

(110) 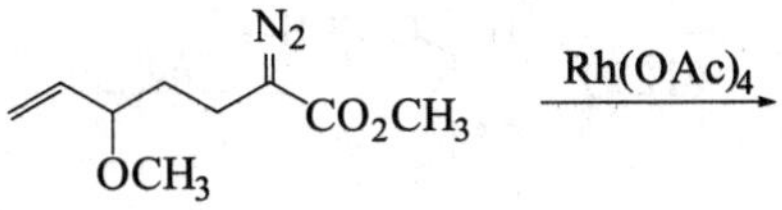

(111) 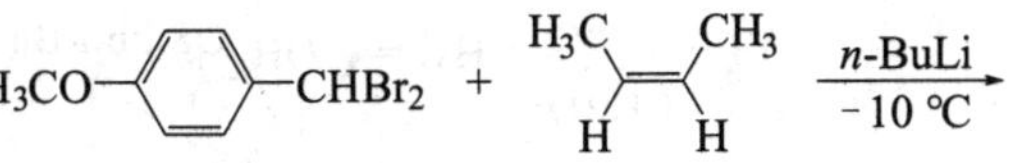

(112) 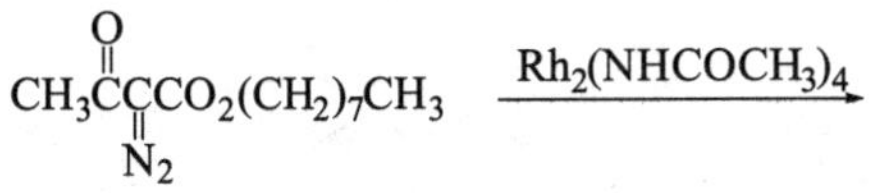

(113) 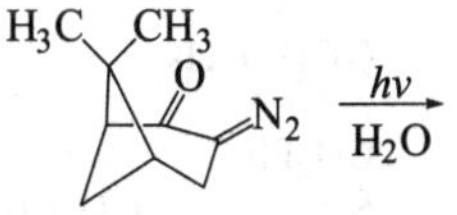

(114) 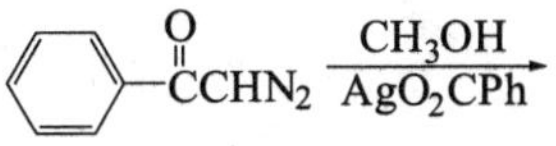

(115) 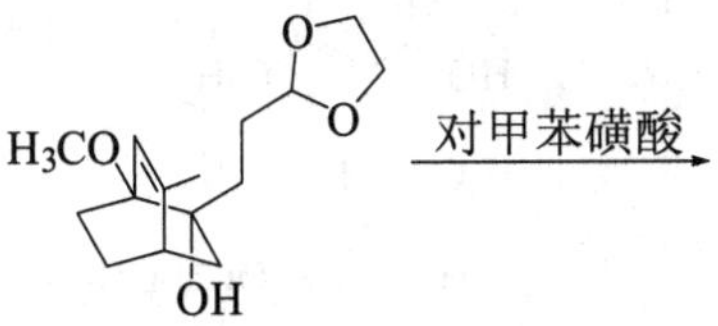

(116) 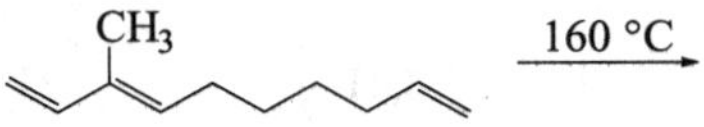

(117) 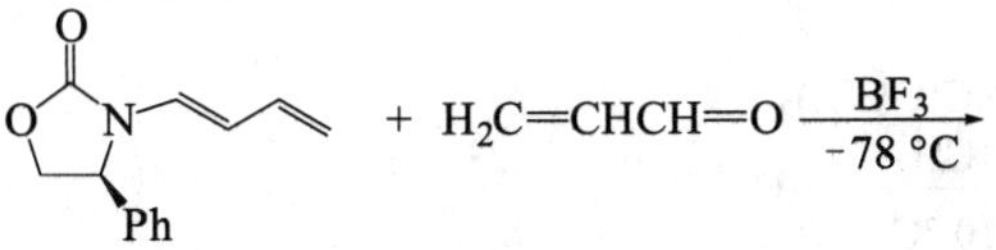

(118) 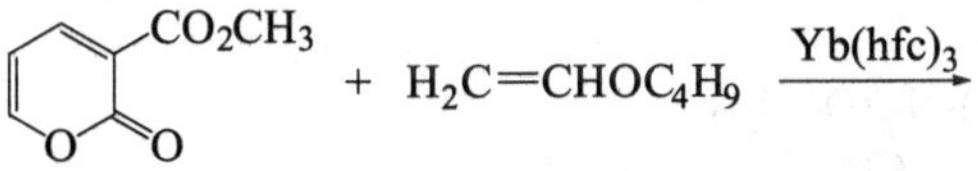

(119) 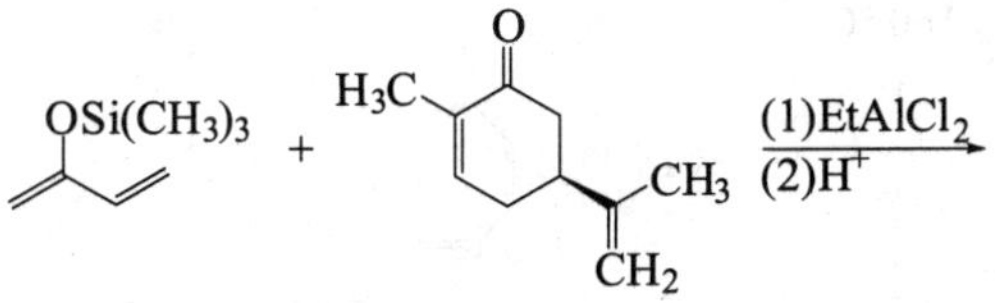

(120) 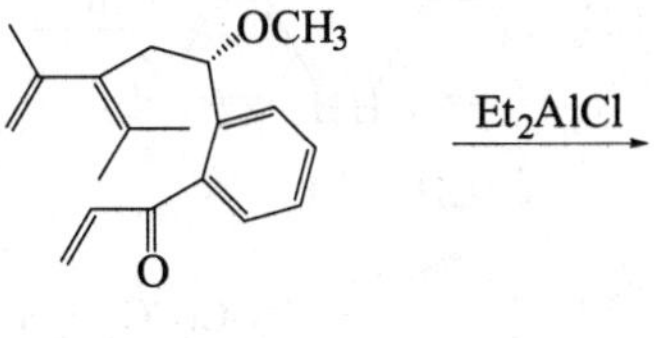

(121) 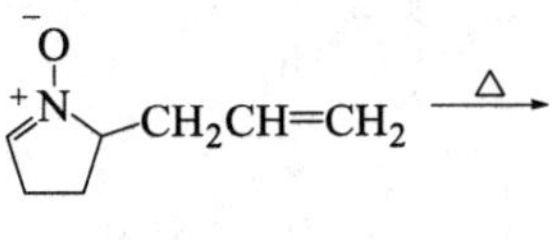

(122) 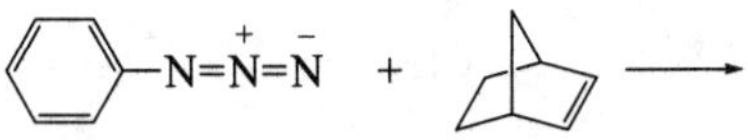

(123) 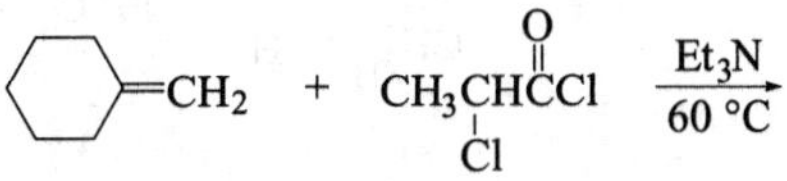

(124) 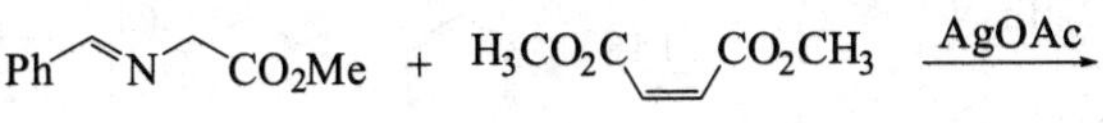

(125) 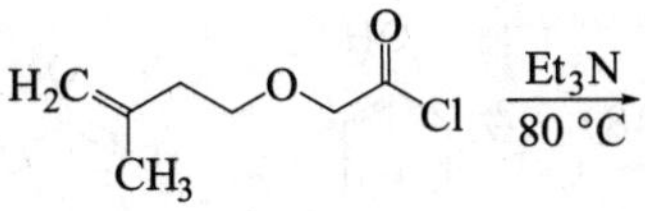

(126) 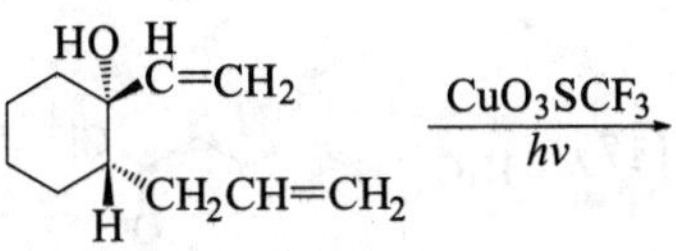

(127) 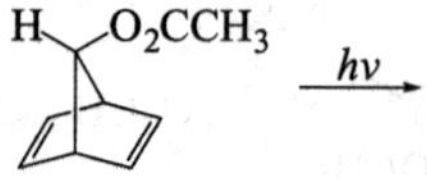

(128) 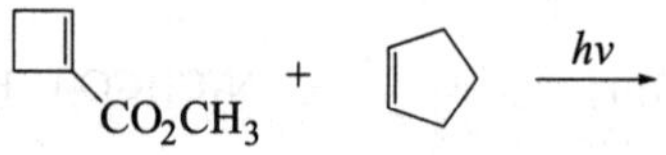

(129) 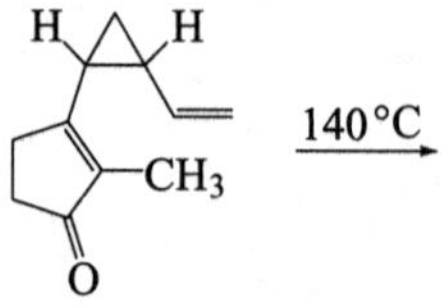

(130) 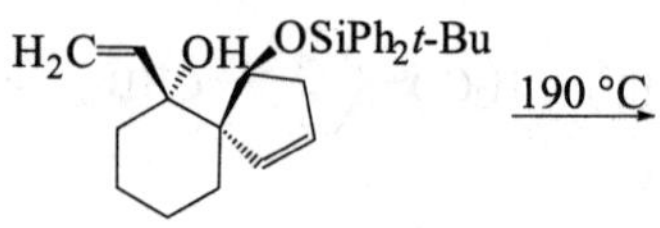

(131) 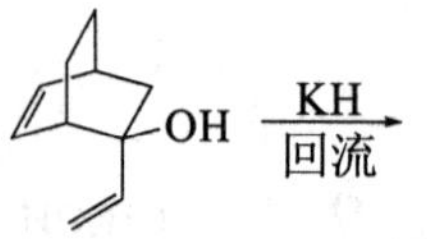

(132) 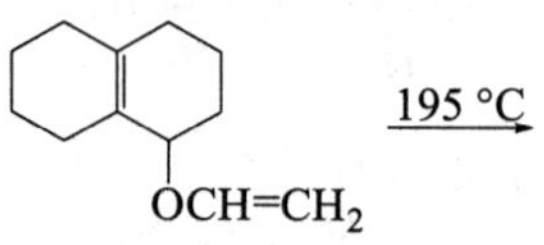

(133) 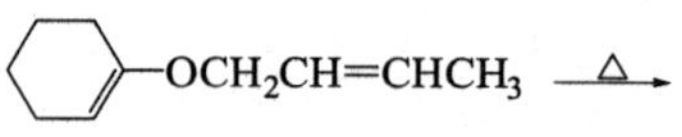

(134) 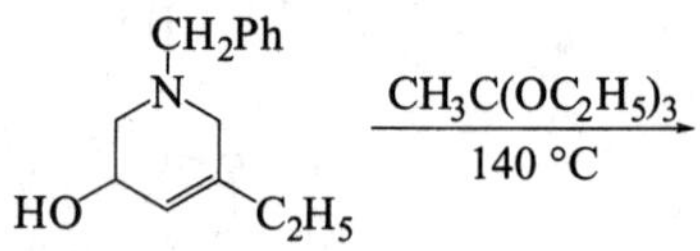

(135) 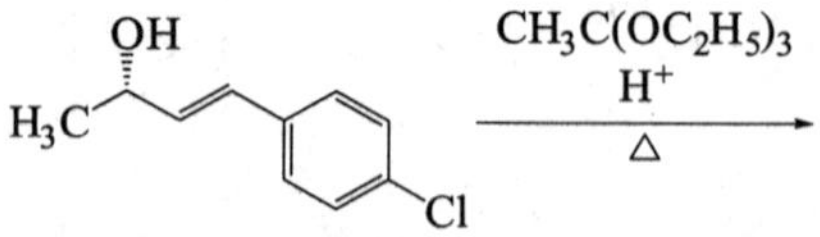

(136) 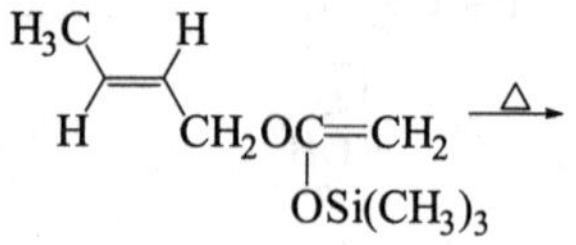

(137) 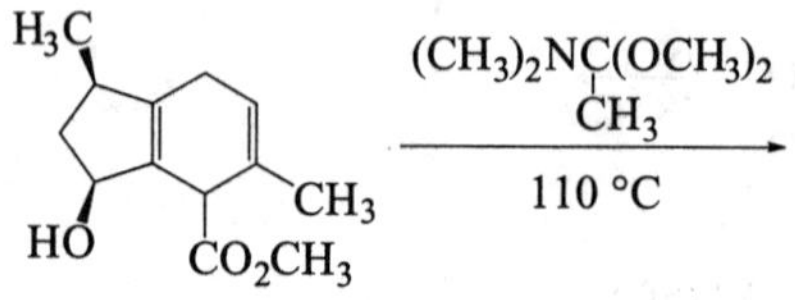

(138) 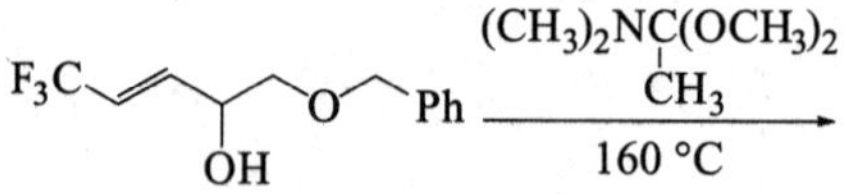

(139) 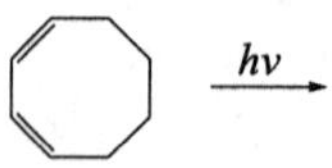

(140) 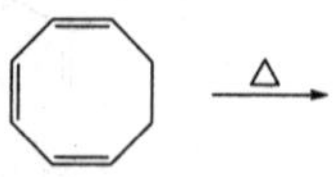

(141) 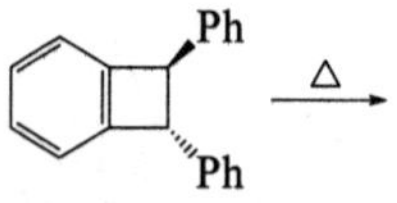

(142) 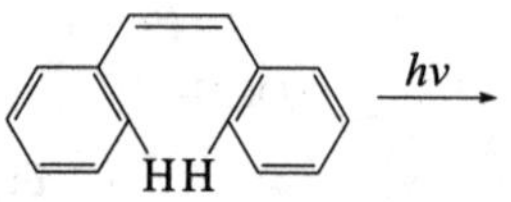

(143) 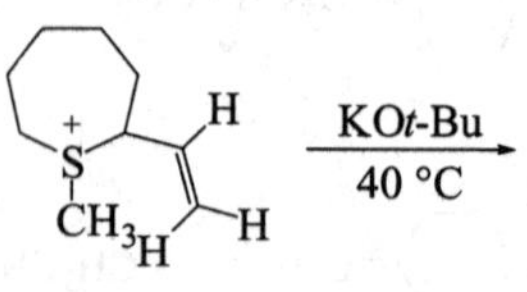

(144) 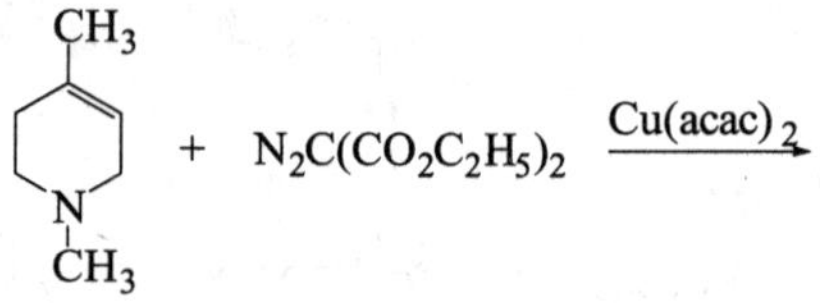

(145) 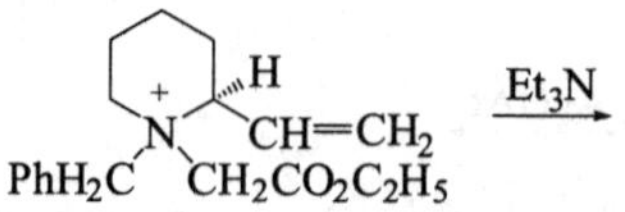

(146) 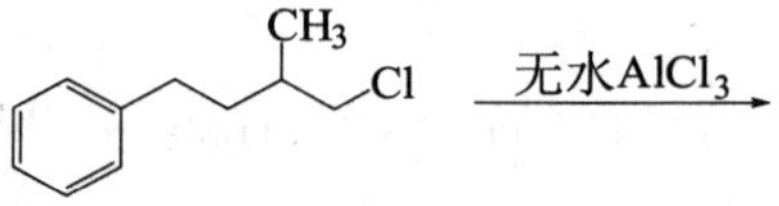

(147) 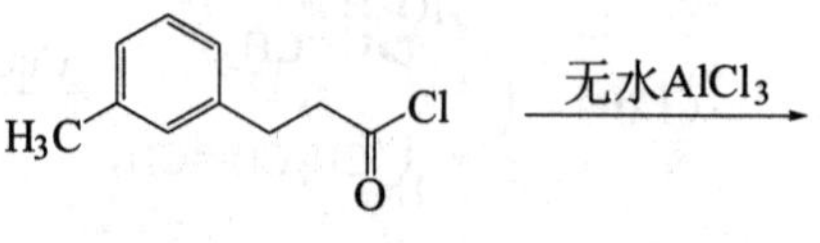

(148) 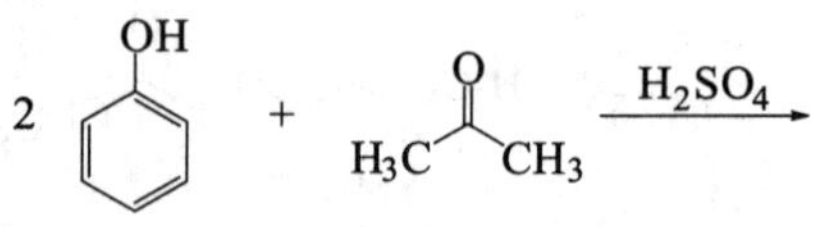

(149) 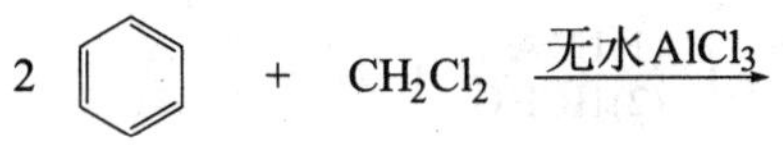

(150) $H_2C{=}HCHC{=}CH_2 \ + \ H_2C{=}CHCN \xrightarrow{\triangle}$

(151) 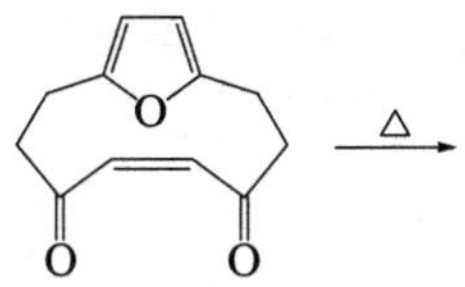　　(152) 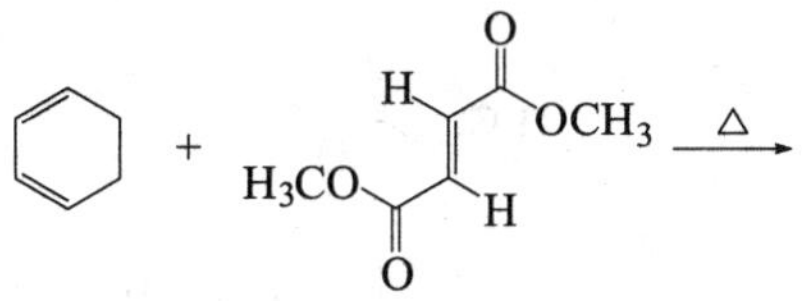

(153) 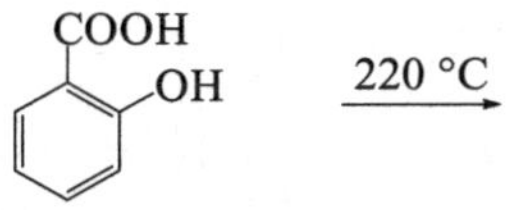

2. 写出多步反应的每步产物，注意产物的立体化学结构。

(1) 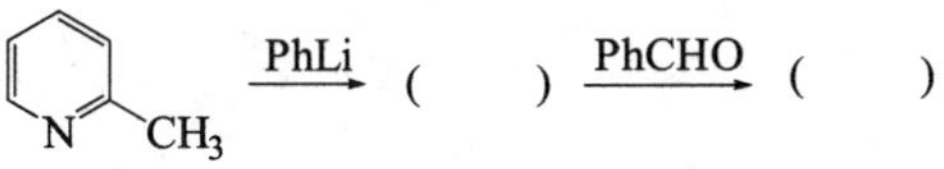

(2) $CH_3CH{=}CHBr \xrightarrow[-120\ ^\circ C]{t\text{-BuLi}} (\quad) \xrightarrow{PhCHO} (\quad)$

(3) 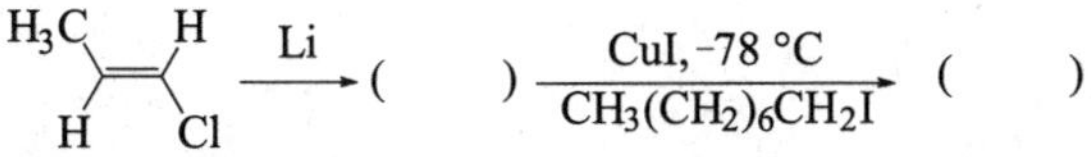

(4) 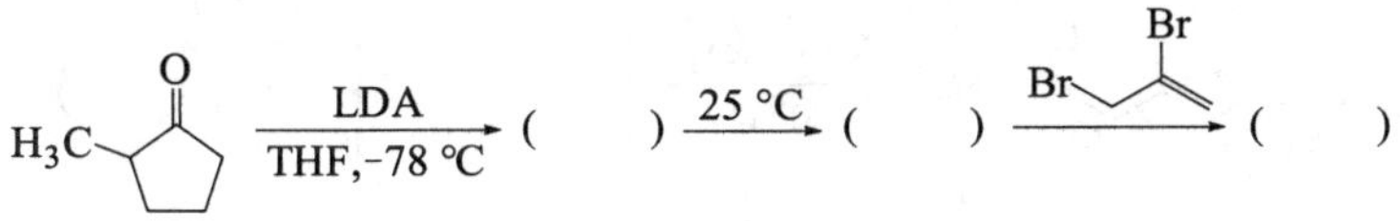

(5) 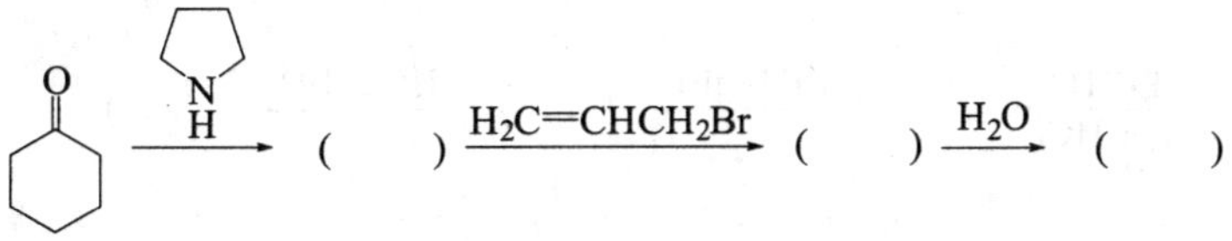

(6) 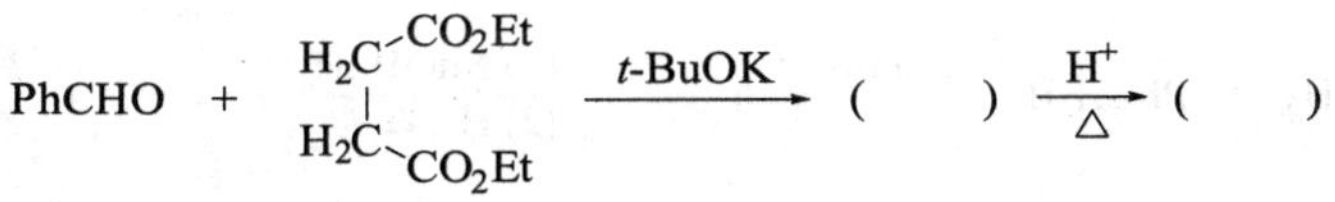

(7) 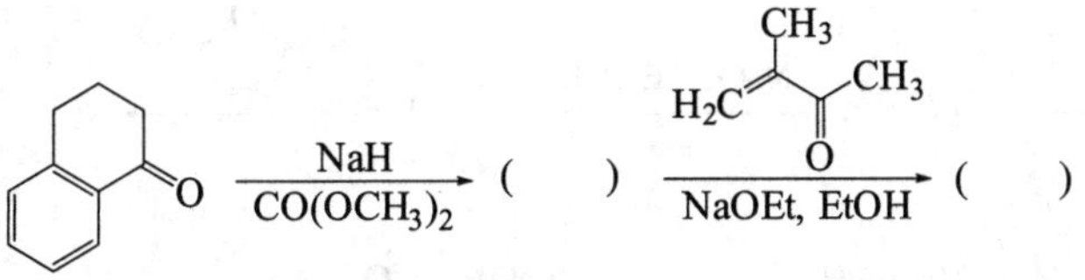

(8) $CH_3NH_2 + H_2C{=}CHCO_2CH_3 \longrightarrow (\quad) \xrightarrow{H_2C{=}CHCOOCH_3} (\quad) \xrightarrow[HOCH_3]{NaOCH_3} (\quad)$

$\xrightarrow{NaOH,\ H_2O} \xrightarrow{\triangle} (\quad)$

(9) 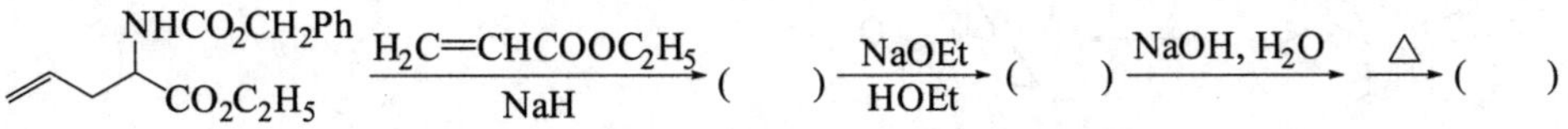

(10) 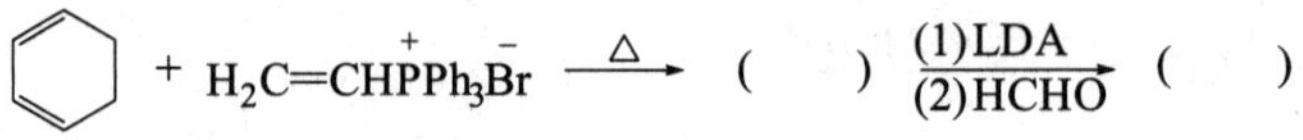

(11) $H_3CC\equiv CH \xrightarrow{CH_3CH_2MgBr} (\quad) \xrightarrow{CH_3I} (\quad)$

(12) 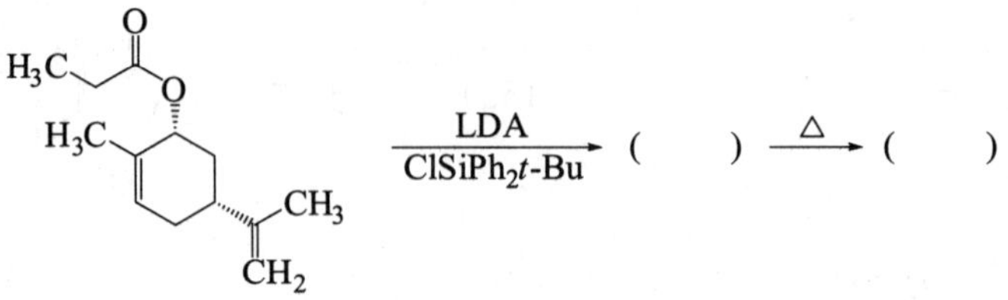

(13) 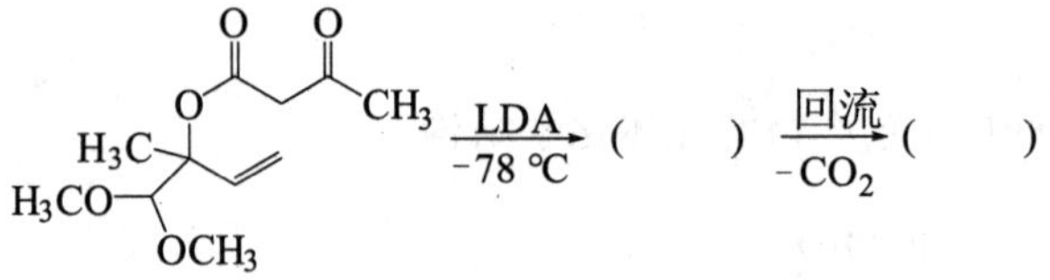

(14) 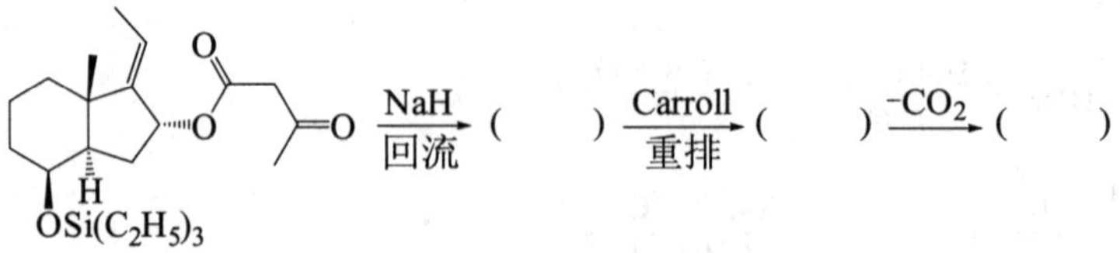

(15) 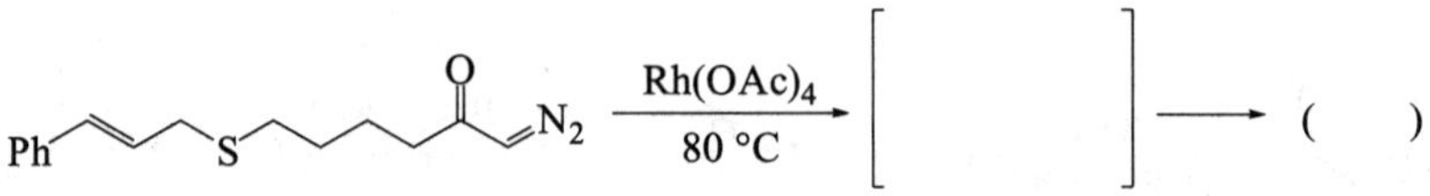

(16) 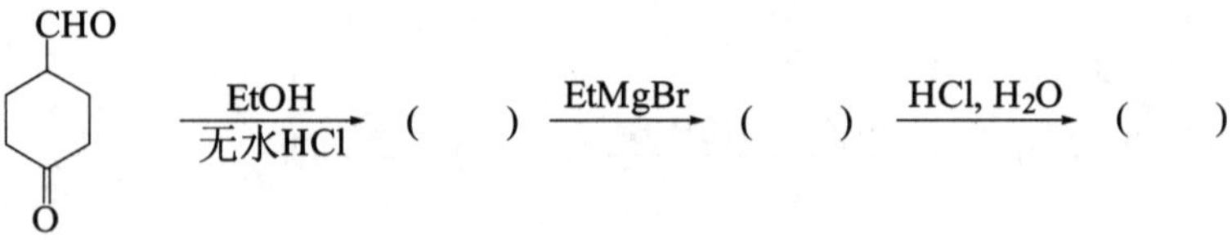

(17) $NCCH_2CO_2C_2H_5 + PhCH_2Br \xrightarrow{NaOEt} (\quad) \xrightarrow[(2)\ H^+,\triangle]{(1)\ NaOH,\ H_2O} (\quad)$

(18) 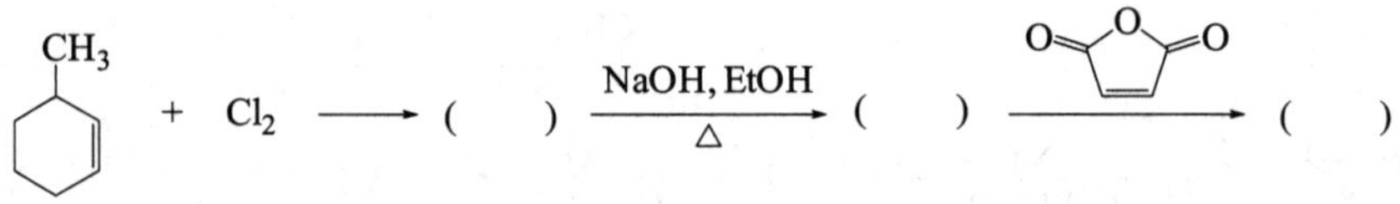

(19) 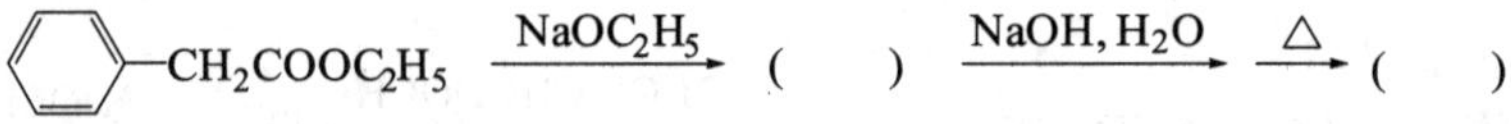

3. 写出从起始原料到产物的转化过程。

(1) 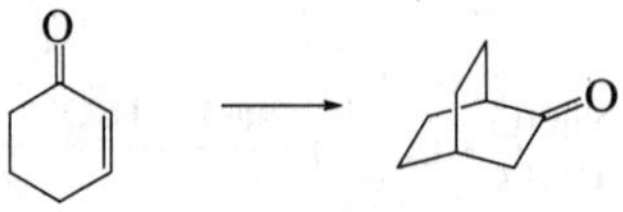

(2) 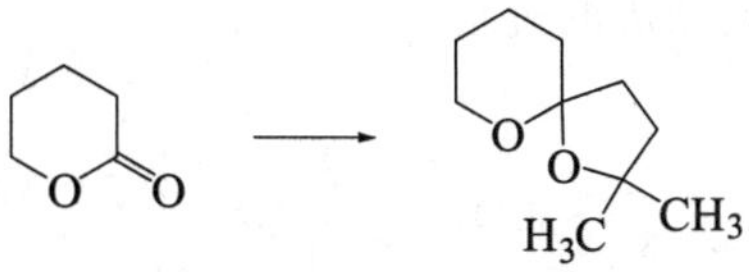

(3) 

4. 用指定原料合成下列化合物。

(1) 由苯、丁二酸酐合成 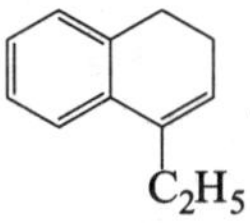。

(2) 由乙酰乙酸乙酯合成 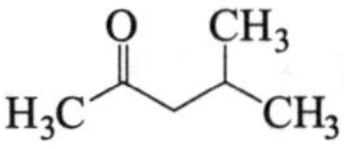。

(3) 由乙酰乙酸乙酯合成 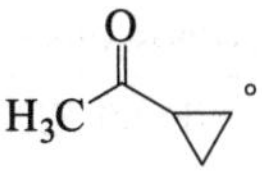。

(4) 由乙酰乙酸乙酯合成 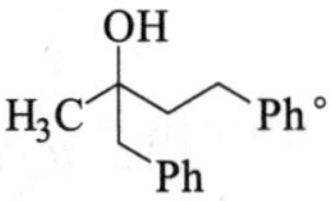。

(5) 由乙酰乙酸乙酯合成 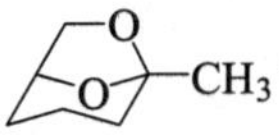。

(6) 由丙二酸二乙酯合成 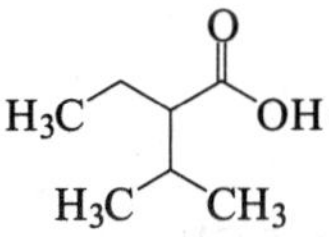。

(7)由丙二酸二乙酯合成 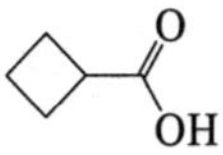。

(8)由两个碳的起始原料合成 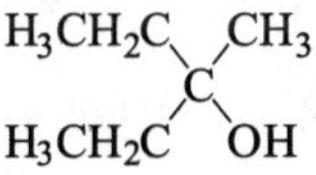。

(9) 只以丁烯为原料，利用合适试剂合成 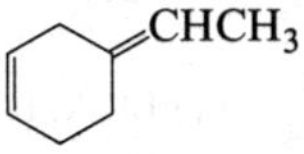。

(10)由丙酮、乙醛和碘甲烷合成 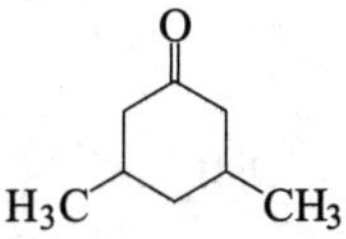。

(11)用合适的有机原料合成 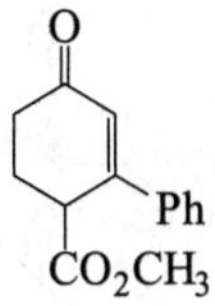。

5. 写出 2 和 3 的结构，并写出 3 转化为 4 可能经历的过程。

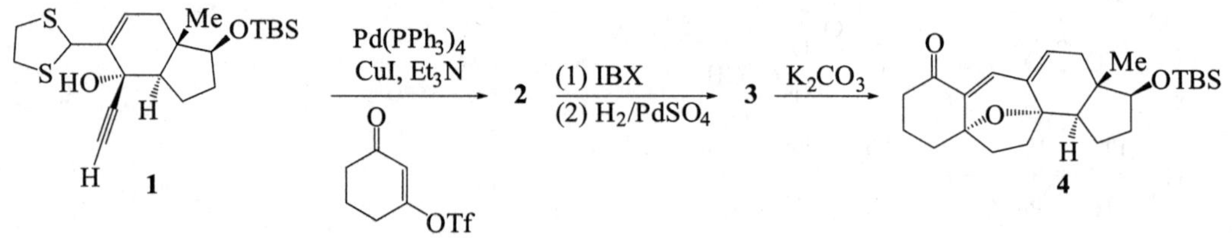

6. 写出下列反应可能经历的反应历程。

(1)
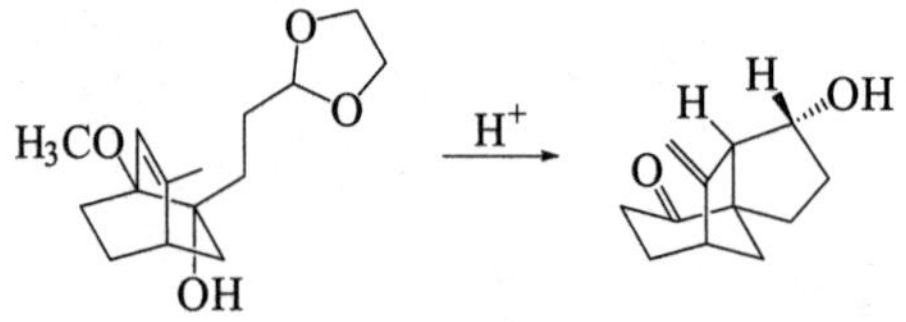

(2)
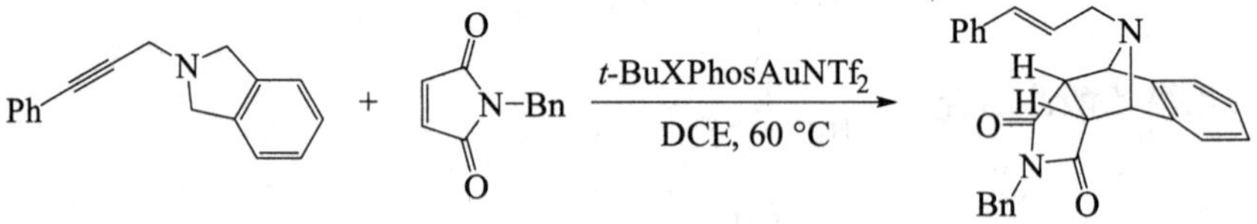

(3)
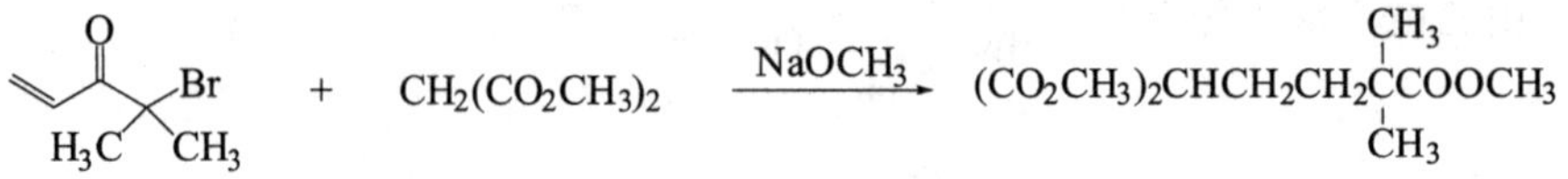

(4)
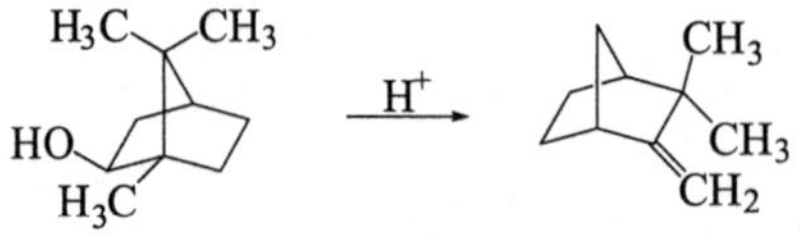

(5)
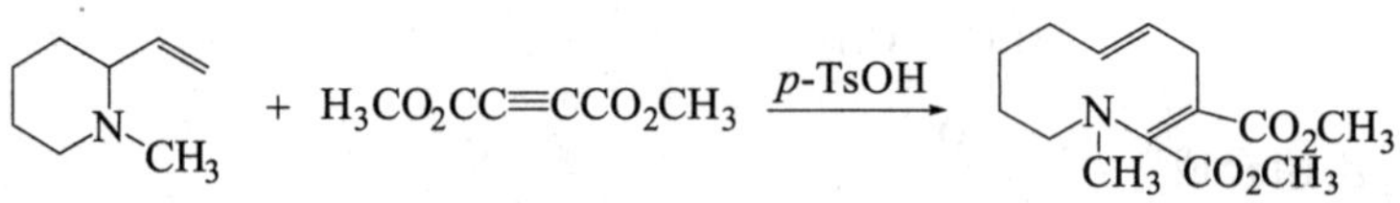

(6)
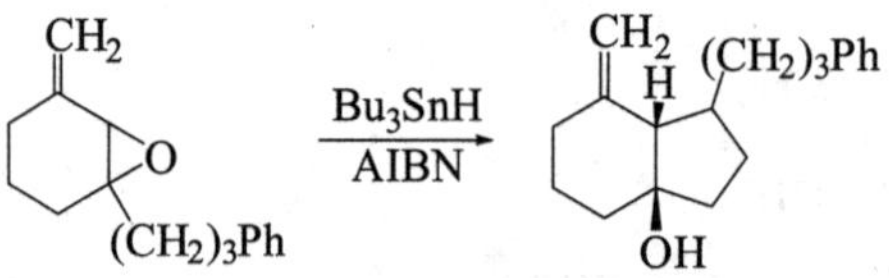

(7)
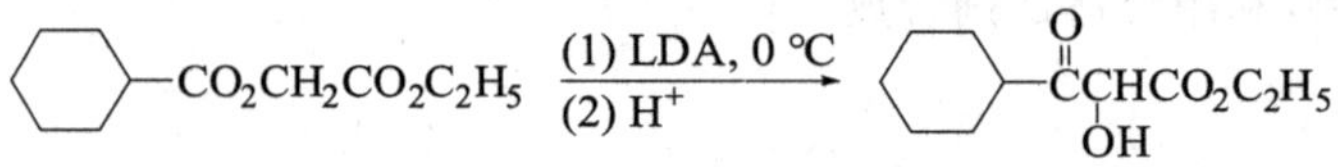

(8)
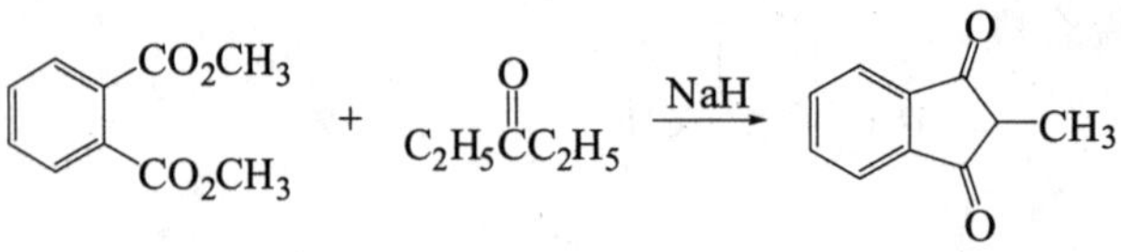

(9)
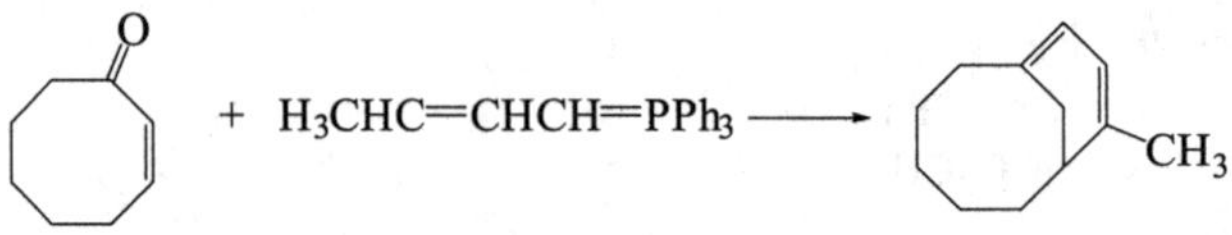

(10) 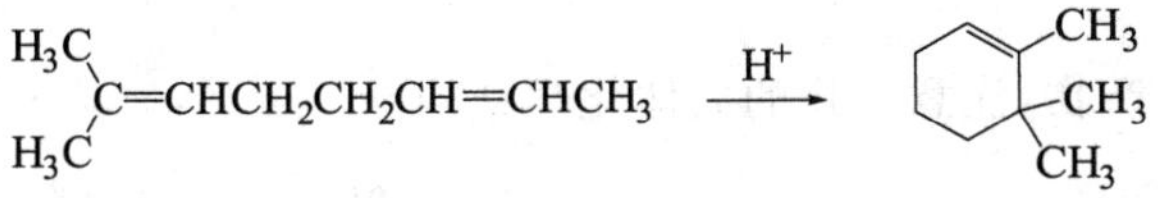

(11) 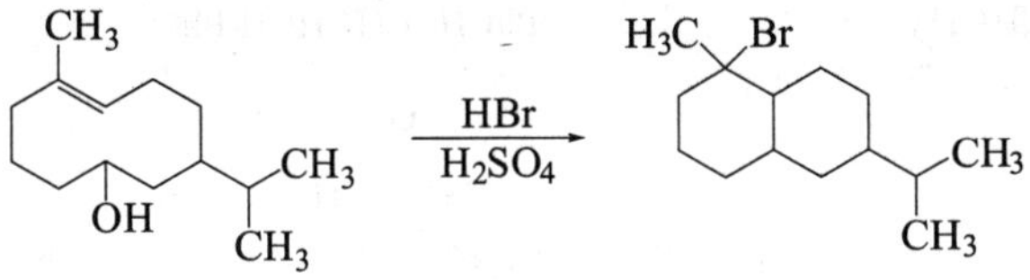

(12) 

(13) 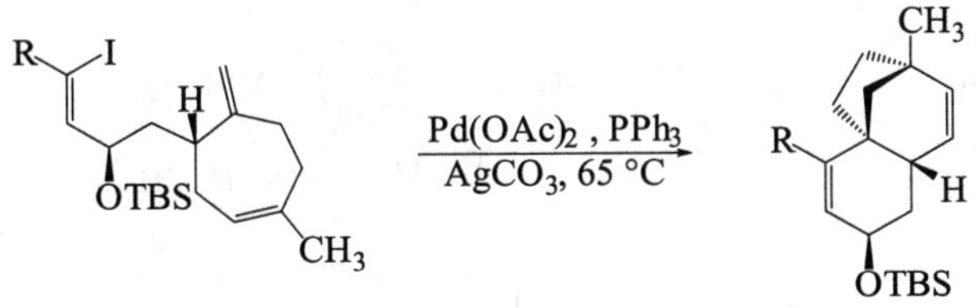

(14) 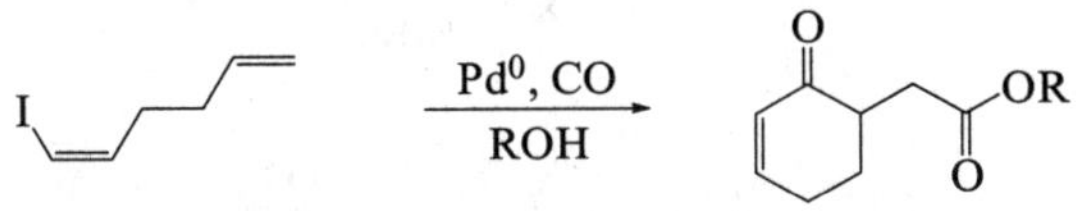

(15) 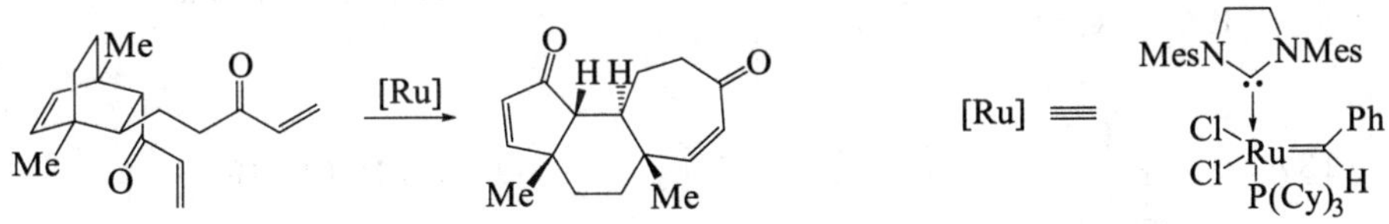

(16) 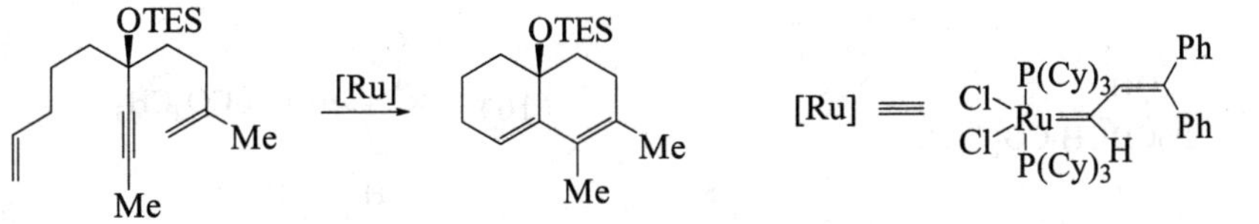

(17) 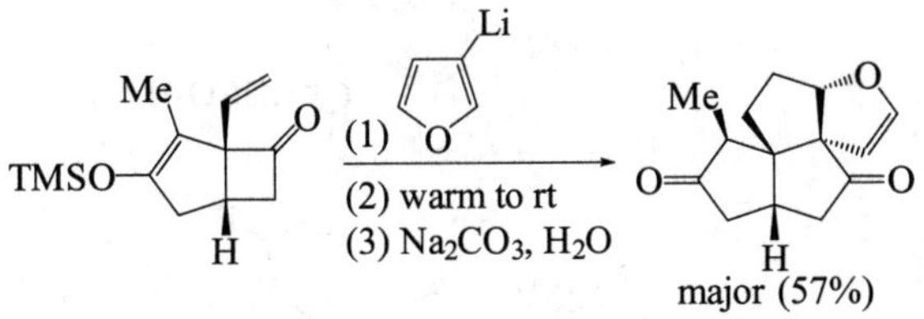

(18) 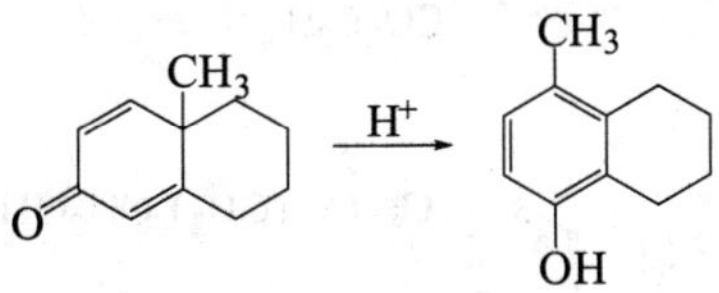

(二)参考答案

1．由原料和反应条件写出产物，注意产物的立体化学结构。

(1) $(PhCH_2)_2C(OH)CH_2CH_2CH_2CH(OH)CH_3$

(2) $PhCH{=}CHCH(OH)CH_2Ph$

(3) $(PhCH_2)_3COH$

(4) 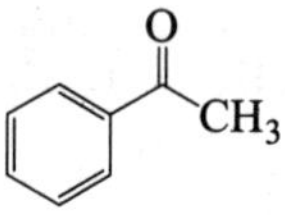

(5) $PhC(O)CH_2Ph$

(6) 

(7) $PhHC{=}CHCH{=}CHPh$

(8) 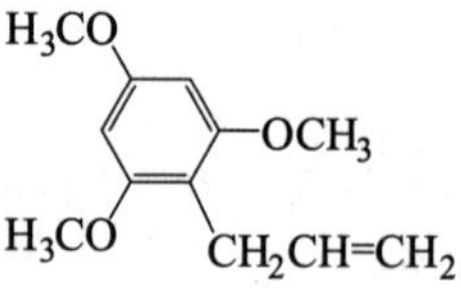

(9) 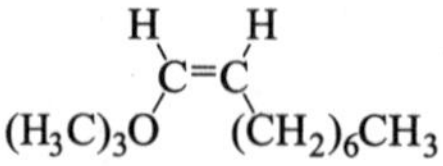

(10) 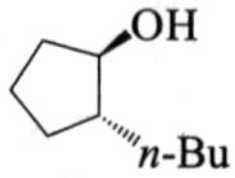

(11) 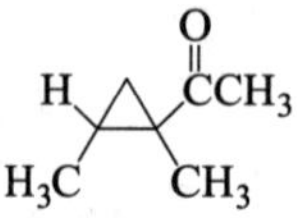

(12) $H_2C{=}CHCH_2C(O)Ph$

(13) 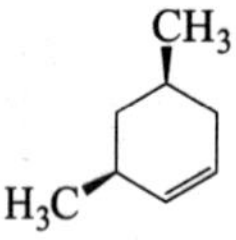

(14) $PhCH{=}CHCH_3$

(15) $PhCH(OH)CH_2CO_2C_2H_5$

(16) 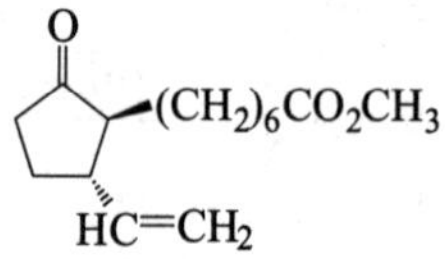

(17) 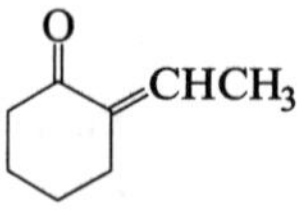

(18) 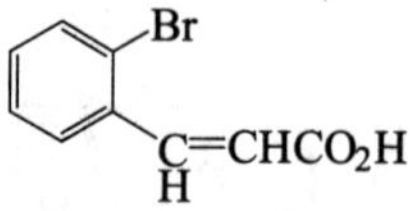

(19) 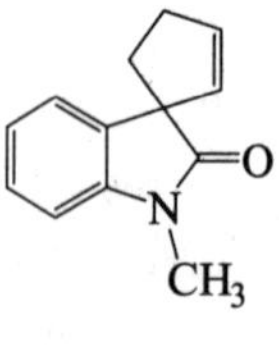

(20) 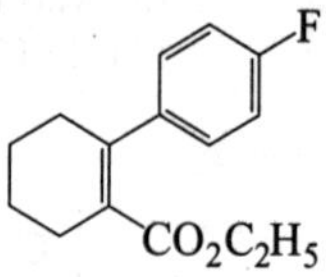

(21) 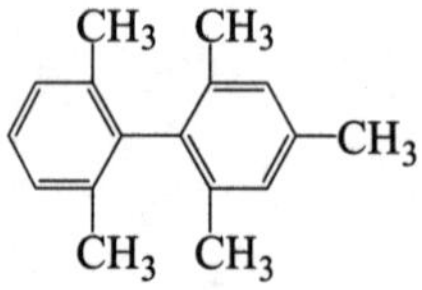

(22) 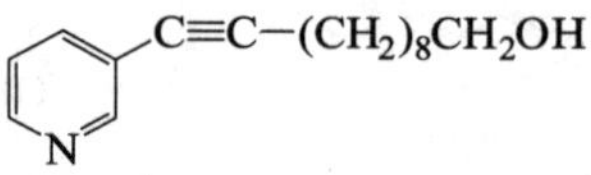

(23) 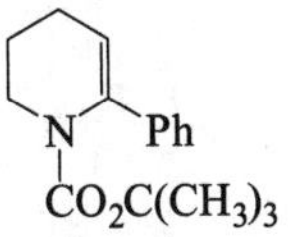

(24) 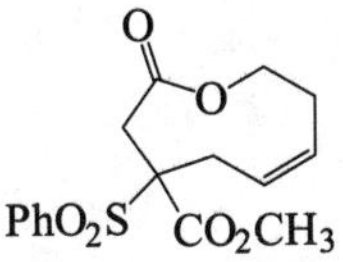

(25) 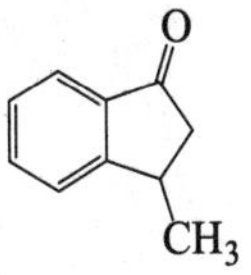

(26) 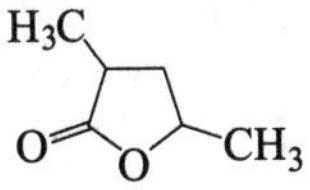

(27) 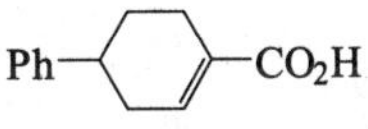

(28) 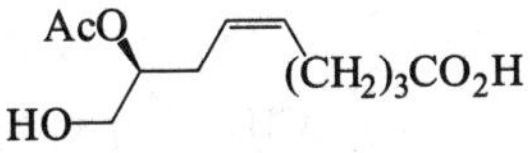

(29) 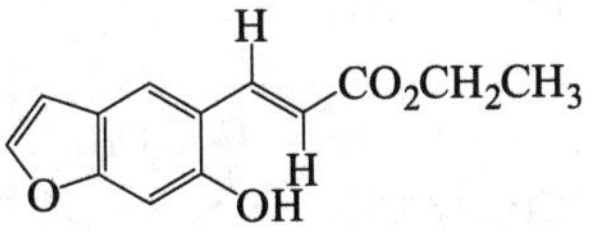

(30) 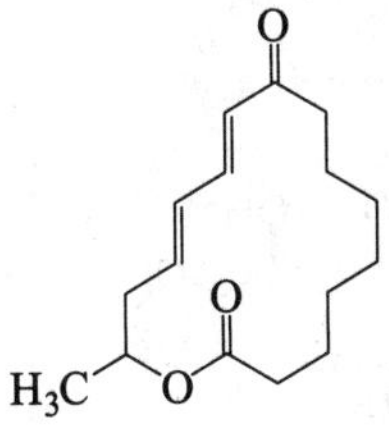

(31) 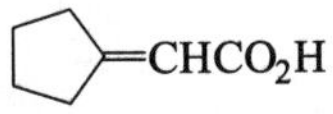

(32) 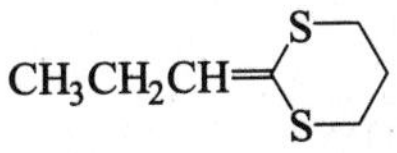

(33) 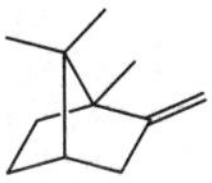

(34) 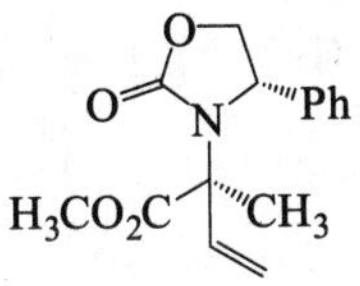

(35) 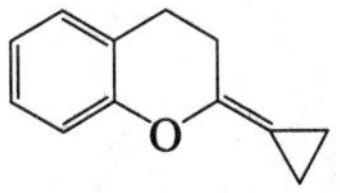

(36) 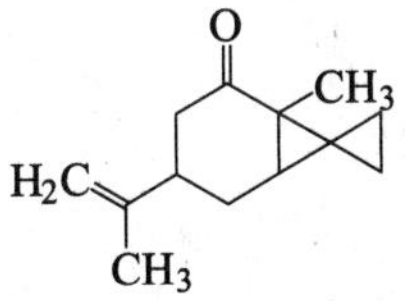

(37) 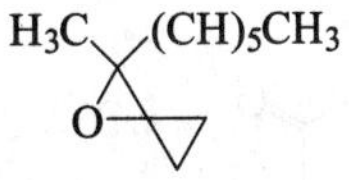

(38) 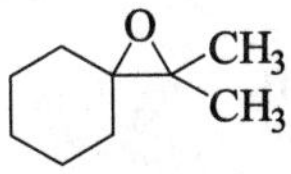

(39) 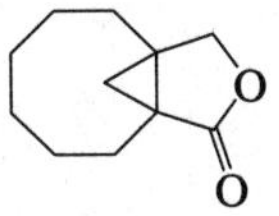

(40) 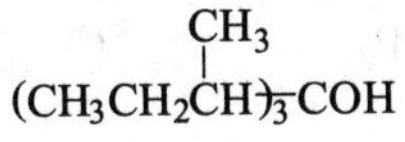

(41) 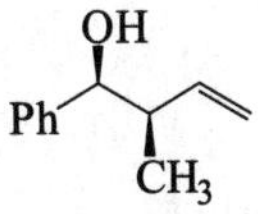

(42) 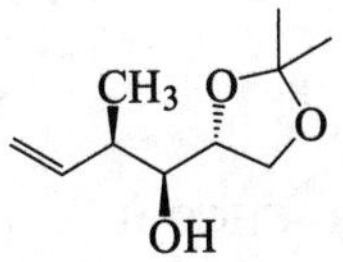

(43) 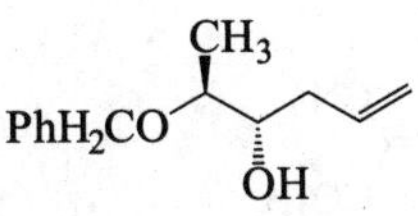

(44) 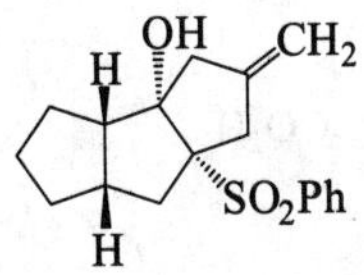

(45) 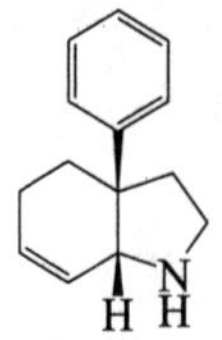

(46) 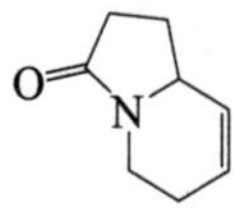

(47) 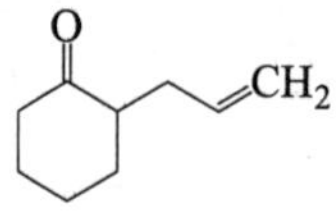

(48) 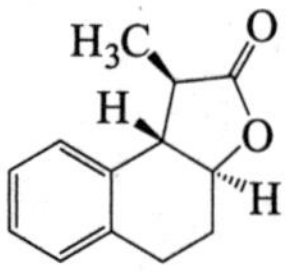

(49) 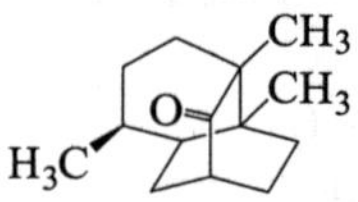

(50) 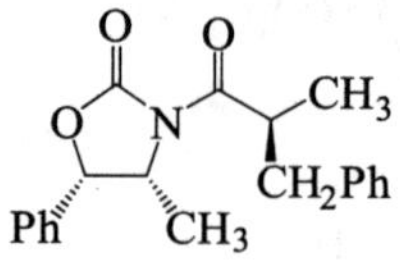

(51) 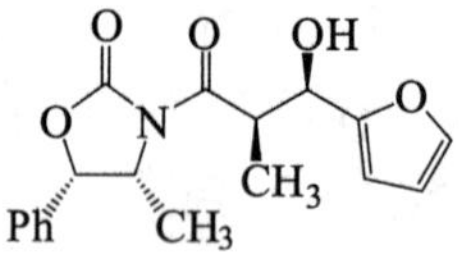

(52) 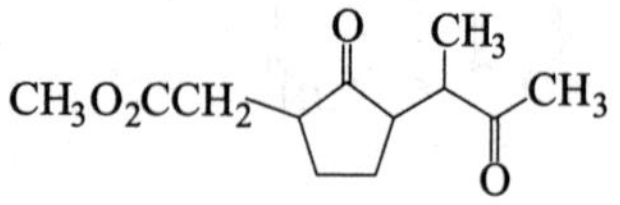

(53) 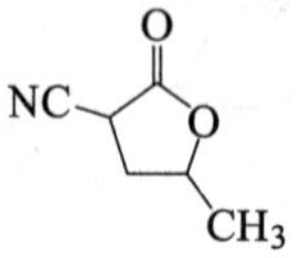

(54) 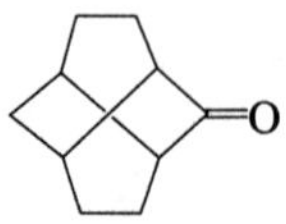

(55) 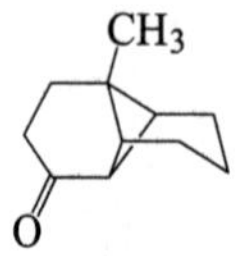

(56) 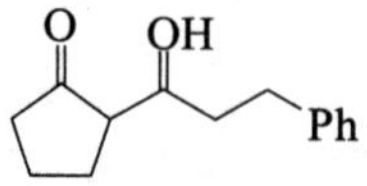

(57) 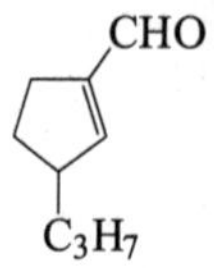

(58) 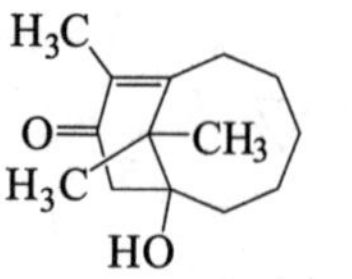

(59) 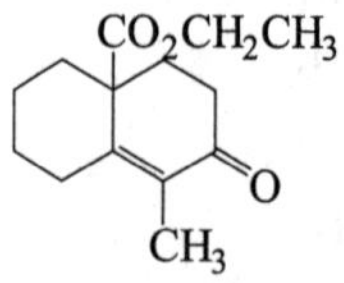

(60) 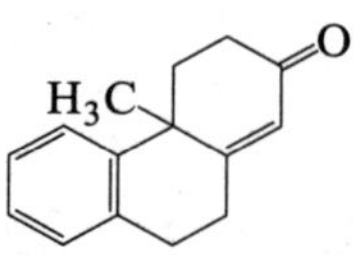

(61) $(CH_3)_2CHCOCH_2CH_2N(CH_3)_2$

(62) 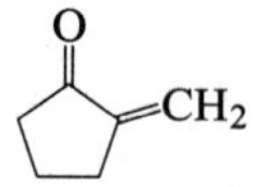

(63) $H_2C{=}CHCH{=}CHCO_2H$

(64) 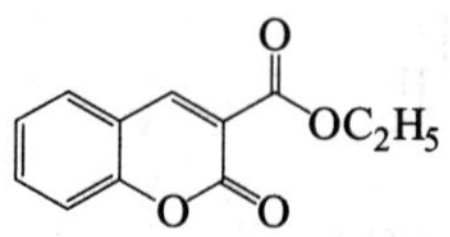

(65) 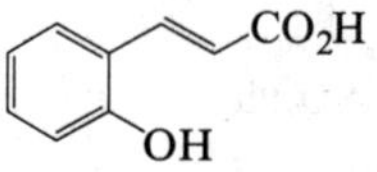

(66) 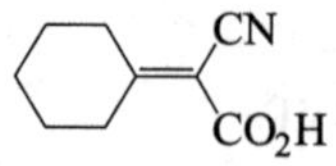

(67) $CH_3(CH_2)_3COCHCO_2C_2H_5$
$CH_2CH_2CH_3$

(68) 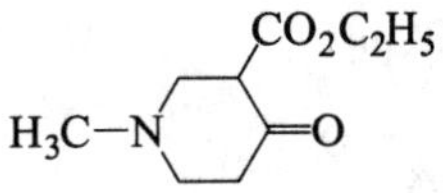

(69) 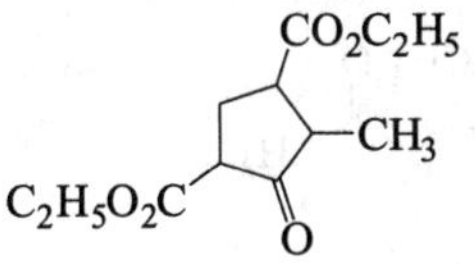

(70) $CH_2CO_2C_2H_5$
$CHCO_2C_2H_5$
$COCO_2C_2H_5$

(71) 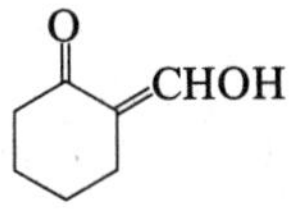

(72) 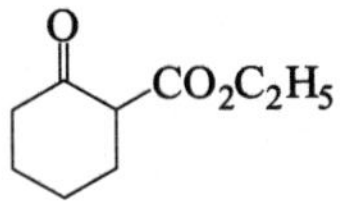

(73) 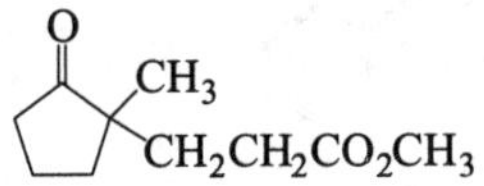

(74) $(C_2H_5O_2C)_2CHCH_2CHCO_2CH_3$
Ph

(75) 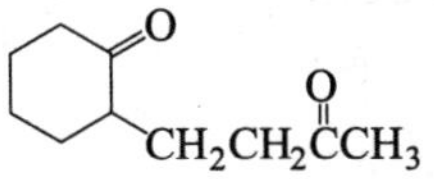

(76) 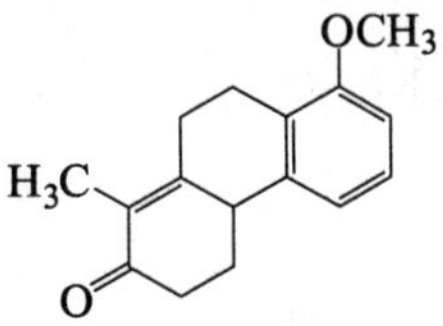

(77) 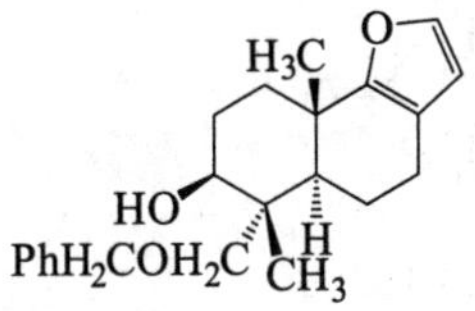

(78) 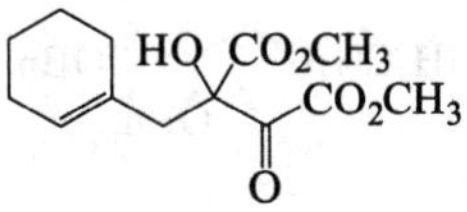

(79) 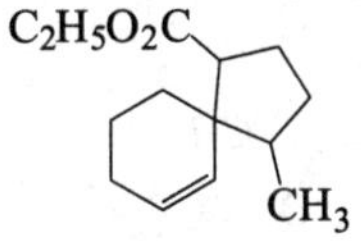

(80) 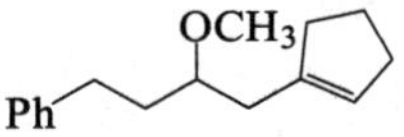

(81) 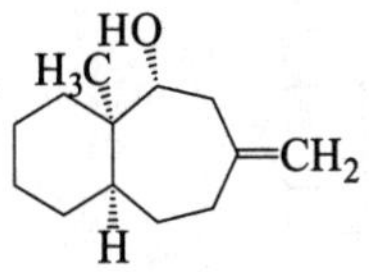

(82) 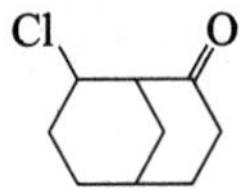

(83) 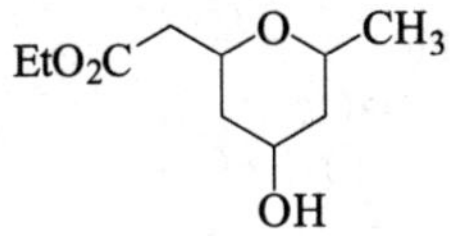

(84) 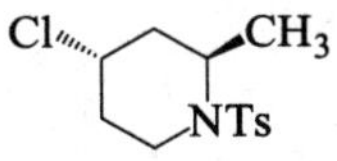

(85) 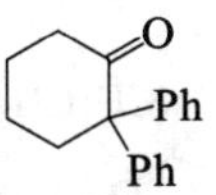

(86) 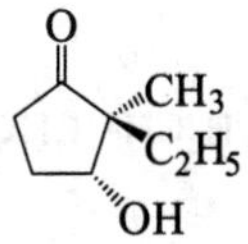

(87) 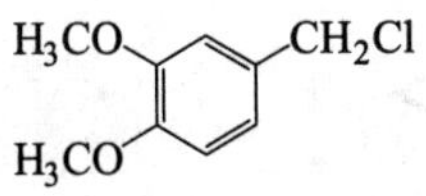

(88) 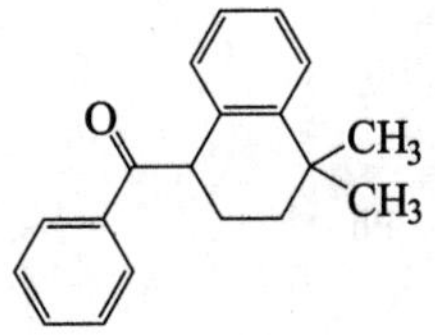

(89) 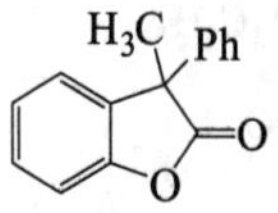

(90) 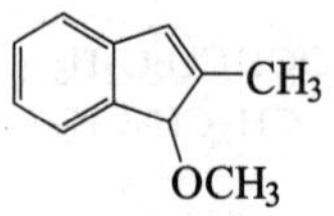

(91) 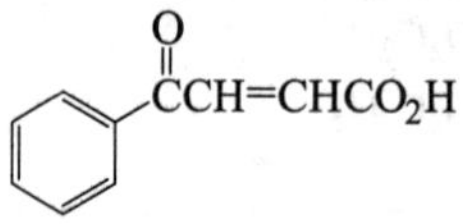

(92) 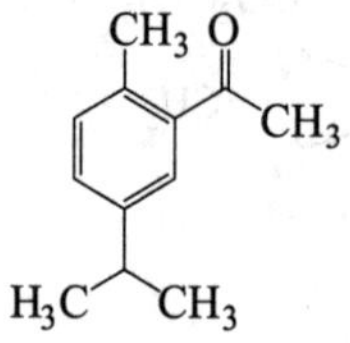

(93) 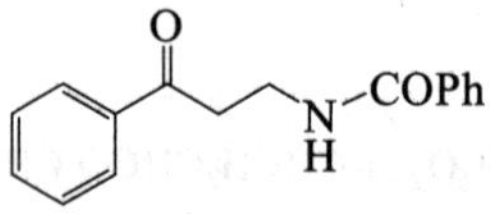

(94) 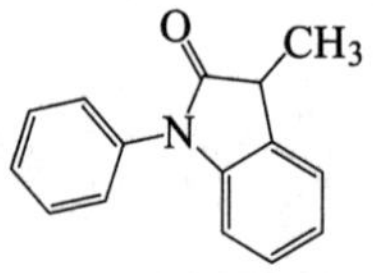

(95) 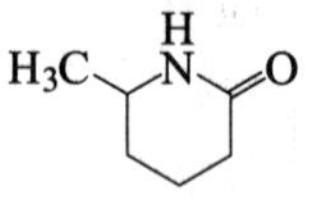

(96) 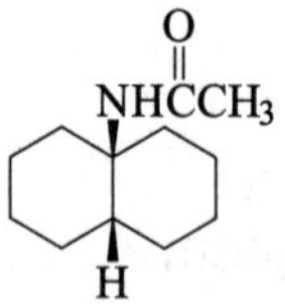

(97) 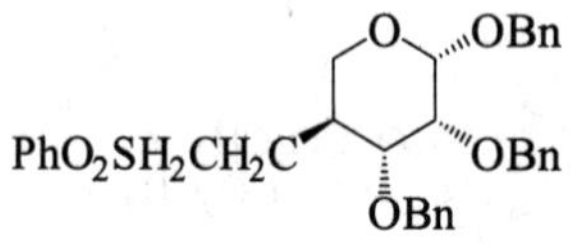

(98) 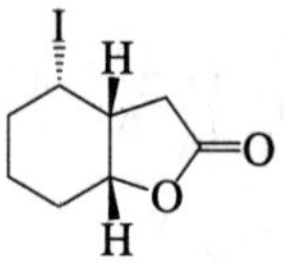

(99) 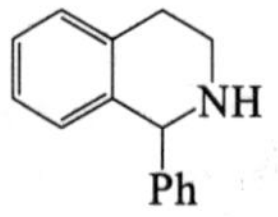

(100) 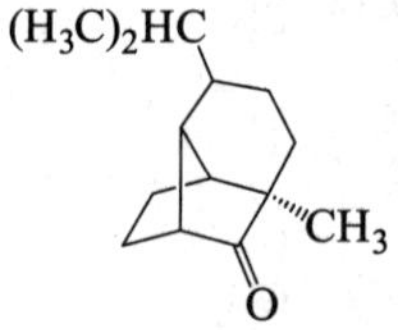

(101) 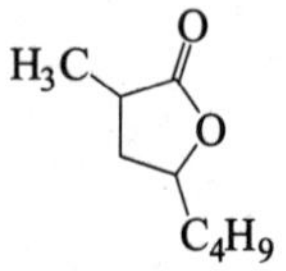

(102) 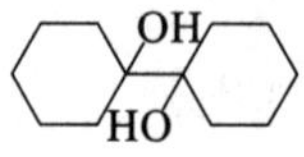

(103) 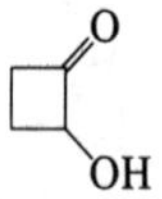

(104) 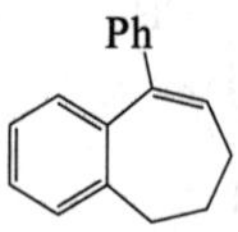

(105) 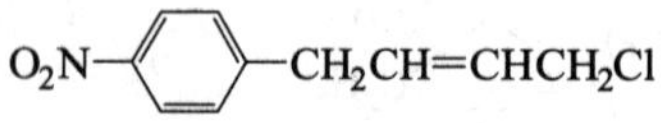

(106) 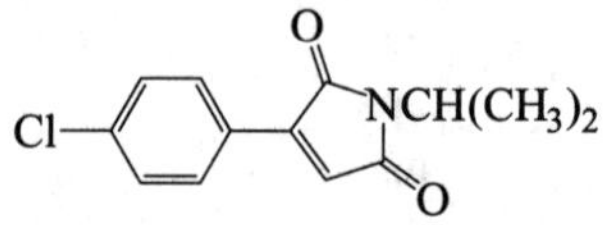

(107) 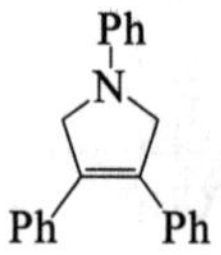

(108) 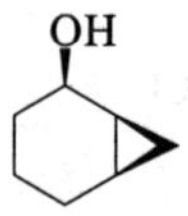

(109) 

(110) 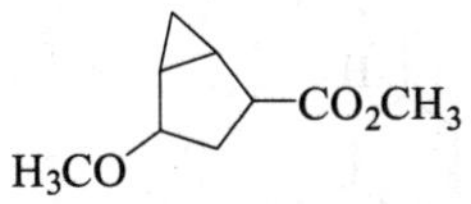

(111) 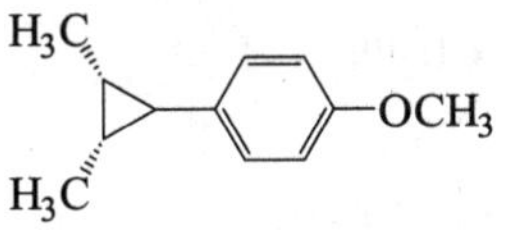

(112) 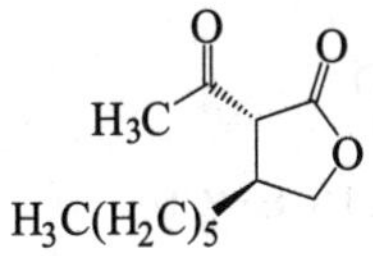

(113) 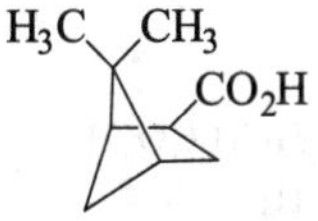

(114) 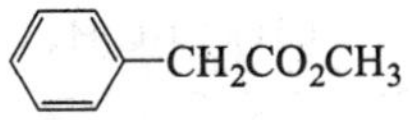

(115) 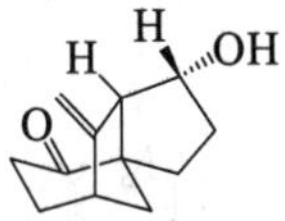

(116) 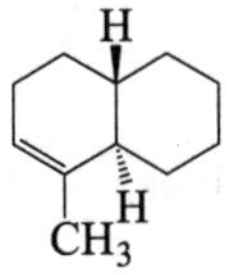

(117) 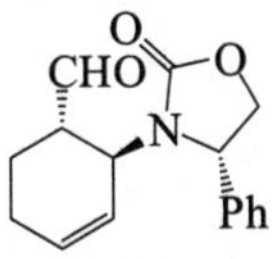

(118) 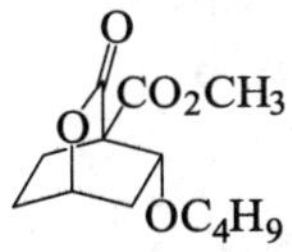

(119) 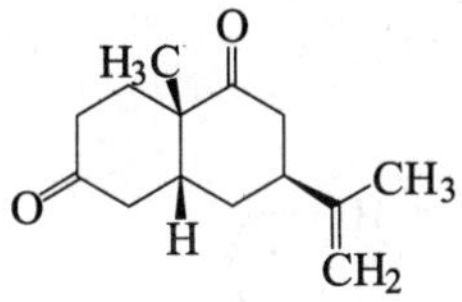

(120) 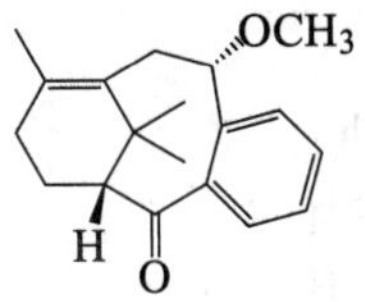

(121) 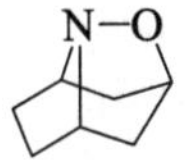

(122) 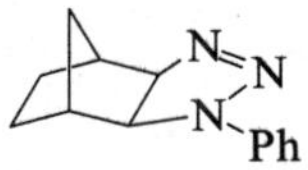

(123) 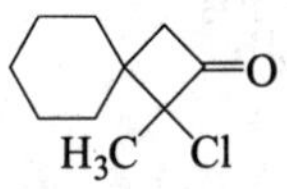

(124) 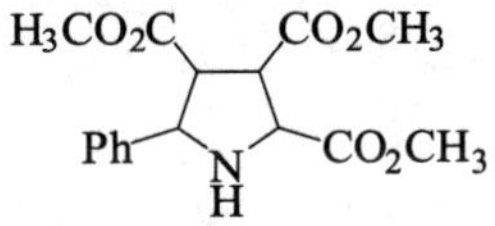

(125) 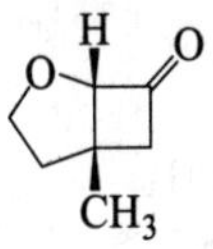

(126) 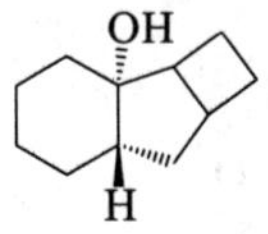

(127) 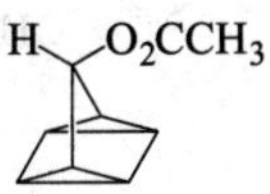

(128) 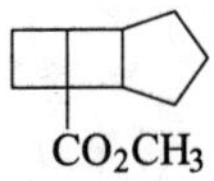

(129) 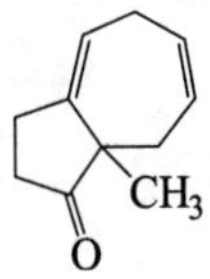

(130) 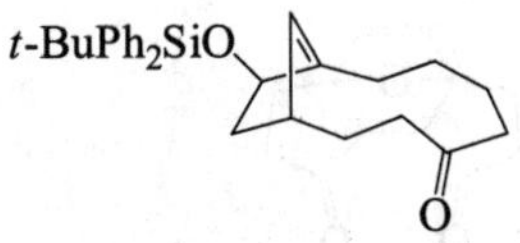

(131) 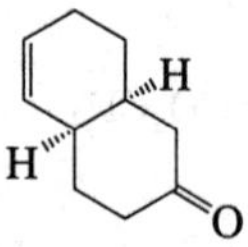

(132) 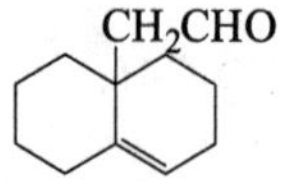

(133) 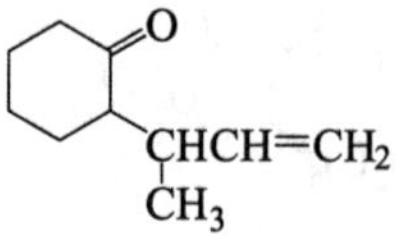

(134) 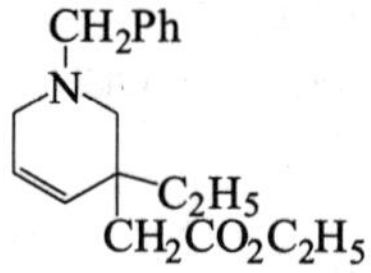

(135) 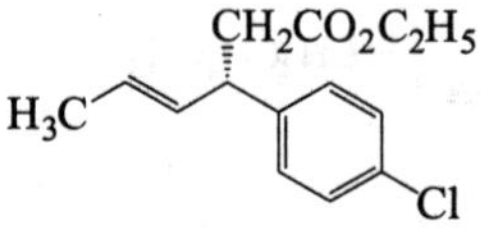

(136) 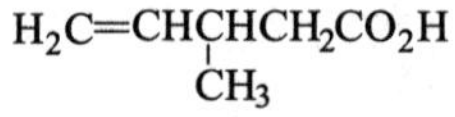

(137) 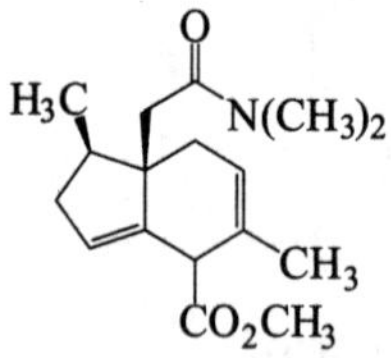

(138) 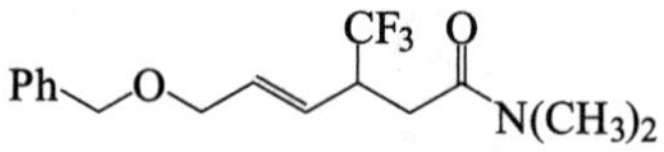

(139) 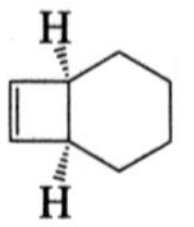

(140) 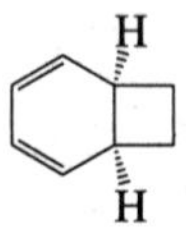

(141) 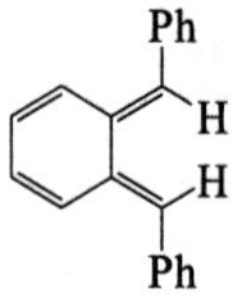

(142) 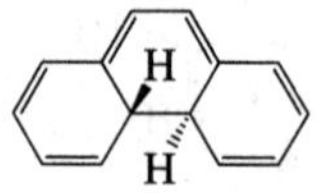

(143) 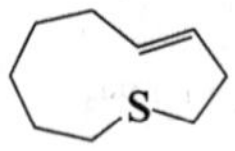

(144) 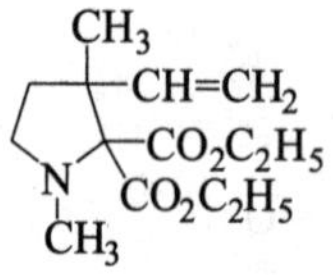

(145) 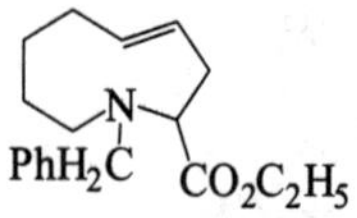

(146) 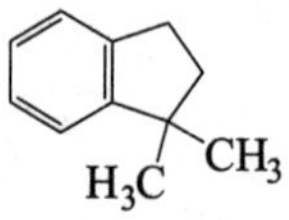

(147) 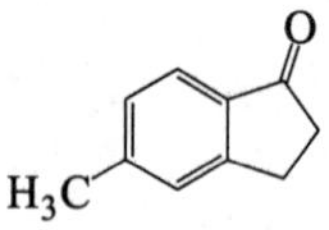

(148) 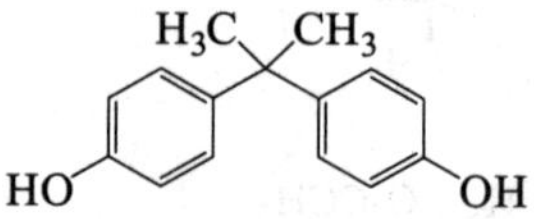

(149) 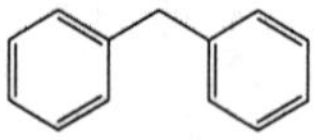

(150) 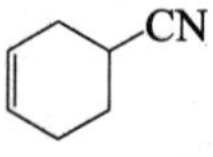

(151) 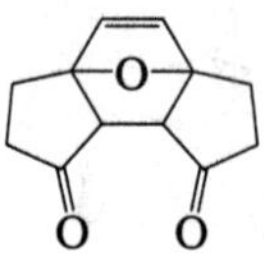

(152) 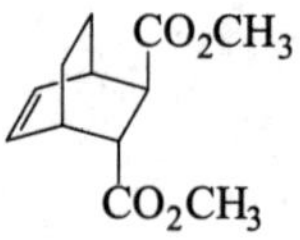

(153) 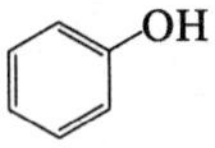

2. 写出多步反应的每步产物，注意产物的立体化学结构。

(1) 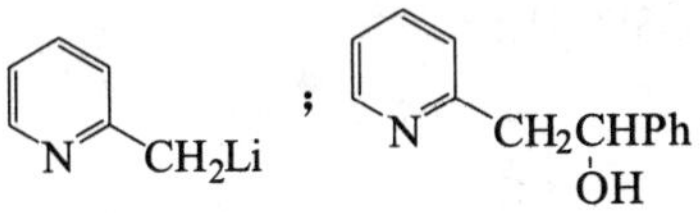

(2) $CH_3CH{=}CHLi$ ；$CH_3CH{=}CHCH(OH)Ph$

(3) 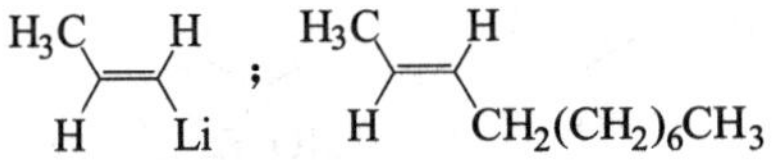

(4) 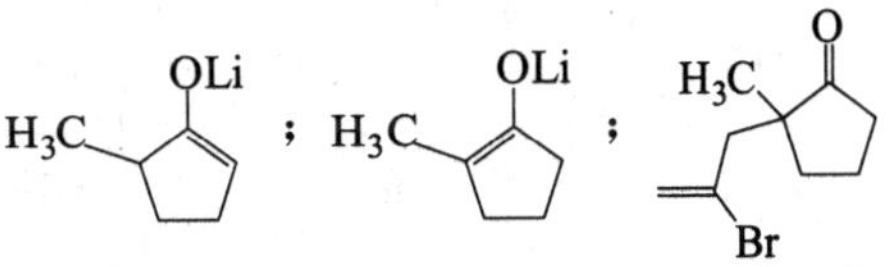

(5) 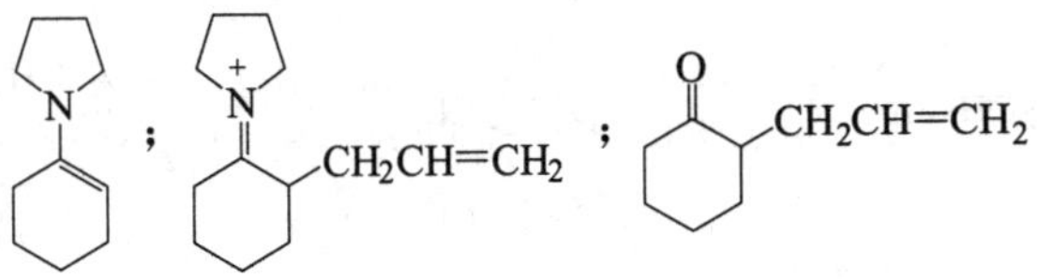

(6) 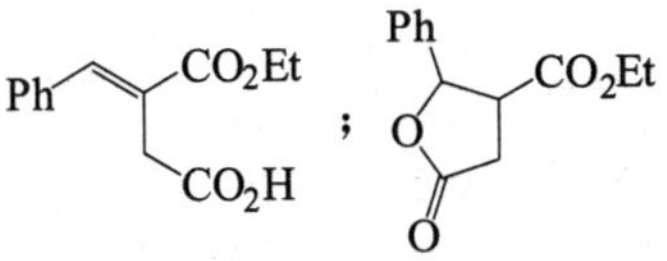

(7) 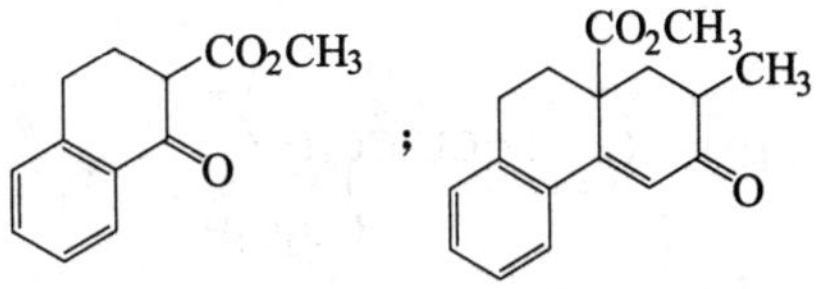

(8) $CH_3NHCH_2CH_2CO_2CH_3$ ； 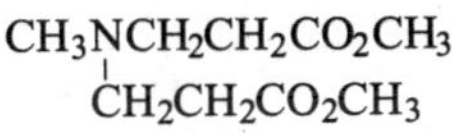 ； 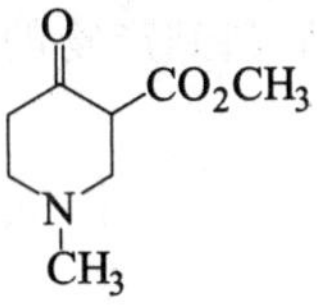 ； 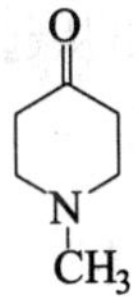

(9) 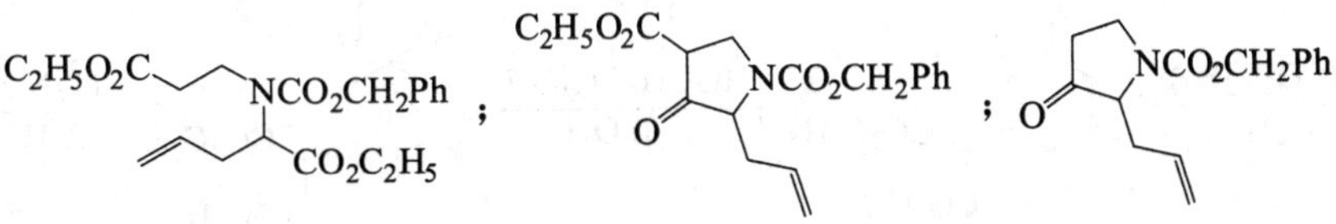

(10) 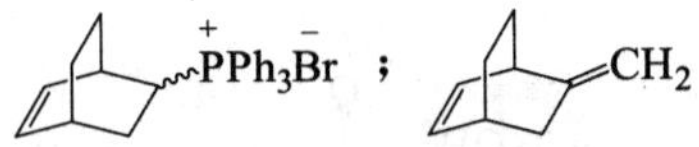

(11) $H_3CC{\equiv}CMgBr$ ；$H_3CC{\equiv}CCH_3$

(12) 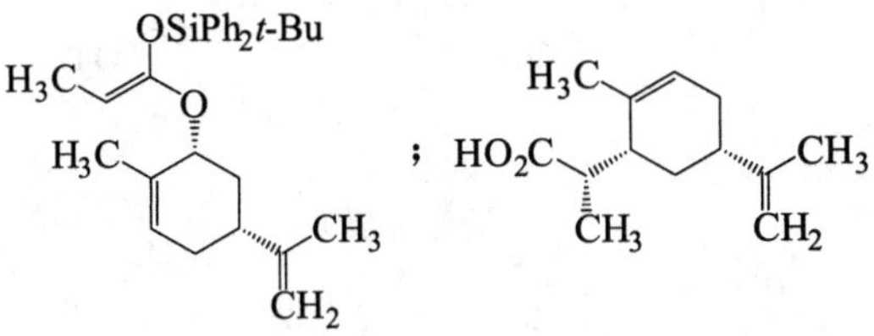

(13) 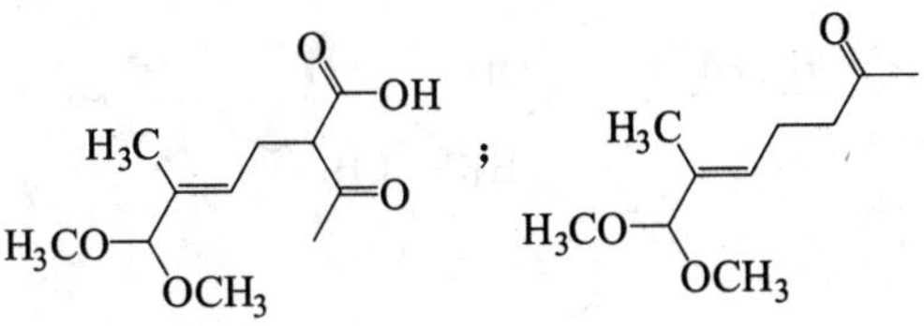

(14) 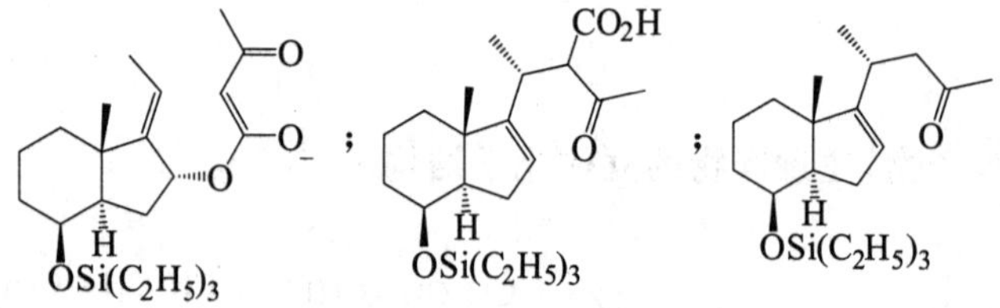

(15) 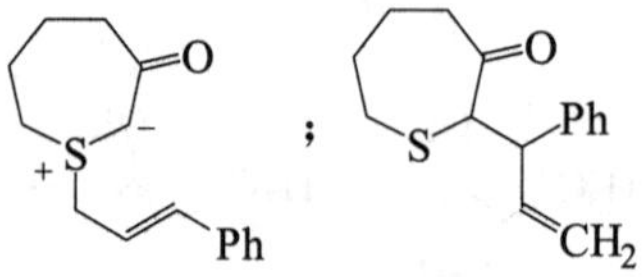

(16) 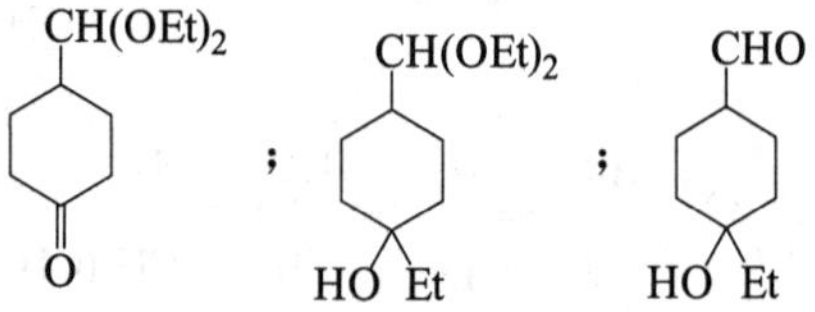

(17) $NCCHCO_2C_2H_5$ (with CH_2Ph on CH) ; $NCCH_2CH_2Ph$

(18) 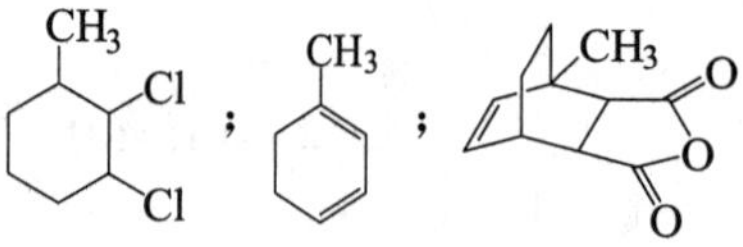

(19) 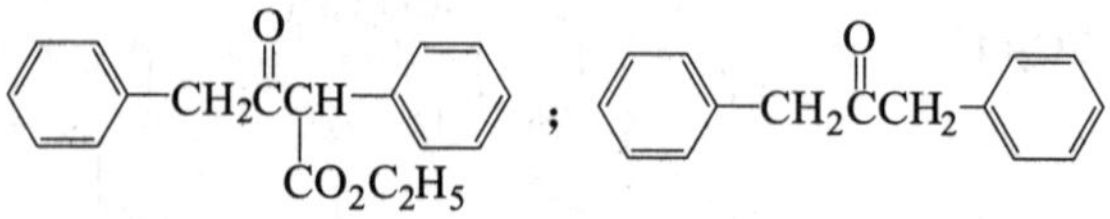

3. 写出从起始原料到产物的转化过程。

[解]

(1)

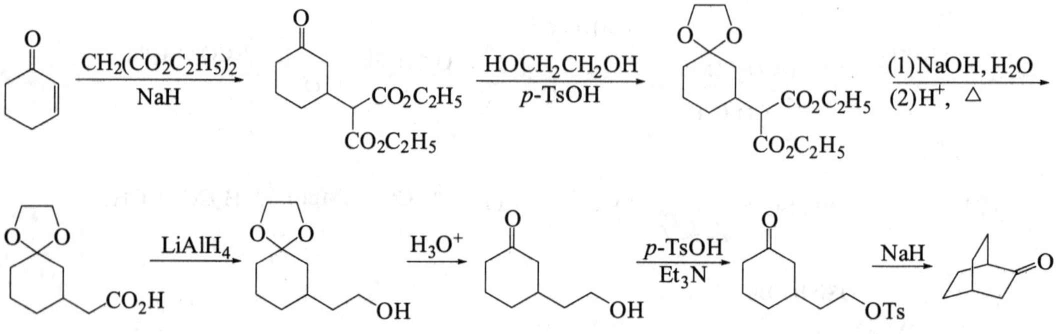

(2)

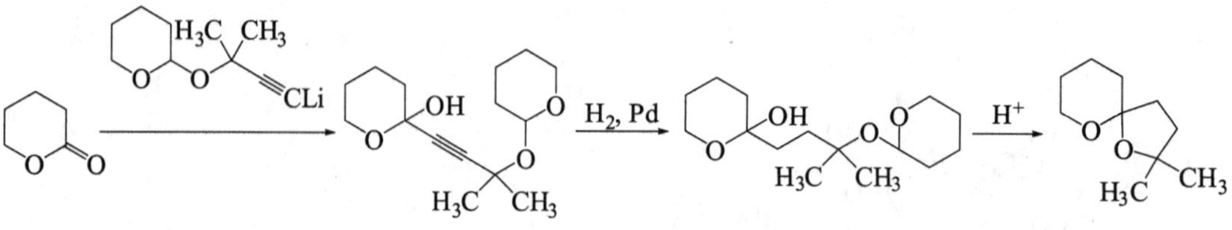

(3)

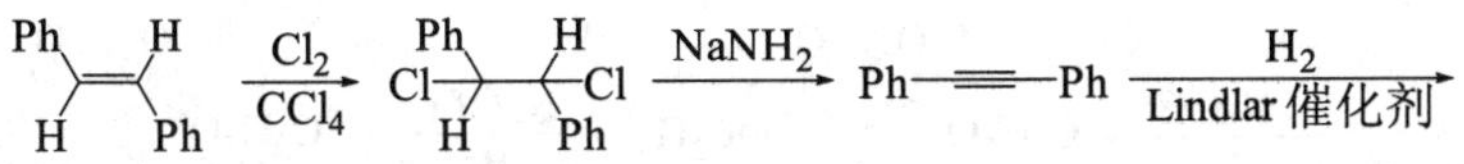

4. 用指定原料合成下列化合物。

［解］

(1)

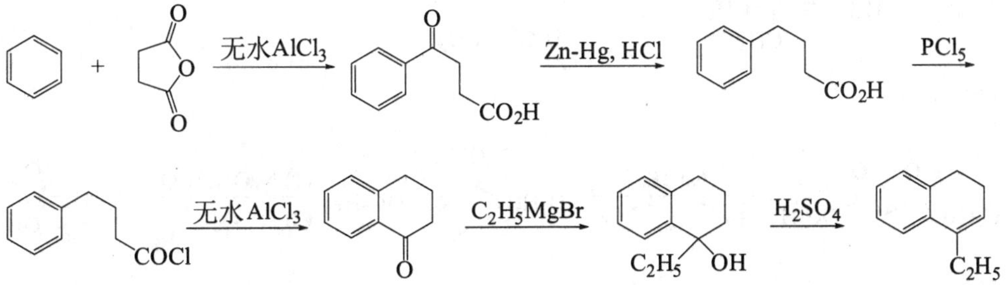

(2)

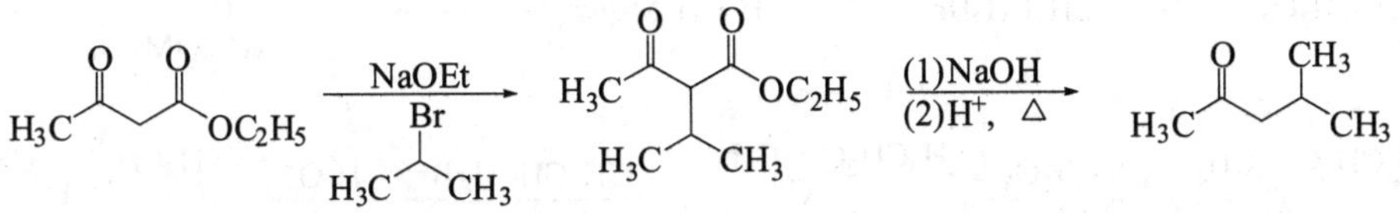

(3)

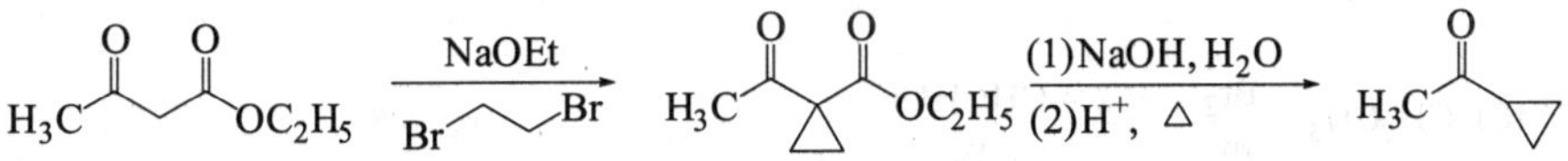

(4)

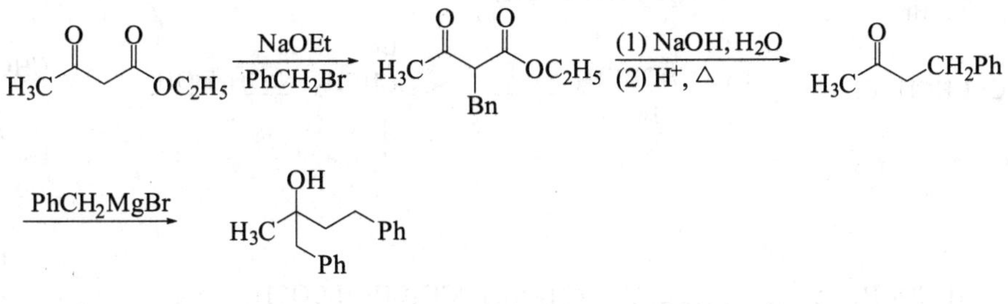

(5)

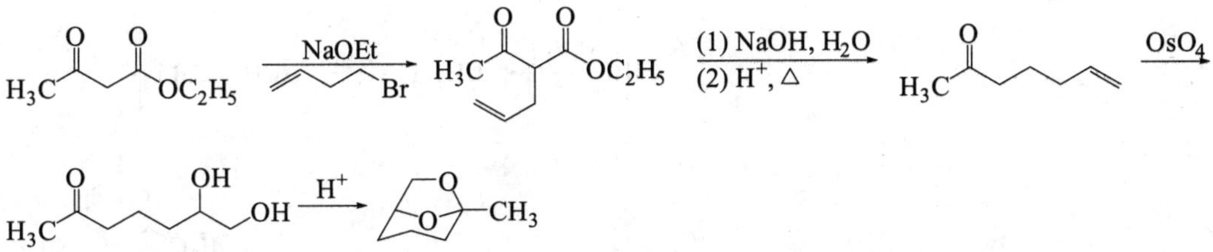

(6)

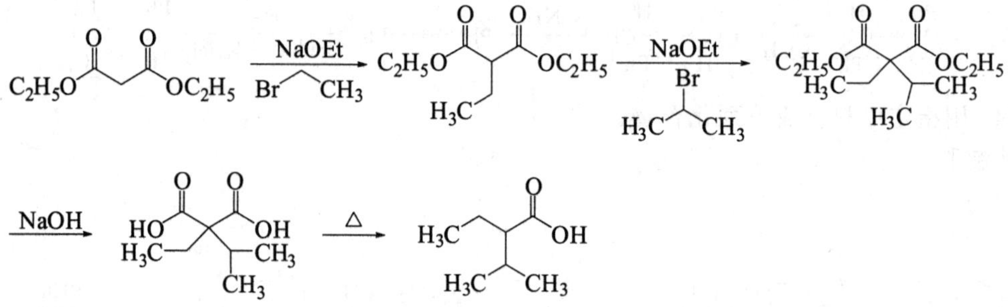

(7)

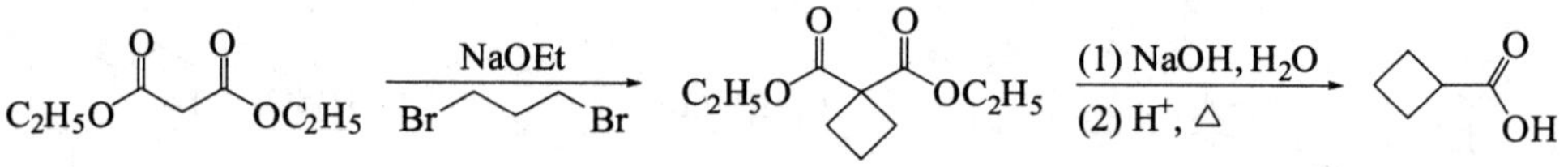

(8)

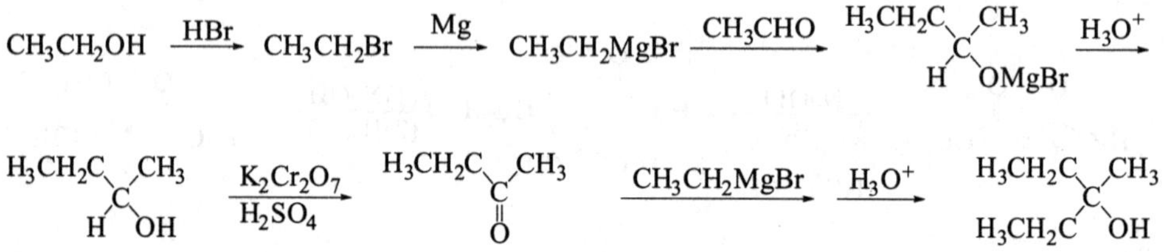

(9)

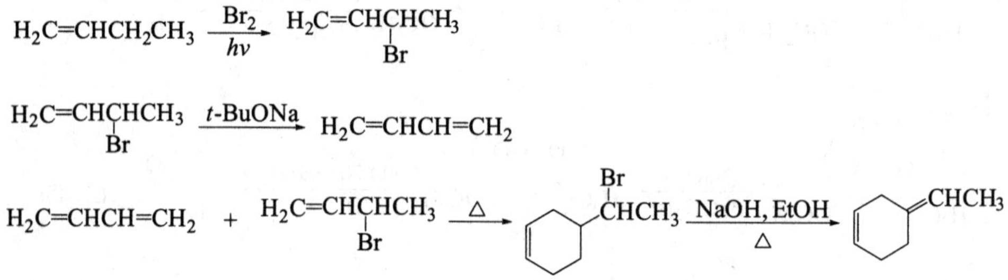

(10)

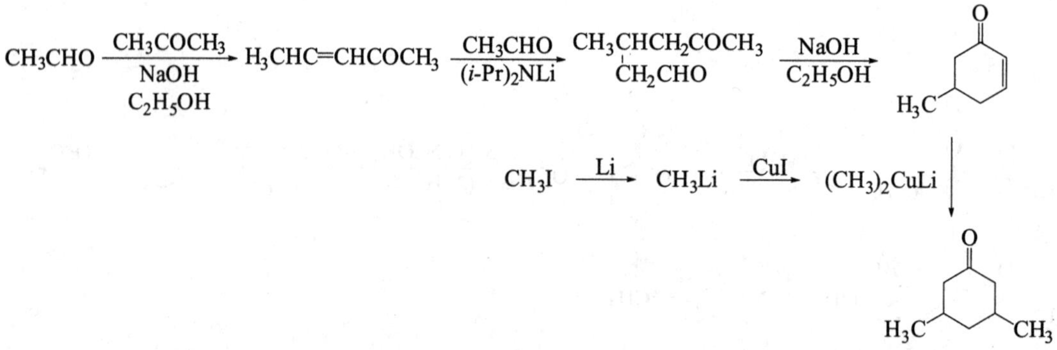

(11)

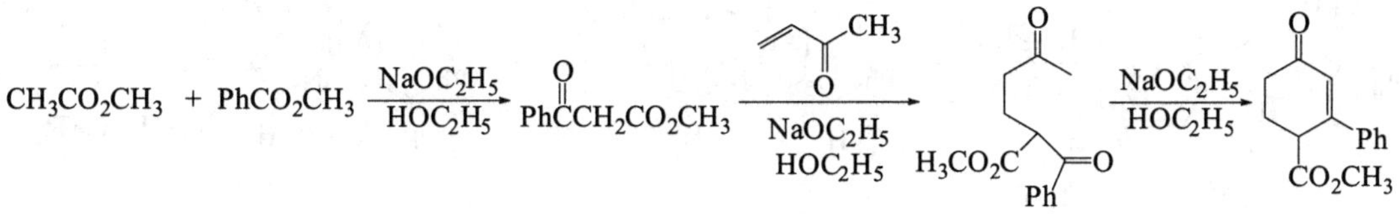

5. 写出 2 和 3 的结构,并写出转化可能经历的过程。

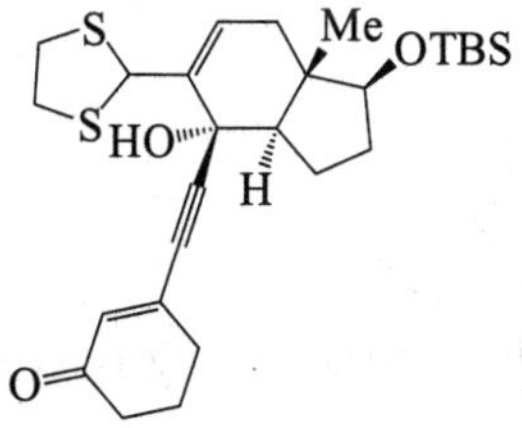

2

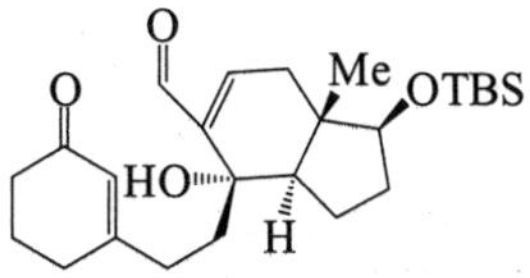

3

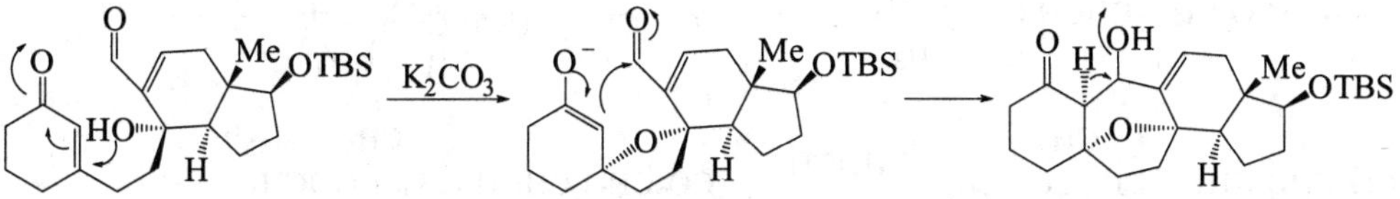

3

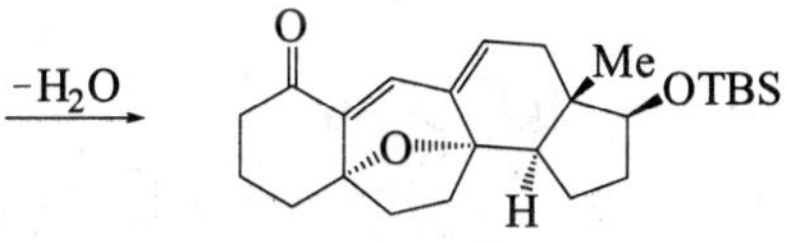

4

6. 写出下列反应可能经历的反应历程。

[解]

(1)

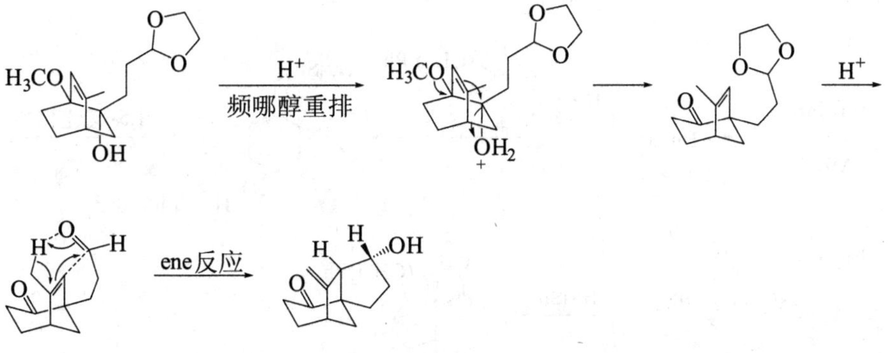

(2)

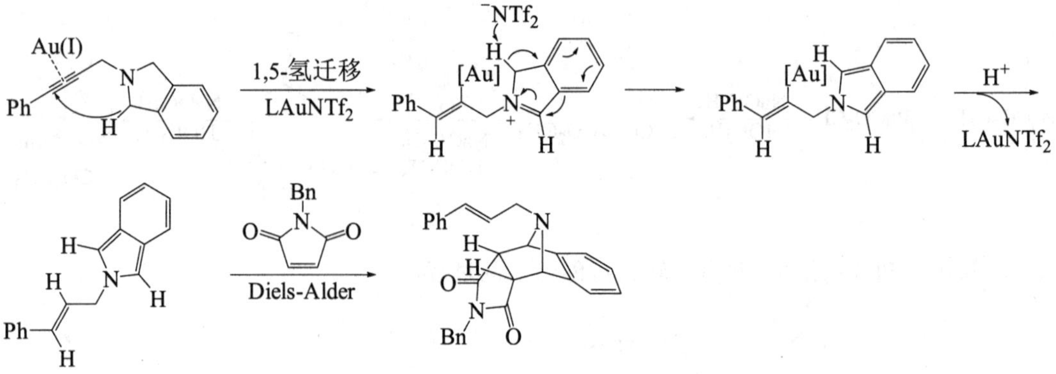
Au(I)
Ph
H
N
1,5-氢迁移
LAuNTf2
⁻NTf2
H
[Au]
Ph
H
H
[Au]
Ph
H
H
H+
LAuNTf2
Bn
Diels-Alder
Ph
Bn

(3)

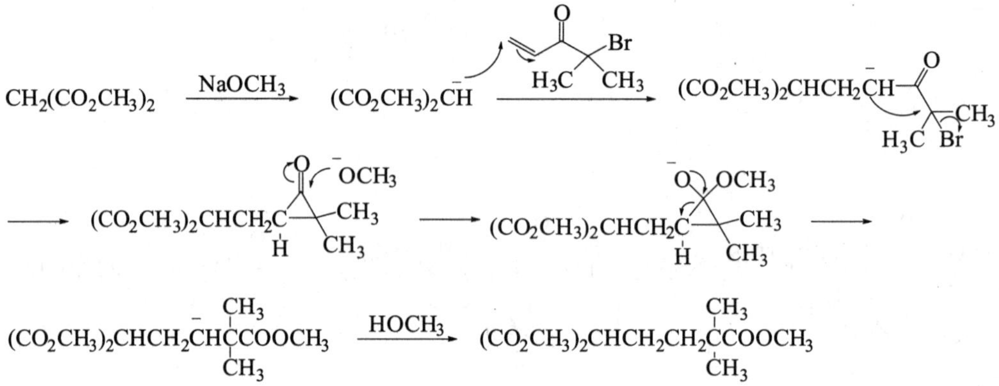
CH2(CO2CH3)2
NaOCH3
(CO2CH3)2CH
Br
H3C
CH3
(CO2CH3)2CHCH2CH
H3C
Br
OCH3
(CO2CH3)2CHCH2C
HOCH3
(CO2CH3)2CHCH2CHCCOOCH3
(CO2CH3)2CHCH2CH2CCOOCH3

(4)

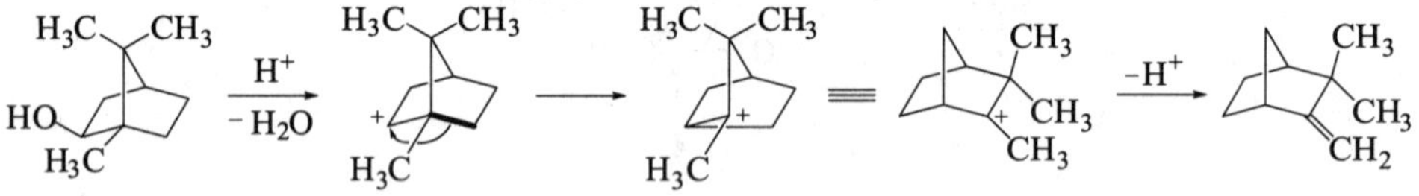
H3C
CH3
HO
H+
− H2O
−H+
CH2

(5)

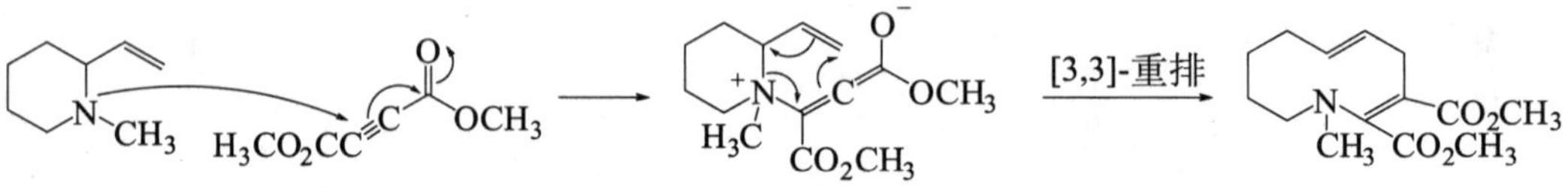
CH3
H3CO2CC
OCH3
[3,3]-重排
CO2CH3

(6)

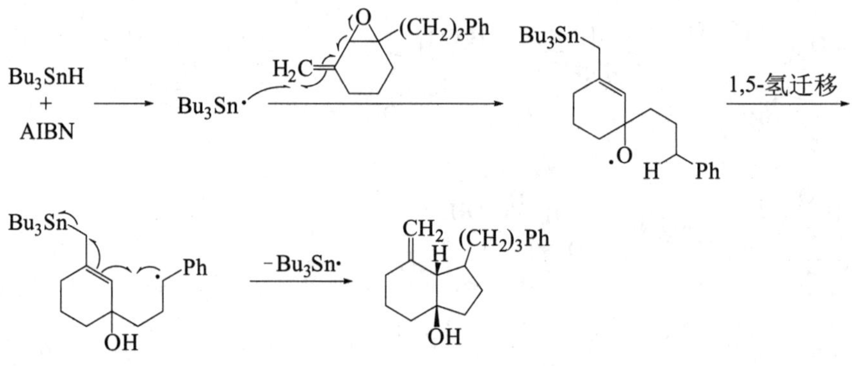
Bu3SnH
+
AIBN
Bu3Sn·
H2C
(CH2)3Ph
Bu3Sn
1,5-氢迁移
Ph
OH
−Bu3Sn·
CH2

(7)

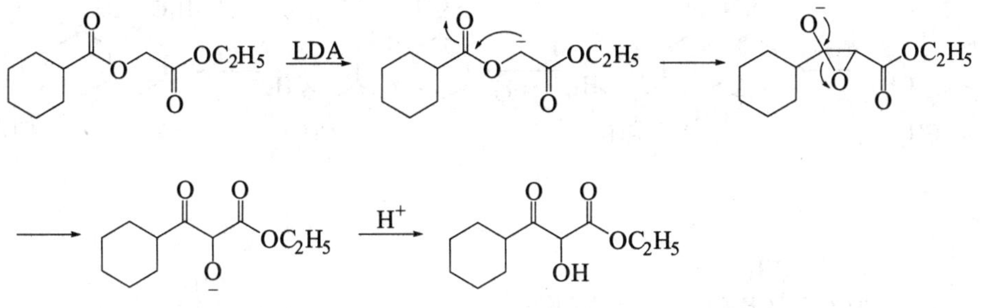

(8)

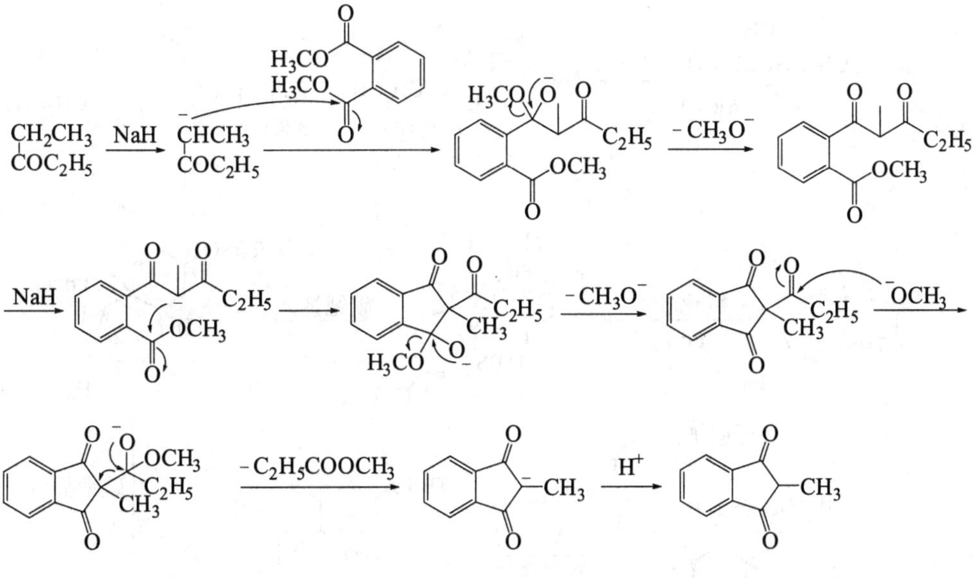

(9)

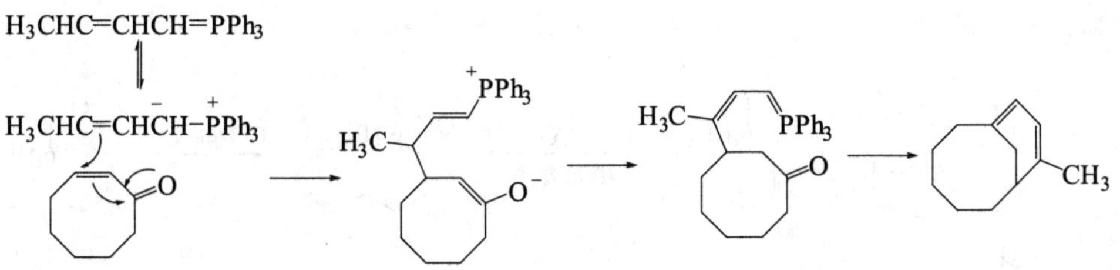

(10)

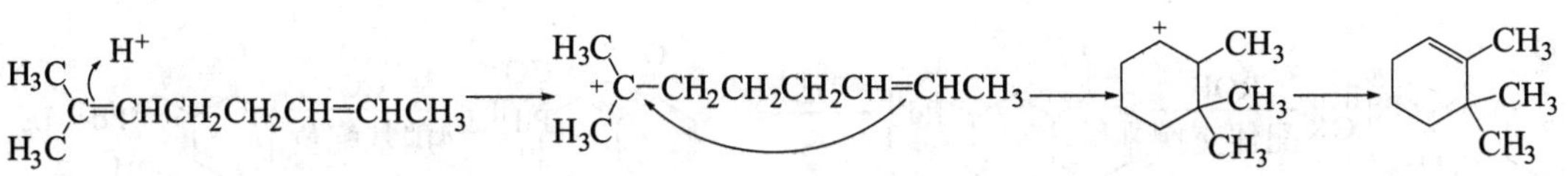

(11)

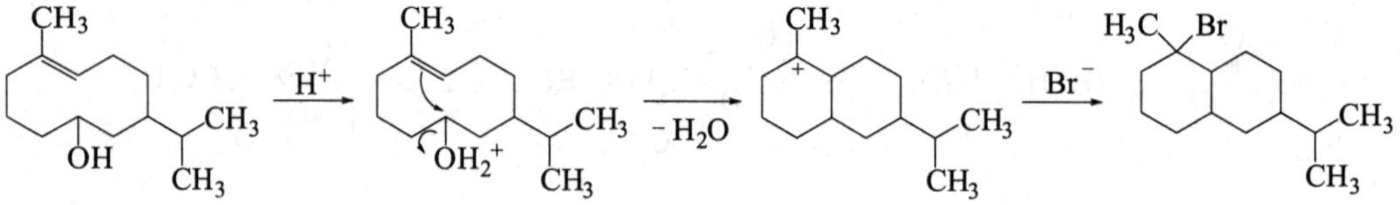
H+
−H2O
Br−

(12)

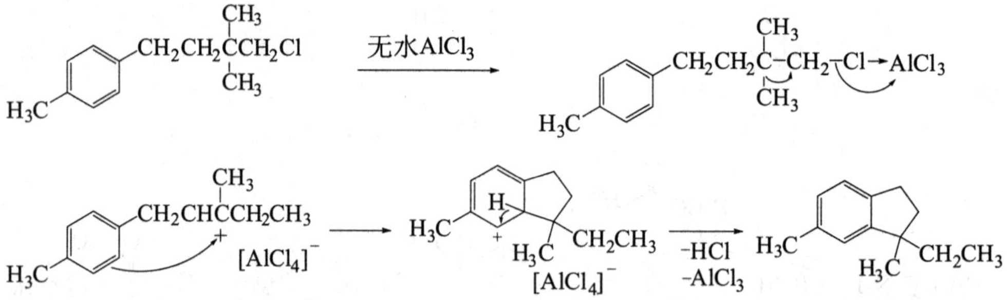
无水AlCl3
-HCl
-AlCl3

(13)

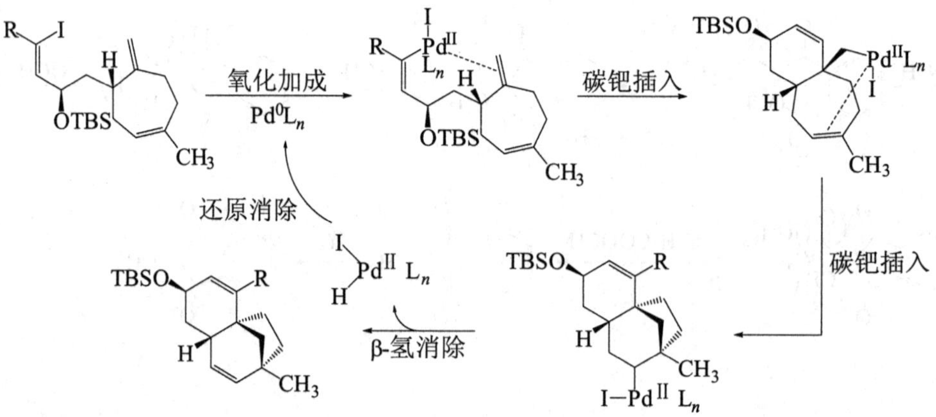
氧化加成
碳钯插入
碳钯插入
β-氢消除
还原消除

(14)

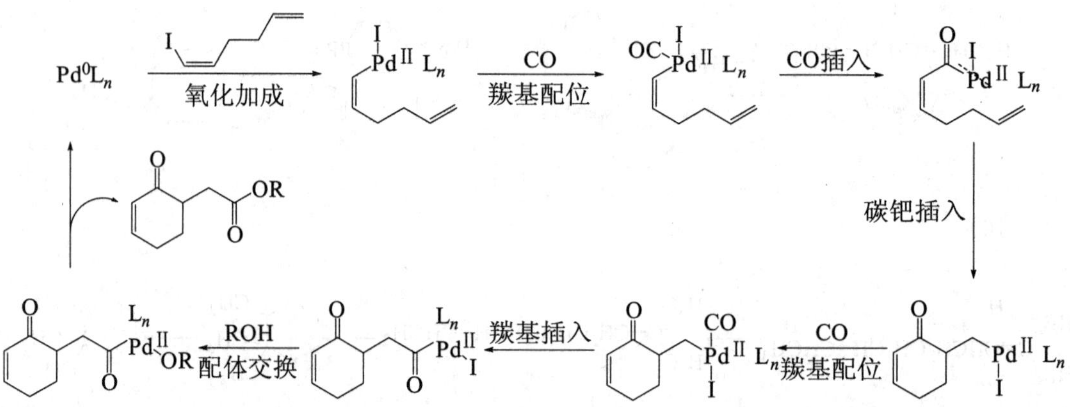
氧化加成
CO
羰基配位
CO插入
碳钯插入
CO
羰基配位
羰基插入
ROH
配体交换

（15）

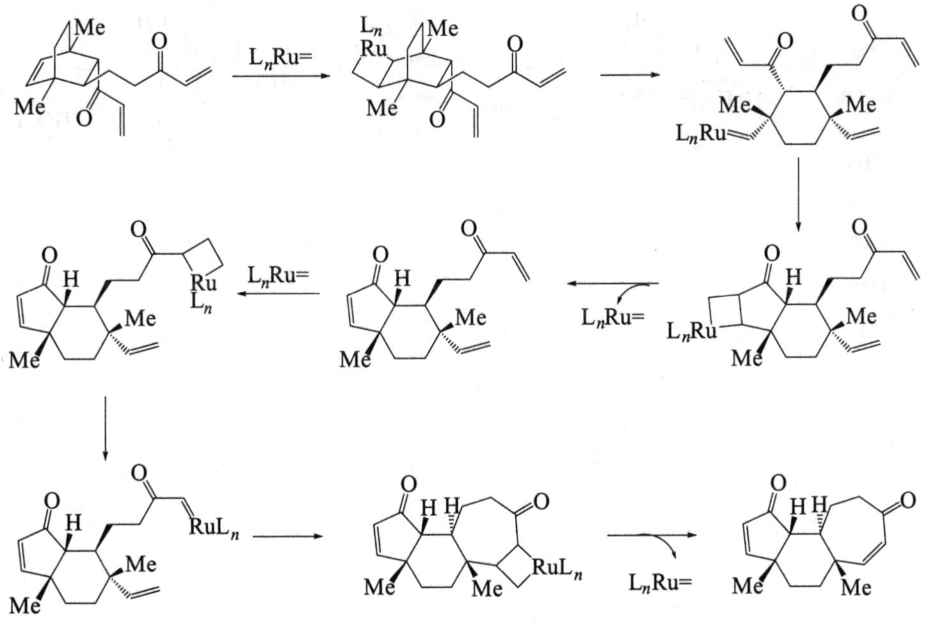

（16）

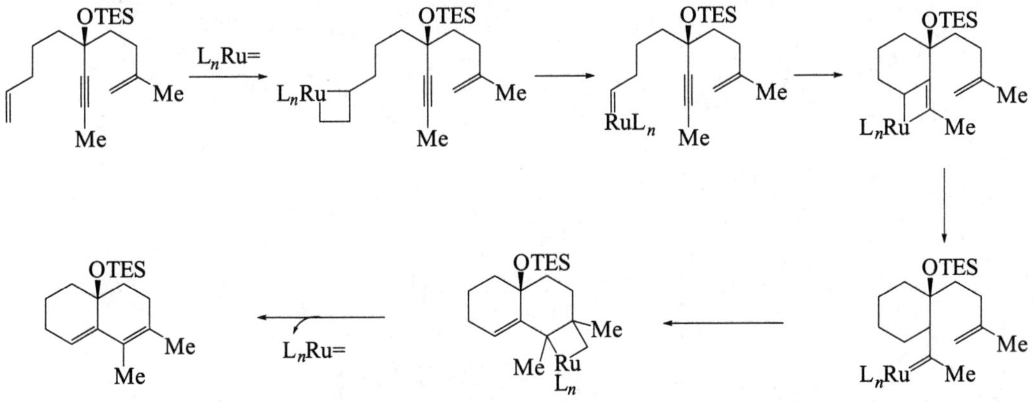

（17）

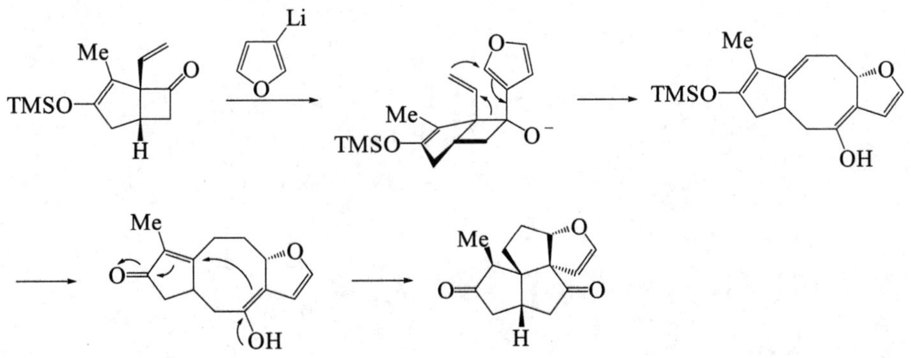

(18)

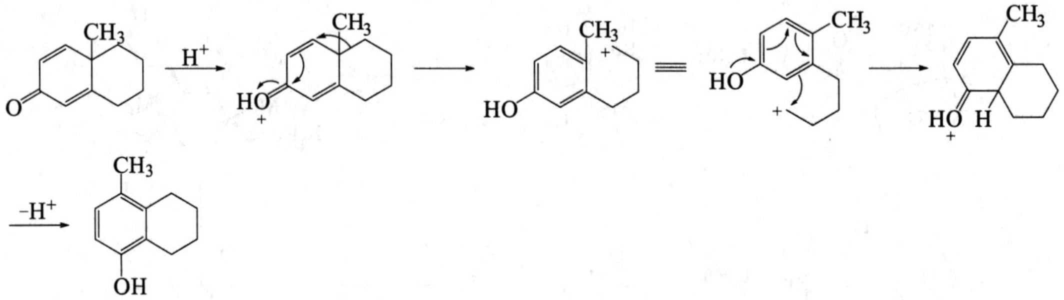

第 3 章　C－N 键的形成

一、内容概要及知识要点

1. 内容概要

碳氮键是碳原子和氮原子之间形成的共价键，它也是有机化学和生物化学中最常见的化学键之一；化学合成药物、天然药物和多功能材料中有许多含有胺、酰胺及硫代酰胺等碳氮键的化合物。一般而言，有机化合物中的碳氮键的牢固程度相对较弱，在进行合成路线设计时可以优先考虑碳氮键的合成。一般生成碳氮键主要有以下三种方法：亲电性碳原子和亲核性氮原子的反应；亲核性碳原子和亲电性氮原子的反应；碳自由基和氮自由基的反应。具体包括胺化、酰胺化和硝化等代表性反应。

2. 知识要点

(1)亲核取代构建碳氮键。

$$R{-}X + NH_3 \longrightarrow RNH_2 \xrightarrow{R-X} R_2NH \xrightarrow{R-X} R_3N \xrightarrow{R-X} R_4\overset{+}{N}\overset{-}{X}$$

$$R{-}X + NaN_3 \longrightarrow R{-}N_3$$

$$R{-}OH + NH_3 \xrightarrow[\text{高温}]{\text{催化剂}} R{-}NH_2$$

$$Ar{-}X + NH_3 \xrightarrow{\text{不同条件}} Ar{-}NH_2$$

$X = Cl, OH, SO_3H, NO_2$

Gabriel 合成

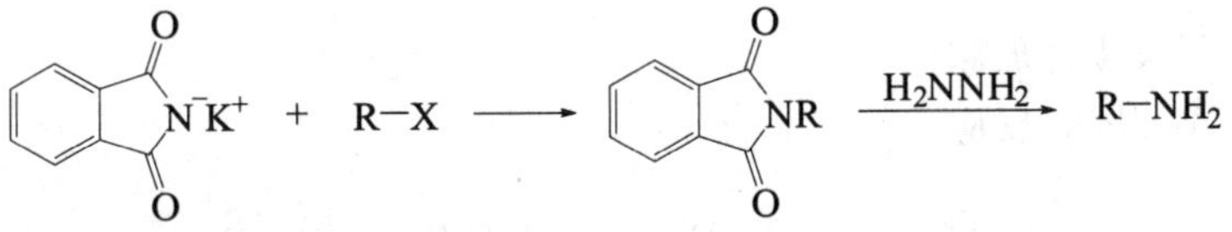

Schotten－Baumann 反应

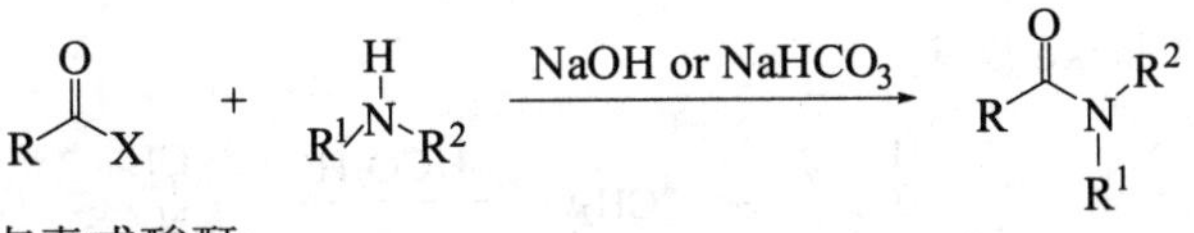

X = 卤素或酸酐

(2)通过芳香族化合物亲电取代反应来构建碳氮键。

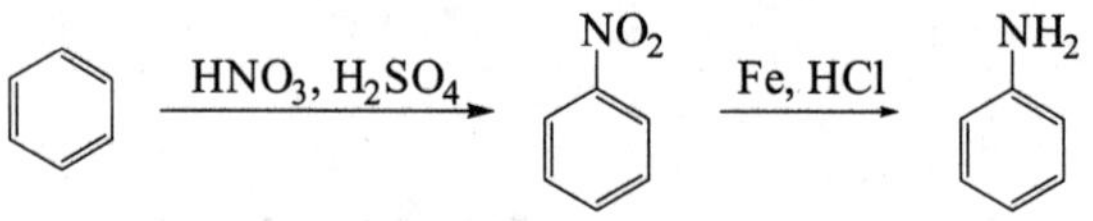

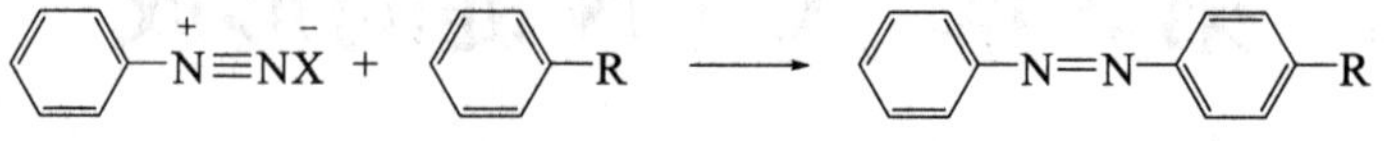

R = NR'R'', OR'''

(3)醛酮与胺或羟胺,通过亲核加成反应来构建碳氮双键,生成席夫碱和肟。

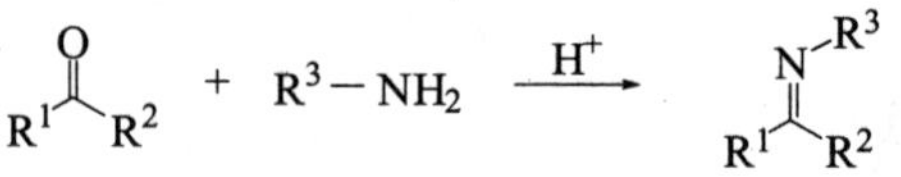

（席夫碱）

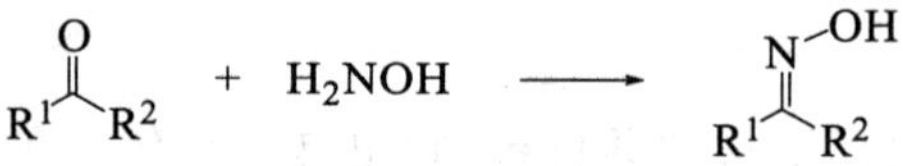

（肟）

(4)通过 Beckmann 重排、Curtius 重排、Hofmann 重排及 Lossen 重排反应来形成碳氮键。

Beckmann 重排

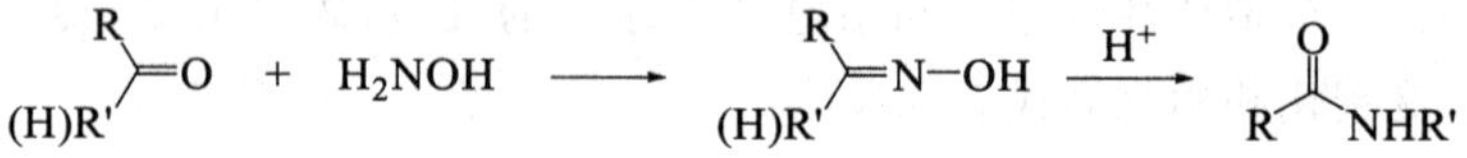

Curtius 重排

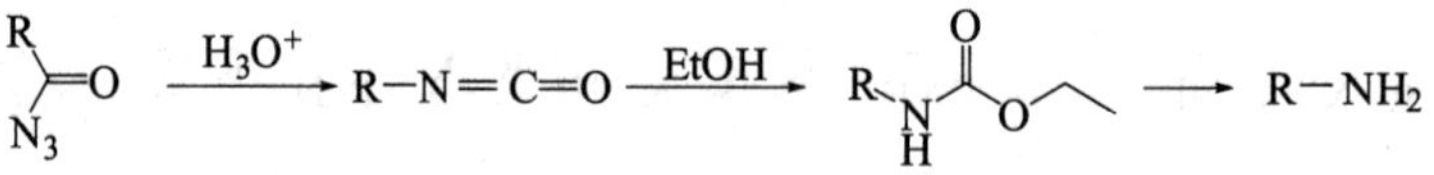

Hofmann 重排

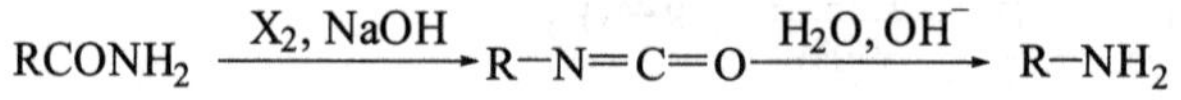

Lossen 重排

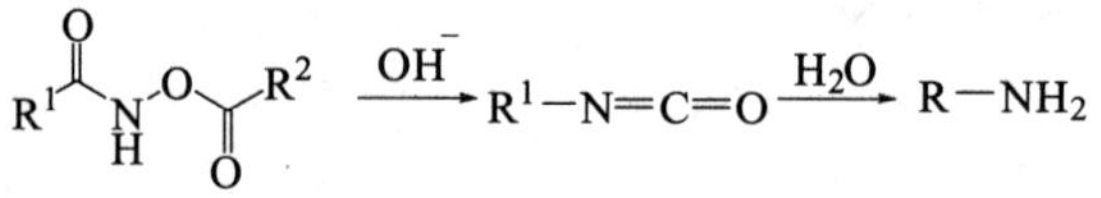

(5)通过还原胺化合成胺。

Leuckart - Wallach 反应

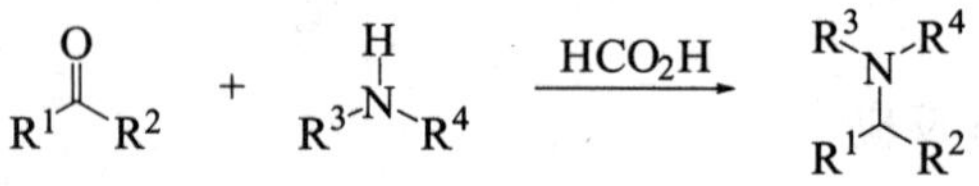

Eschweiler - Clarke 反应

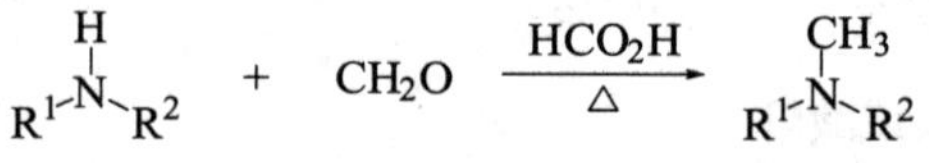

(6)酰胺和肟通过脱水,合成碳氮三键。

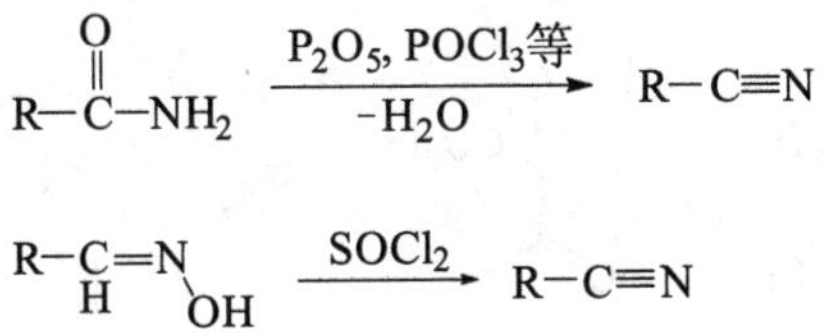

(7)氨基酸的合成方法。

① Strecker 合成法

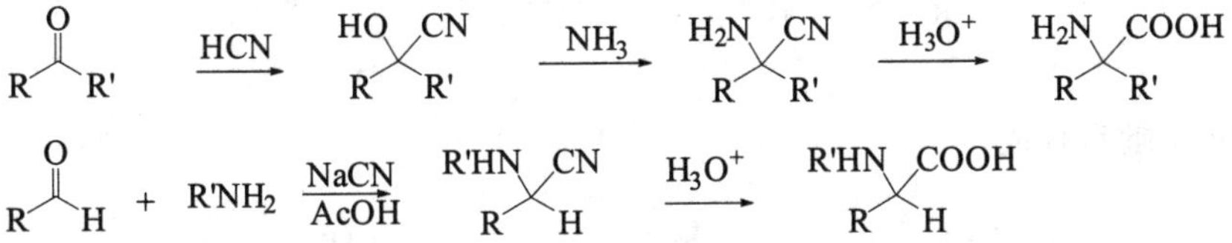

② Erlenmeyer 合成法

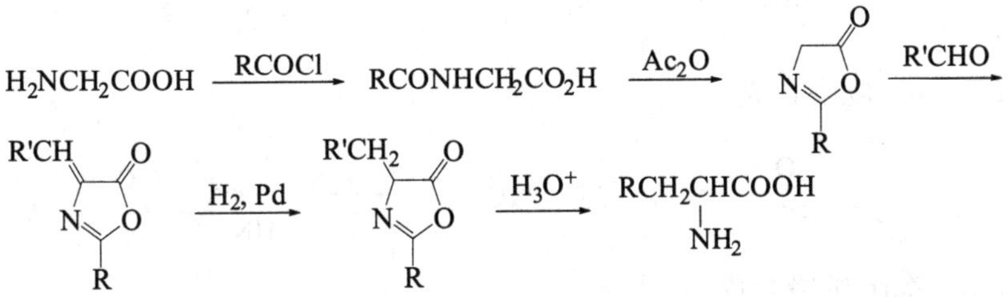

③ 卤代丙二酸酯合成法

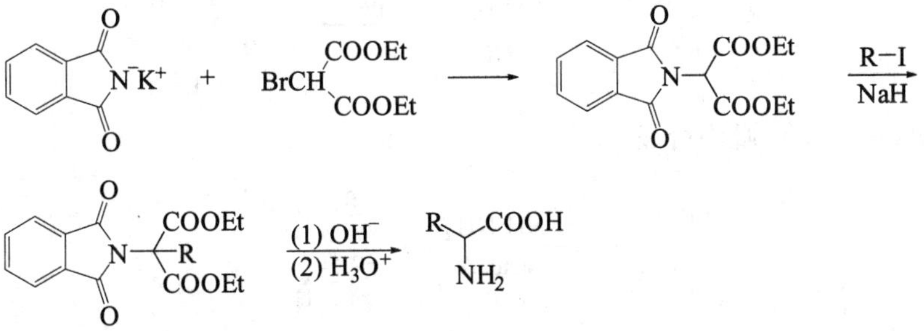

④ 乙酰氨基丙二酸酯合成法

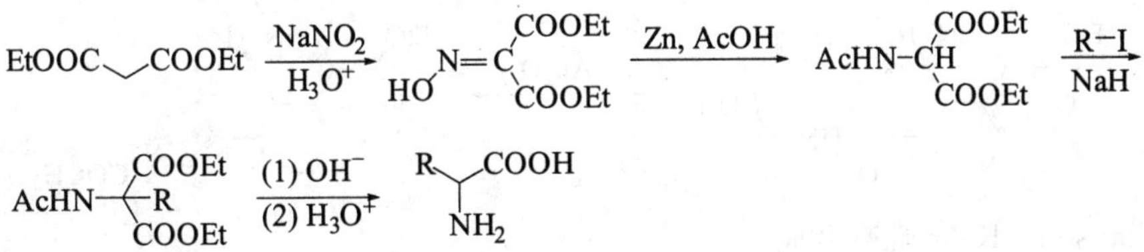

⑤ 相转移催化合成法

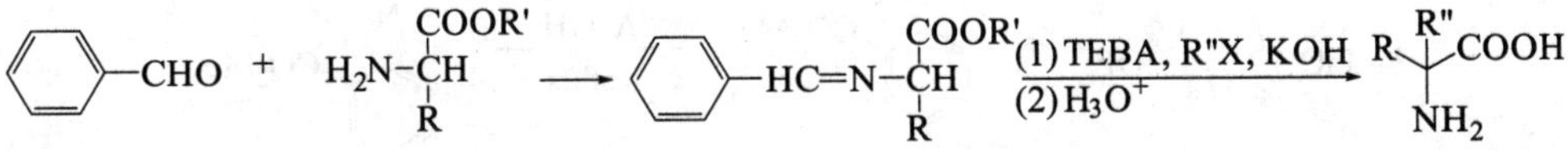

(8)合成吡咯的人名反应。

① Hantzsch 吡咯合成

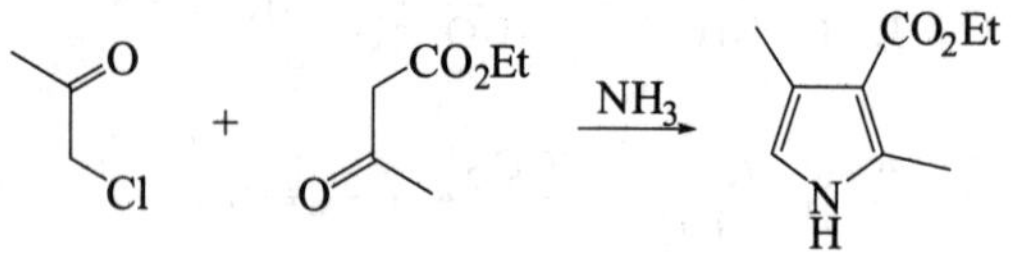

② Paal－Knorr 吡咯合成

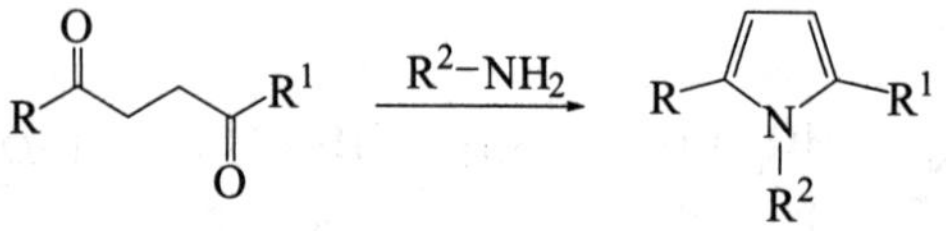

③ Knorr 吡咯合成

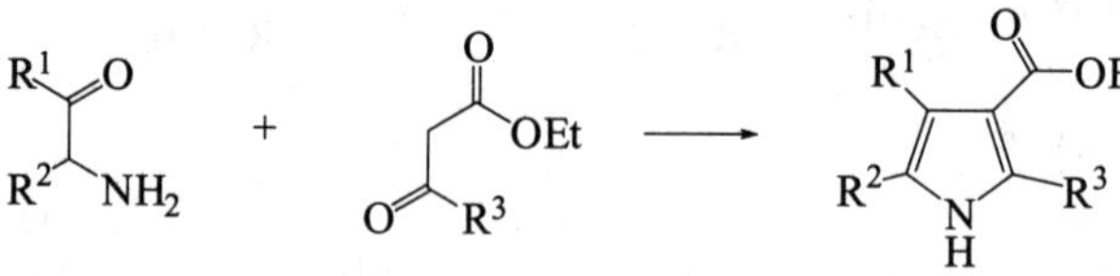

④ Van Leusen 吡咯合成

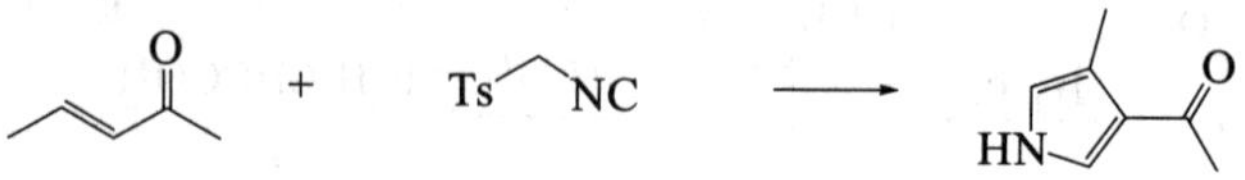

⑤ Barton－Zard 吡咯合成

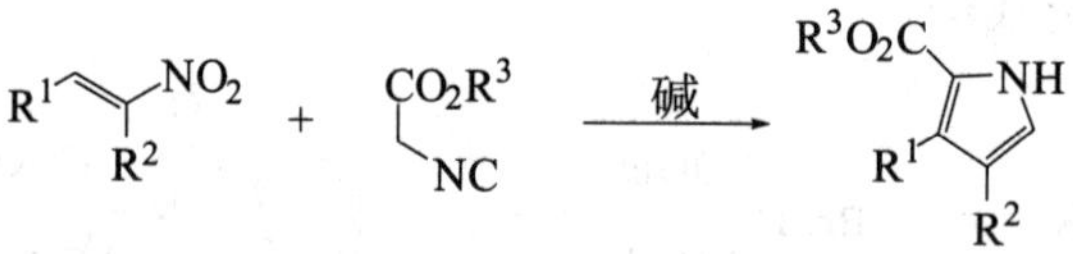

⑥ Piloty－Robins 吡咯合成

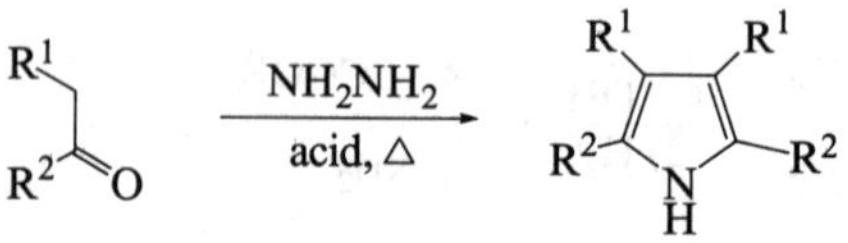

⑦ Zavyalov 吡咯合成

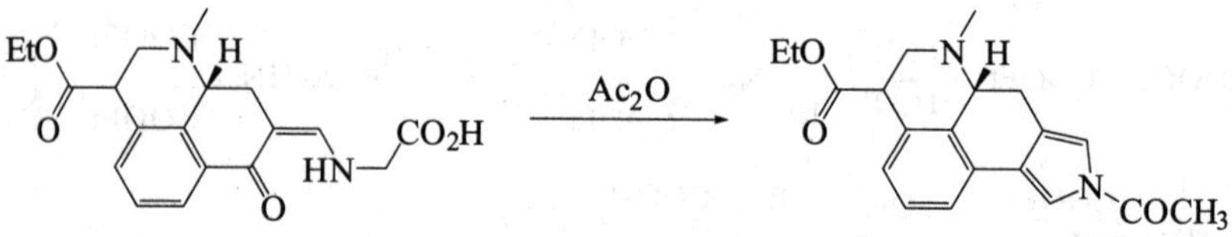

⑧ Clauson－Kaas 吡咯合成

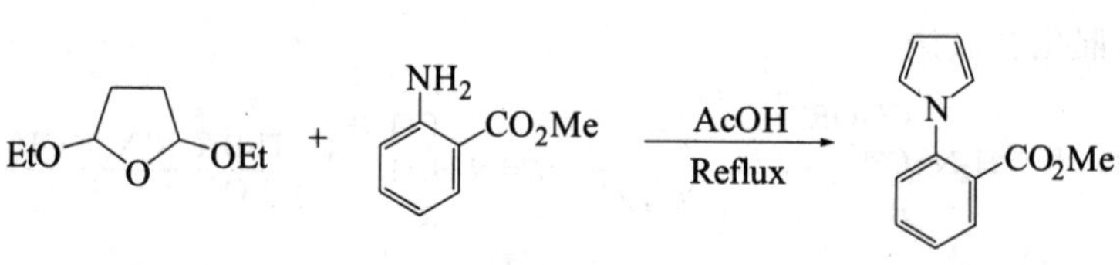

(9)合成吲哚的人名反应。

① Bartoli 吲哚合成

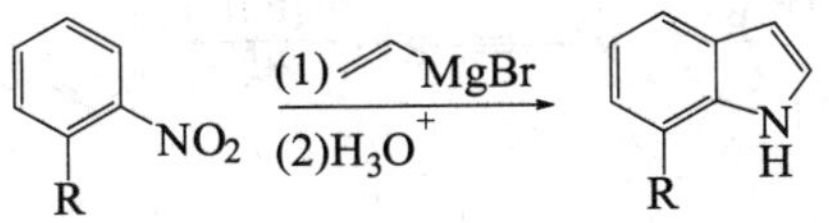

② Batcho－Leimgruber 吲哚合成

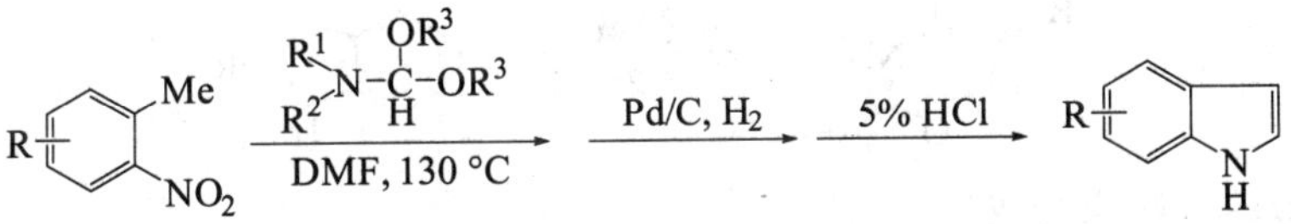

③ Bischler－Möhlau 吲哚合成

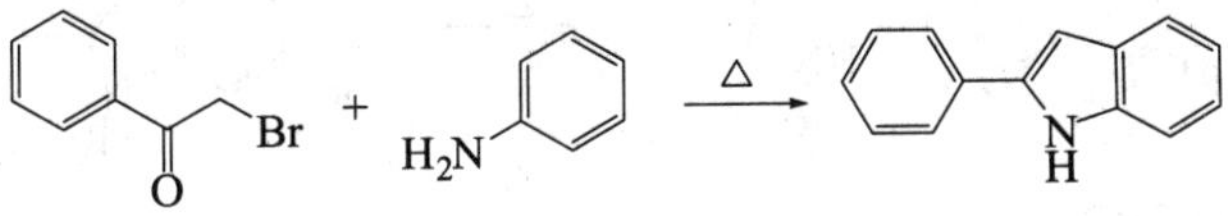

④ Cadogan－Sundberg 吲哚合成

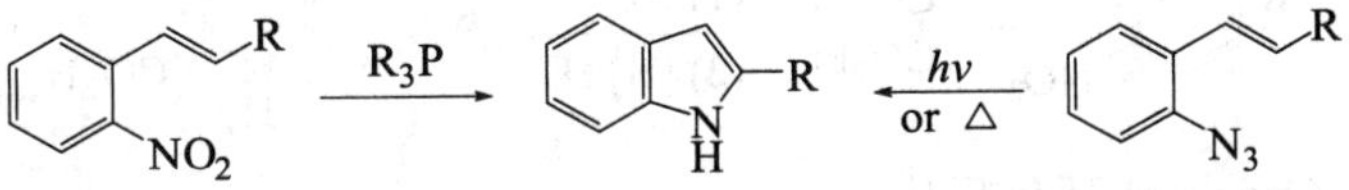

⑤ Fischer 吲哚合成

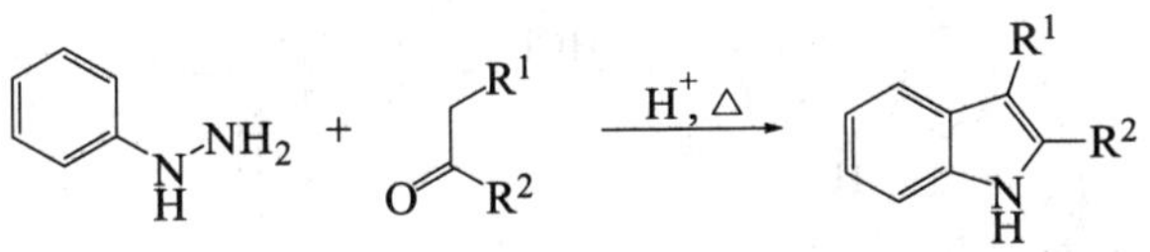

⑥ Fukuyama 吲哚合成

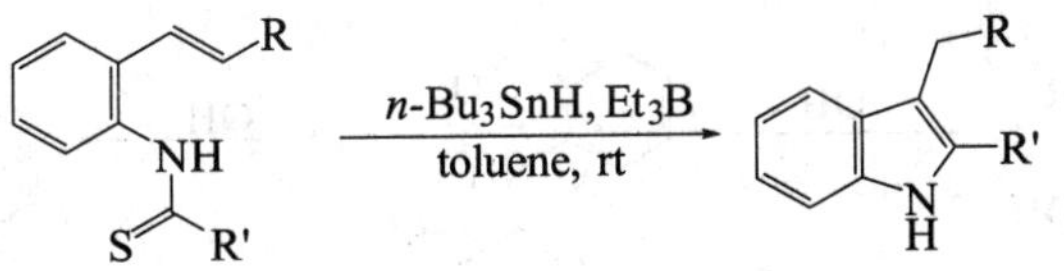

⑦ Gassman 吲哚合成

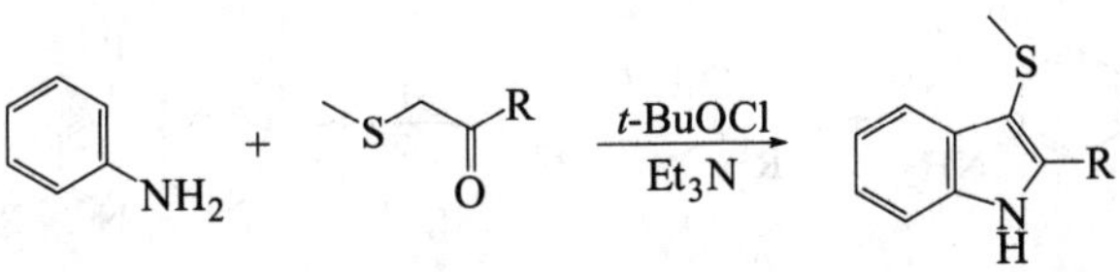

⑧ Hegedus 吲哚合成

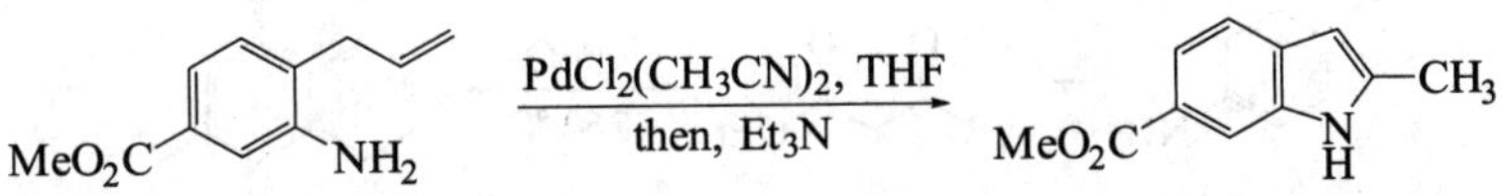

⑨ Larock 吲哚合成

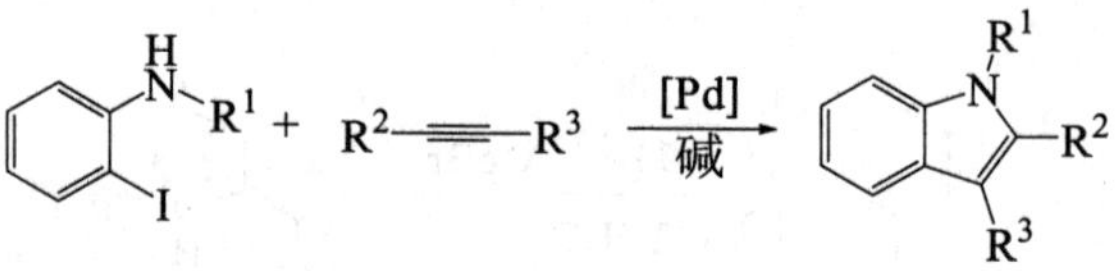

⑩ Madelung 吲哚合成

⑪ Nenitzescu 吲哚合成

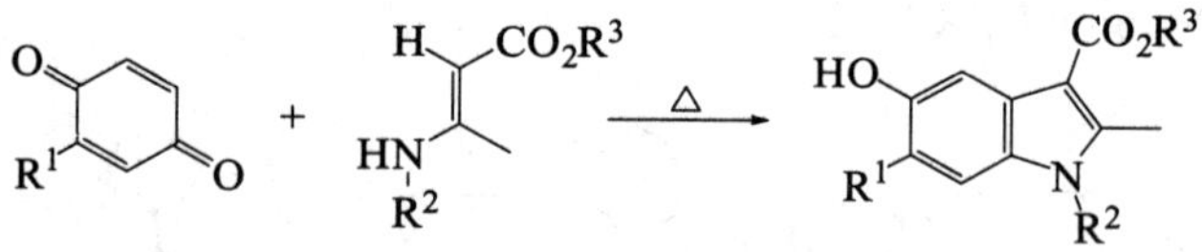

⑫ Reissert 吲哚合成

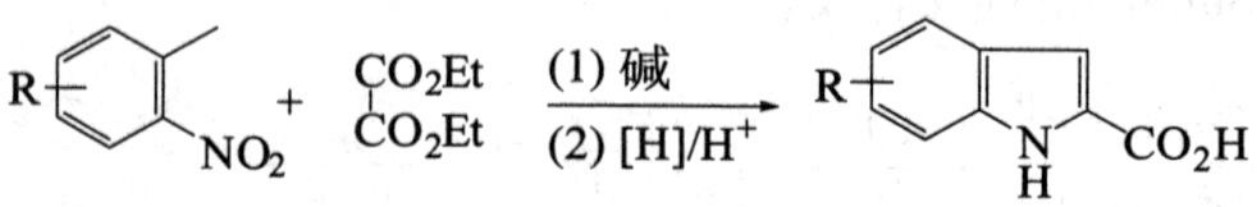

⑬ Borsche－Drechsel 环化反应

(10)合成喹啉的人名反应。

① Camps 喹啉合成

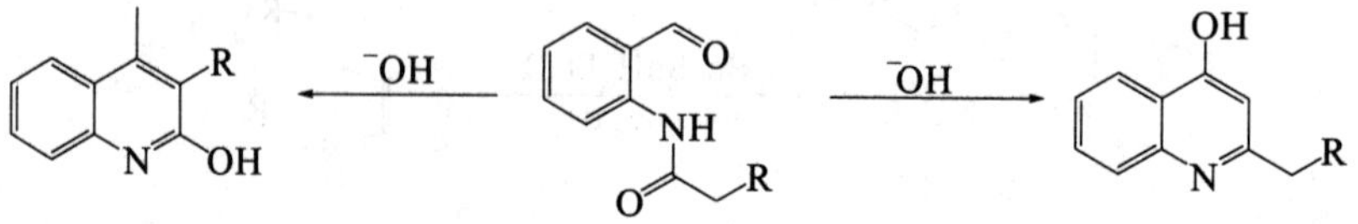

② Combes 喹啉合成

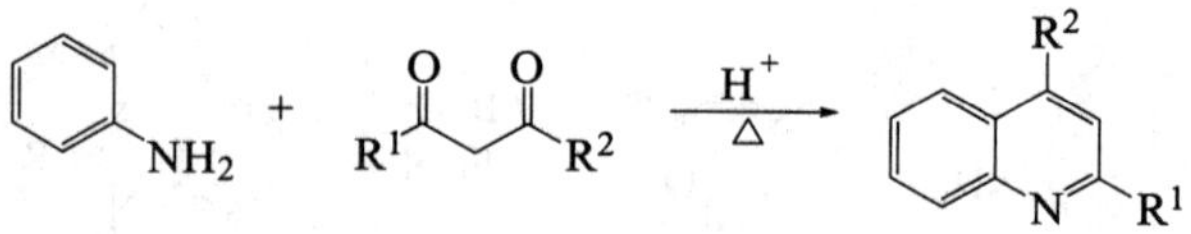

③ Conrad－Limpach 反应

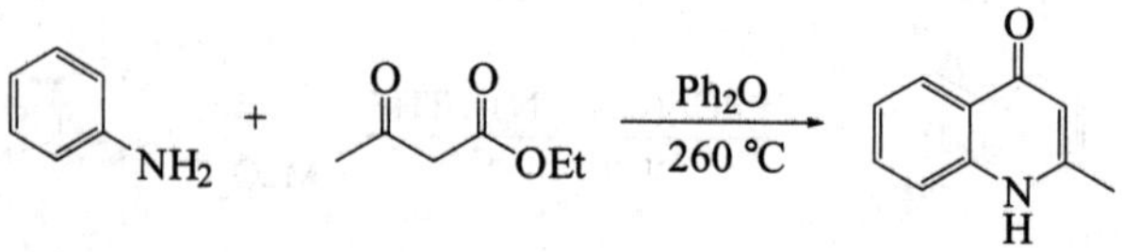

④ Doebner 喹啉合成

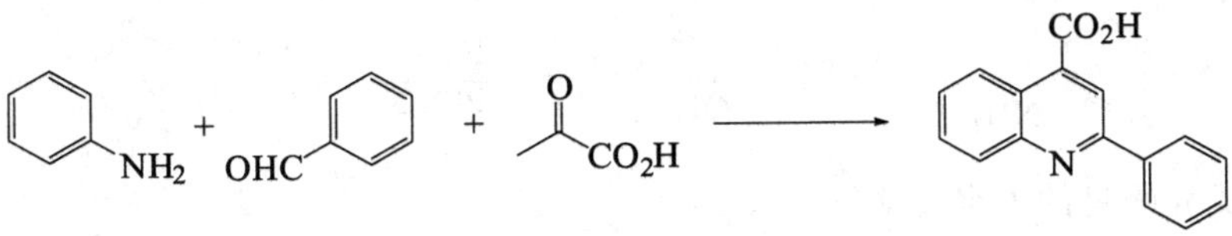

⑤ Doebner－von Miller 反应

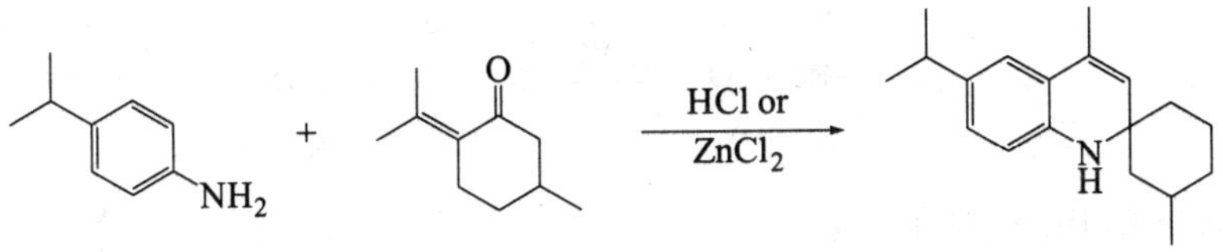

⑥ Friedlander 喹啉合成

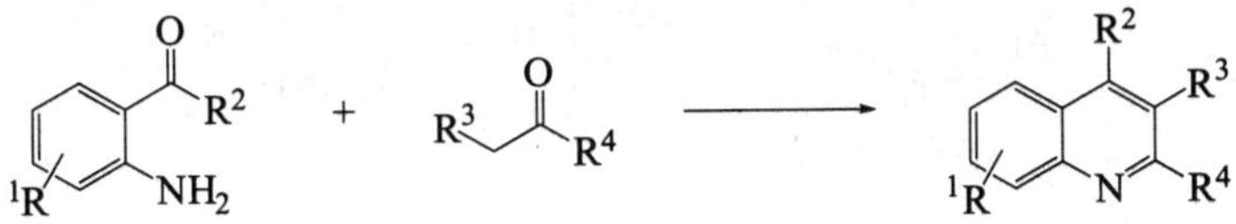

⑦ Gould－Jacobs 反应

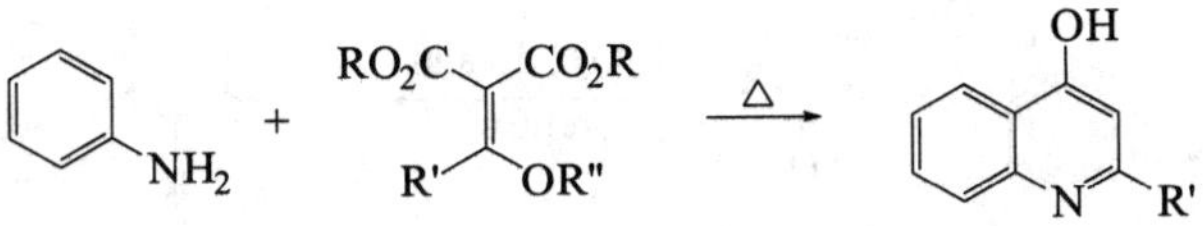

⑧ Knorr 喹啉合成

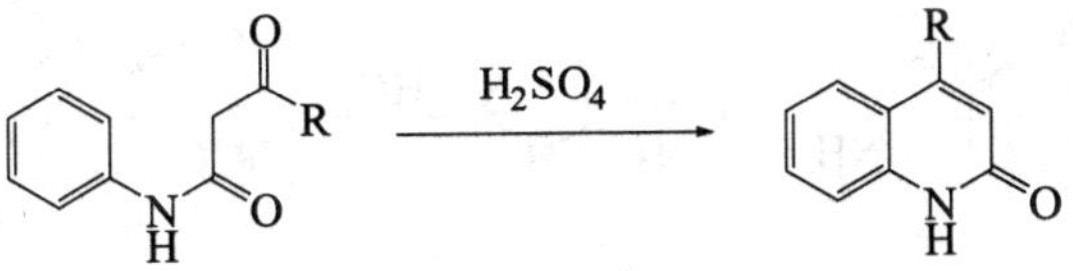

⑨ Niementowski 喹啉合成

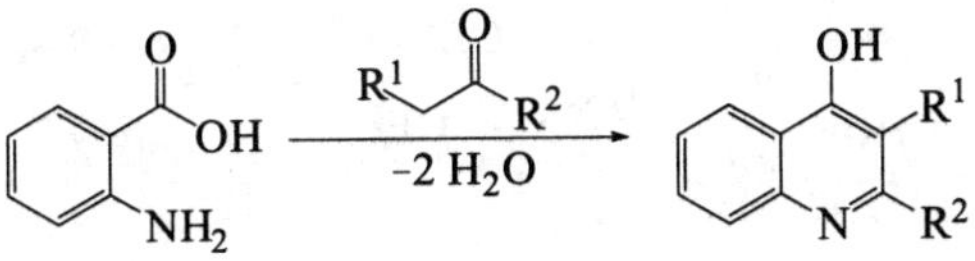

⑩ Pfitzinger 反应

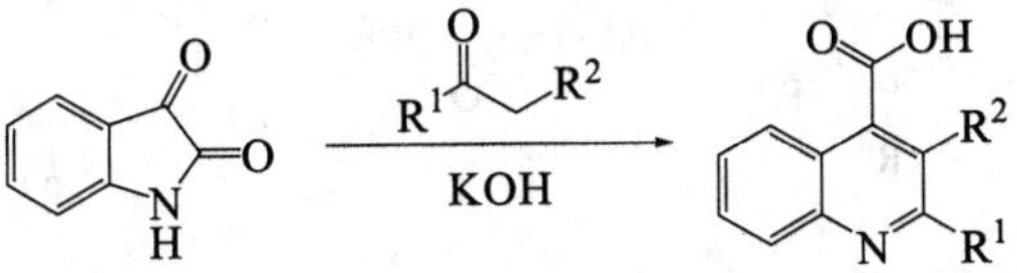

⑪ Pavorov 反应

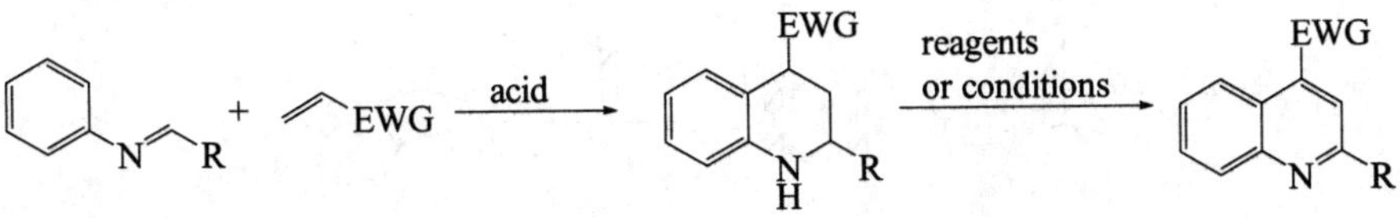

⑫ Skraup 喹啉合成

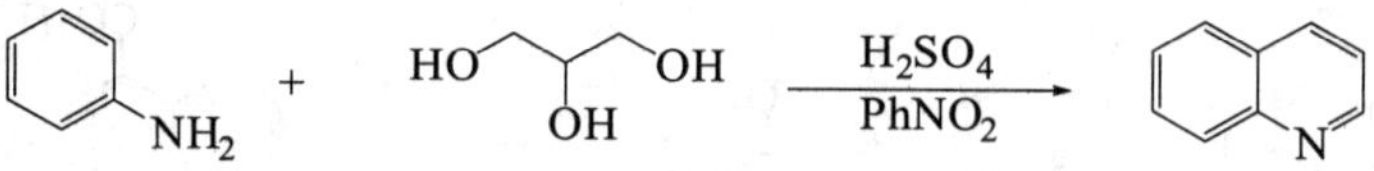

(11)合成异喹啉的人名反应。

① Bischler－Napieralski 反应

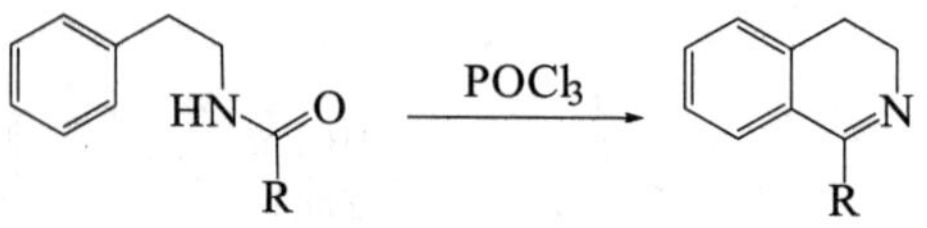

② Gabriel－Colman 重排反应

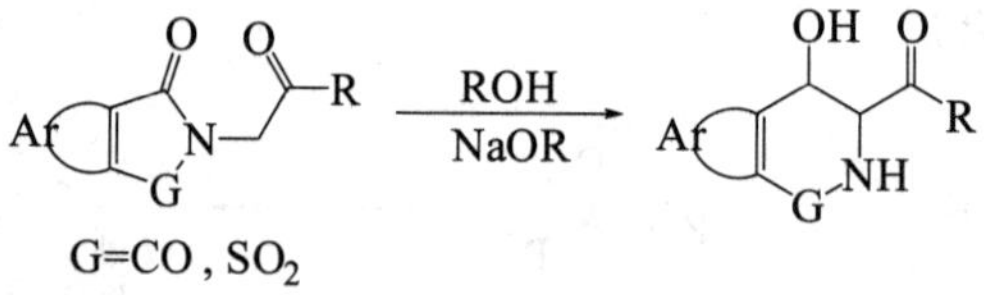

③ Pictet－Gams 异喹啉合成

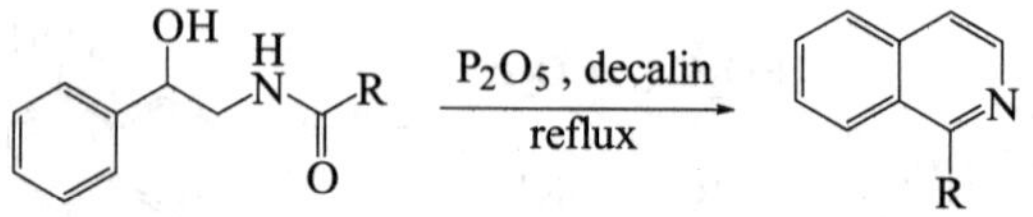

④ Pictet－Spengler 四氢异喹啉合成

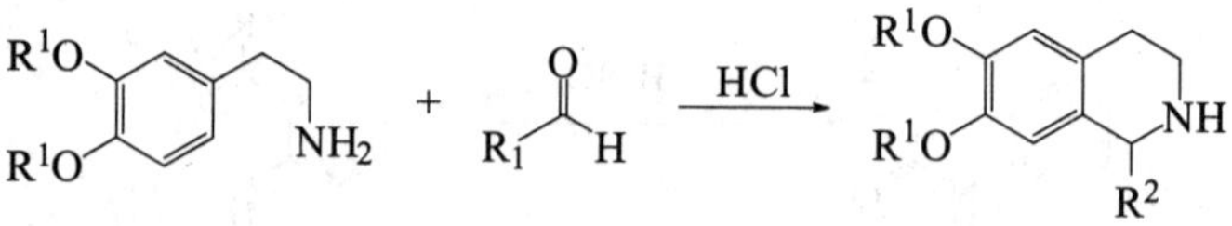

⑤ Pomeranz－Fritsch 反应

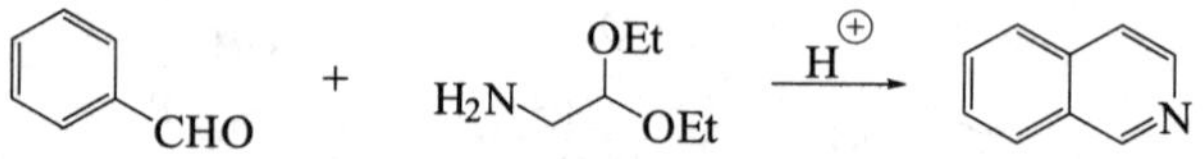

⑥ Alper 羰基化反应

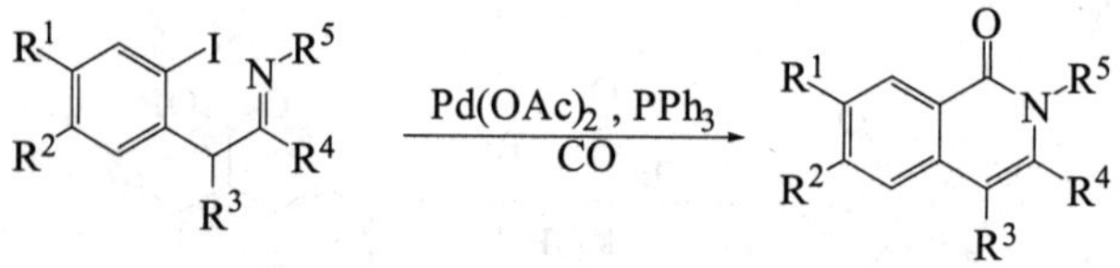

⑦ Boger 吡啶合成反应

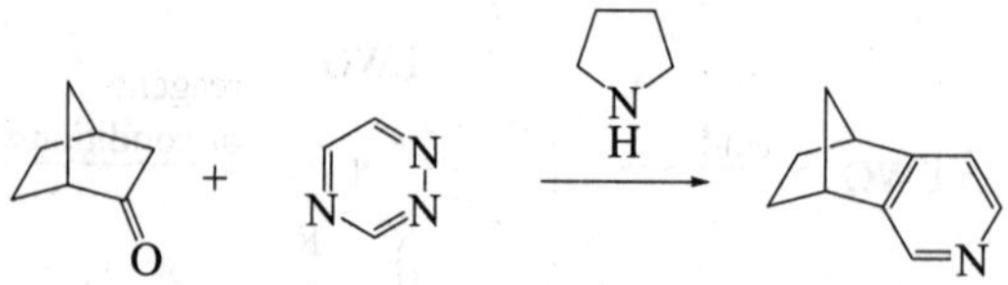

⑧ Chichibabin 吡啶合成反应

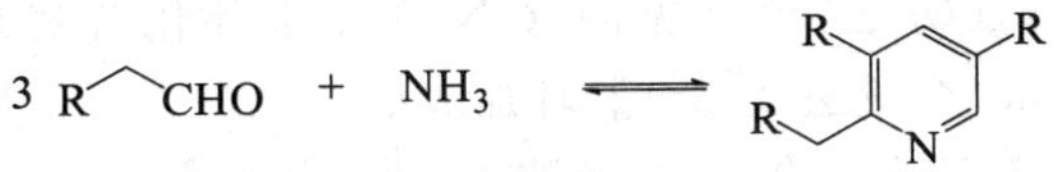

⑨ Ciamician－Dennstedt 重排

⑩ Guareschi－Thorpe 缩合

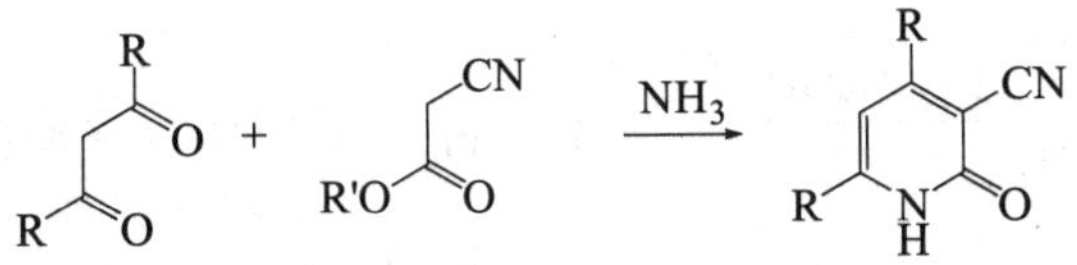

⑪ Hantzsch 二氢吡啶合成法

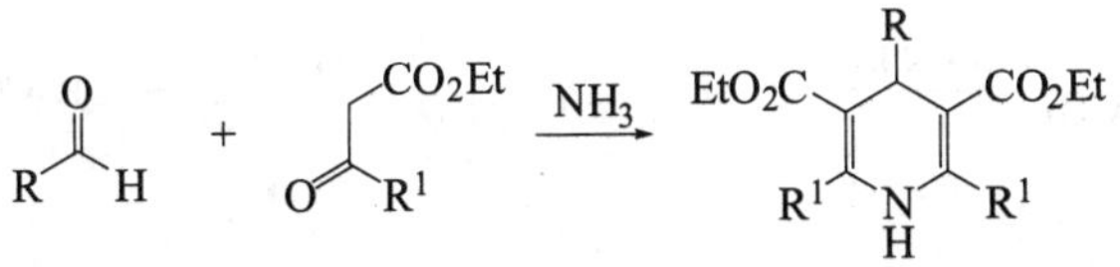

⑫ Kaiser－Johnson－Middleton 二腈环化反应

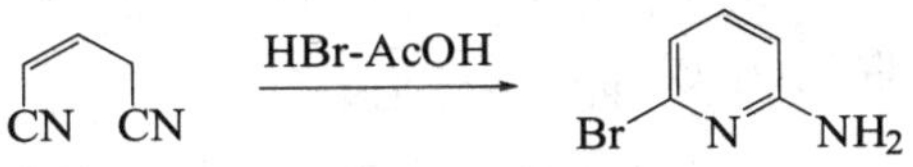

二、解题示例

1. 伯胺、仲胺及叔胺的合成方法有哪些？

[解]

伯胺的制备：氨的烷基化；Gabriel 伯胺合成；腈、酰胺、肟、腙的还原；醛酮的还原胺化；Hofmann 降解。

仲胺的制备：伯胺的烷基化；醛酮的还原胺化（亚胺的还原）；N－取代酰胺的还原。

叔胺的制备：仲胺的烷基化；醛酮与仲胺的还原胺化。

2. 含 N 杂环化合物的合成方法有哪些？

[解]

含 N 三元杂环的合成方法：N 原子插入法，包括自由氮宾、类氮宾中间体和烯烃的加成反应；PhI＝NR（R 为含有酰基或羰基的取代基）作为氮宾前体、叠氮化合物与烯烃反应；氮叶立德（N－Ylide）与烯烃的反应；分子内环化反应。

含 N 四元杂环的合成方法：环加成反应；分子内环化反应。

含 N 五元杂环的合成方法：一是含 1 个 N 原子五元杂环的合成，最常见的含 1 个 N 原子的五元杂环是吡咯，其经典合成方法有 Hantzsch 合成法及 Knorr 合成法；二是含 2 个 N

原子五元杂环的合成，其合成方法有 α-氨基缩醛法、α-溴代酮法及异腈法。

含 N 六元杂环的合成方法：最常见的含 N 六元杂环化合物是吡啶，其合成方法有 Hantzsch 合成法、Kröhnke 合成法及[4+2]环加成法。

吲哚类化合物的合成：Fisher 合成法；苯胺法；邻氨基乙苯法。

喹啉类化合物的合成：合成喹啉的方法有很多，如 Skraup 合成法、Combes 合成法、Doebner - Miller 合成法、Conrad - Limpach 合成法和 Friedländer 合成法等。

3. 完成下列反应。

(1) 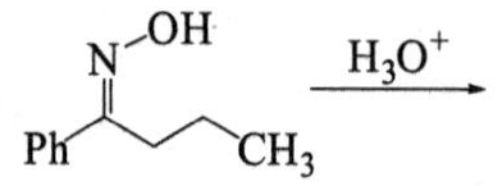

(2) 

(3) 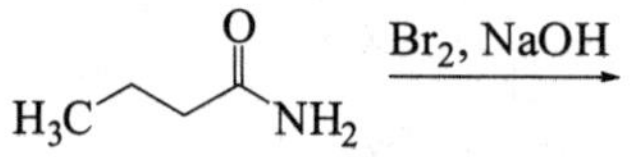

(4) 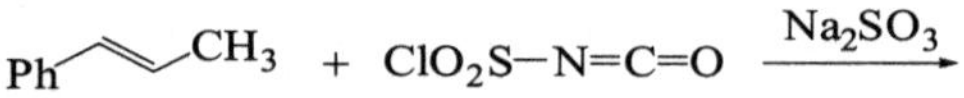

(5) 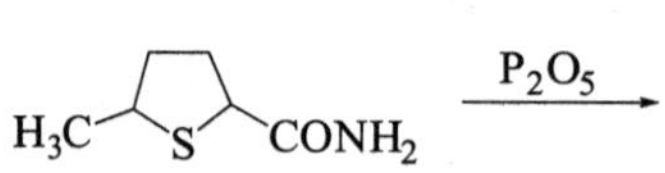

(6) 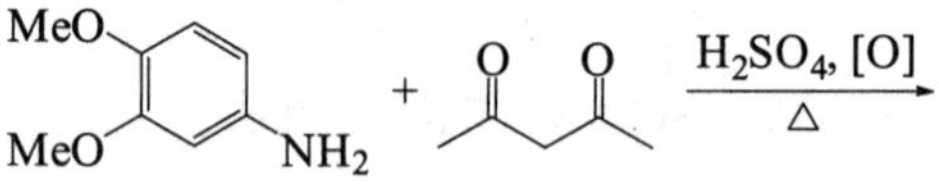

(7) 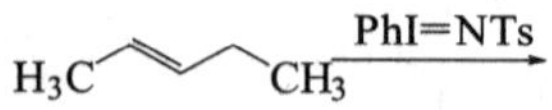

(8) 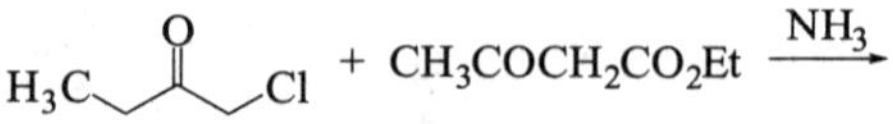

[解]

(1)肟水解，生成酮羰基 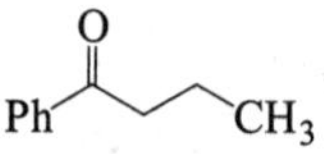。

(2)氰根离子发生亲核取代，生成 。

(3)一级酰胺发生 Hofmann 重排反应生成伯胺 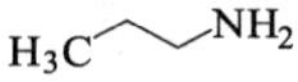。

(4)烯烃与异氰酸酯发生环加成反应，生成 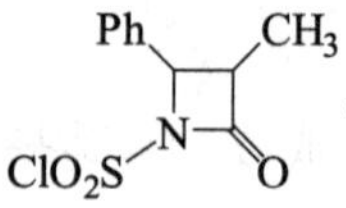。

(5)酰胺脱水生成腈 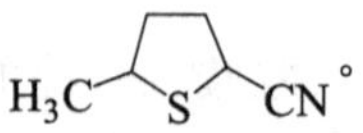。

(6)Combes 法合成喹啉 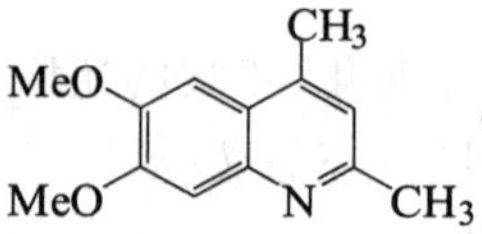。

(7)磺酰亚胺碘苯作为氮宾前体，与双键发生环化反应，生成氮杂环丙烷 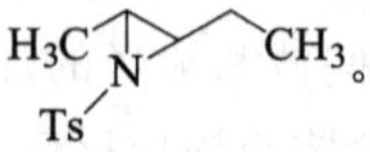。

(8)一分子的 α-氯代醛与 β-酮酸酯和氨，经 Hantzsch 合成法生成吡咯类化合物 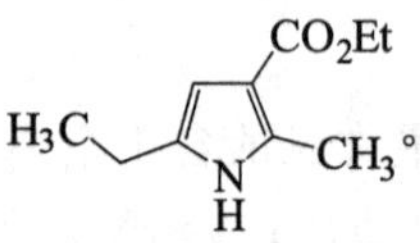。

4. 用 5 种方法合成下列氨基酸。

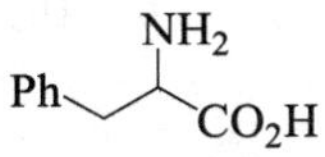

［解］

Strecker 合成法；Erlenmeyer 合成法；卤代丙二酸酯合成法；乙酰氨基丙二酸酯合成法；相转移催化合成法。

三、习题及参考答案

(一)习题

1. 由原料和反应条件写出产物，注意产物的立体化学结构。

(1) 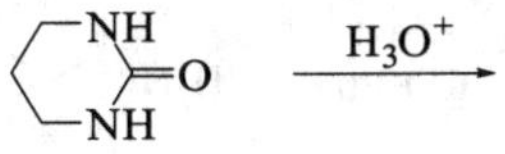

(2) 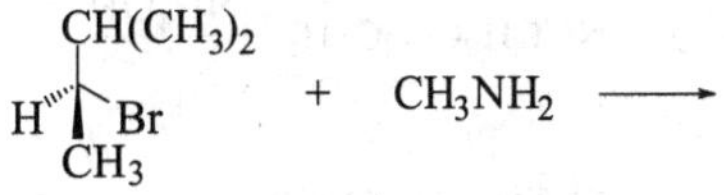

(3) 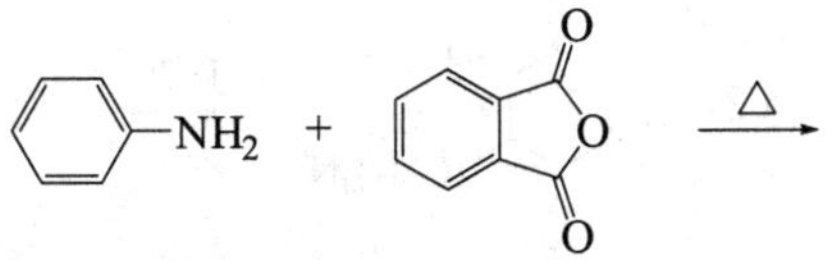

(4) 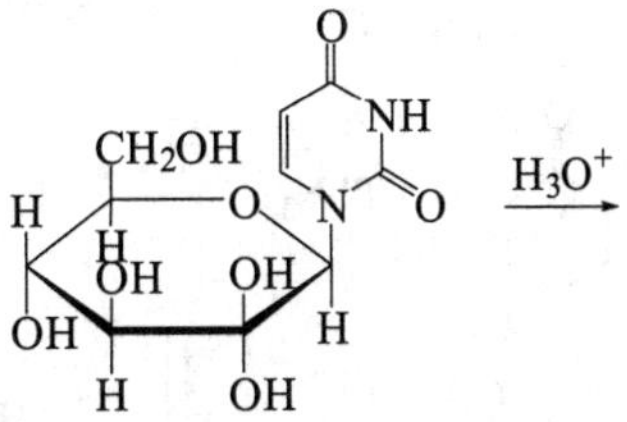

(5) PhCH=NCH$_3$ + CH$_3$MgBr $\longrightarrow$ $\xrightarrow{H_2O}$

(6) 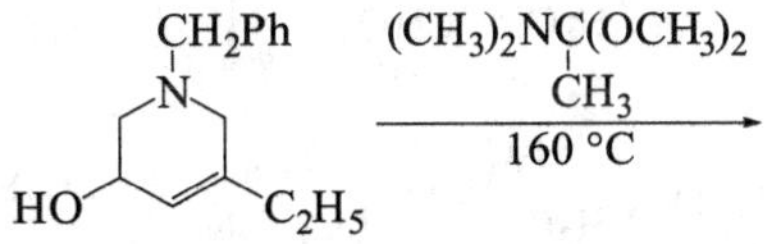

(7) 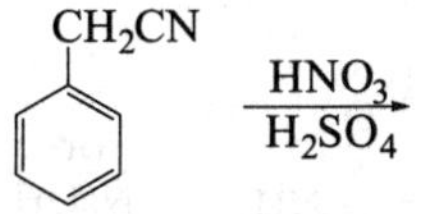

(8) 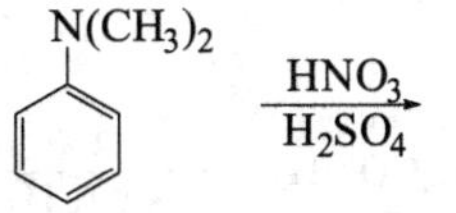

(9) 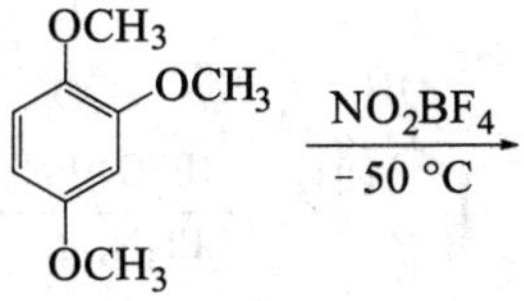

(10) 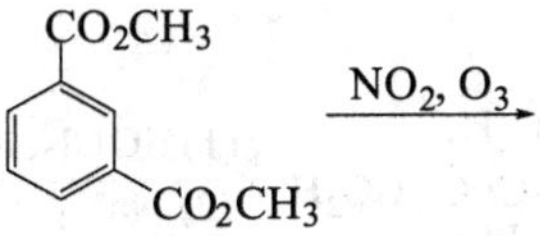

(11) 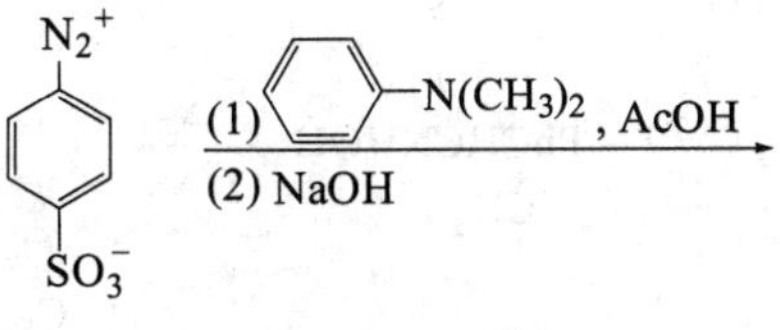

(12) 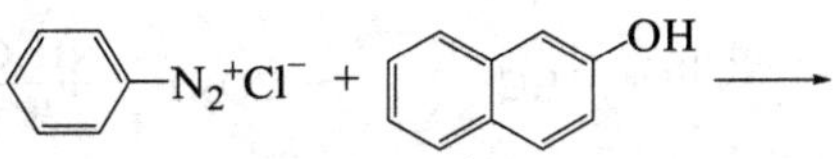

(13) 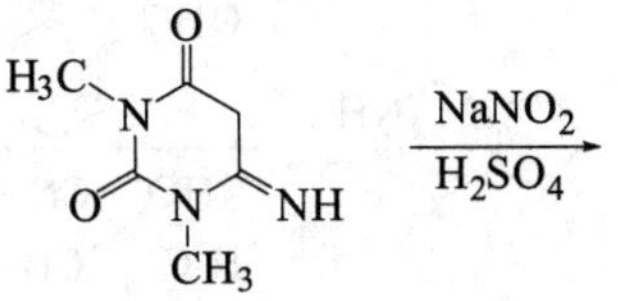

(14) 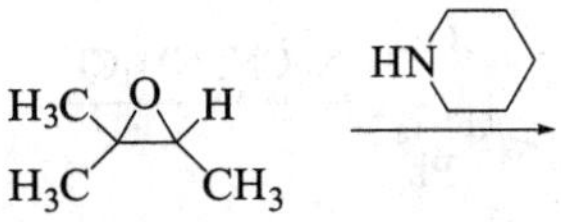

(15) 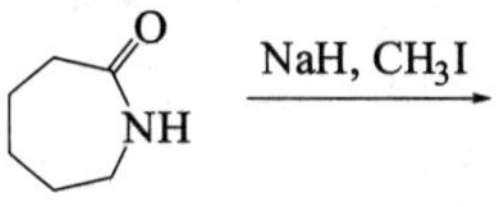

(16) 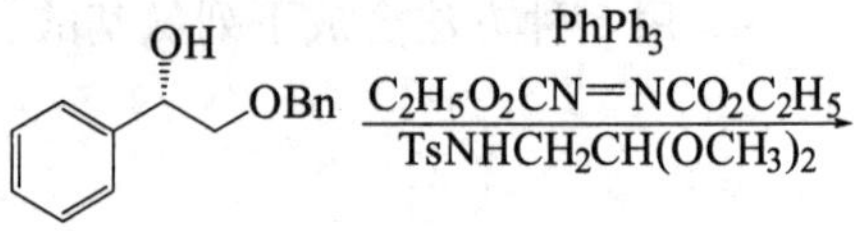

(17) 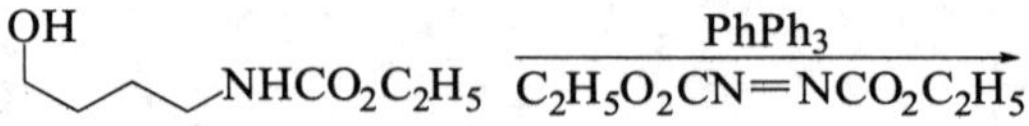

(18) $CH_3(CH_2)_3CH_2I + NaN_3 \longrightarrow$

(19) 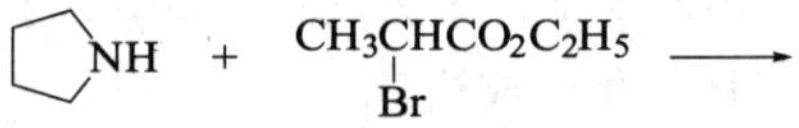

(20) 

(21) 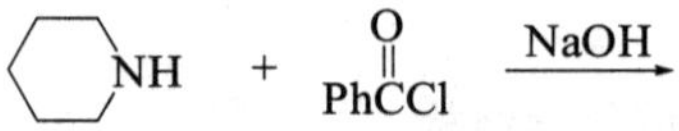

(22) 

(23) $NCCH_2CO_2C_2H_5 \xrightarrow{NH_4OH}$

(24) 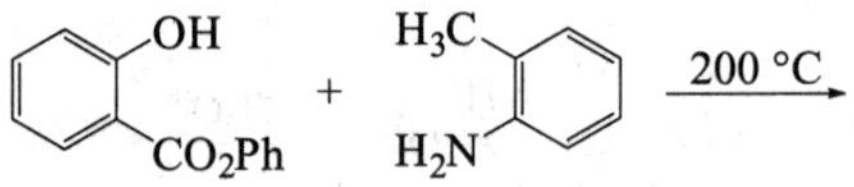

(25) 

(26) 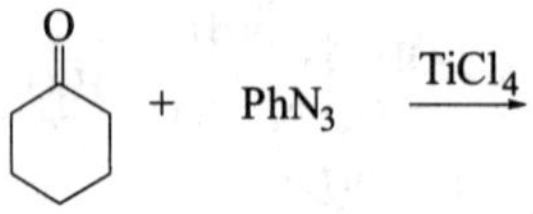

(27) 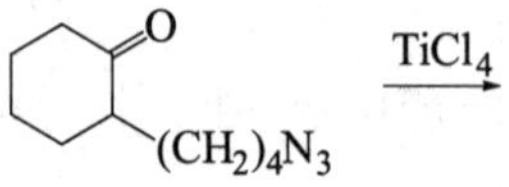

(28) 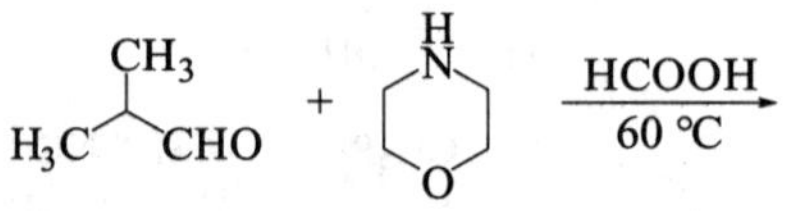

(29) 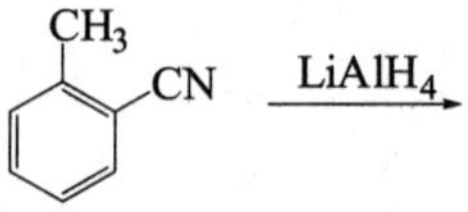

(30) 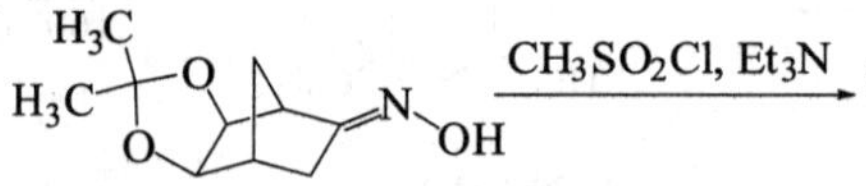

(31) 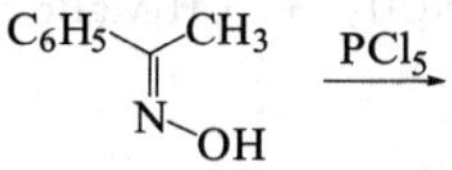

(32) $NC(CH_2)_4CONH_2 \xrightarrow[NaOCH_3]{Br_2}$

(33) 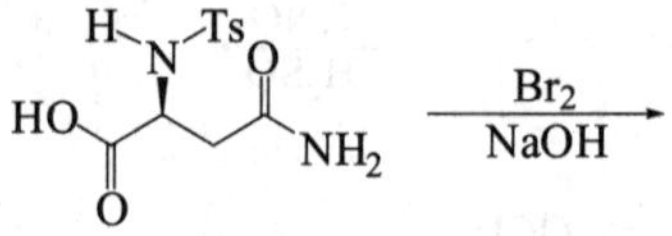

(34) 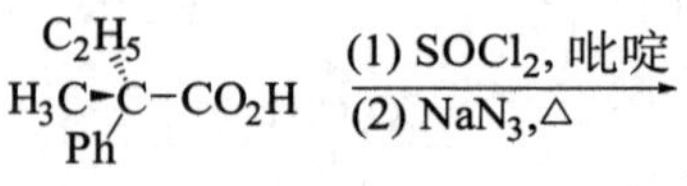

(35) 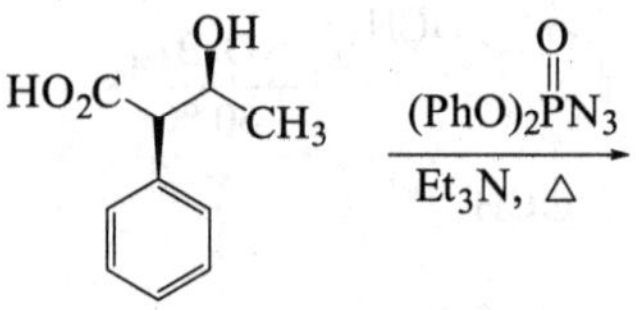

(36) 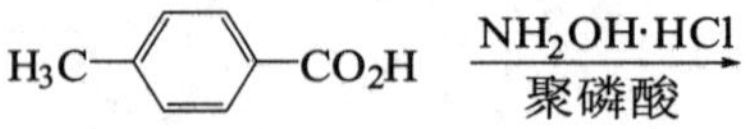

(37) 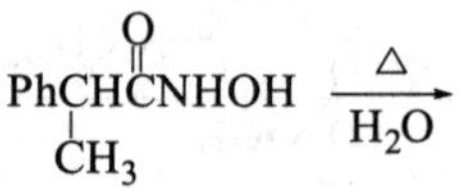

(38) 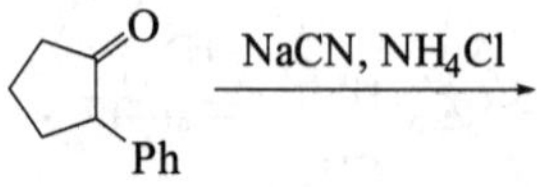

(39) 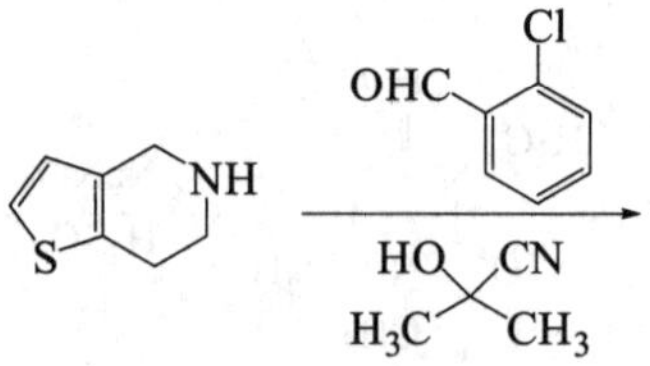

(40) 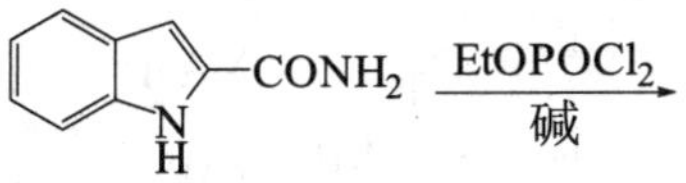

(41) 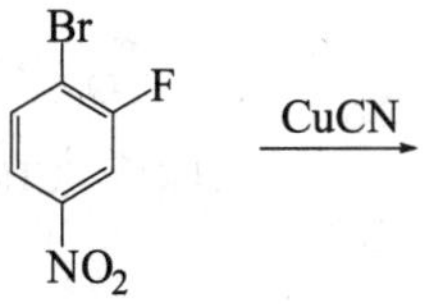

(42) 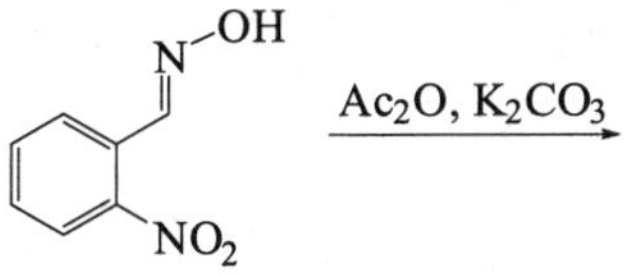

(43) 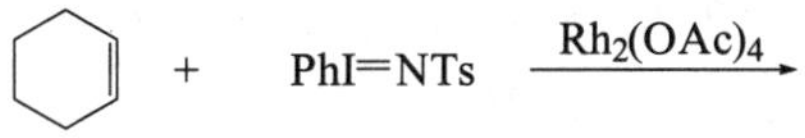

(44) 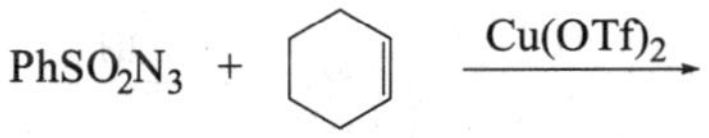

(45) 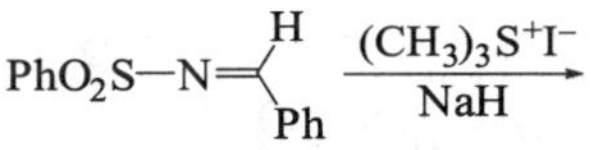

(46) 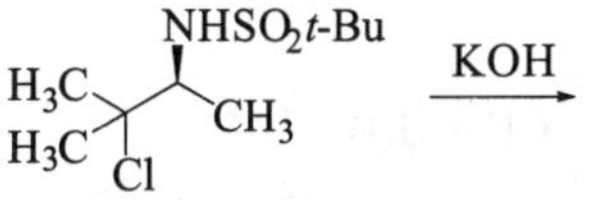

(47) 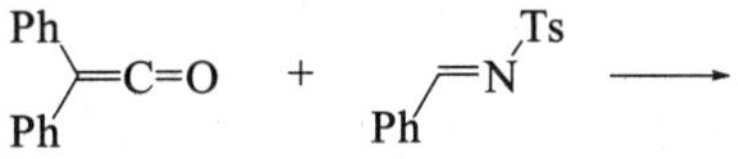

(48) 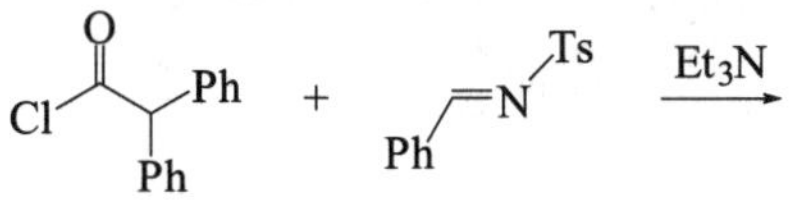

(49) 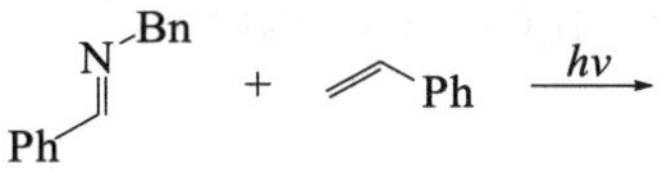

(50) 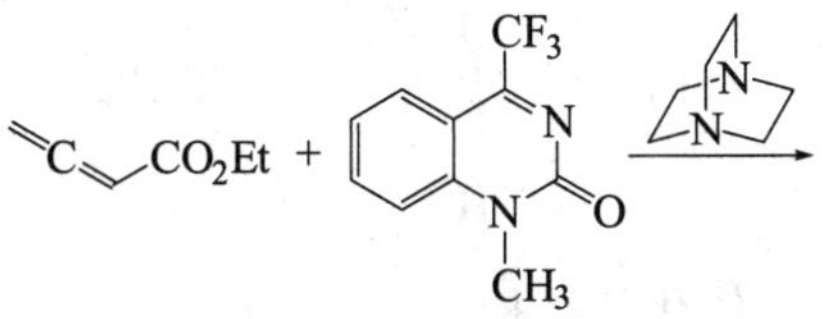

(51) 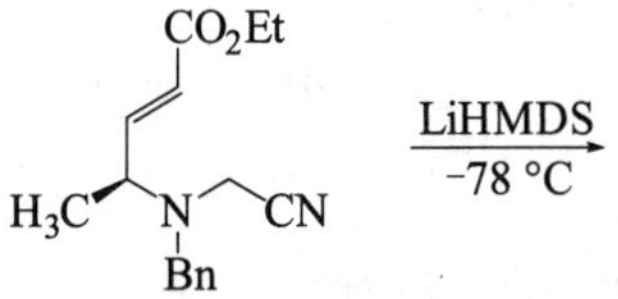

(52) 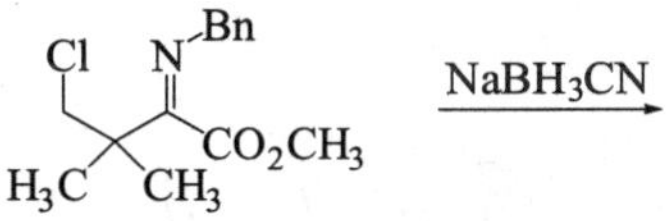

(53) 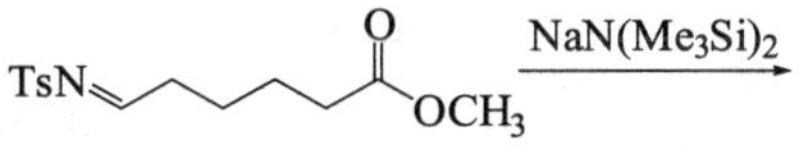

(54) 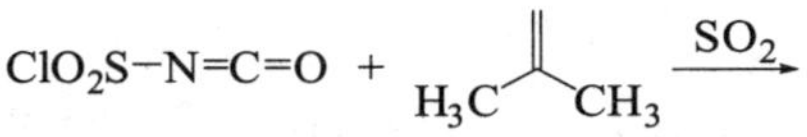

(55) 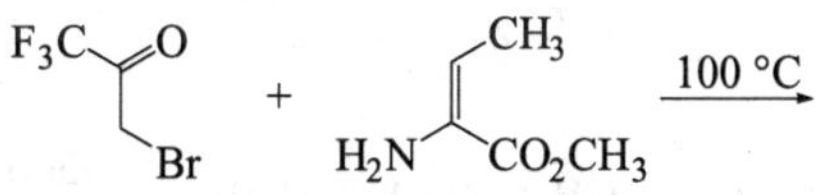

(56) 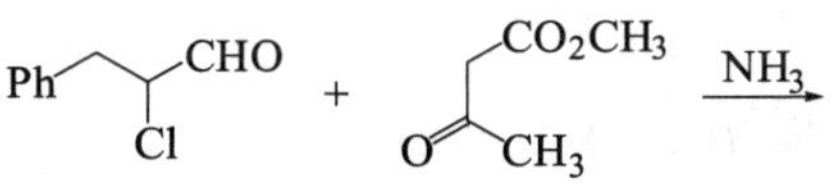

(57) 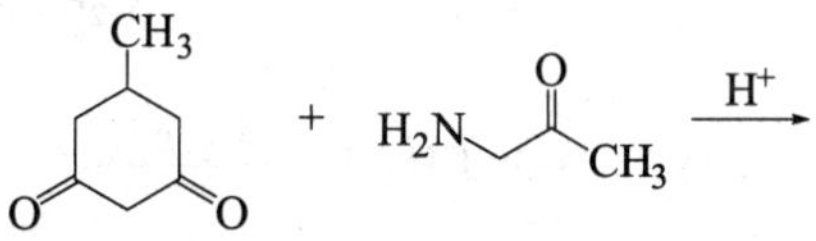

(58) 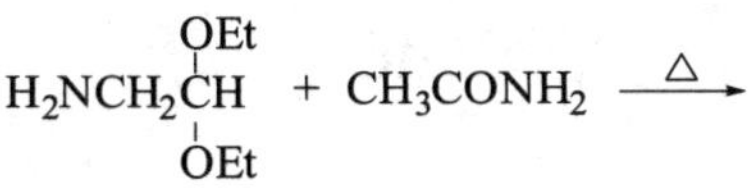

(59) 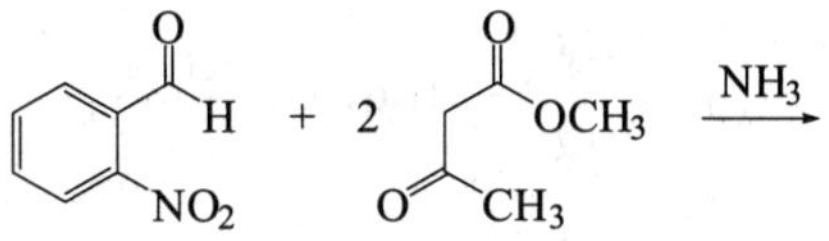

(60) 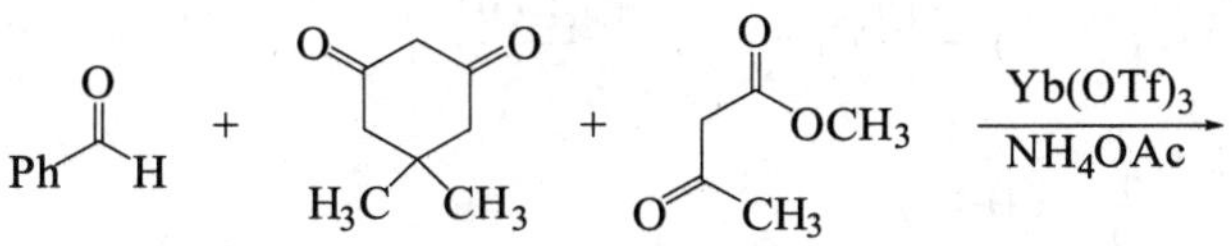

(61) 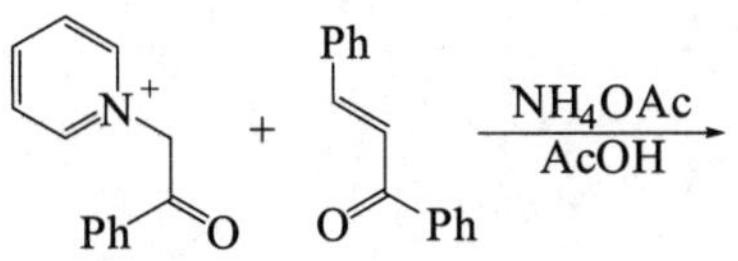

(62) 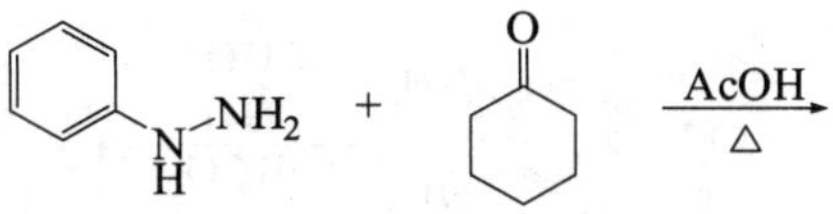

(63) 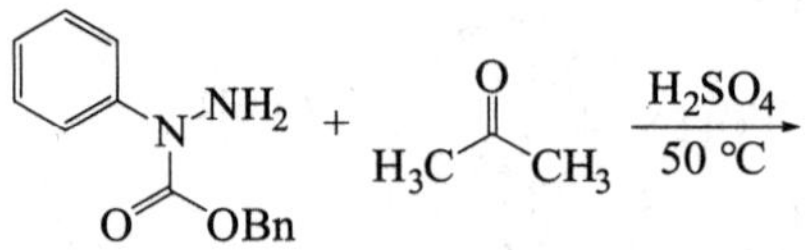 (64) 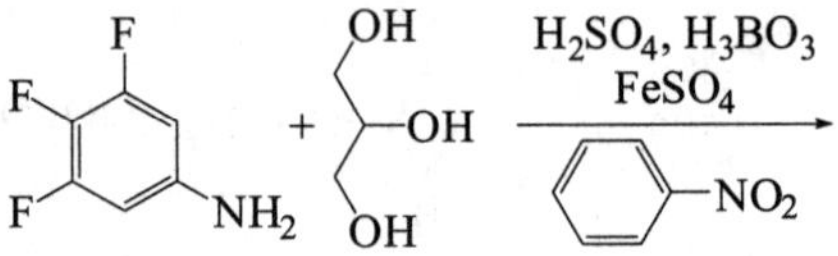

(65) 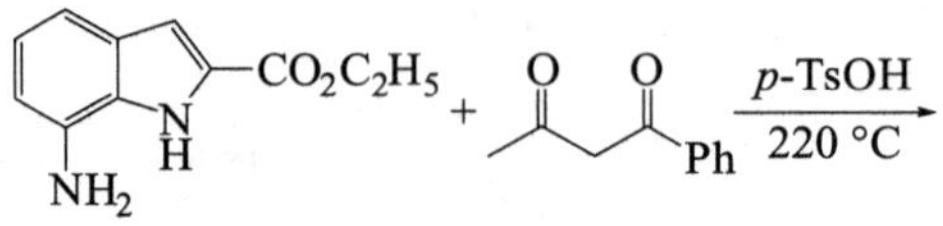

(66) 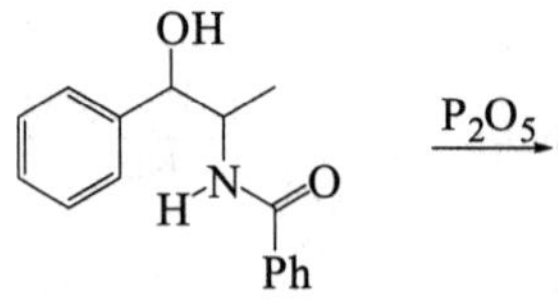 (67) 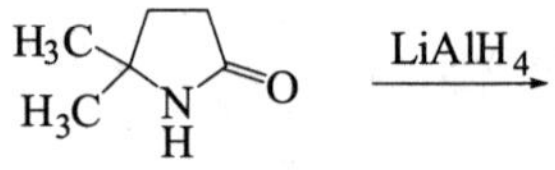

(68) 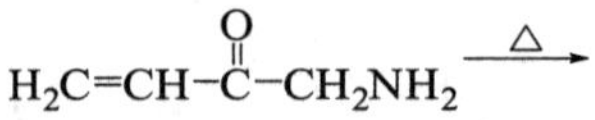 (69) 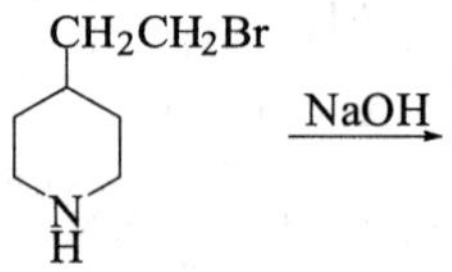

(70) 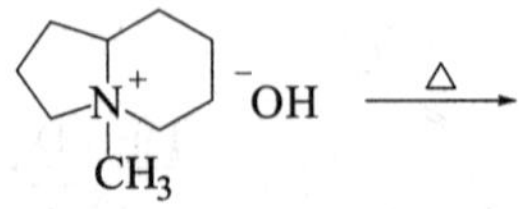 (71) 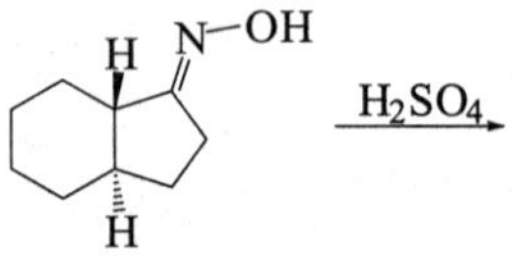

2. 写出多步反应的每步产物，注意产物的立体化学结构。

(1) 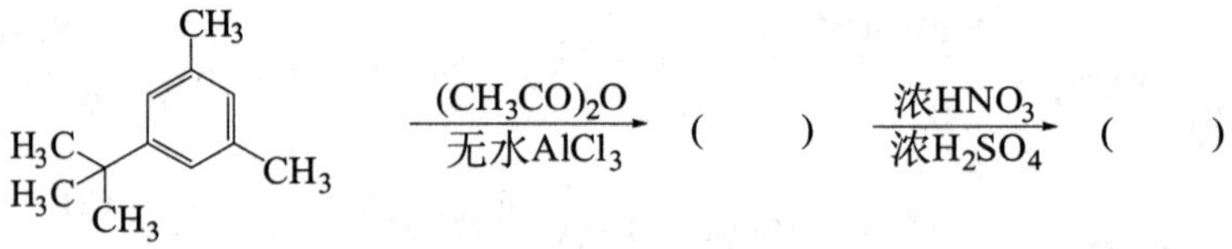

(2) $CH_3CH_2CH_2CH_2Br \xrightarrow[C_2H_5OH]{NaOH} (\quad) \xrightarrow{HBr} (\quad) \xrightarrow{NH_3} (\quad)$

(3) 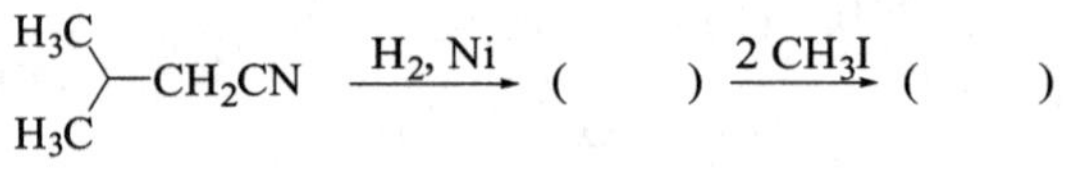

(4) 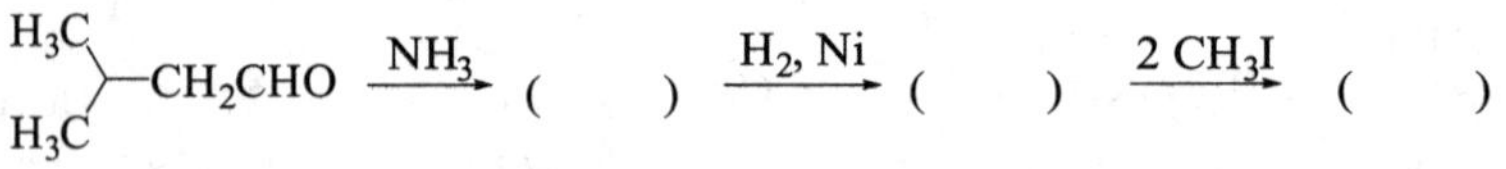

(5) 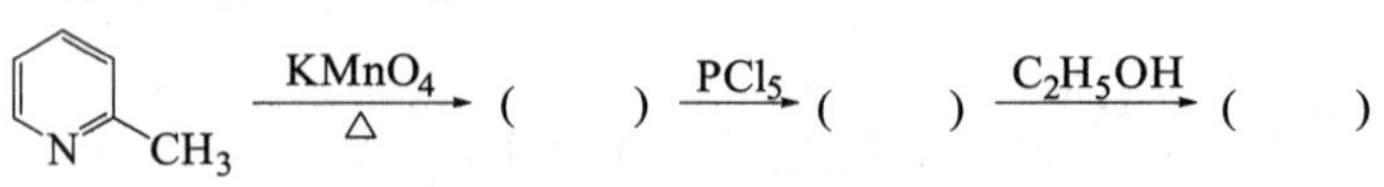

(6) 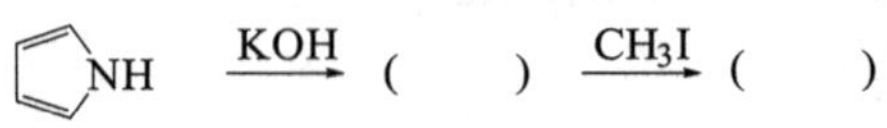

(7) 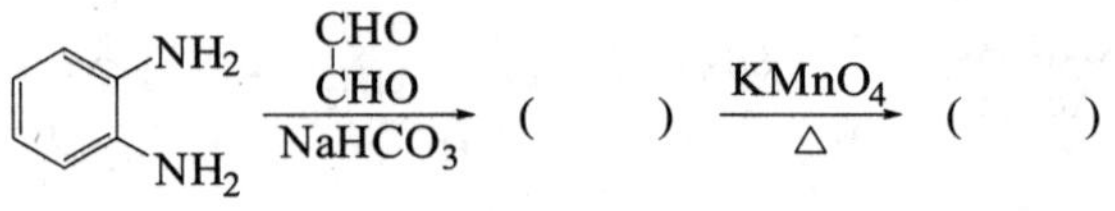

(8) 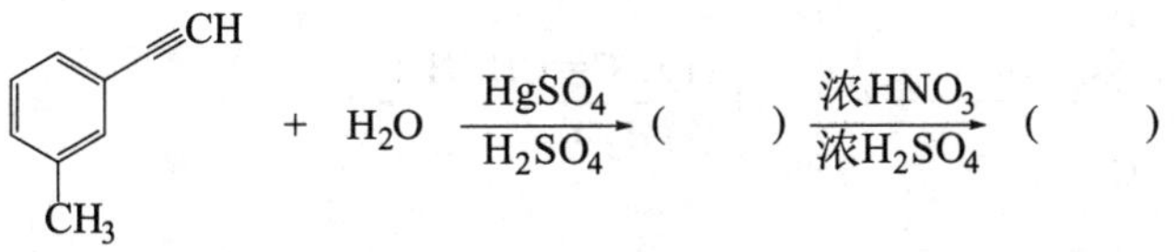

(9) 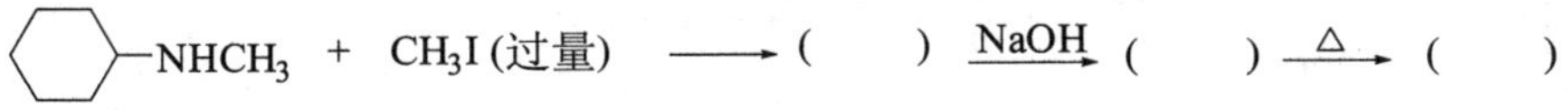

(10) 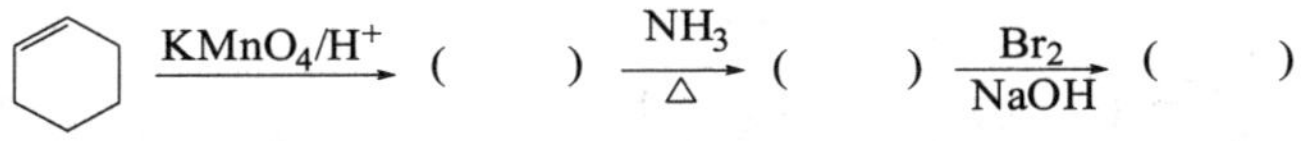

(11) 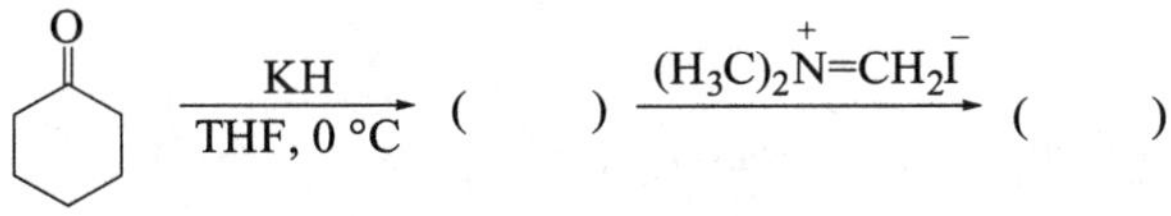

(12) 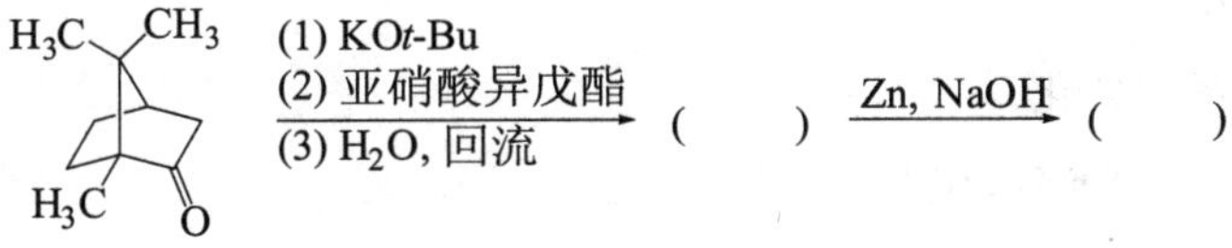

(13) 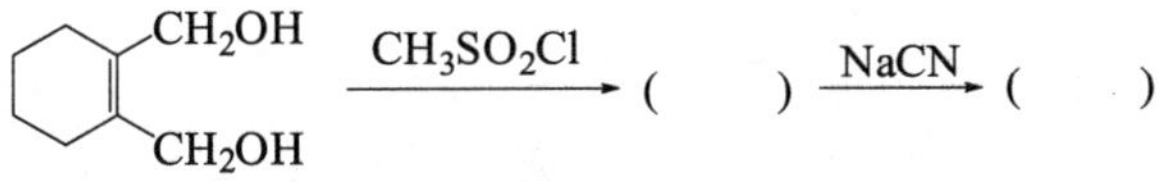

(14) 

(15) 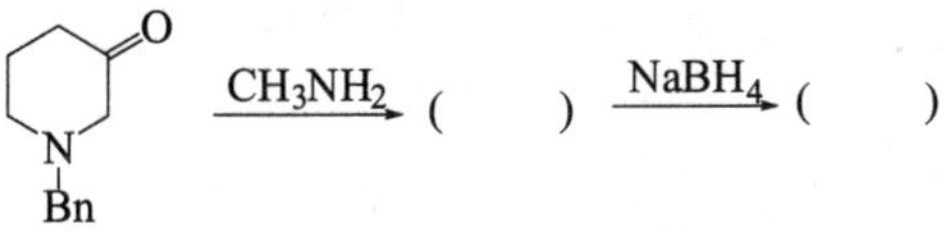

(16) 

(17) 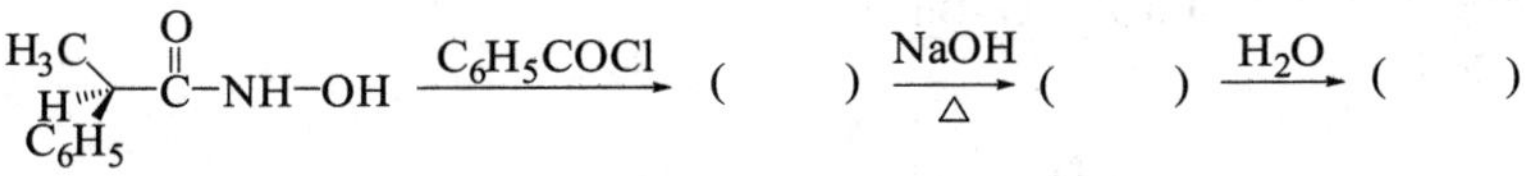

(18) 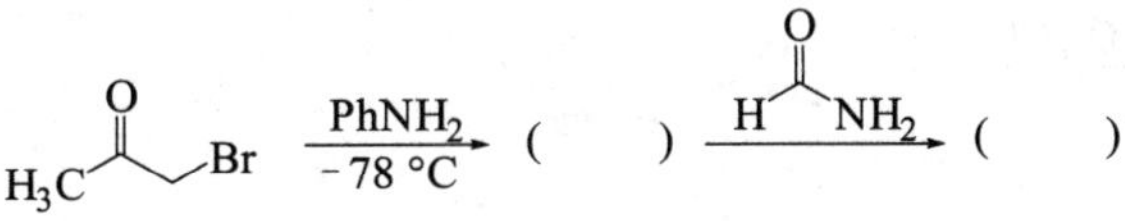

(19) 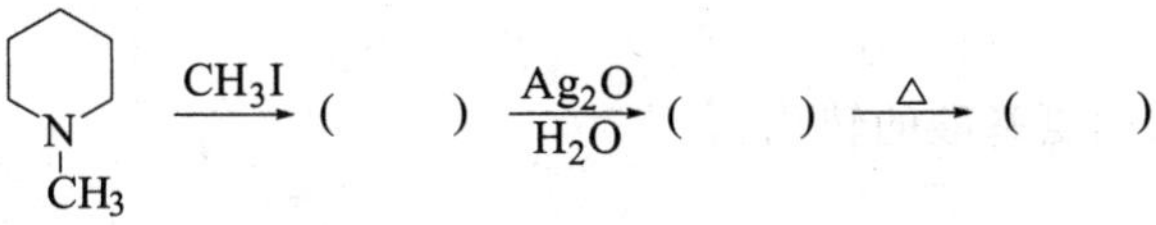

(20) 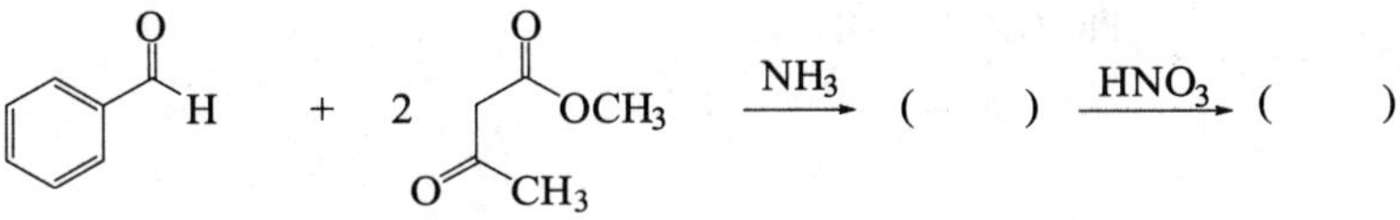

(21) 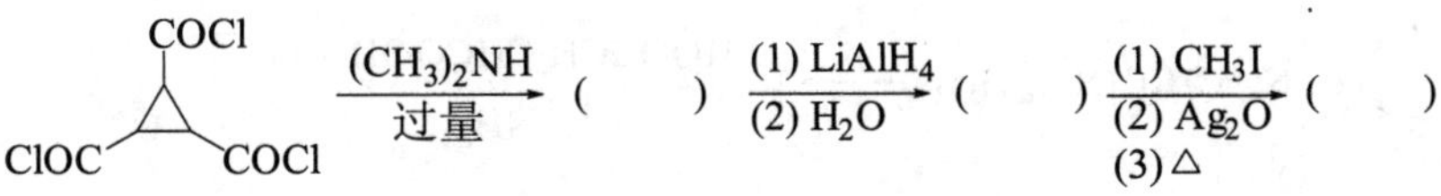

(22) 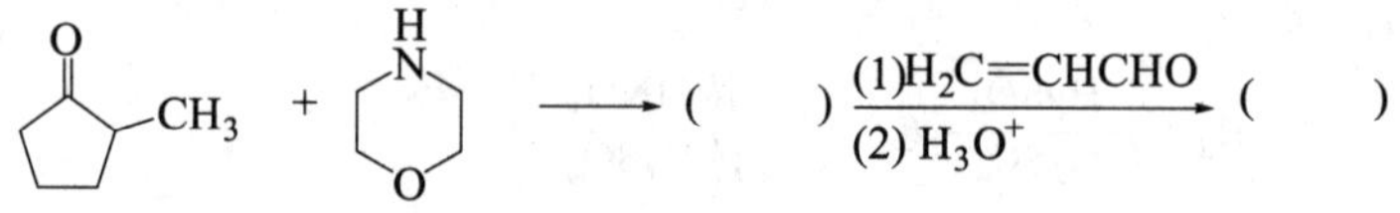

(23) 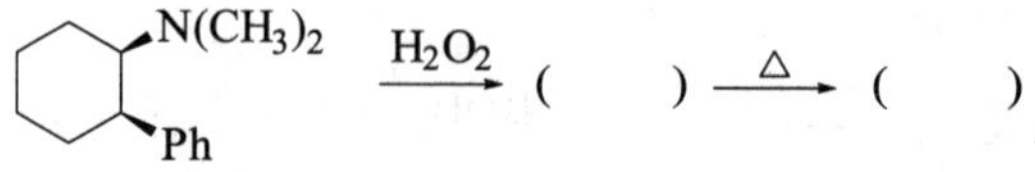

(24) 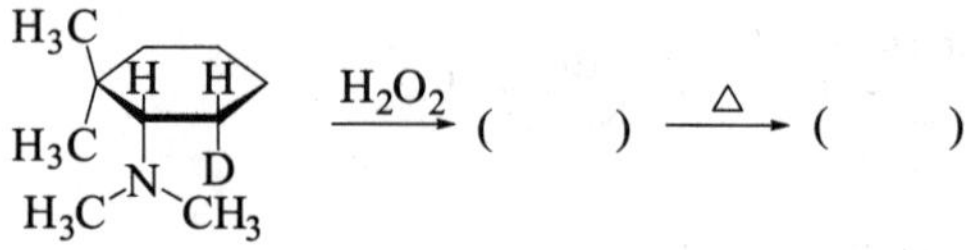

(25) 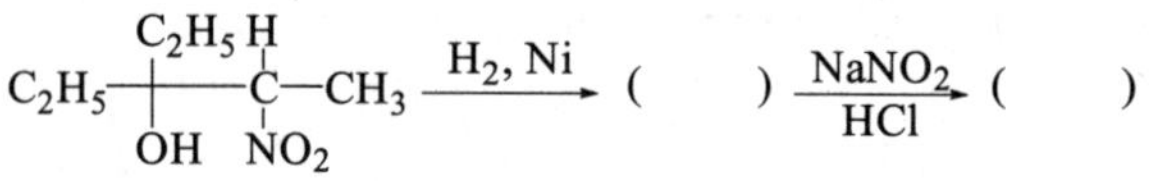

3. 完成苯丙氨酸的系列转化。

(1) 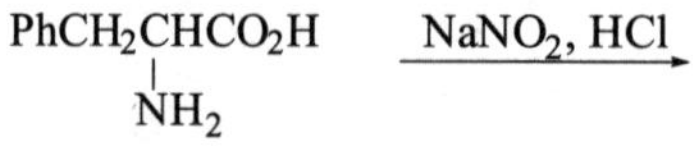

(2) 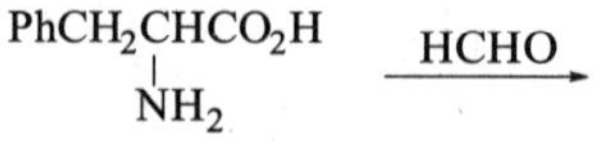

(3) 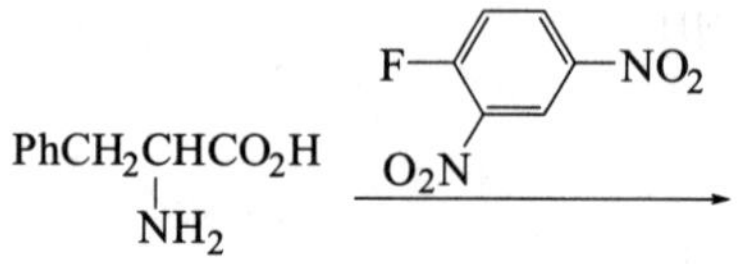

(4) 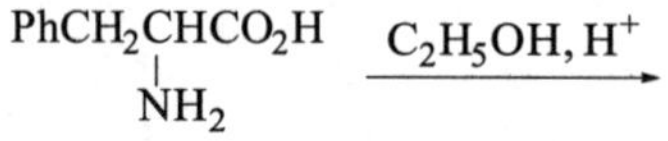

(5) 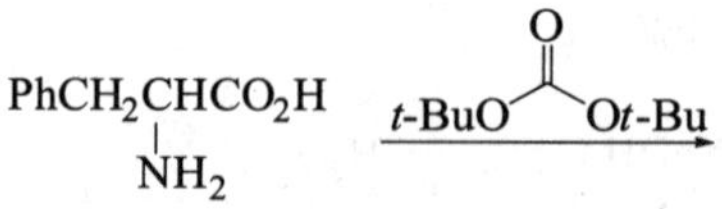

(6) 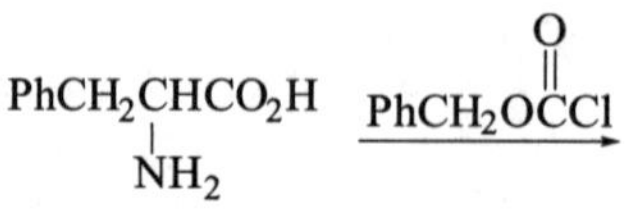

(7) 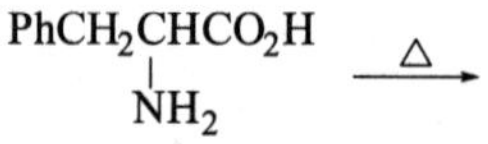

4. 完成从起始原料到一系列氨基酸的转化。

(1) 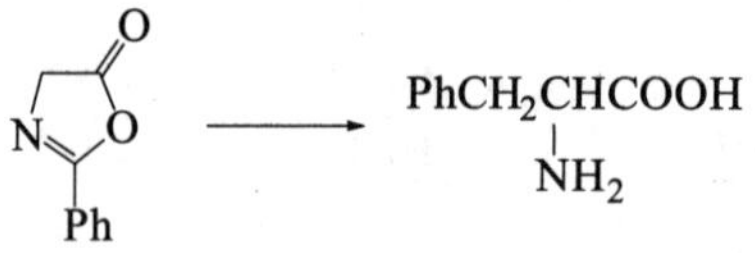

(2) 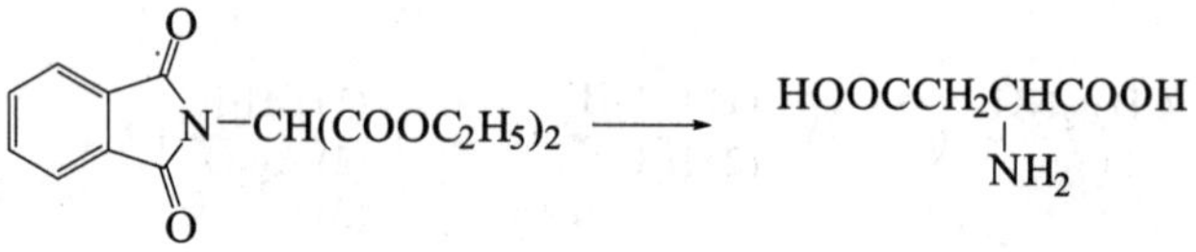

（3） 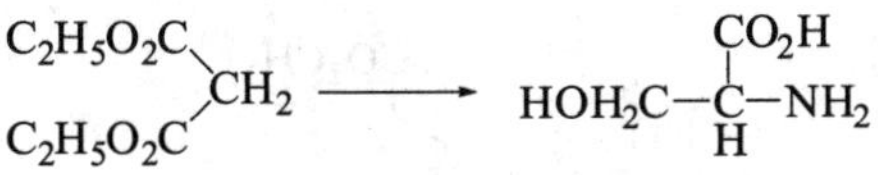

（4） 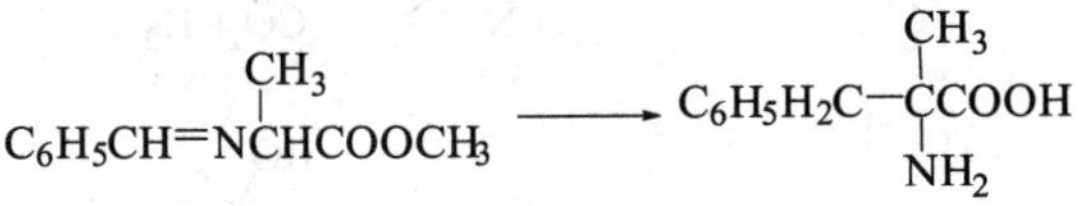

（5） 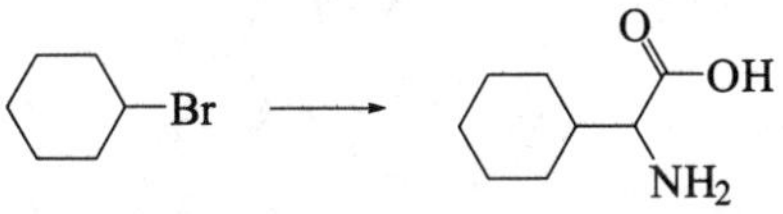

5. 写出下列反应可能经历的反应历程。

（1） 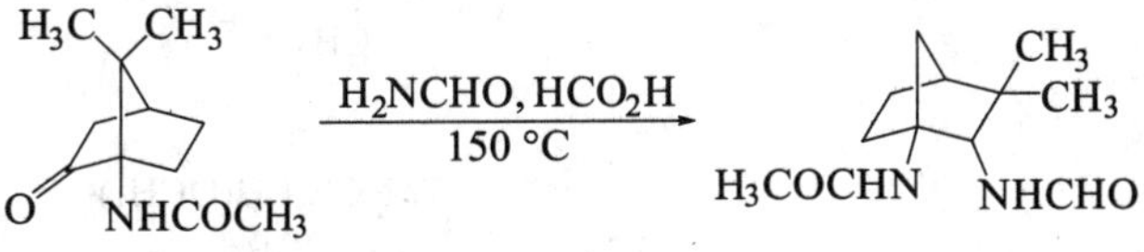

（2） 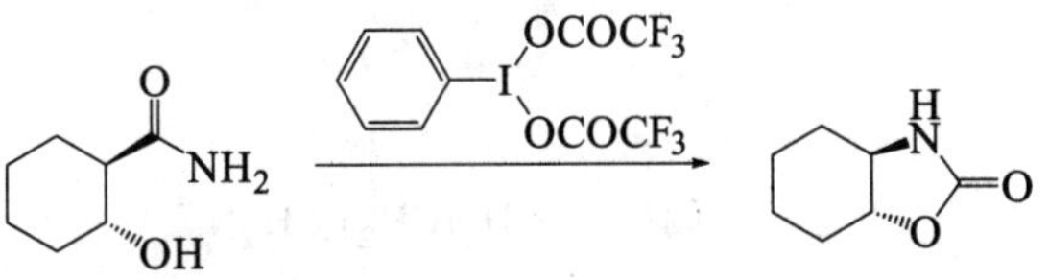

（3） 

(二)参考答案

1. 由原料和反应条件写出产物，注意产物的立体化学结构。

（1） 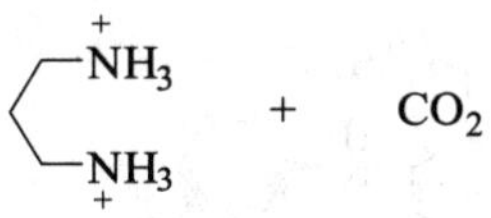

（2） 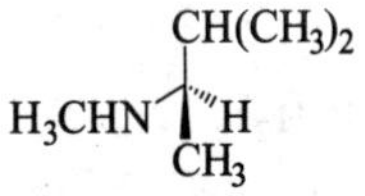

（3） 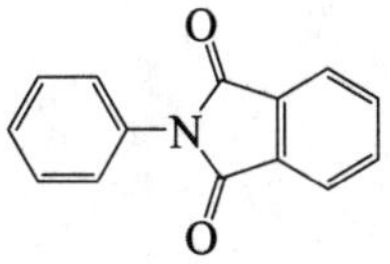

（4） 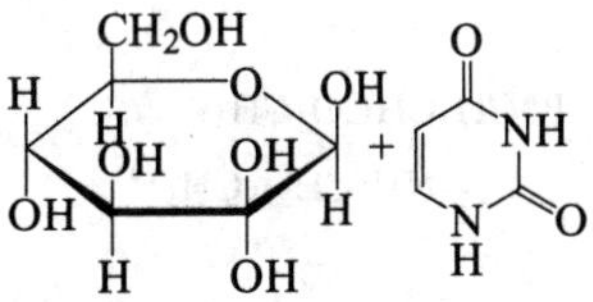

（5） 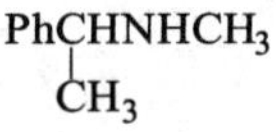

（6） 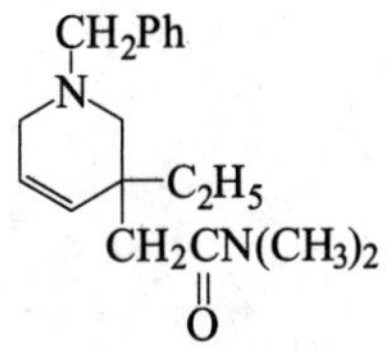

（7） 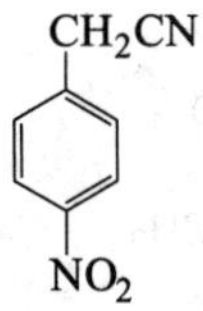

（8） 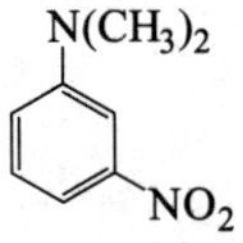

(9) 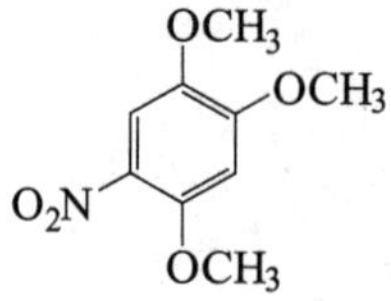

(10) 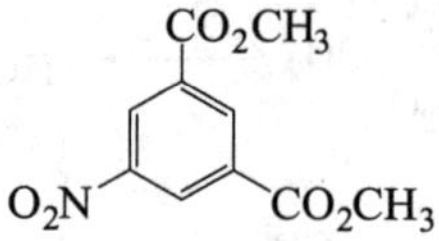

(11) 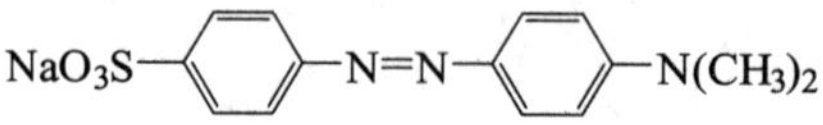

(12) 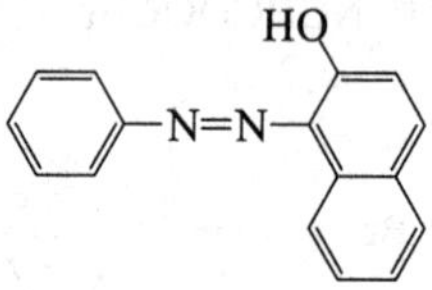

(13) 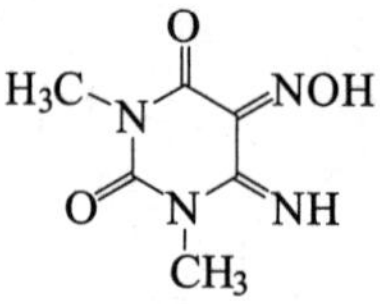

(14) 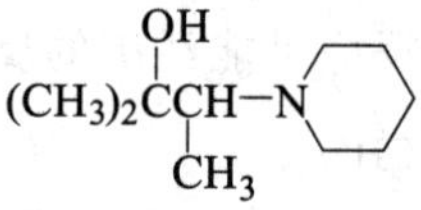

(15) 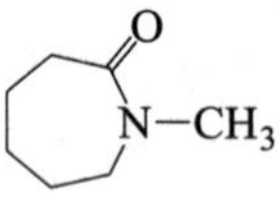

(16) 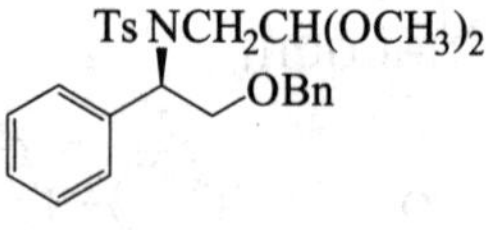

(17) 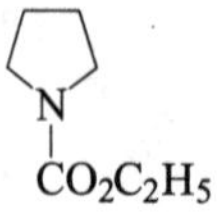

(18) $CH_3(CH_2)_3CH_2N_3$

(19) 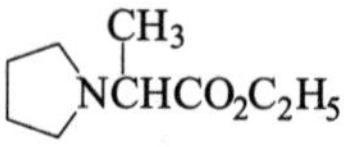

(20) 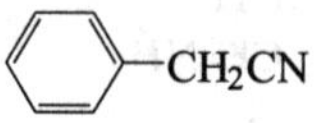

(21) 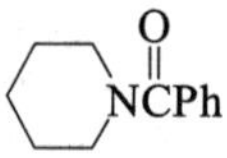

(22) 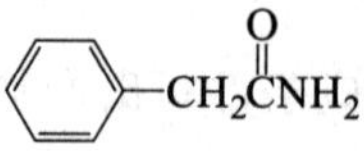

(23) $NCCH_2CONH_2$

(24) 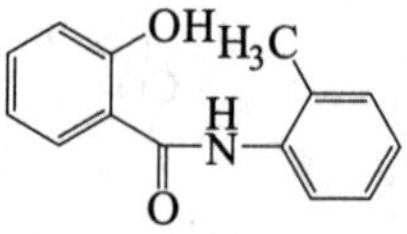

(25) $PhCH_2CH(NH(CH_2)_5CH_3)CO_2CH_3$

(26) 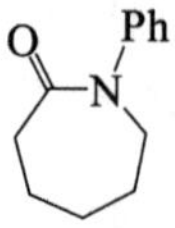

(27) 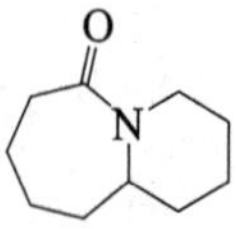

(28) 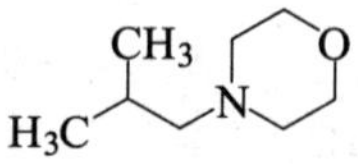

(29) 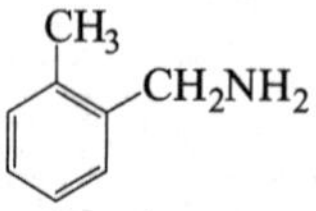

(30) 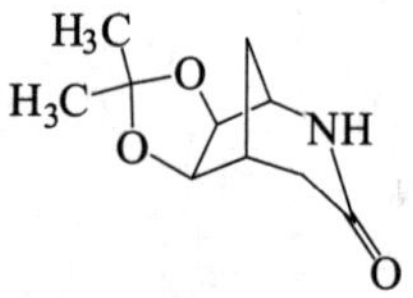

(31) $C_6H_5NHC(=O)CH_3$

(32) $NC(CH_2)_4NHCO_2CH_3$

(33) 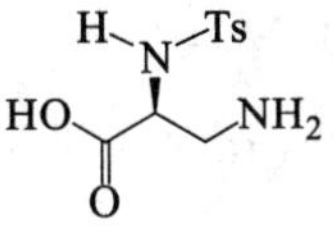

(34) 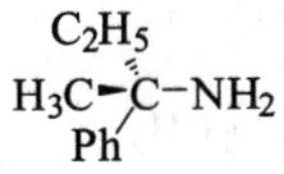

(35) 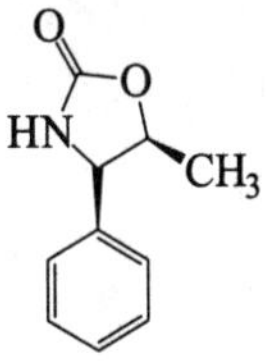

(36) 

(37) 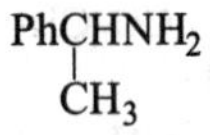

(38) 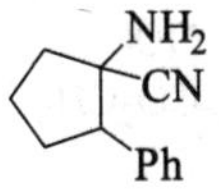

(39) 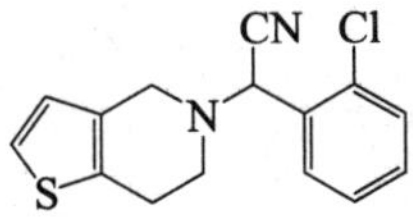

(40) 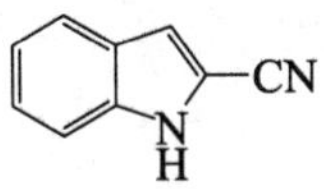

(41) 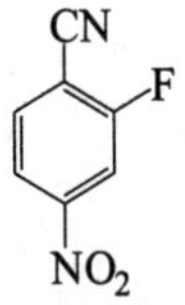

(42) 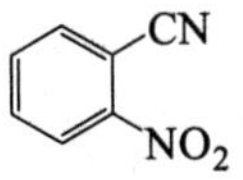

(43) 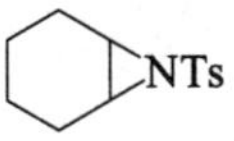

(44) 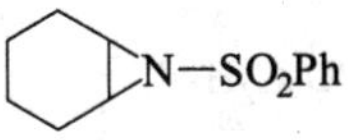

(45) 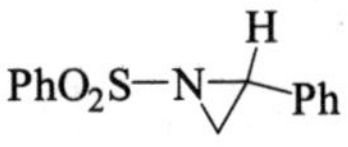

(46) 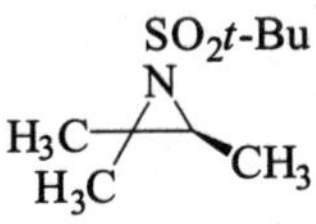

(47) 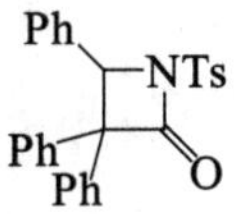

(48) 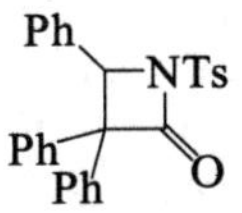

(49) 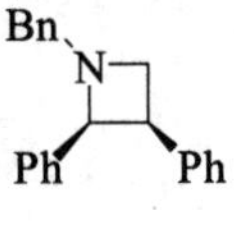

(50) 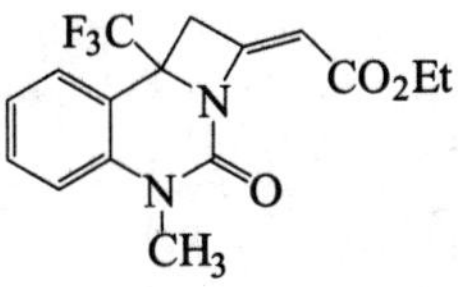

(51) 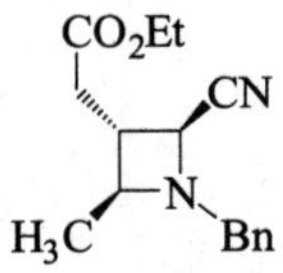

(52) 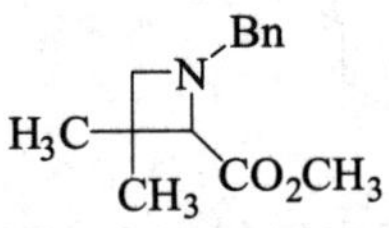

(53) 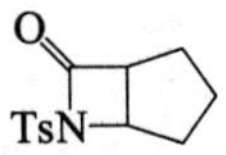

(54) 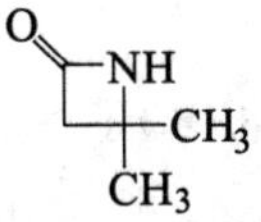

(55) 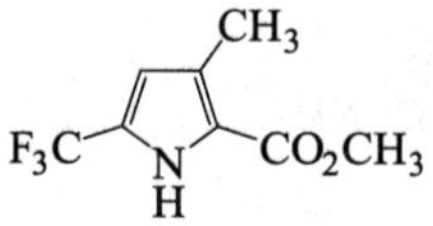

(56) 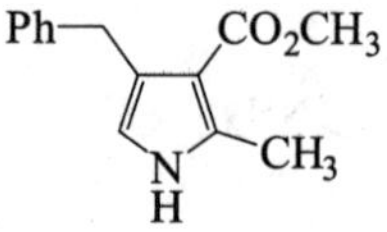

(57) 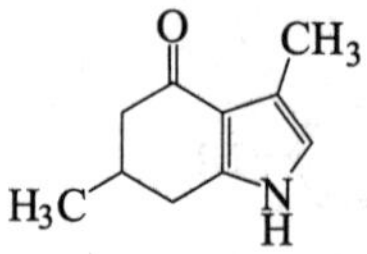

(58) 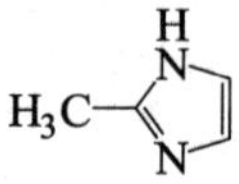

(59) 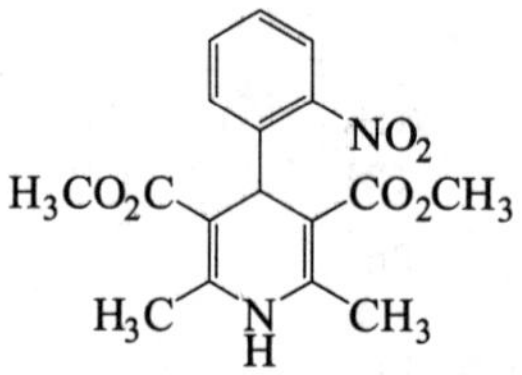

(60) 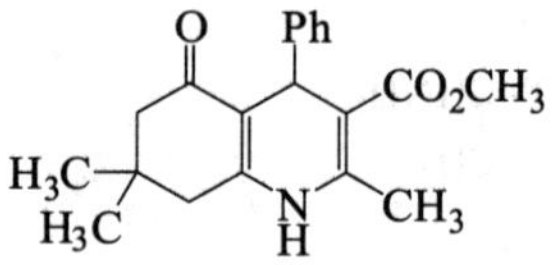

(61) 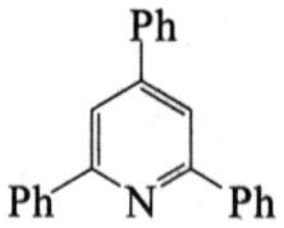

(62) 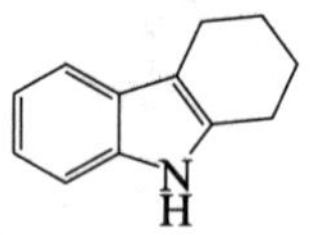

(63) 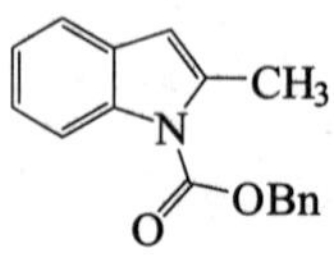

(64) 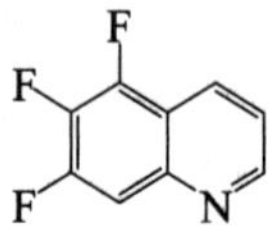

(65) 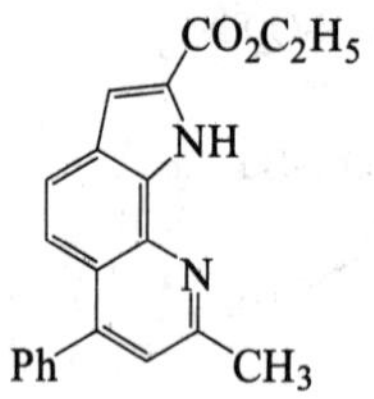

(66) 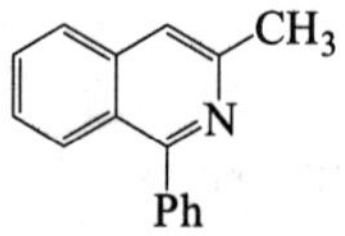

(67) 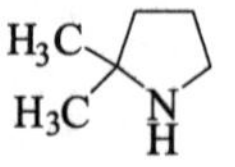

(68) 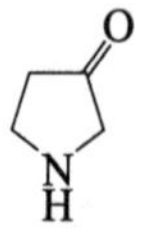

(69) 

(70) 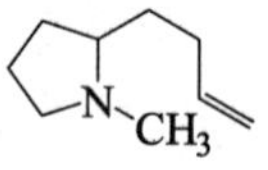

(71) 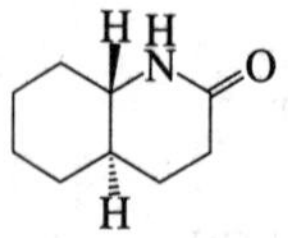

2. 写出多步反应的每步产物，注意产物的立体化学结构。

(1) 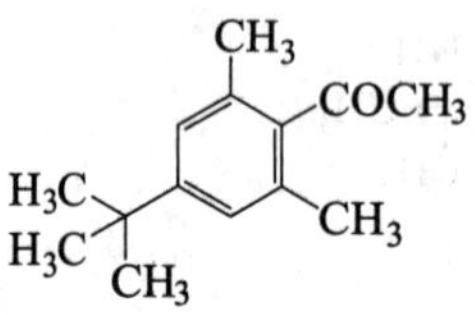 ； 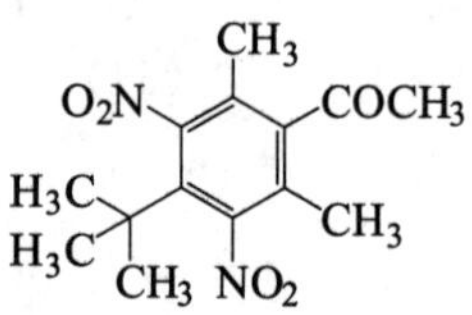

（2）　$CH_3CH_2CH{=}CH_2$ ；$CH_3CH_2CH(Br)CH_3$ ；$CH_3CH_2CH(NH_2)CH_3$

（3）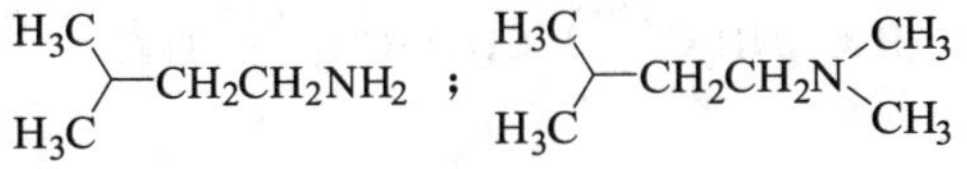

（4）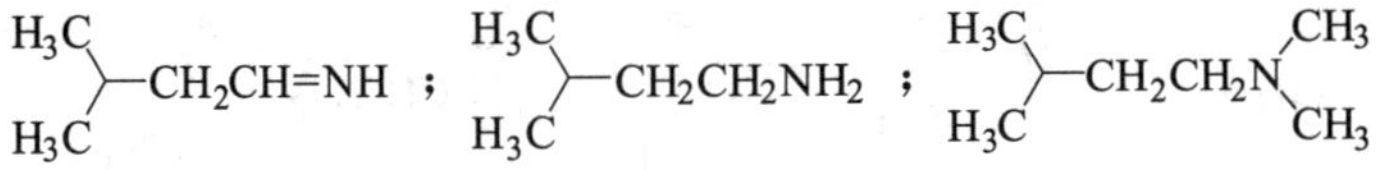

（5）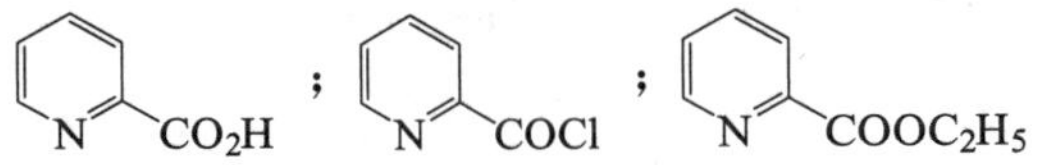

（6）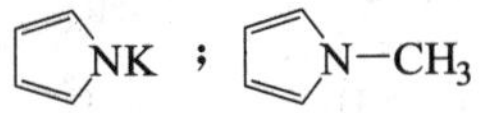　（7）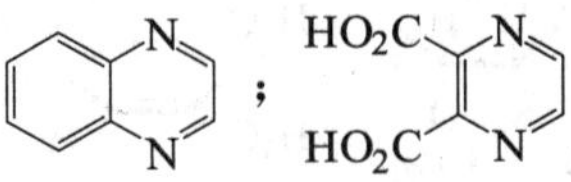

（8）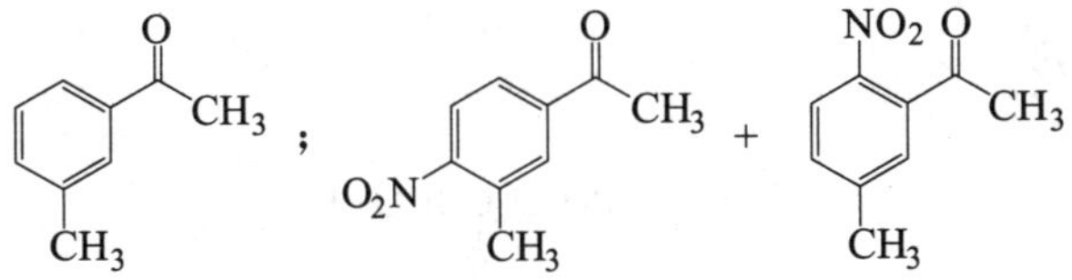

（9）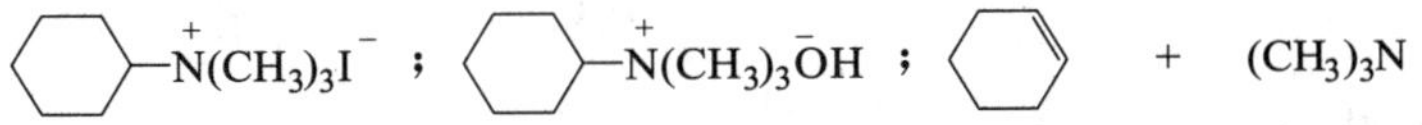

（10）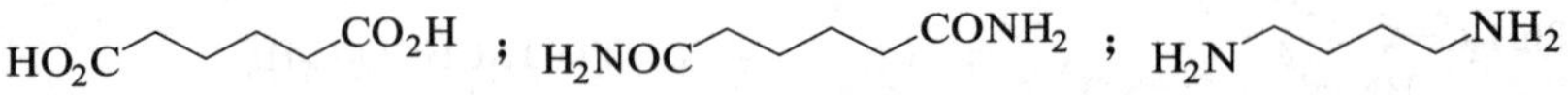

（11）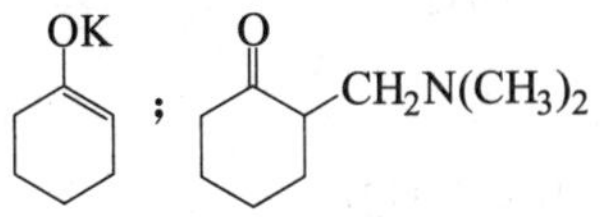　（12）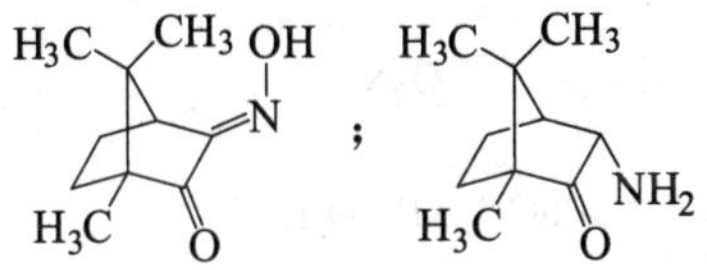

（13）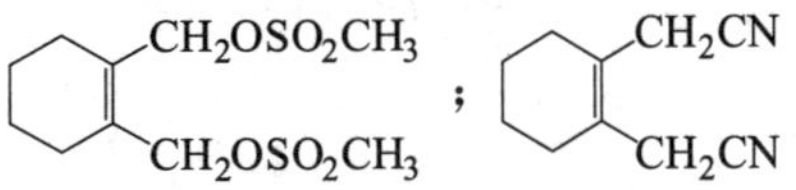　（14）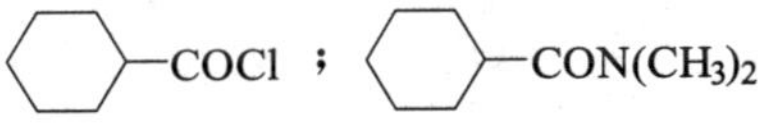

（15）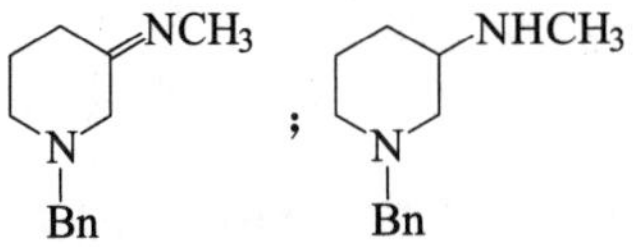　（16）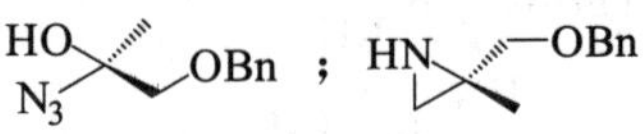

（17）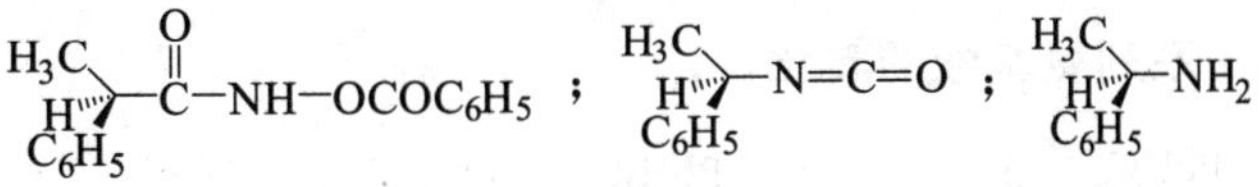

（18）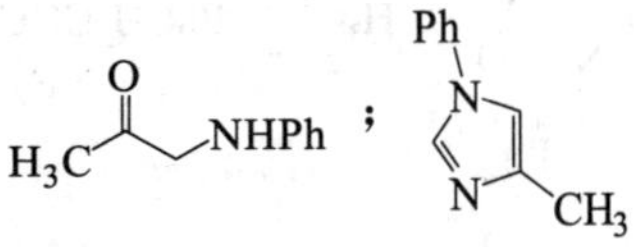　（19）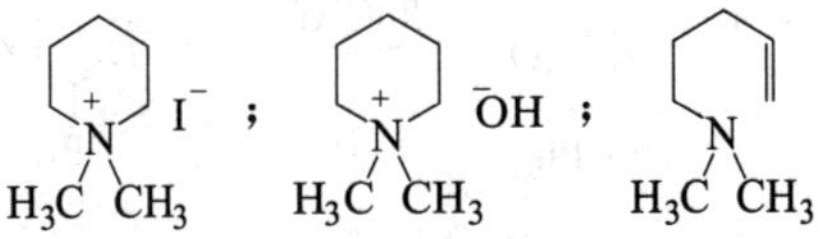

（20）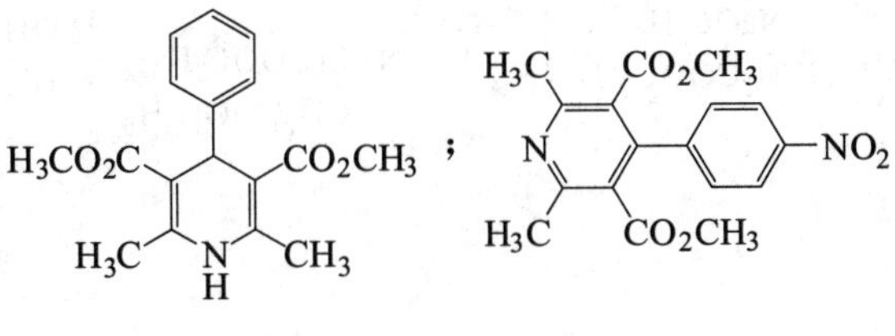

(21) 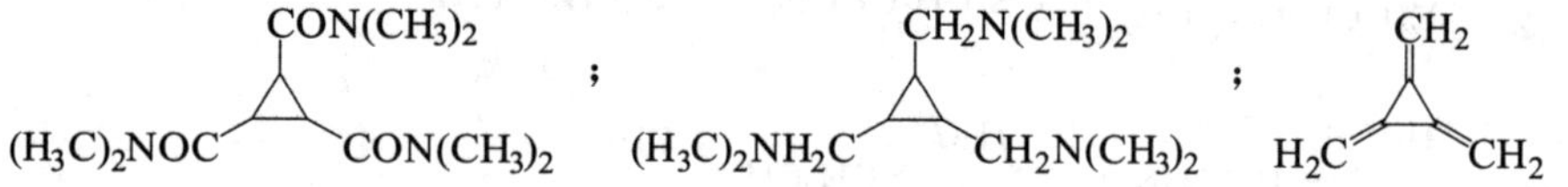

(22) 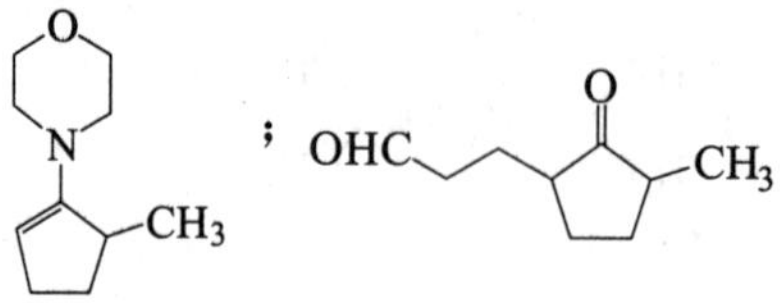

(23) 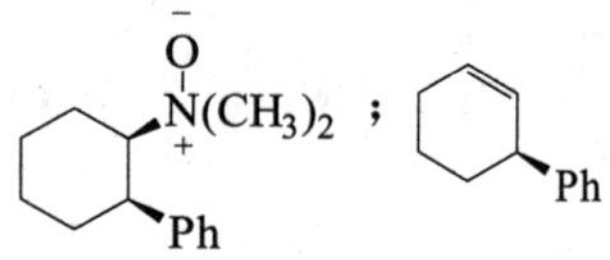

(24) 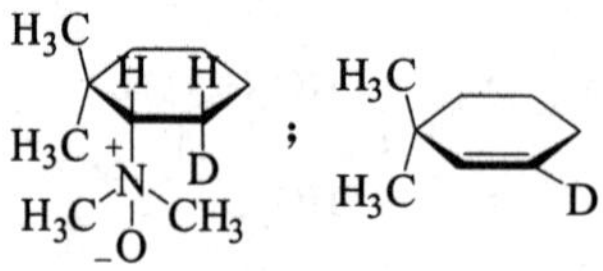

(25) 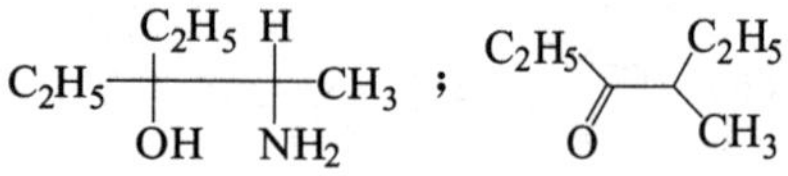

3. 完成苯丙氨酸的系列转化。

(1) 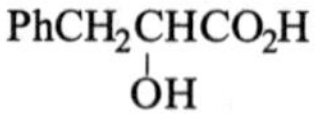

(2) 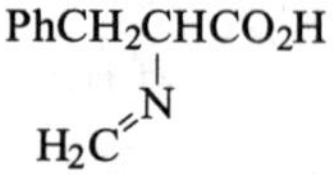

(3) 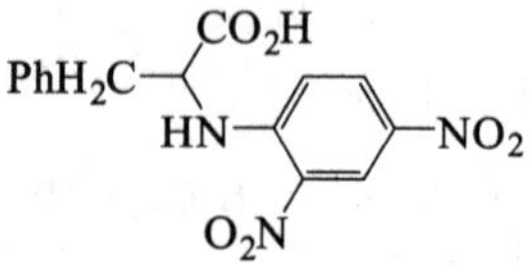

(4) 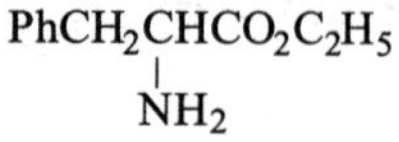

(5) 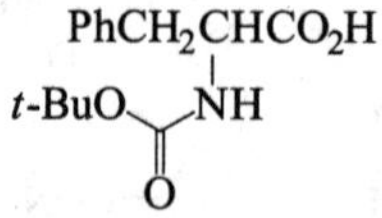

(6) 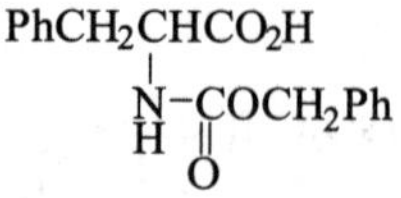

(7) 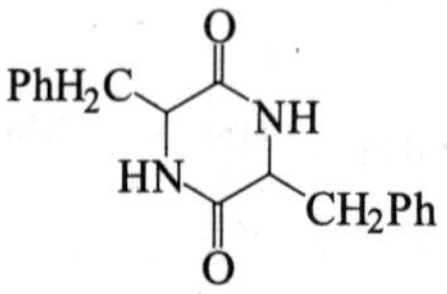

4. 完成从起始原料到一系列氨基酸的转化。

(1) 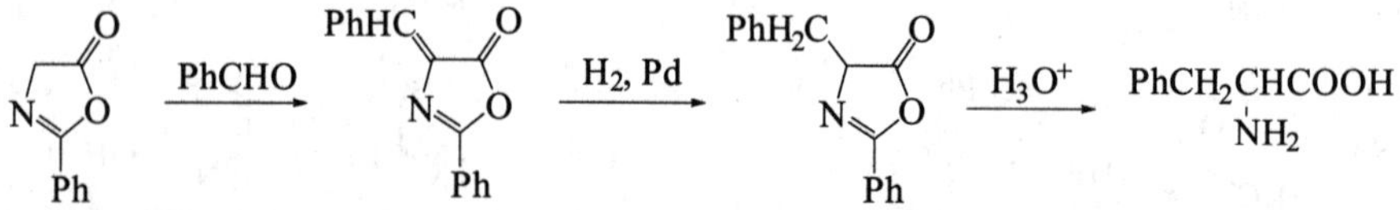

(2) 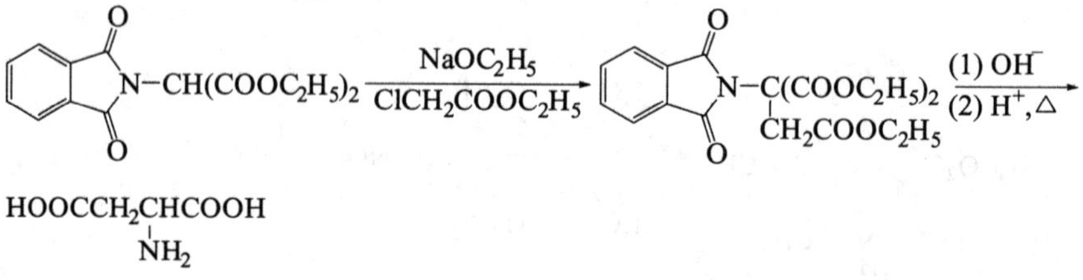

（3） 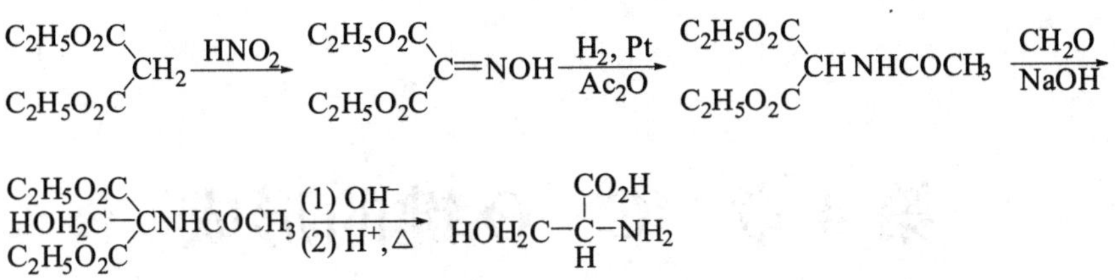

（4） 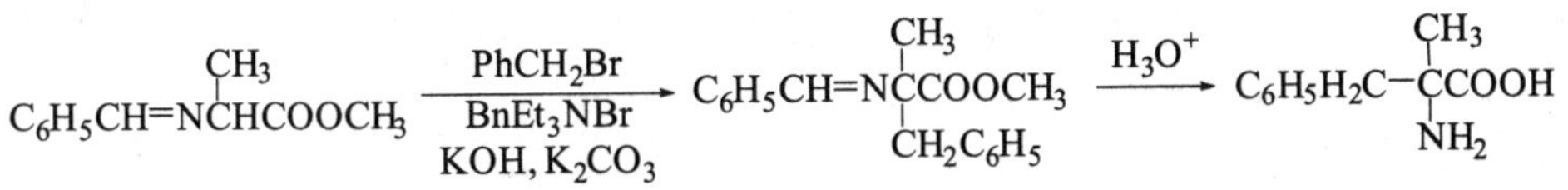

（5） 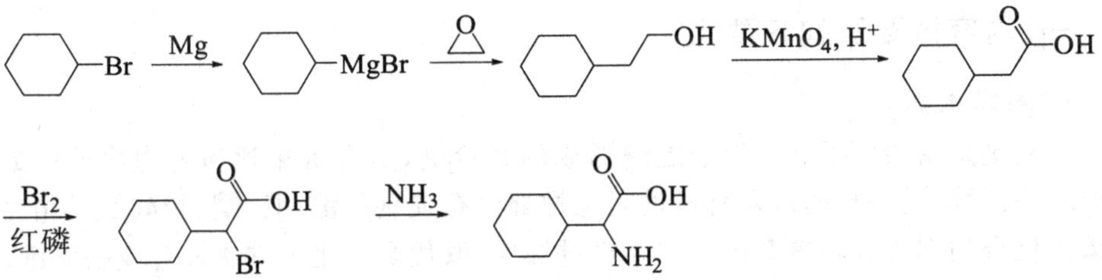

5. 写出下列反应可能经历的反应历程。

（1） 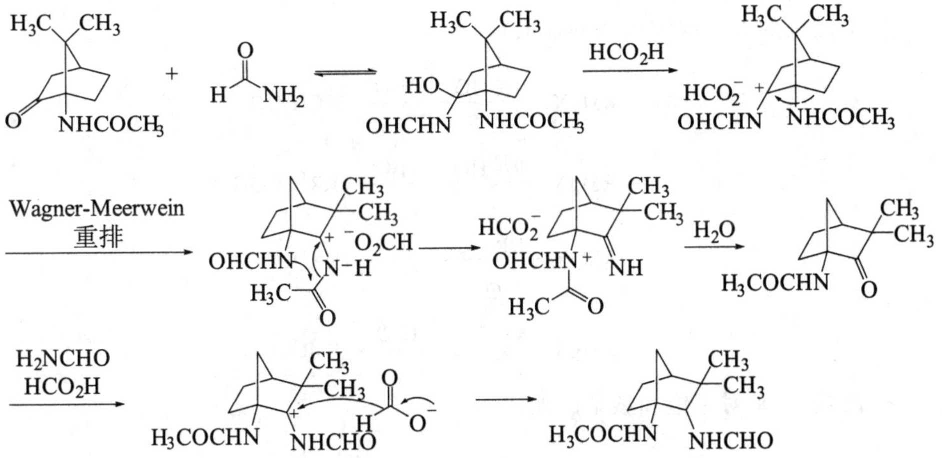

Leuckart－Wallach 反应后通过 Wagner－Meerwein 重排迁移进行分子内的胺基迁移得到产物。

（2） 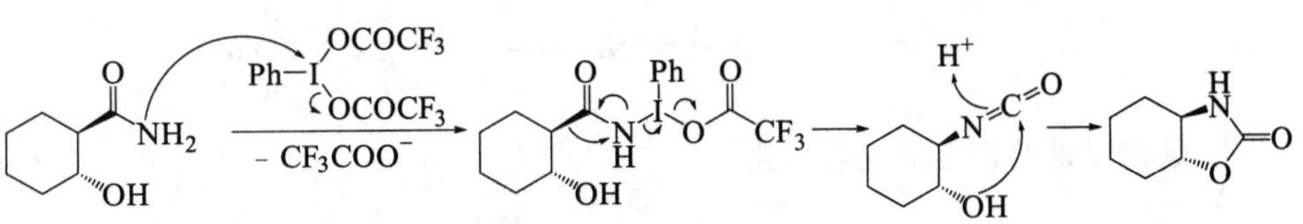

（3） 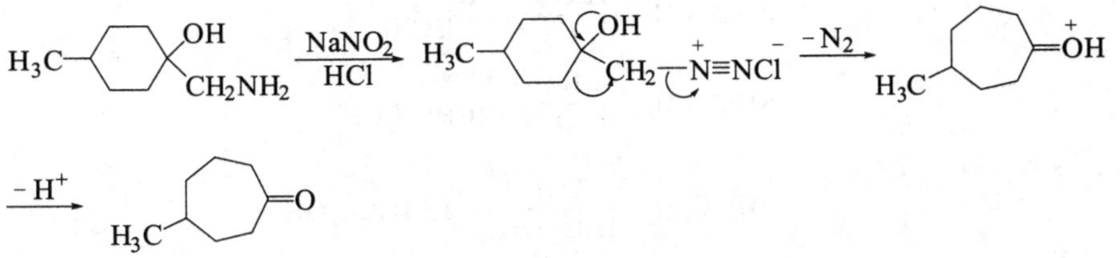

第4章　C－O键的形成

一、内容概要及知识要点

1. 内容概要

碳氧键是指碳原子和氧原子之间形成的共价键，是有机化学和生物化学中最常见的化学键之一。醇、醚、酚、酯以及有机过氧化物都含有碳氧单键；醛、酮、羧酸及其衍生物以及醌等羰基化合物都含有碳氧双键。主要通过加成、取代及氧化等方法来合成碳氧键。

2. 知识要点

(1)合成醇的方法。

① 格氏试剂对不饱和羰基的加成

$$RMgX \xrightarrow{HCHO} \xrightarrow{H_3O^+} RCH_2OH$$

$$RMgX \xrightarrow{R^1CHO} \xrightarrow{H_3O^+} RR^1CHOH$$

$$RMgX \xrightarrow{R^1R^2CO} \xrightarrow{H_3O^+} RR^1R^2COH$$

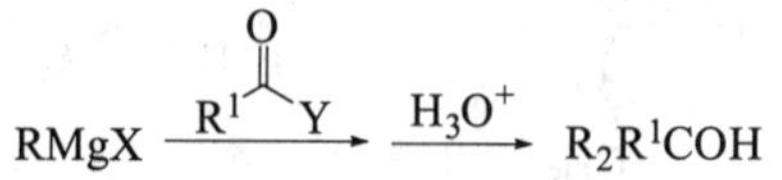

② 氰基、炔基对不饱和羰基的加成

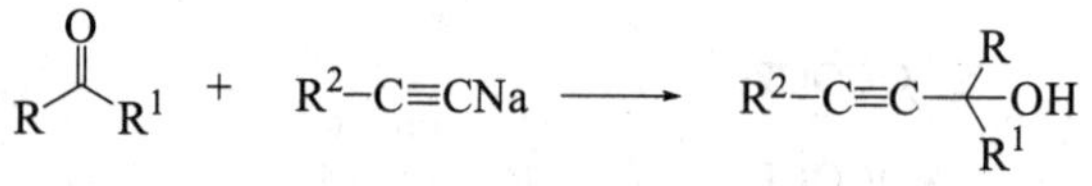

③ 碳碳双键的亲电加成及转化

$$RHC{=}CH_2 \xrightarrow{H_3O^+} RCH(OH)CH_3$$

$$RHC{=}CH_2 \xrightarrow[H_2O]{Cl_2} RCH(OH)CH_2Cl$$

$$RHC{=}CH_2 \xrightarrow[H_2O_2/OH^-]{B_2H_6} RCH_2CH_2OH$$

④ 水解

$$RCH_2X \xrightarrow[H_2O]{OH^-} RCH_2OH$$

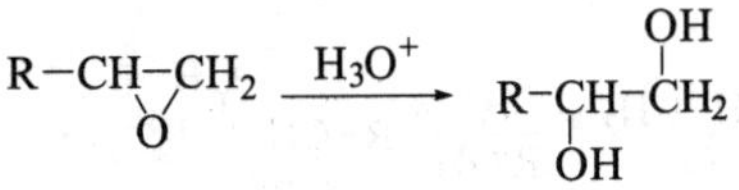

⑤ 碳碳双键的氧化及烯丙位氧化

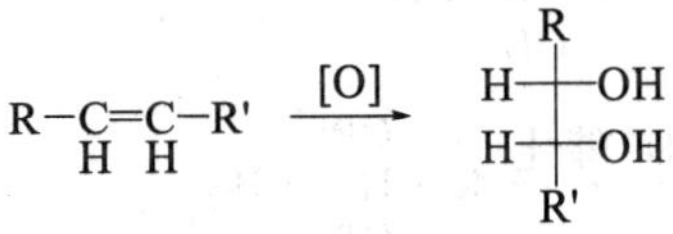

$[O] = OsO_4, KMnO_4/OH^-$

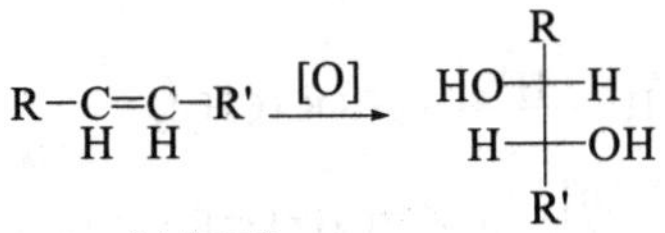

[O] = 过氧酸

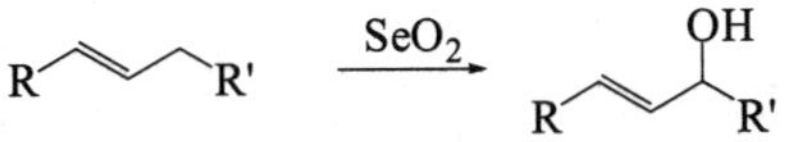

（Shibuya烯丙位氧化）

⑥ 羰基的还原

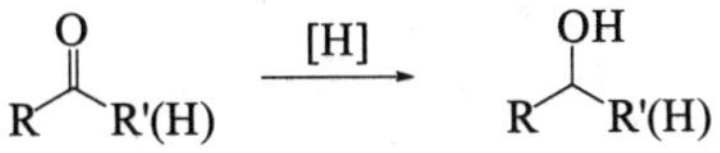

$$2RCHO \xrightarrow{\text{浓}NaOH} RCH_2OH + RCOONa$$

R = H, Ar

(2)合成醚的方法。

① 醇、酚的取代反应

$$2ROH \xrightarrow[\text{高温}]{H_2SO_4} R{-}O{-}R$$

$$R{-}ONa + R'{-}X \longrightarrow R{-}O{-}R'$$

R = 伯、仲、叔烷基

R' = 伯、仲（不能为叔）烷基

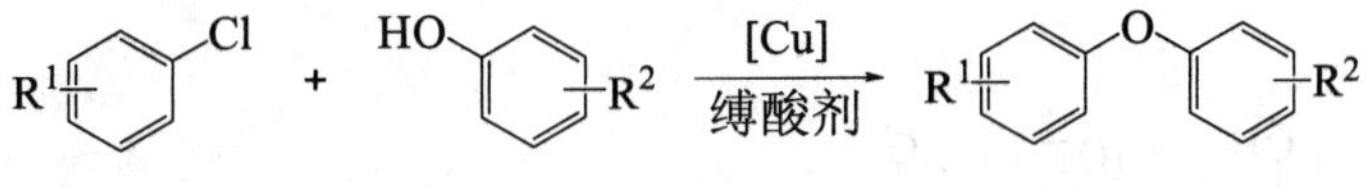

② 碳碳双键的氧化

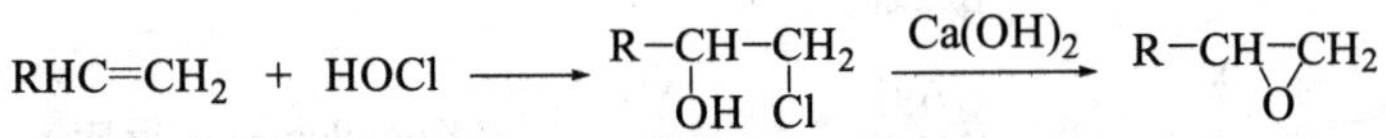

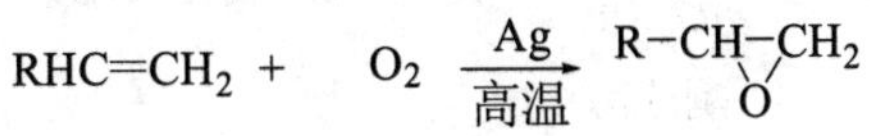

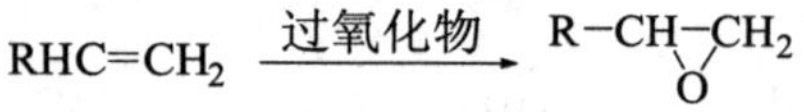

③ 环氧丙烷及羰基的醚化

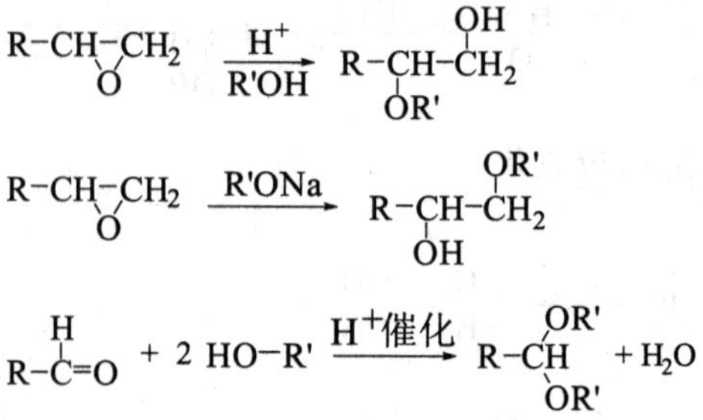

④ 碳碳双键、碳碳三键的醚化

$$H_2C{=}C(CH_3)_2 + CH_3OH \xrightarrow{H^+} CH_3OC(CH_3)_3$$

$$HC{\equiv}CH + H{-}O{-}R \xrightarrow{KOH} H_2C{=}CH{-}O{-}R$$

(3)合成酚的方法。

① 卤代物的水解

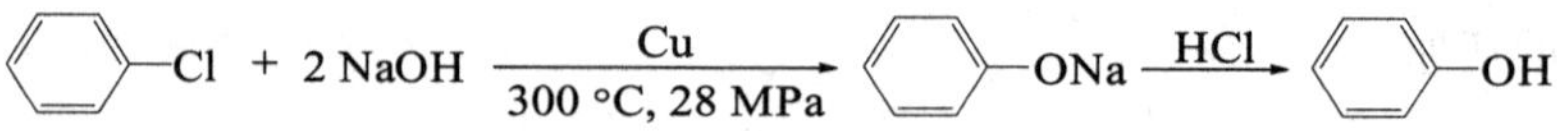

② 异丙苯法

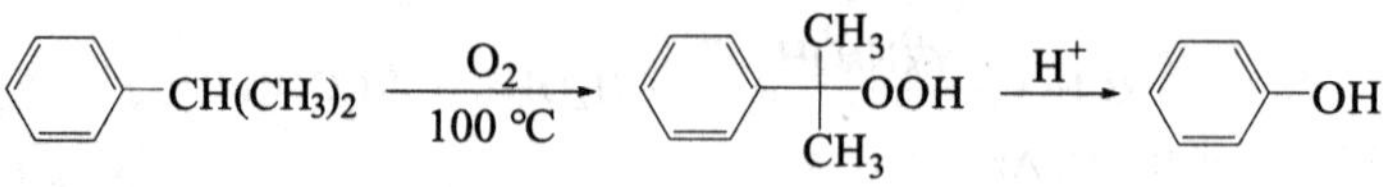

③ 磺酸盐碱熔法

$$ArSO_3Na \xrightarrow[\triangle]{NaOH,\ KOH} ArONa \xrightarrow{H_3O^+} ArOH$$

④ 重氮盐水解

$$ArN_2^+X^- \xrightarrow{H_3O^+} ArOH$$

(4)合成醛酮的方法。

① 氧化反应

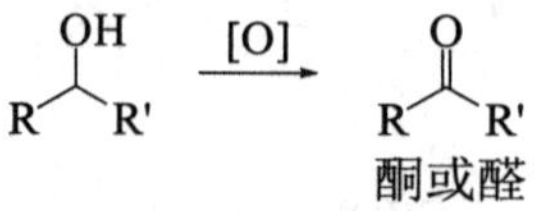

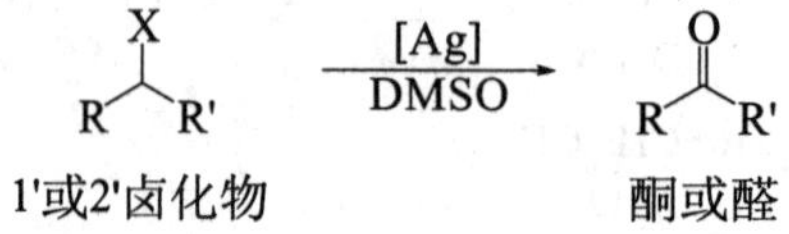

(Kornblum氧化反应)

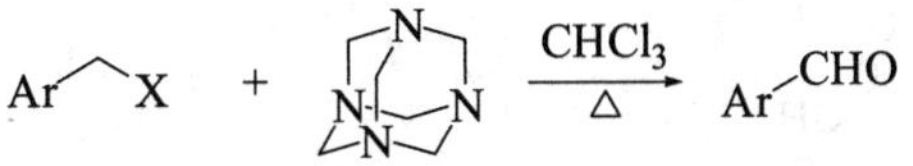
（Sommelet反应）

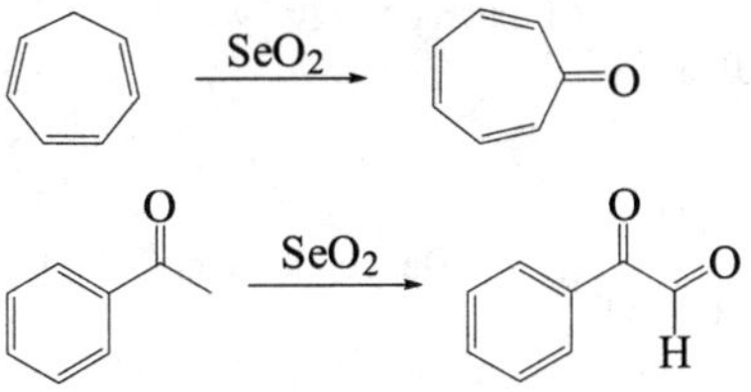
（Riley氧化反应）

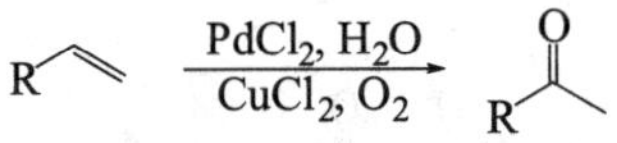
（Wacker氧化反应）

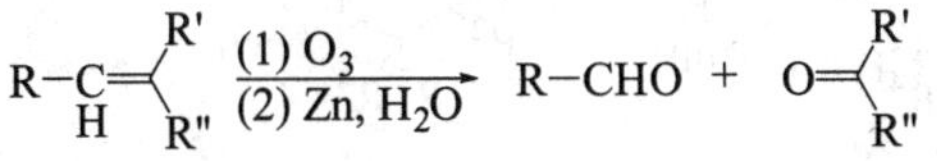
（烯烃臭氧化）

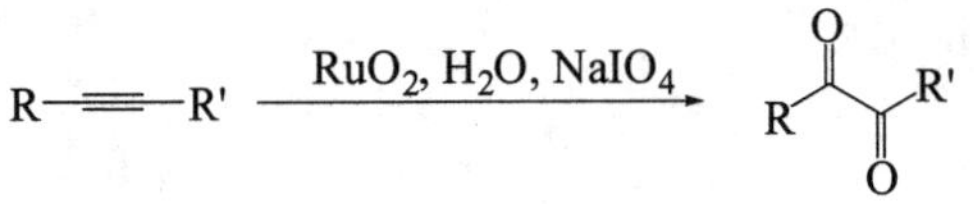

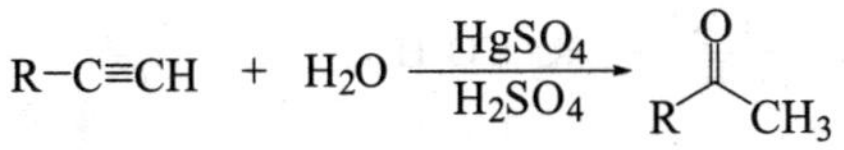

② 氰基还原

$$R-CN \xrightarrow[(2)\ H_3O^+]{(1)\ [H]} R-CHO$$

(5)氧化法合成醌。

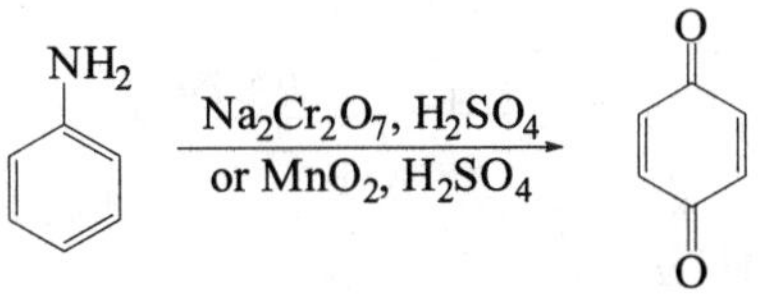

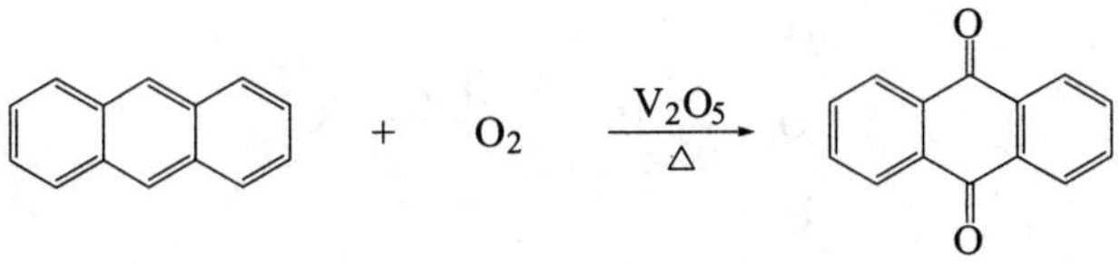

(6)合成羧酸的方法。

① 氧化法

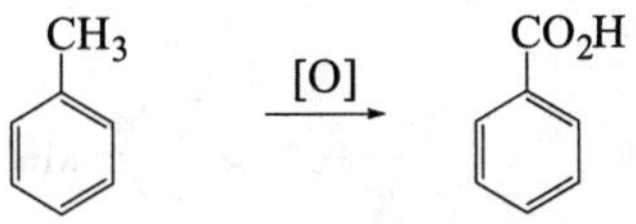

$$RHC{=}CH_2 \xrightarrow{KMnO_4,\ H_3O^+} RCOOH + CO_2$$

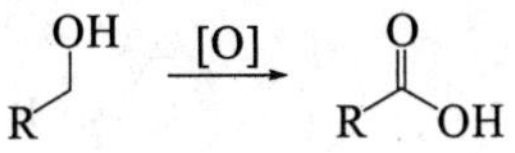

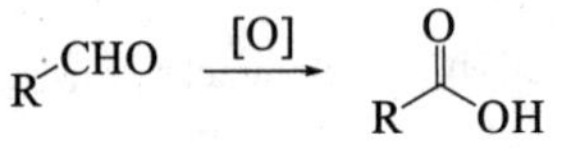

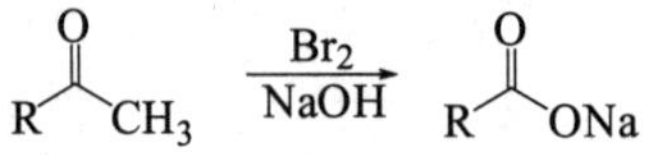

（Lieben卤仿反应）

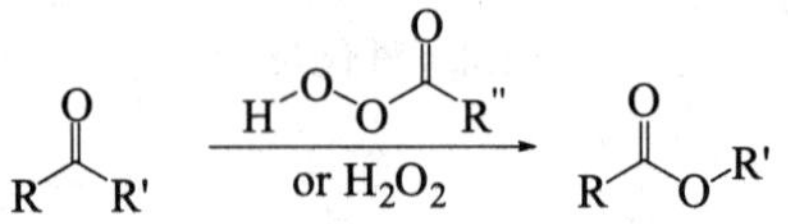

（Baeyer-Villiger氧化）

② Favorskii 重排

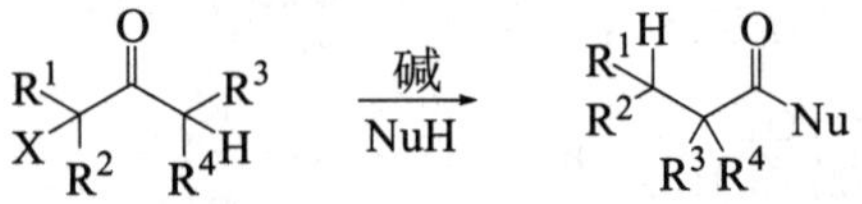

X = Cl, Br, I
Nu = OH, OR

③ 氰基水解成酸

$$R-CN \xrightarrow{H_3O^+} R-CO_2H$$

(7)合成四氢呋喃的方法。

① 糠醛法

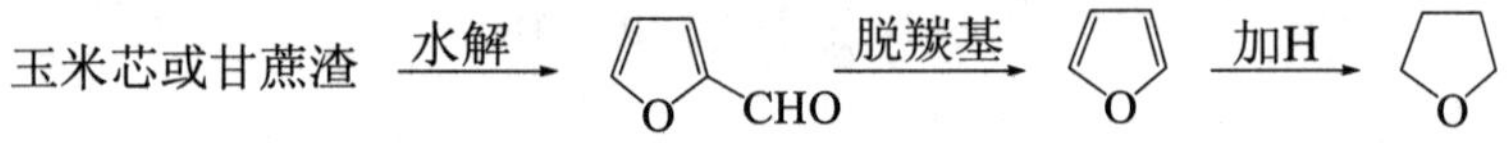

② 4 -丁二醇法

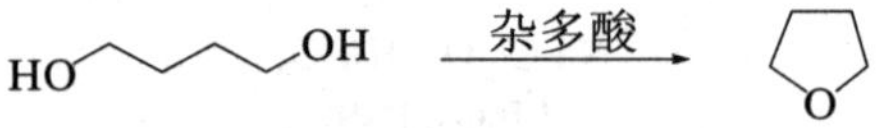

③ 顺丁烯二酸酐法(MAH)法

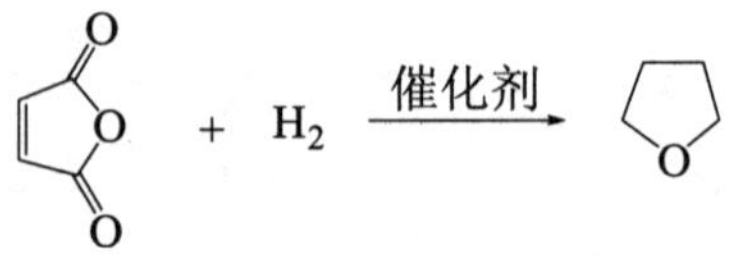

二、解题示例

1. 完成下列反应。

(1) $PhMgBr + HCHO \xrightarrow{H_3O^+}$

(2) 

(3) $CH_3CH_2MgBr + PhCO_2Et \longrightarrow$

(4) 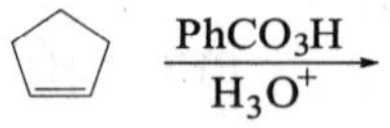

(5) 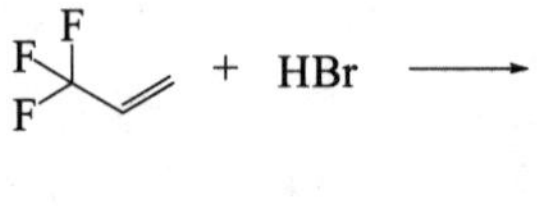

(6) 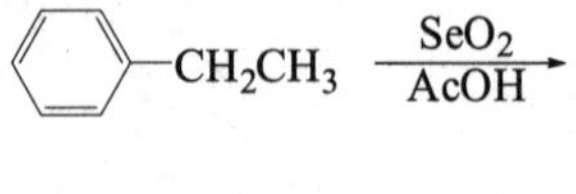

(7) 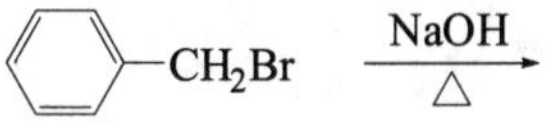　　(8) 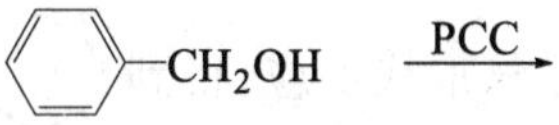

(9) 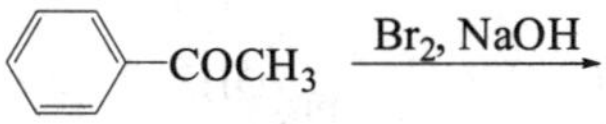　　(10) 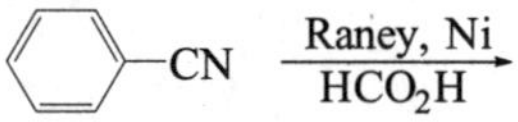

(11) 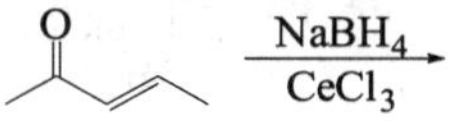　　(12) 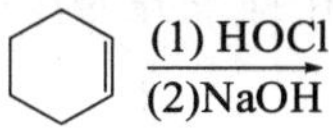

(13) 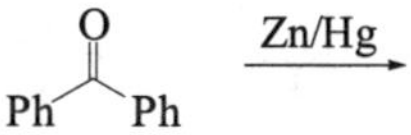　　(14) 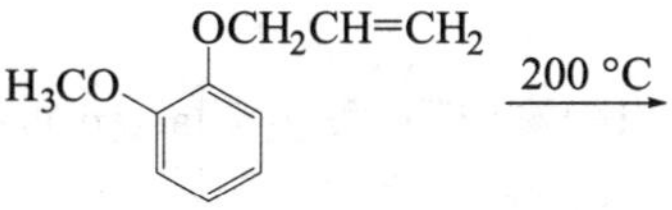

［解］

(1)格氏试剂对醛加成生成醇 $Ph{-}CH_2OH$。

(2)冷的高锰酸钾碱性溶液对双键发生双羟化反应 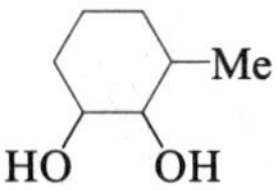。

(3)过量格氏试剂与酯羰基加成,反应生成两个烃基相同的叔醇 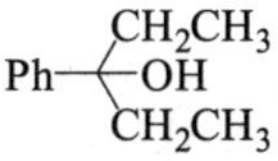。

(4)烯烃与过氧苯甲酸发生环氧化反应,进一步水解,生成反式二醇 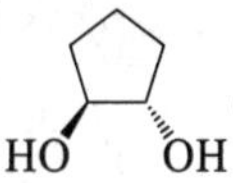。

(5)烯烃双键与溴化氢发生亲电加成反应,生成溴代物 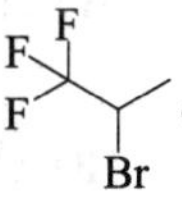。

(6)二氧化硒氧化苄位,生成醇羟基 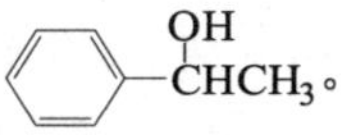。

(7)苄溴在碱性条件下水解,生成苯甲醇 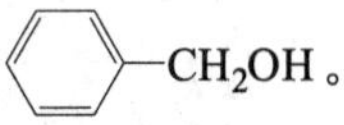。

(8)PCC 氧化苯甲醇为苯甲醛 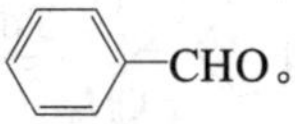。

(9)发生卤仿反应,碱性条件下生成苯甲酸钠。

(10)苯甲腈通过雷尼镍催化还原,得到苯甲醛。

(11)α,β-不饱和酮在三氯化铈存在下被硼氢化钠选择性还原,发生 Luche 还原反应,得到相应的烯丙醇 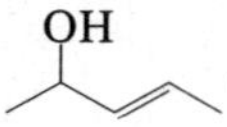。

(12)环己烯的双键与次氯酸发生加成反应,得到 α-氯代醇 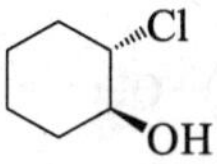,在碱性条件下发

生分子内亲核取代反应，得到 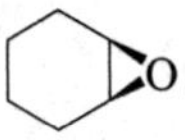。

(13)二苯甲酮在锌汞齐的作用下，发生双分子偶联，得到二醇 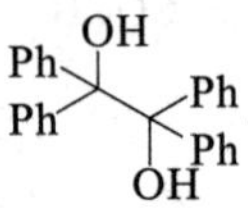。

(14)高温下，发生 Claisen 重排，得到 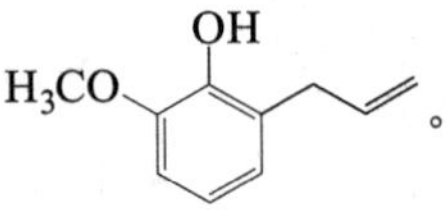。

2. 用已给的原料合成下列化合物。

(1) 

(2) 

(3) 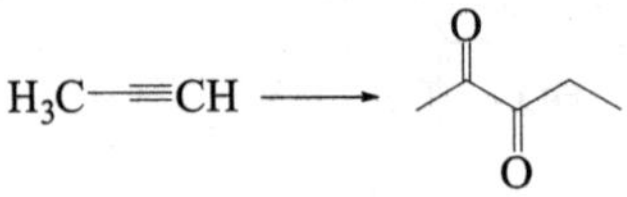

(4) 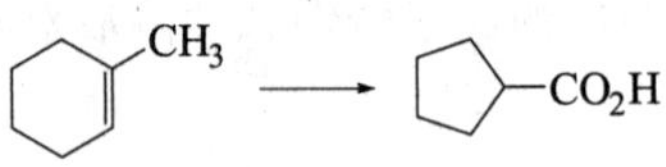

[解]

(1) 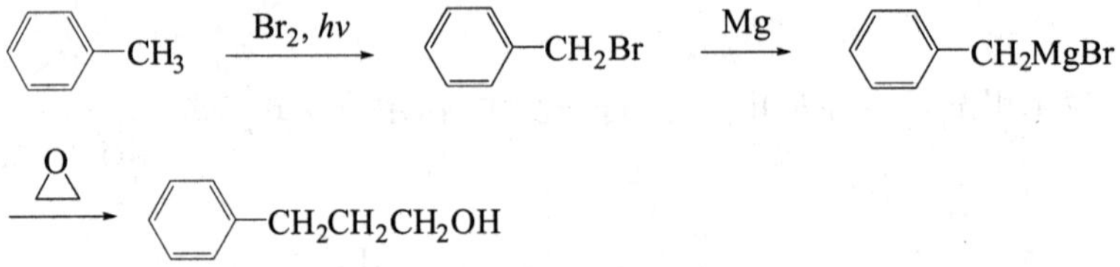

(2) 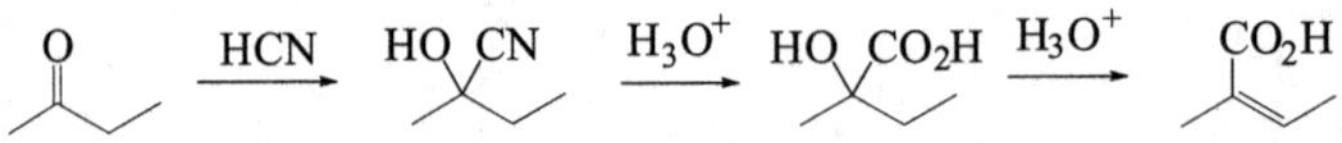

(3) 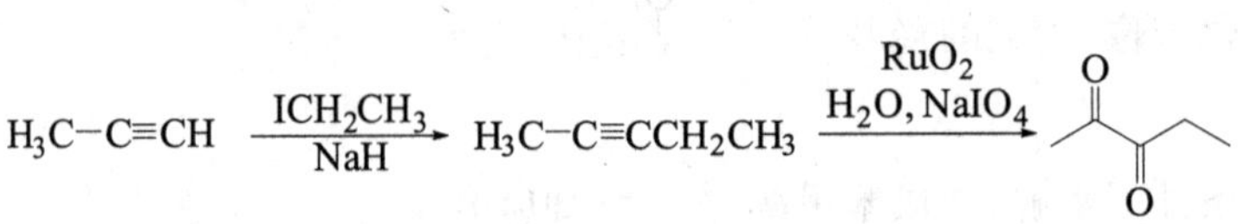

(4) 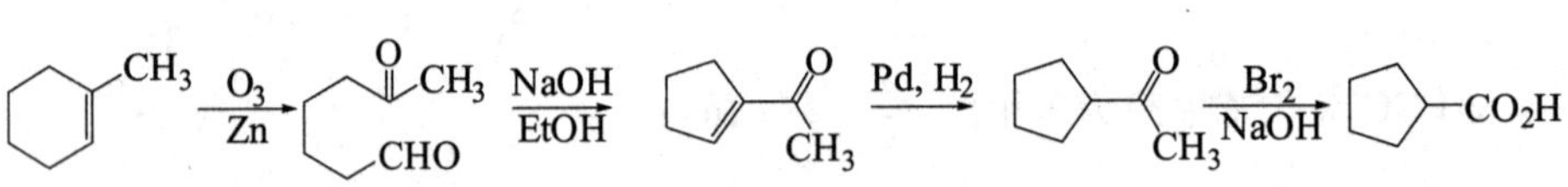

3. 设计路线合成下列化合物。

(1) 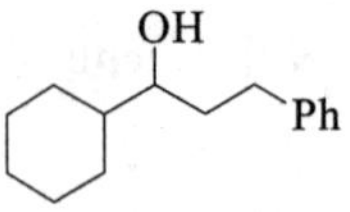

(2) 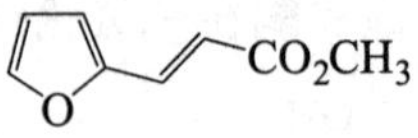

(3) 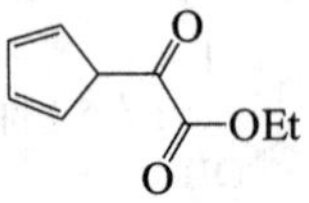

(4) 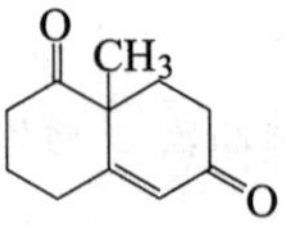

(5) 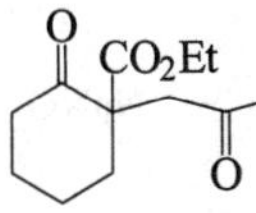

(6) 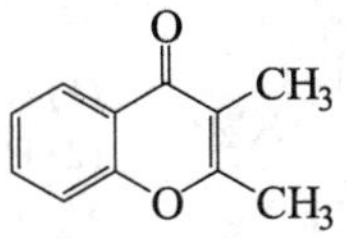

［解］

(1) 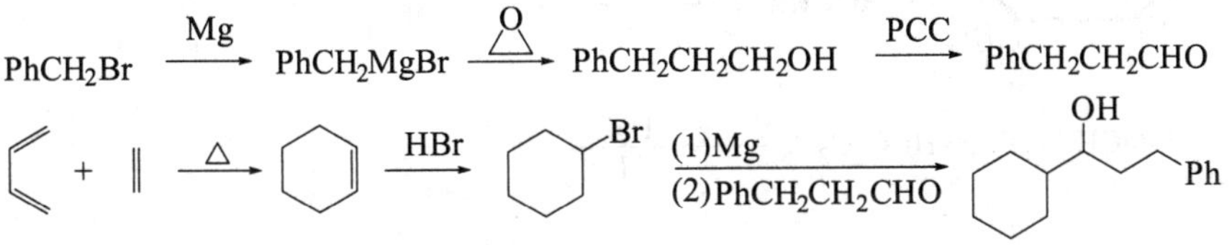

(2) 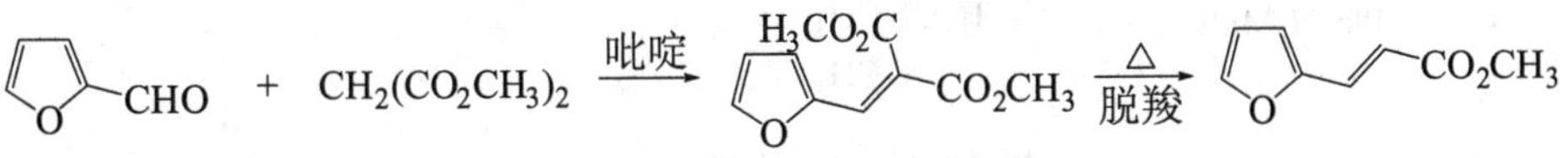

(3) 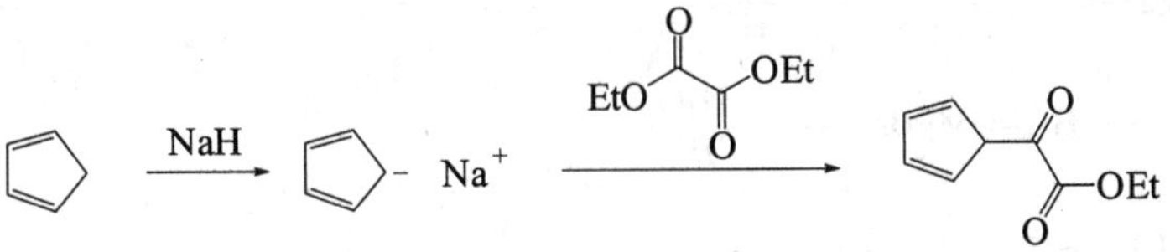

(4) 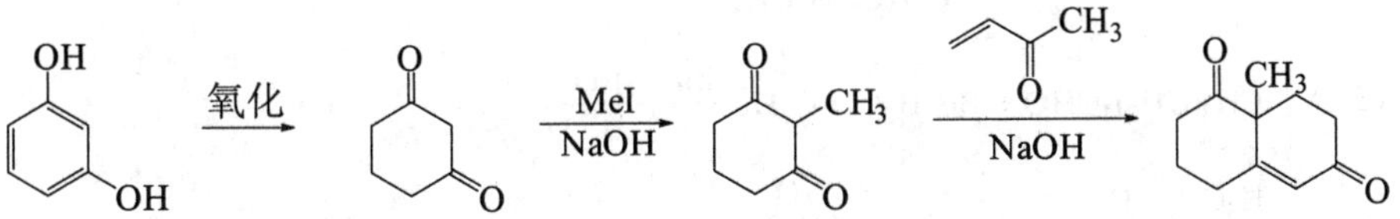

(5) 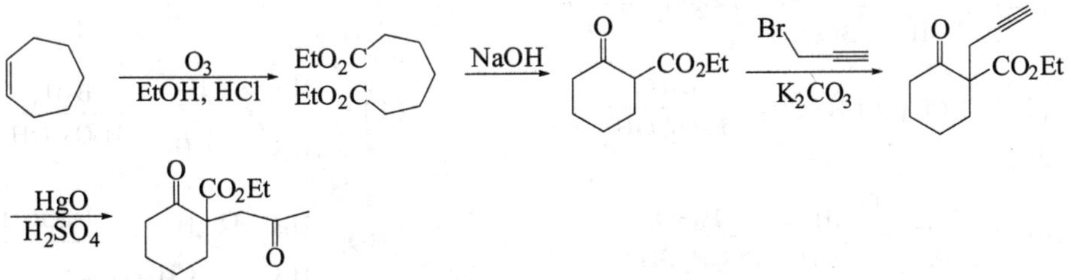

(6) 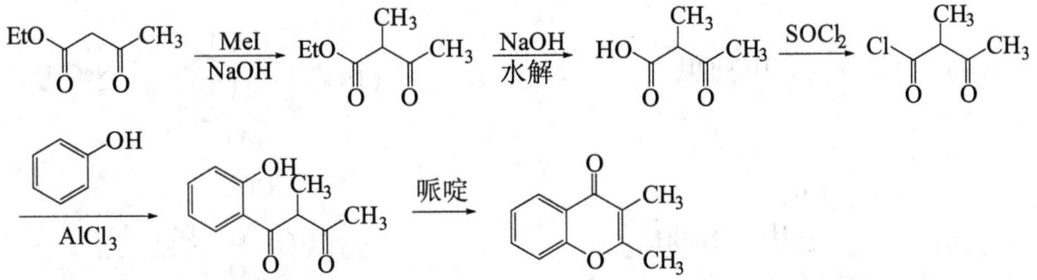

三、习题与参考答案

(一)习题

1. 由原料和反应条件写出产物，注意产物的立体化学结构。

(1) 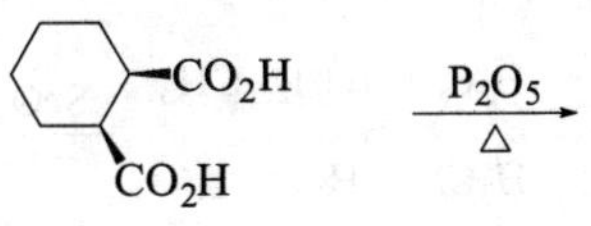

(2) 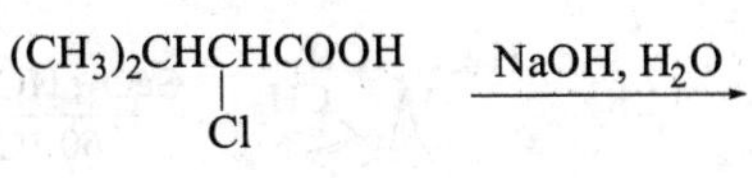

（3） 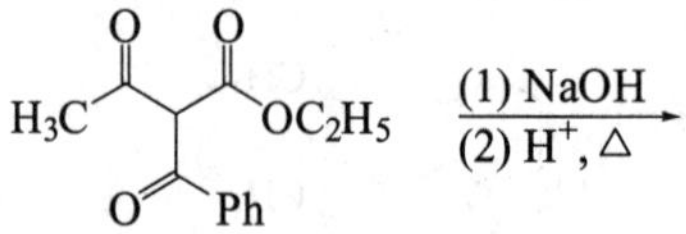

（4） $(CH_3)_2CHNH_2 + NaNO_2 \xrightarrow{H^+}$

（5） 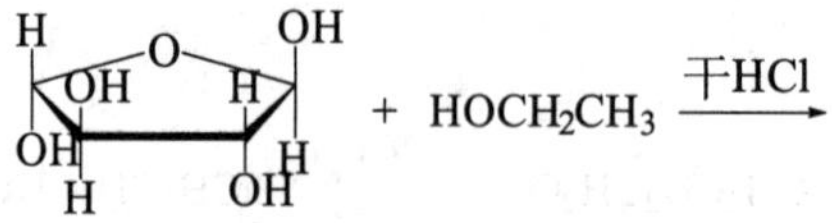

（6） $2\ PhCH_2MgBr + HCO_2C_2H_5 \longrightarrow \xrightarrow[H^+]{H_2O}$

（7） $PhCH_2MgBr + ClCH_2C(=O)N(OCH_3)CH_3 \longrightarrow$

（8） $H_3CHC{=}CHCH{=}O \xrightarrow{HC\equiv CMgBr} \xrightarrow[H^+]{H_2O}$

（9） $CH_3OCH_2CN + HC\equiv CMgBr \longrightarrow \xrightarrow[H^+]{H_2O}$

（10） $H_2C{=}CHCH_2Li + CH_3C(=O)CH_2CH_3 \longrightarrow$

（11） $CH_3(CH_2)_4CHO + BrCH_2CO_2C_2H_5 \xrightarrow{Zn} \xrightarrow[H^+]{H_2O}$

（12） 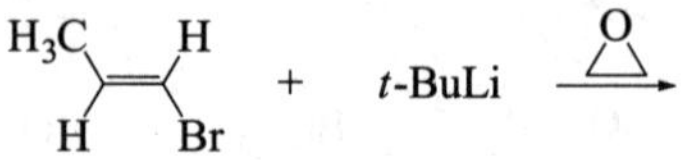

（13） $(CH_3)_3CCH{=}CH_2 \xrightarrow[H_2O_2,\ OH^-]{B_2H_6}$

（14） 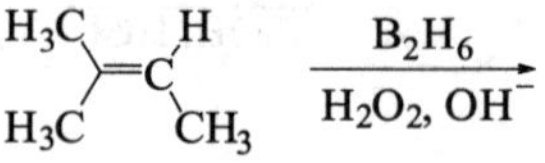

（15） 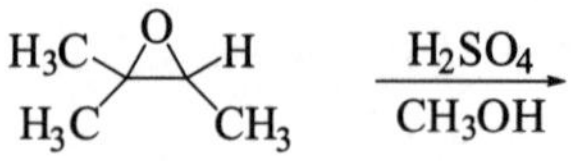

（16） 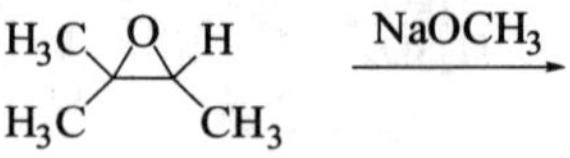

（17） 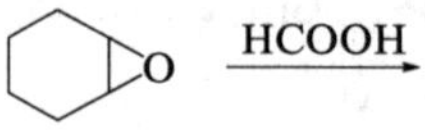

（18） 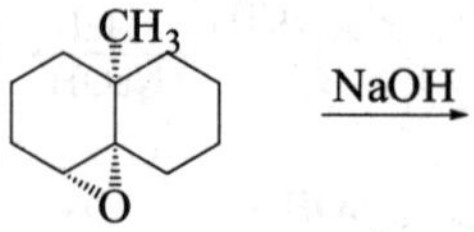

（19） 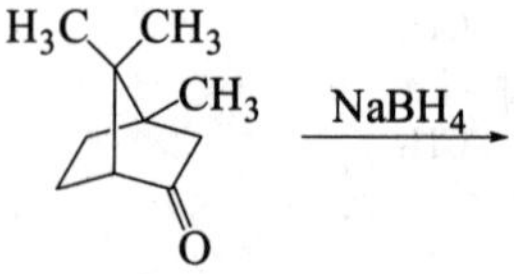

（20） 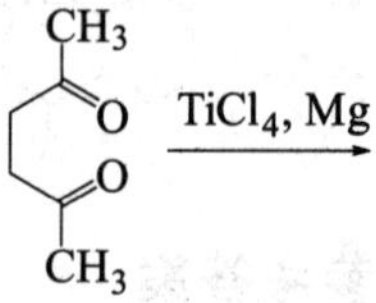

（21） 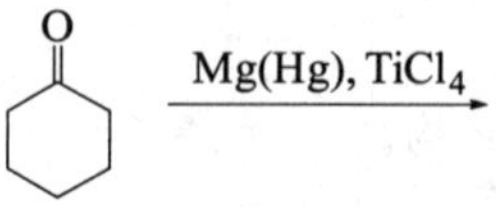

（22） $H_2C{=}CH{-}C_2H_5 \xrightarrow[\text{稀冷碱性溶液}]{KMnO_4}$

（23） 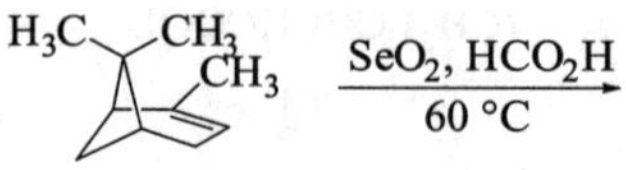

（24） 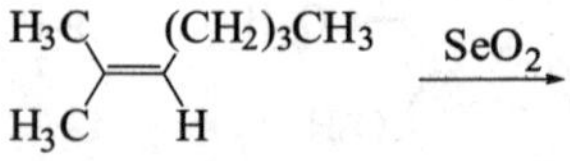

(25) 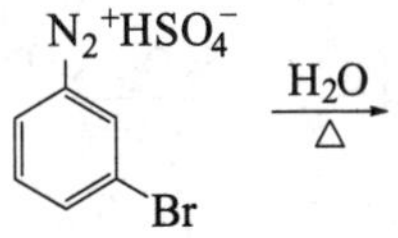

(26) 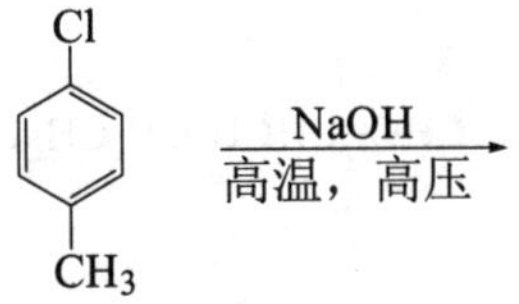

(27) 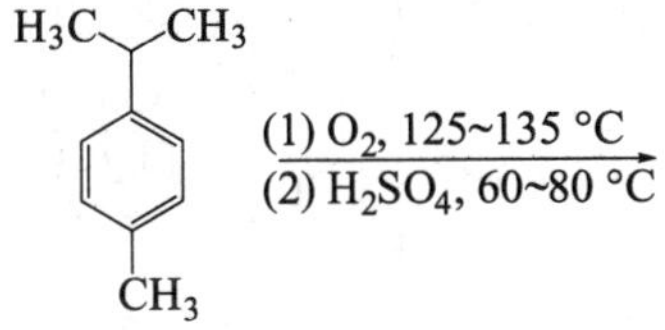

(28) 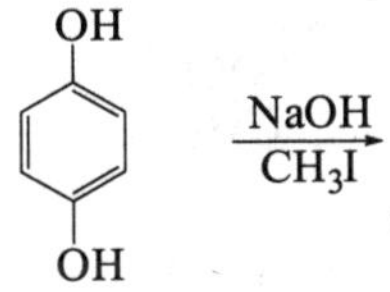

(29) 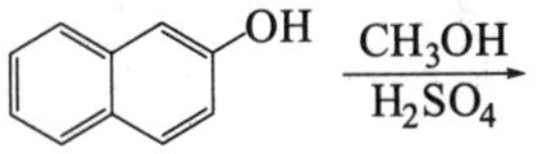

(30) 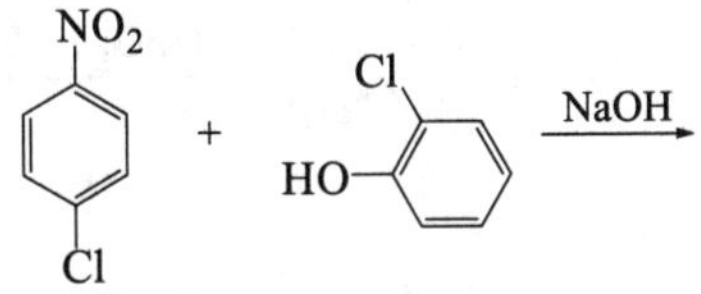

(31) 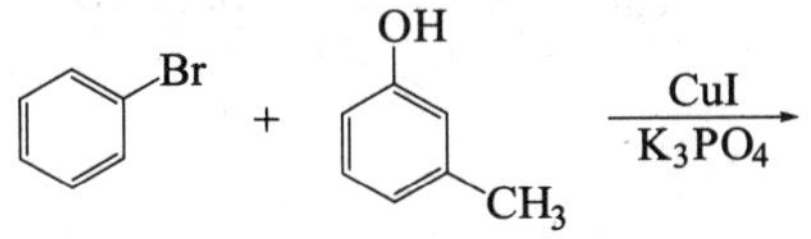

(32) 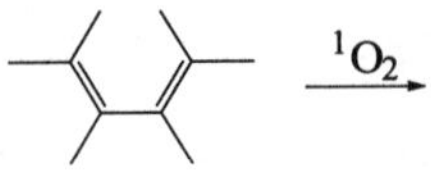

(33) 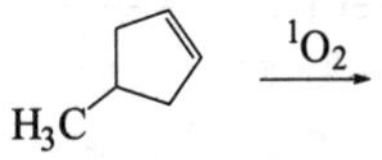

(34) 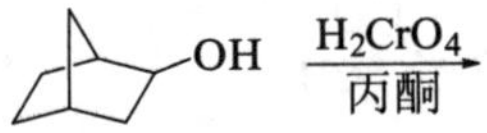

(35) $CH_3(CH_2)_5CH_2OH \xrightarrow{CrO_3,\ 吡啶}$

(36) $PhCH{=}CHCH_2OH \xrightarrow{MnO_2}$

(37) $(H_3C)_2C{=}CHCH_2CH_2\overset{CH_3}{\overset{|}{C}}HCH_2CH_2OH \xrightarrow{CrO_3\cdot Py\cdot HCl}$

(38) 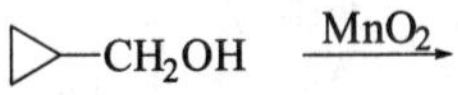

(39) $CH_3CH_2\underset{OH}{\underset{|}{C}}H\overset{O}{\overset{\|}{C}}CH_2CH_3 \xrightarrow{MnO_2}$

(40) $(H_3C)_2HCHC{=}CHCH{=}CHCH_2OH \xrightarrow[i\text{-}Pr_2NEt]{DMSO,(COCl)_2}$

(41) 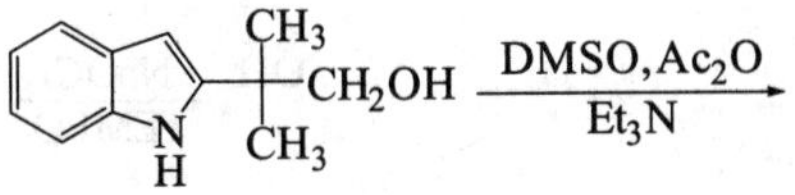

(42) $PhC{\equiv}C\overset{OH}{\overset{|}{C}}HCF_3 \xrightarrow{戴斯\text{-}马丁氧化剂}$

(43) 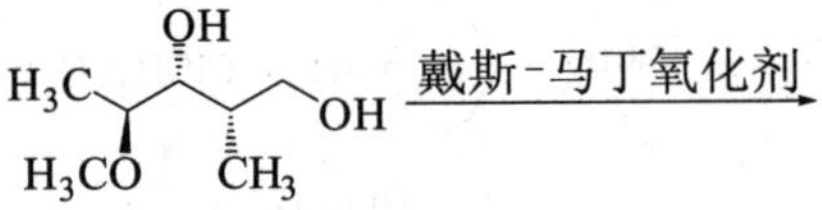

(44) $PhCH_2O(CH_2)_3OH \xrightarrow[NaOCl]{TEMPO}$

(45) 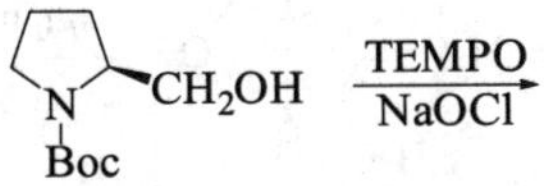

(46) 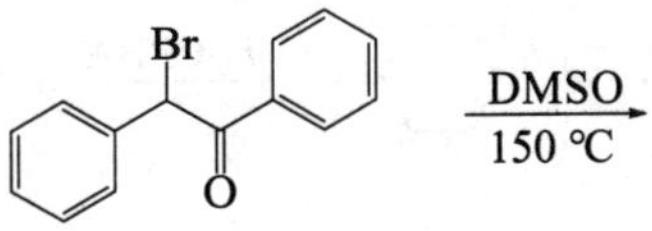

(47) 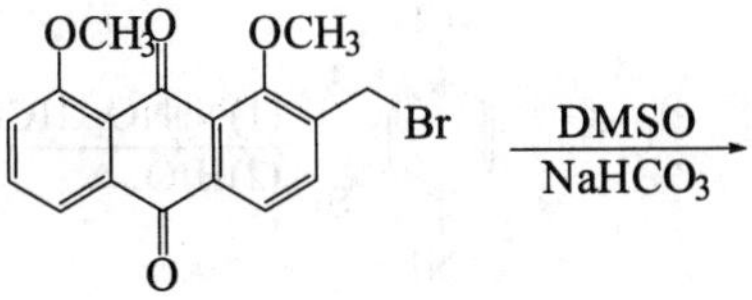

(48) 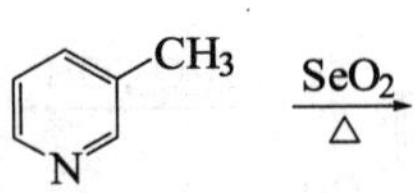

(49) $H_3CHC{=}CHCH_2CH_2CH_2C{\equiv}N \xrightarrow[(2)\ H^+]{(1)\ (i\text{-}Bu)_2AlH}$

(50) 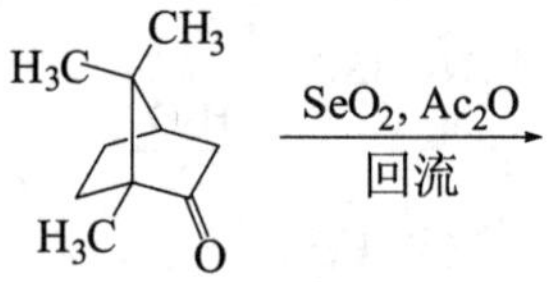

(51) 

(52) 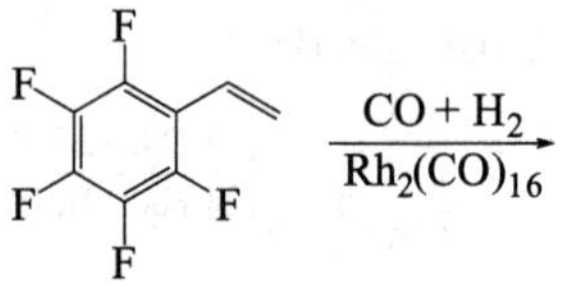

(53) 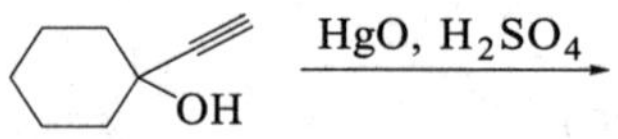

(54) 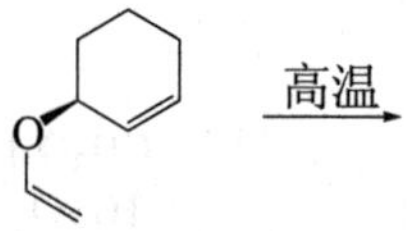

(55) 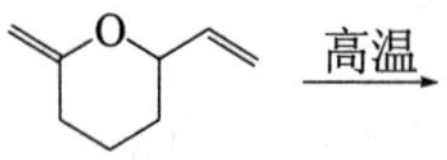

(56) 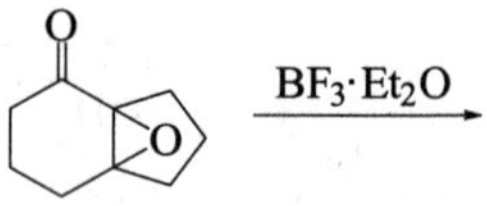

(57) 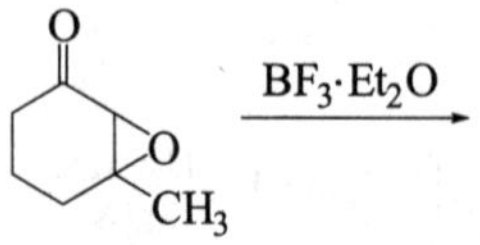

(58) 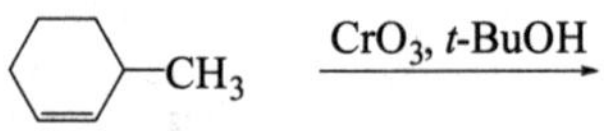

(59) 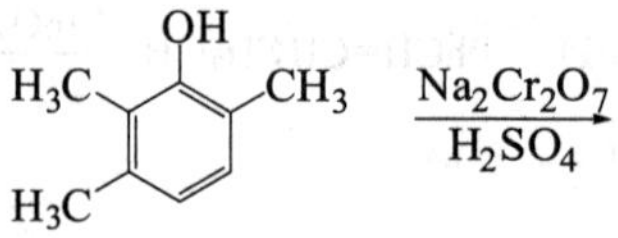

(60) 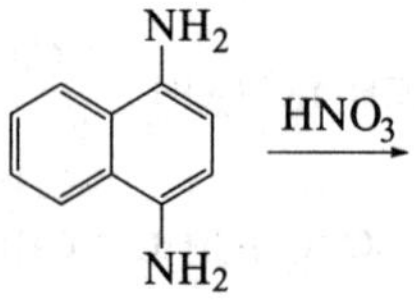

(61) 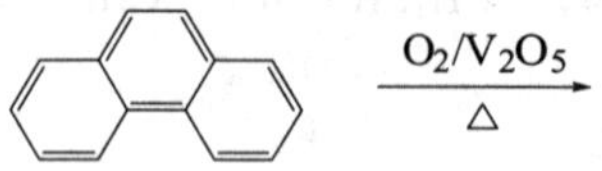

(62) 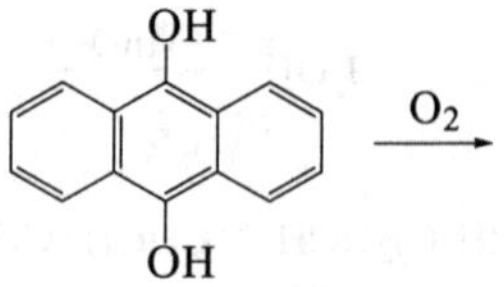

(63) 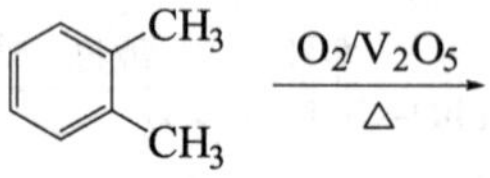

(64) 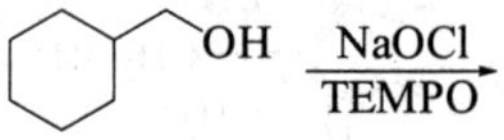

(65) 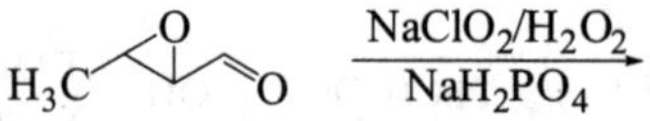

(66) 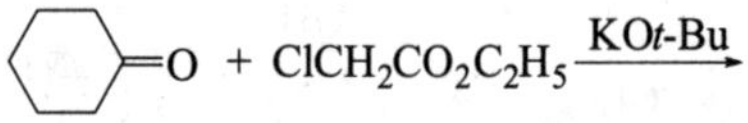

(67) 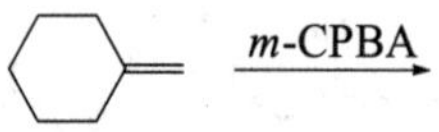

(68) 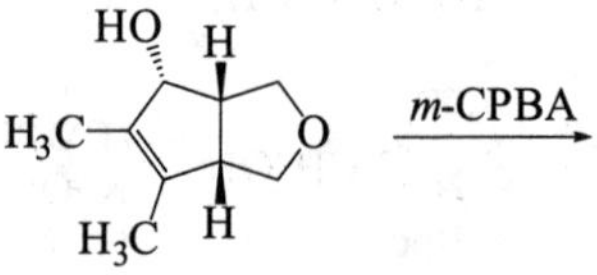

(69) 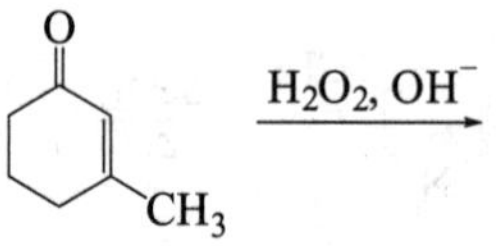

(70) 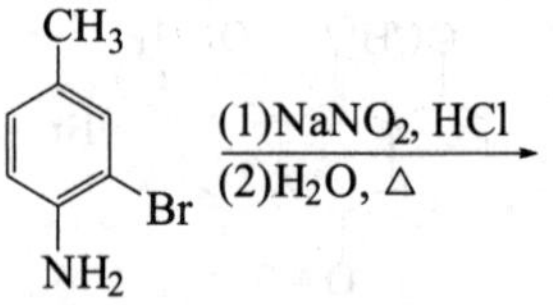

(71)　$C_5H_{11}Cl + NaOH \xrightarrow[\triangle]{H_2O}$

(72)　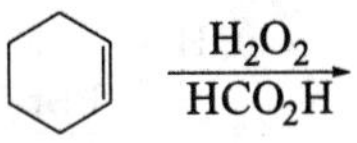

(73)　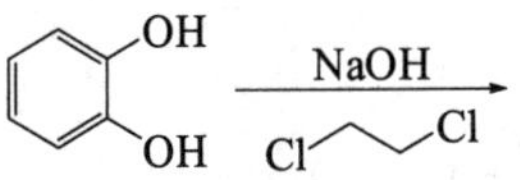

(74)　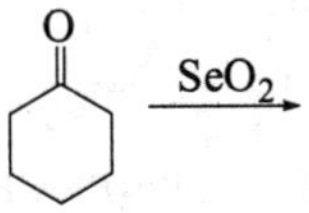

(75)　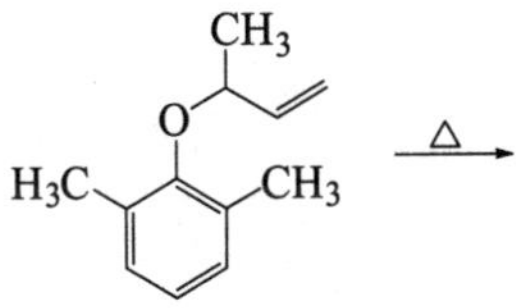

(76)　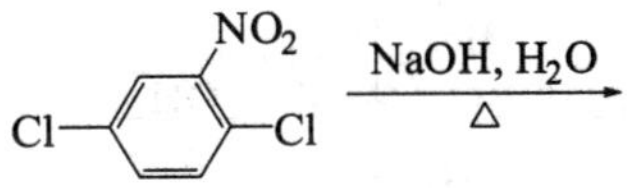

(77)　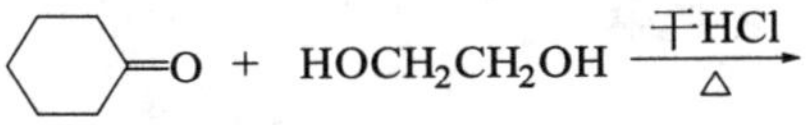

(78)　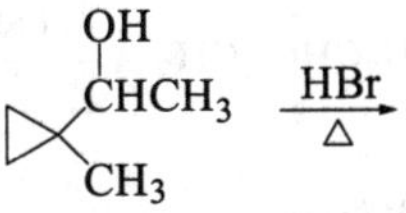

(79)　

(80)　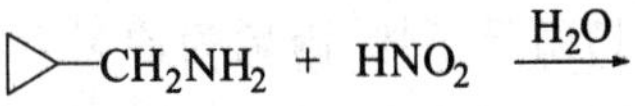

2. 写出多步反应的每步产物，注意产物的立体化学结构。

(1)　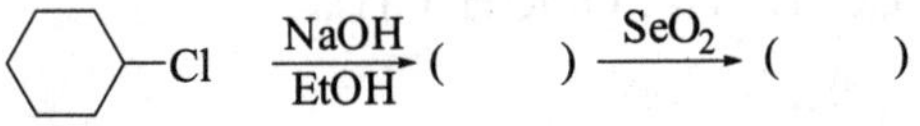

(2)　$CH_3CH(OH)CH_3 \xrightarrow[H_2SO_4]{K_2Cr_2O_7}$ (　　) $\xrightarrow{\text{稀}NaOH}$ (　　)

(3)　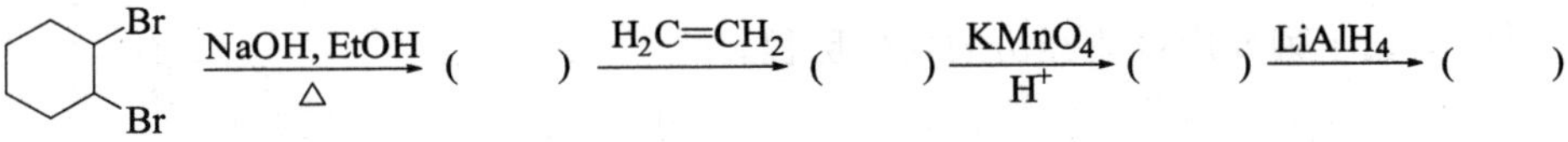

(4)　$HC\equiv CH \xrightarrow[H_3O^+]{HgSO_4}$ (　　) $\xrightarrow[\triangle]{\text{稀}NaOH}$ (　　) $\xrightarrow{H_2, Ni}$ (　　)

(5)　$CH_3CH_2CH(OH)CH_2CO_2H \xrightarrow{\triangle}$ (　　) $\xrightarrow{HBr}$ (　　)

(6)　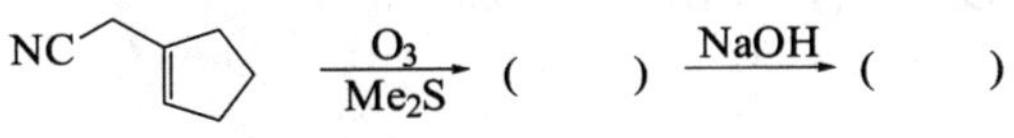

(7)　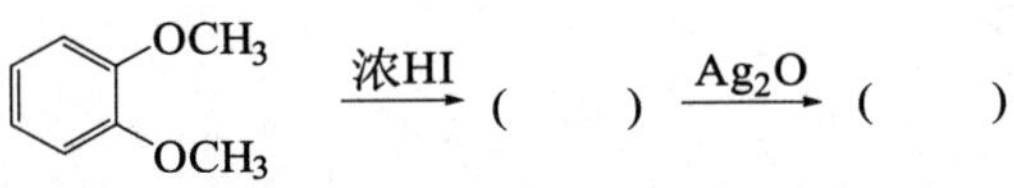

(8)　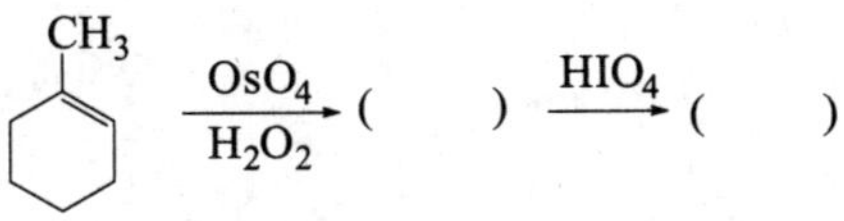

(9)　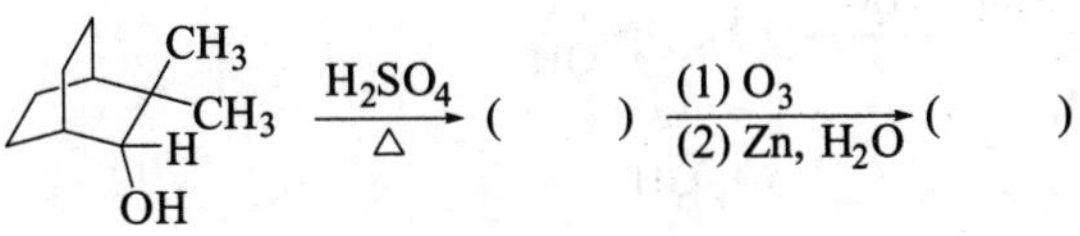

(10) 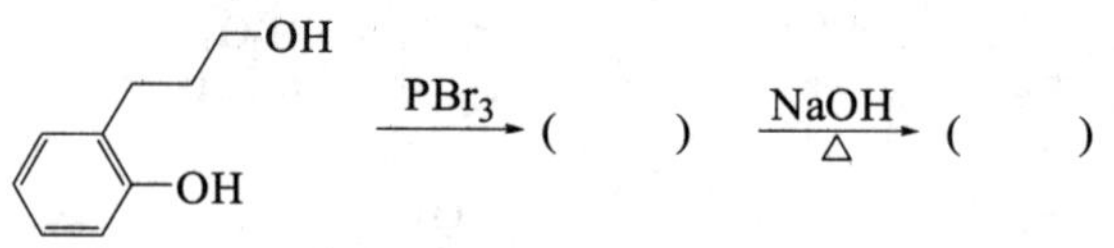

(11) 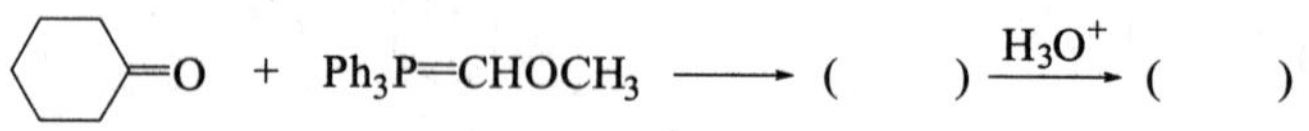

(12) 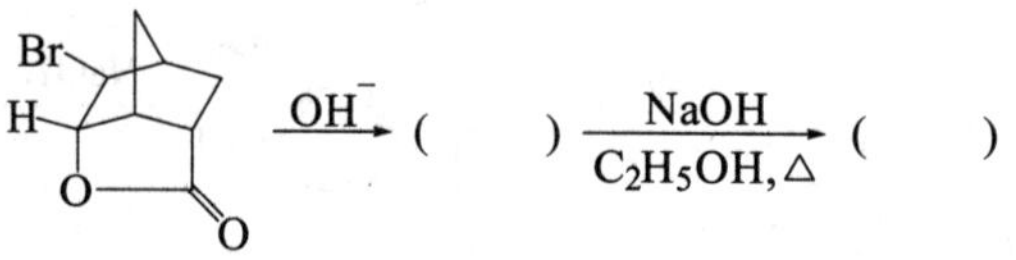

(13) 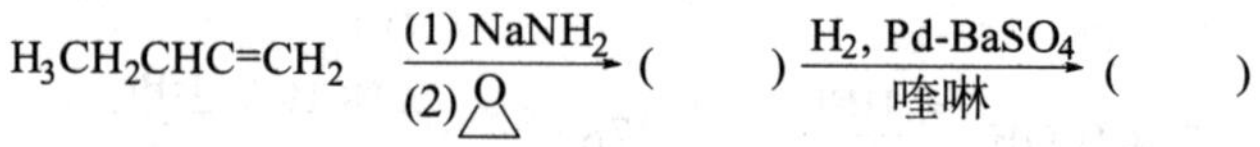

3. 完成反应转化。

(1)由异丁烯、丙烯为原料合成 $(CH_3)_3COCH_2CH=CH_2$。

(2)以甲苯为原料合成对甲基苯甲酸、对氯苯甲酸和对硝基苯乙酸。

(3)由丙烯合成丙三醇。

(4)由乙烯和一个碳的原料合成 $HOOCCH_2CH_2COOCH_2CH_3$。

(5) 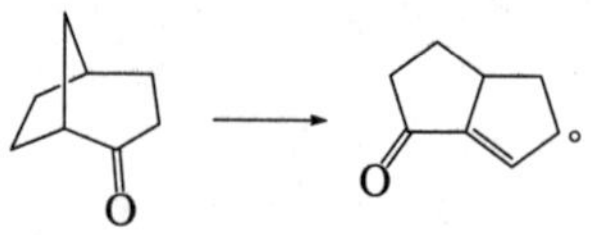

4. 写出下列反应可能经历的反应历程。

(1) 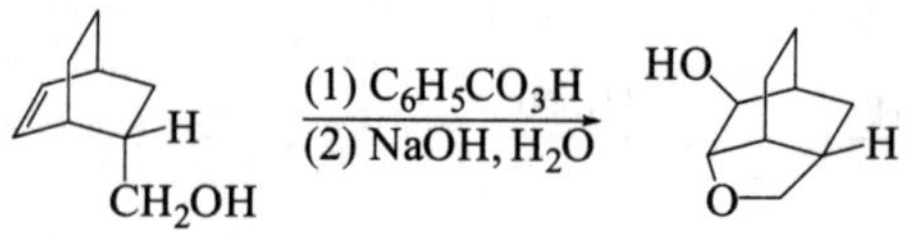

(2) 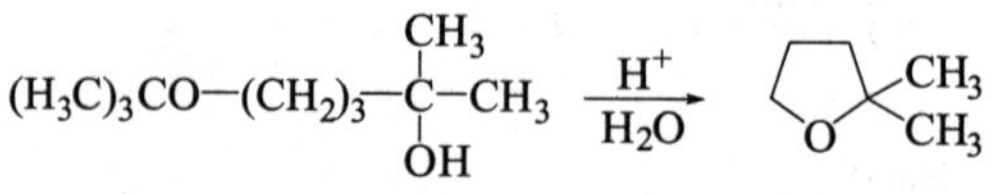

(3) 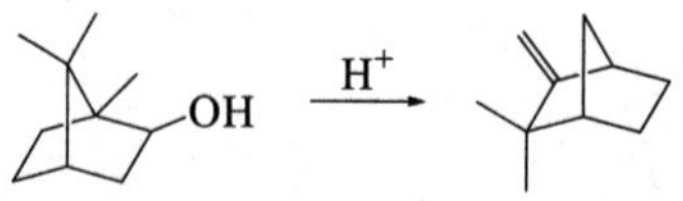

(4) $CH_3CCl_2\overset{\overset{}{}}{\underset{\underset{O}{\|}}{C}}CH_3 \xrightarrow[H_2O]{NaOH} H_3C-\underset{\underset{CH_2}{\|}}{C}-COONa$

(5) 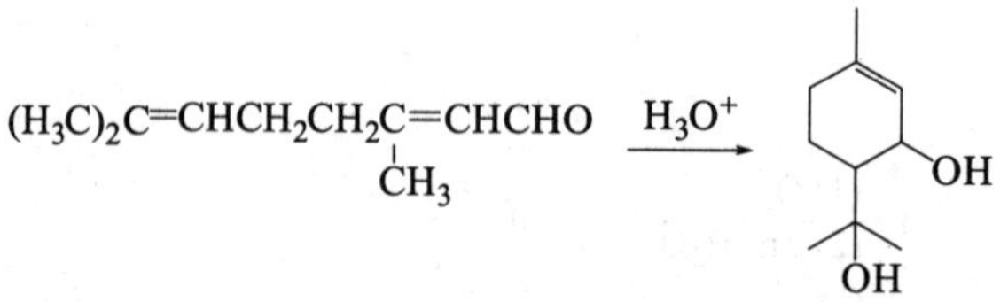

(二)参考答案

1. 由原料和反应条件写出产物，注意产物的立体化学结构。

(1) 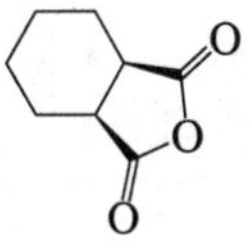

(2) $(CH_3)_2CHCH(OH)COOH$

(3) 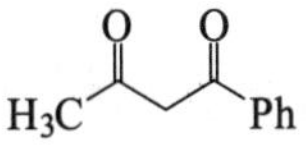

(4) $(CH_3)_2CHOH + N_2$

(5) 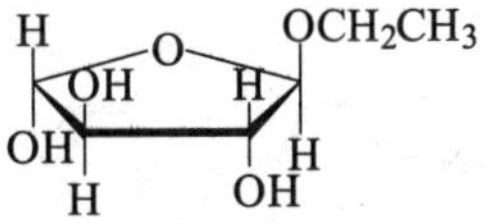

(6) $(PhCH_2)_2CHOH$

(7) $ClCH_2C(O)CH_2Ph$

(8) $HC\equiv CCH(OH)CH=CHCH_3$

(9) $CH_3OCH_2C(O)C\equiv CH$

(10) $H_2C=CHCH_2C(OH)(CH_3)CH_2CH_3$

(11) $CH_3(CH_2)_4CH(OH)CH_2CO_2C_2H_5$

(12) 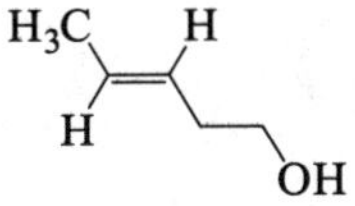

(13) $(CH_3)_3CCH_2CH_2OH$

(14) 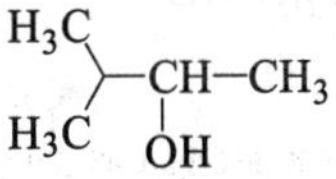

(15) $(H_3C)_2C(OCH_3)-CH(OH)CH_3$

(16) $(CH_3)_2C(OH)CH(OCH_3)CH_3$

(17) 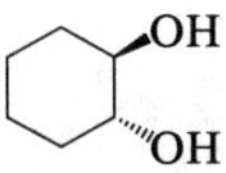

(18) 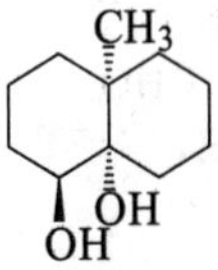

(19) 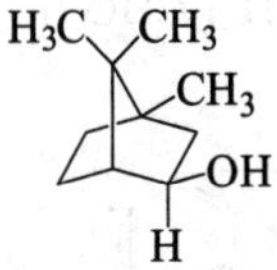

(20) 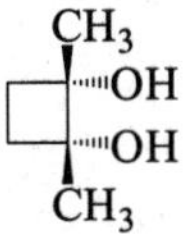

(21) 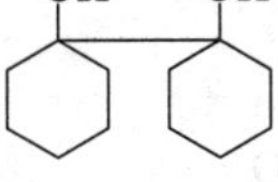

(22) $H_2C(OH)-CH(OH)-C_2H_5$

(23) 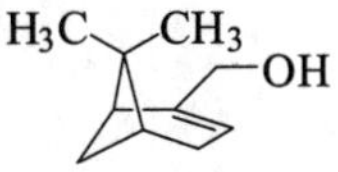

(24) 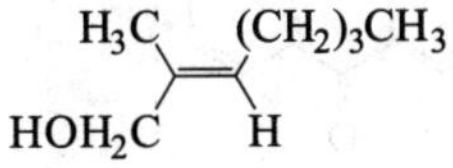

(25) 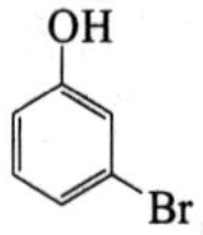

(26) 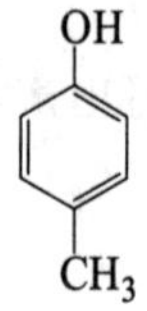

(27) 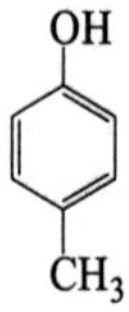

(28) 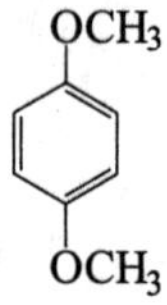

(29) 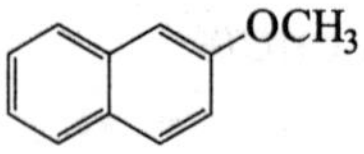

(30) 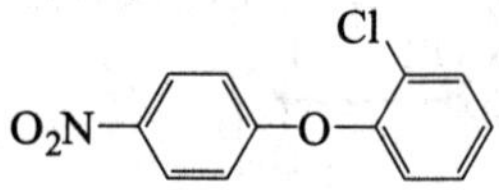

(31) 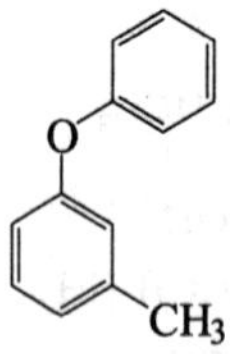

(32) 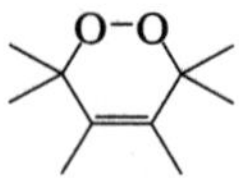

(33) 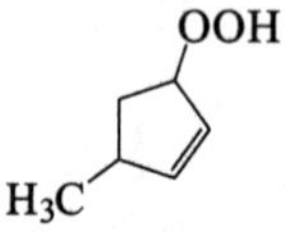

(34) 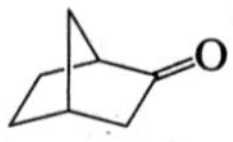

(35) $CH_3(CH_2)_5CHO$

(36) $PhCH{=}CHCH{=}O$

(37) $(H_3C)_2C{=}CHCH_2CH_2\overset{CH_3}{\overset{|}{C}}HCH_2CHO$

(38) 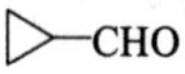

(39) $CH_3CH_2\overset{O}{\overset{\|}{C}}\underset{O}{\underset{\|}{C}}CH_2CH_3$

(40) $(H_3C)_2HCHC{=}CHCH{=}CHCHO$

(41) 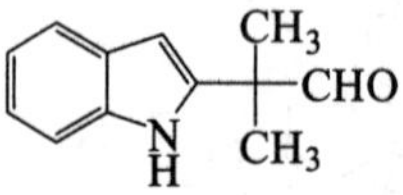

(42) $PhC{\equiv}C\overset{O}{\overset{\|}{C}}CF_3$

(43) 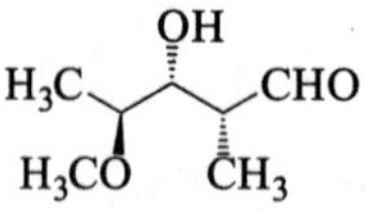

(44) $PhCH_2O(CH_2)_2CHO$

(45) 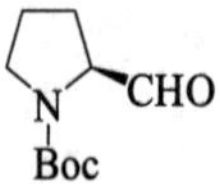

(46) 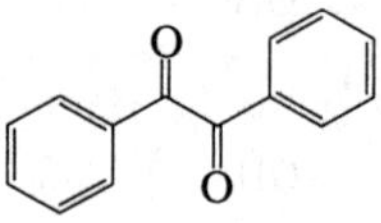

(47) 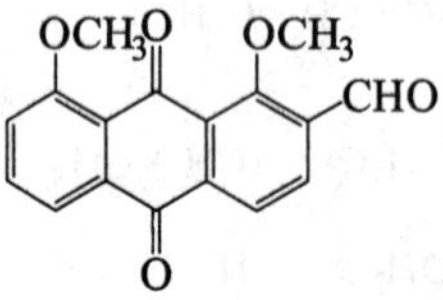

(48) 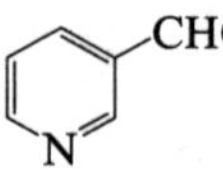

(49)　$H_3CHC{=}CHCH_2CH_2CH_2CH{=}O$

(50)

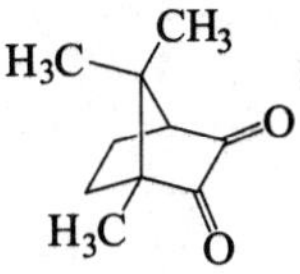

(51)

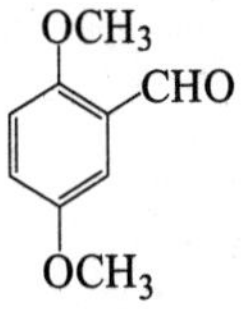

(52)

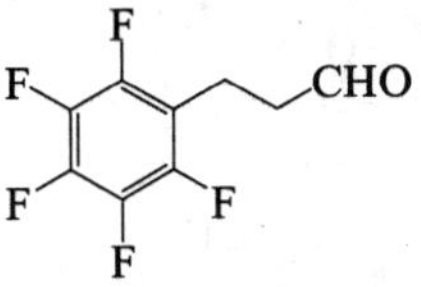

(53)

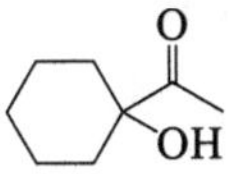

(54)

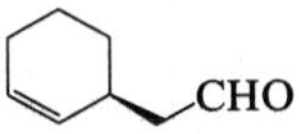

(55)

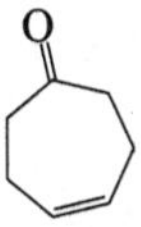

(56)

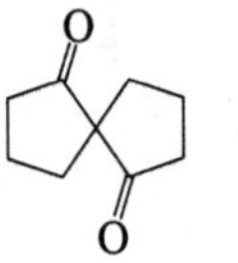

(57)

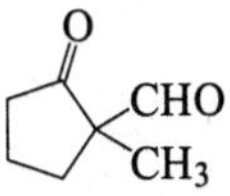

(58)

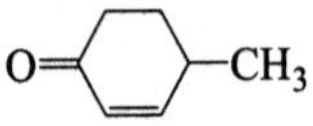

(59)

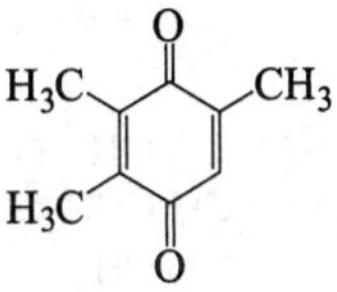

(60)

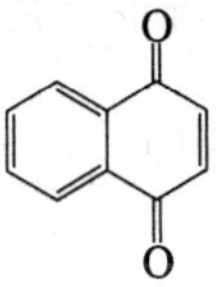

(61)

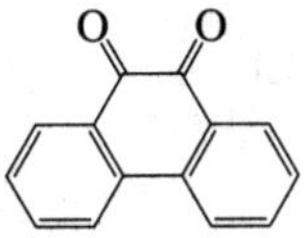

(62)

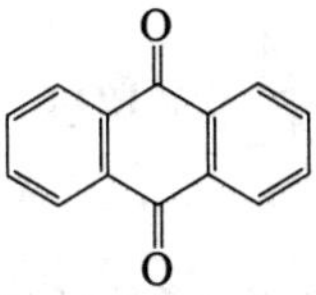

(63)

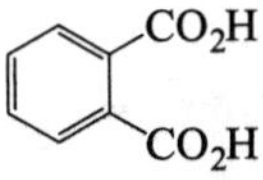

(64)

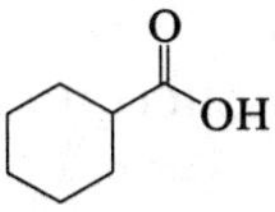

(65)

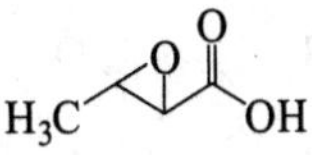

(66)

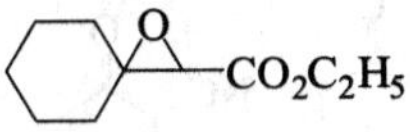

(67)

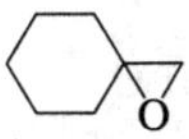

(68)

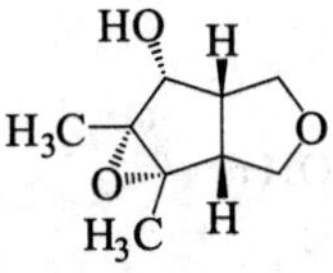

(69)

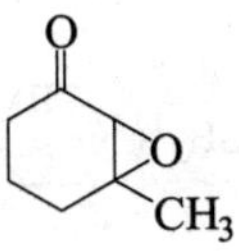

(70)

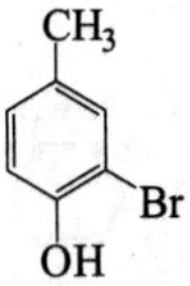

(71) $C_5H_{11}OH$

(72) 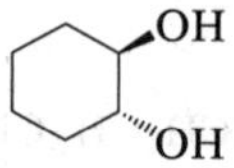

(73) 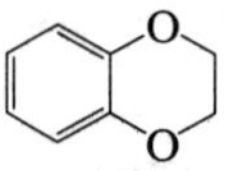

(74) 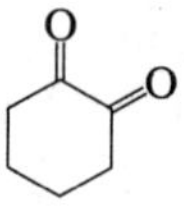

(75) 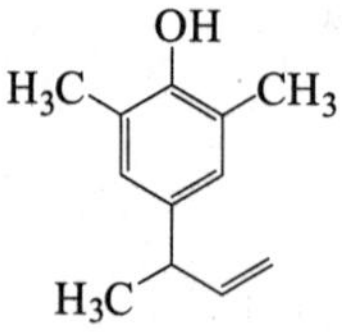

(76) 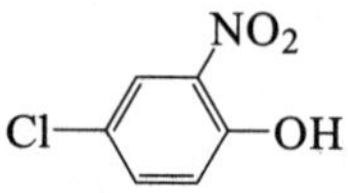

(77) 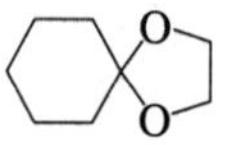

(78) 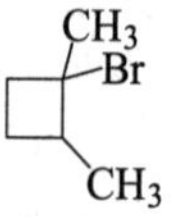

(79) 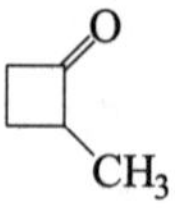

(80) 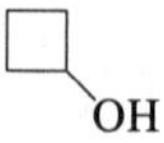

2. 写出多步反应的每步产物，注意产物的立体化学结构。

(1) 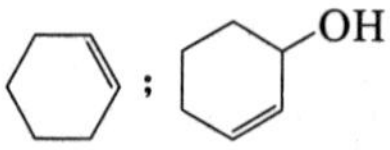

(2) CH_3COCH_3 ； $CH_3C(OH)(CH_3)CH_2COCH_3$

(3) 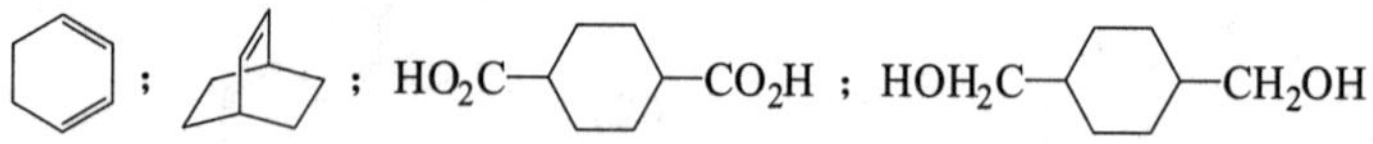

(4) CH_3CHO； $CH_3CH{=}CHCHO$； $CH_3CH_2CH_2CH_2OH$

(5) $CH_3CH_2CH{=}CHCO_2H$ ； $CH_3CH_2CH(Br)CH_2CO_2H$

(6) 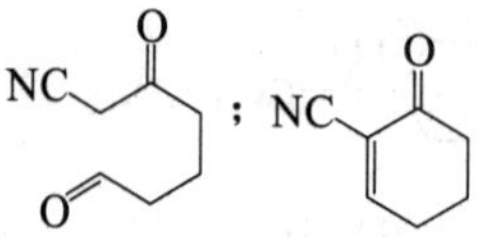

(7) 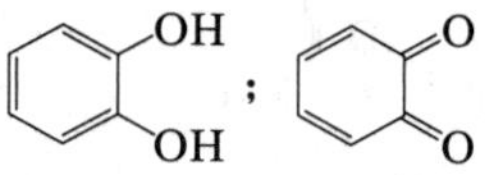

(8) 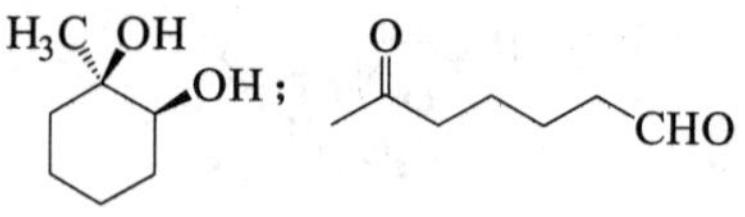

(9) 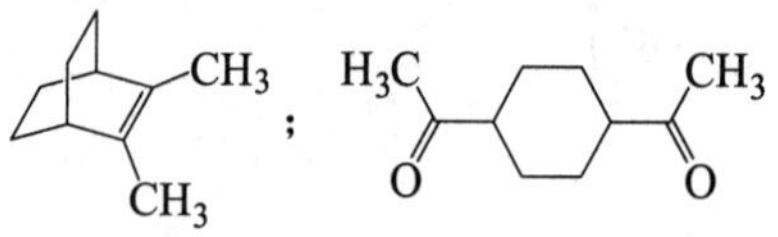

(10) 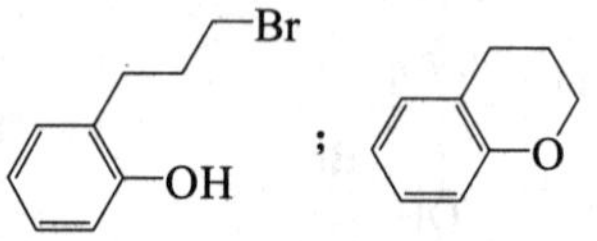

(11) 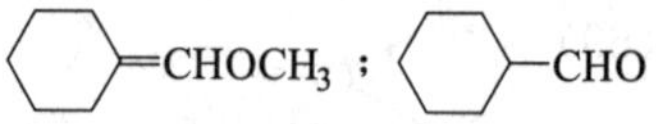

（12）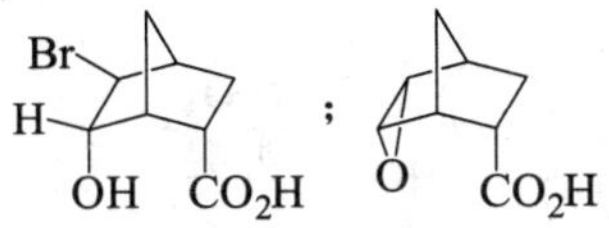　　（13）　$H_3CH_2CC{\equiv}CCH_2CH_2OH$ ；

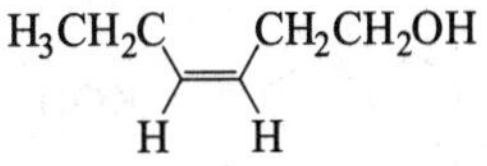

3. 完成反应转化。

（1）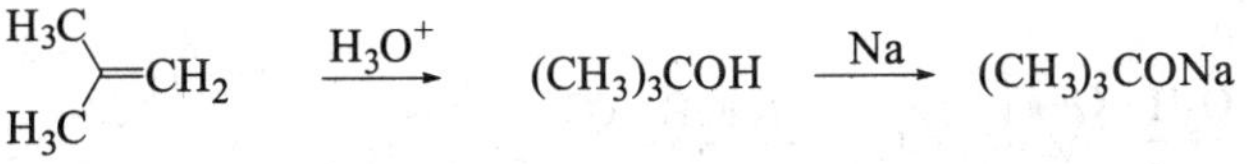

$H_2C{=}CHCH_3 \xrightarrow[\text{高温}]{Cl_2} H_2C{=}CHCH_2Cl \xrightarrow{(CH_3)_3CONa} H_2C{=}CHCH_2OC(CH_3)_3$

（2）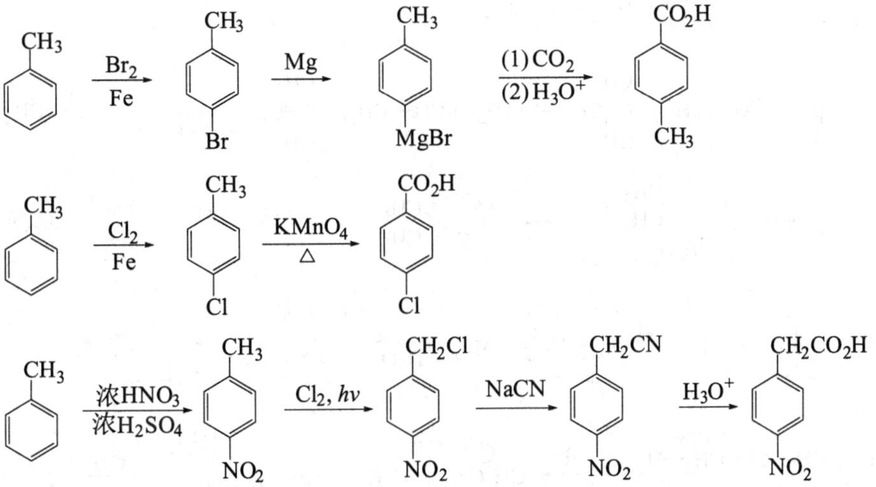

（3）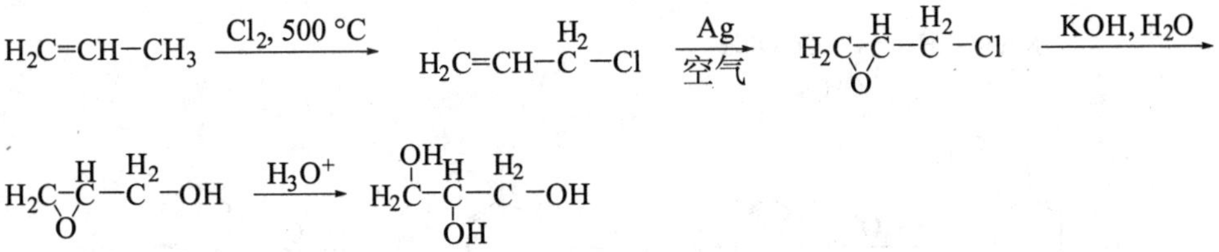

（4）$H_2C{=}CH_2 \xrightarrow{H_3O^+} CH_3CH_2OH$

$H_2C{=}CH_2 \xrightarrow{Br_2} BrCH_2CH_2Br \xrightarrow{NaCN} NCCH_2CH_2CN \xrightarrow{H_3O^+} HOOCCH_2CH_2COOH$

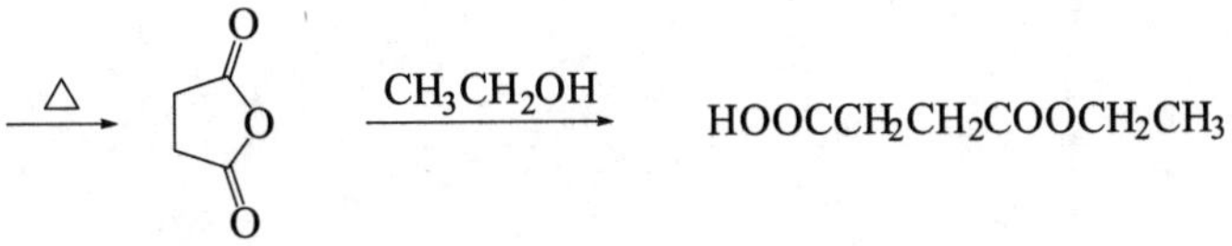

(5) 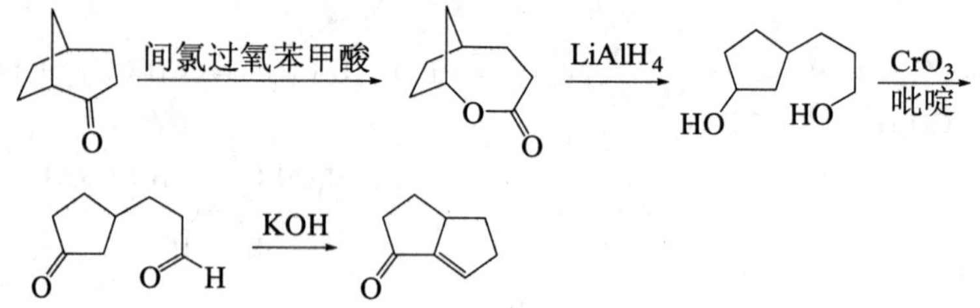

4. 写出下列反应可能经历的反应历程。

(1) 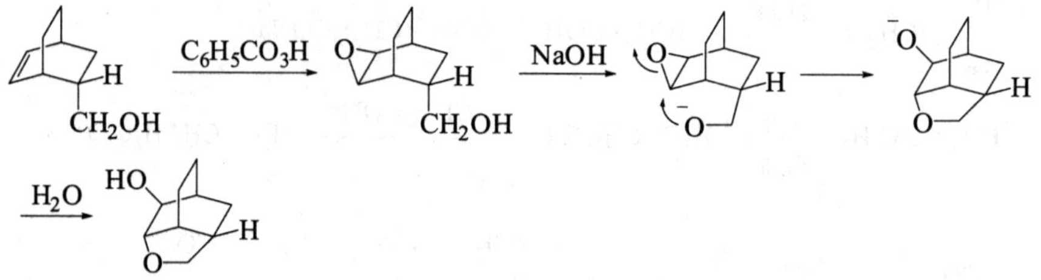

(2) 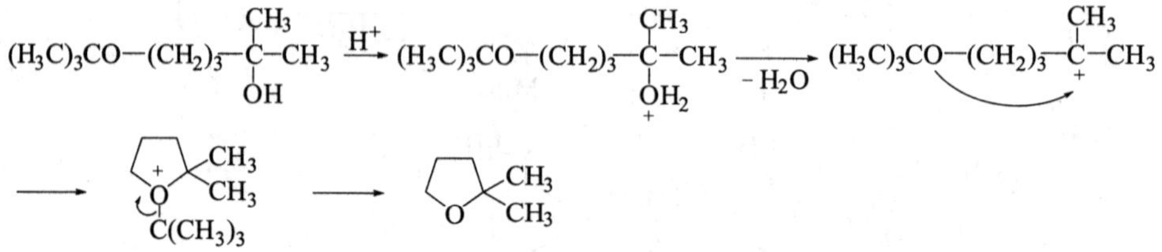

(3) 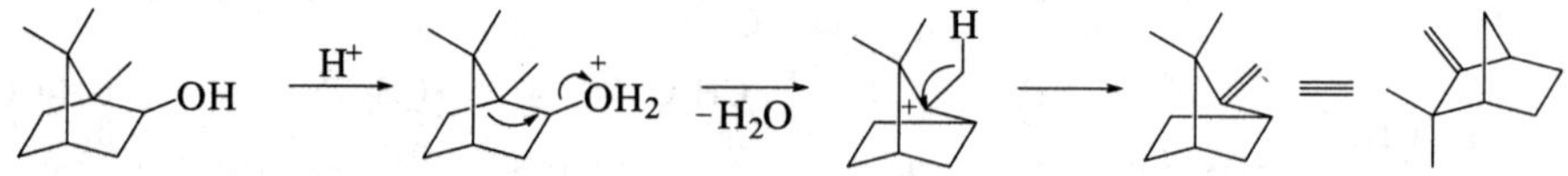

(4) 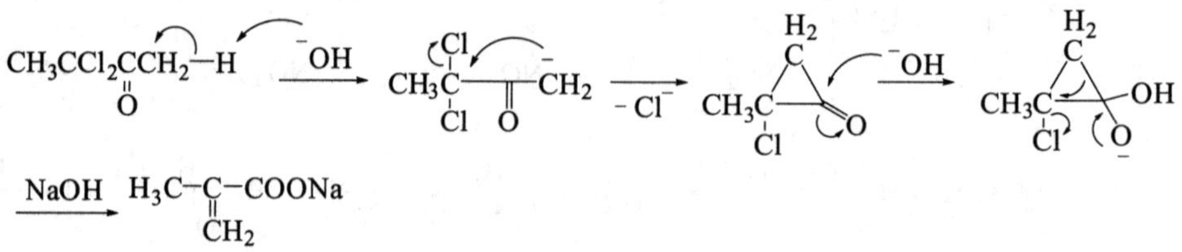

(5) 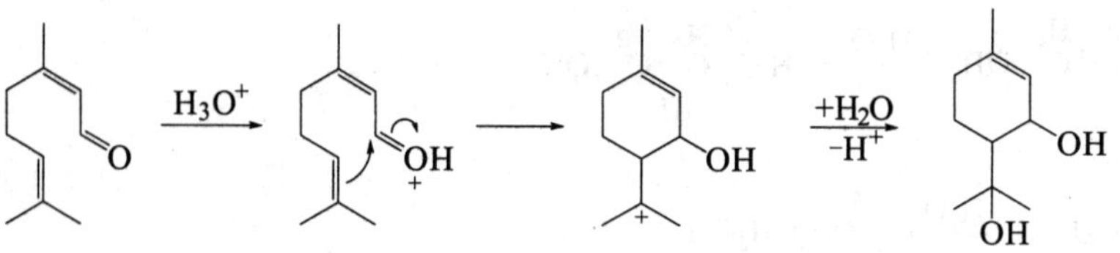

第5章 碳杂键的形成

一、内容概要及知识要点

1. 内容概要

卤代化合物（氟、氯、溴、碘）广泛用来制造医药、农药、增塑剂、润滑剂、阻燃剂、染料、颜料等产品，碳卤键的构建是有机合成中最重要的反应类型之一。常用的方法有芳香族化合物的亲电取代卤化，sp^3碳氢键的自由基取代，置换卤化，以及对不饱和键的加成卤化。硫是生命体中必需的元素。有机硫化合物指含碳硫键的有机化合物，广泛存在于石油和动植物体内。有机硫化合物在数量上仅次于含氧或含氮的有机化合物。含二价硫的有机化合物有：①硫醇和硫酚（如 C_2H_5SH，C_6H_5SH）；②硫醚（如 $CH_3—S—CH_3$）；③二硫化物（如 $CH_3—S—S—CH_3$）；④多硫化物（如 $CH_3—S—S—S—CH_3$）；⑤环状硫化物等。此外，还有含硫杂环化合物和硫代醛、酮、羧酸及其衍生物。含高价（四价和六价）硫的有机化合物包括亚砜、砜、磺酸、亚磺酸等。已知的许多临床药物中都含有碳硫键。构建碳硫键的主要合成方法有取代、加成、氧化等。碳磷键广泛存在于各种物质如核酸、蛋白质、神经毒素以及催化反应中不可或缺的各种膦配体中。传统的碳磷键形成的方法主要是通过各种金属膦试剂和膦的卤化物进行反应得到的。碳硅键是有机硅化合物的基本结构。构建碳硅键常用的方法有：有机金属化合物法（格氏试剂法、钠缩合法、有机锂法）；硅氢键及硅硅键化合物对不饱和碳碳键的加成；热缩合法。

2. 知识要点

(1)碳卤键的形成。

① 脂肪族化合物自由基取代

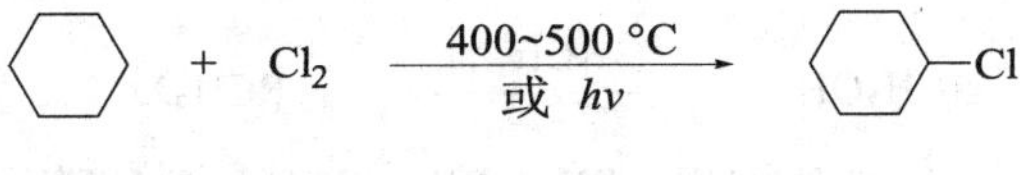

② 芳香族化合物亲电取代和侧链自由基取代

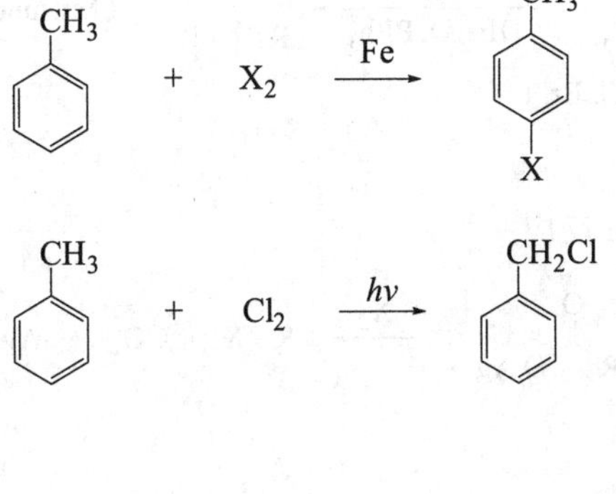

③ 芳香重氮盐转化为碳卤键

Sandmeyer 反应

$$ArN_2^+X^- \xrightarrow[\triangle]{CuX} Ar-X + N_2\uparrow$$

(X = Cl, Br, CN)

Schiemann 反应

$$ArN_2^+BF_4^- \xrightarrow{\triangle} Ar-F + N_2 + BF_3$$

④ 烯丙位卤代

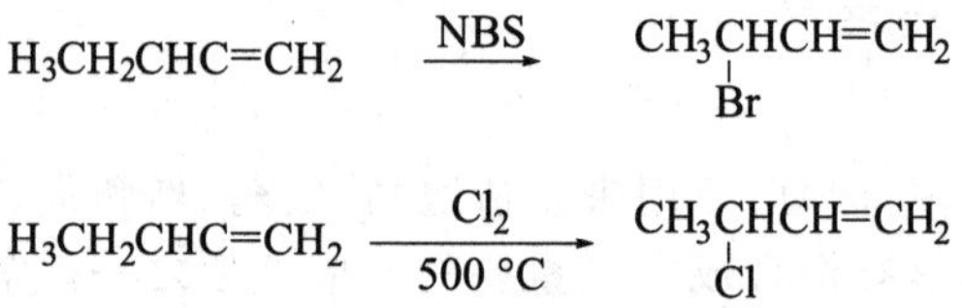

⑤ 碳碳不饱和键加成

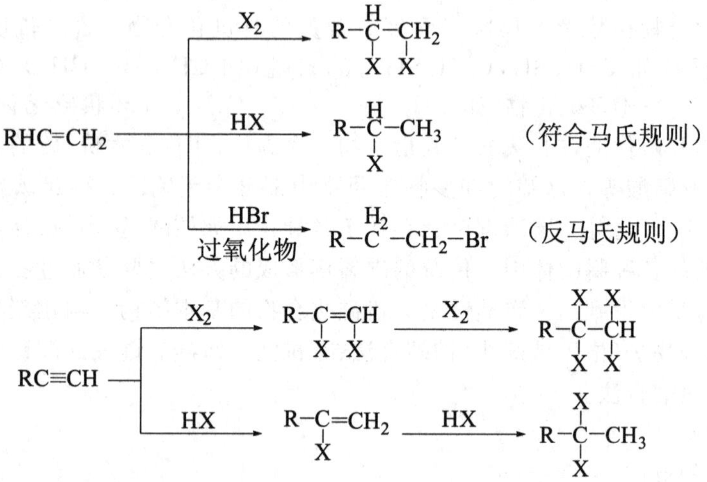

⑥ 碳氧键转化为碳卤键

$$RCH_2OH \xrightarrow{卤化试剂} RCH_2X$$

卤化试剂为HX，PX_3，PX_5，$SOCl_2$，DAST等

(Mitsunobu反应)

X = F, Cl, Br, I

⑦ 脱羧卤代反应

Hunsdiecker－Borodin 反应

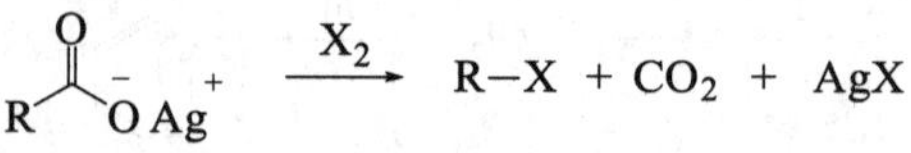

Cristol－Firth 脱羰卤代反应

$$RCOOH + Br_2 \xrightarrow[\triangle \text{ 或 } h\nu]{HgO} RBr$$

Kochi 脱羧氯代反应

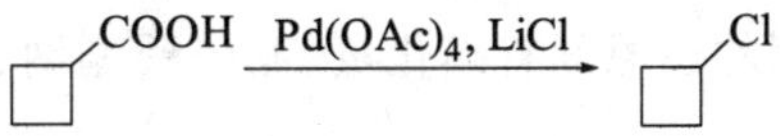

(2)硫醇的制备。

① 卤代烷与硫氢化钾反应

$$RX + KSH \longrightarrow RSH + KX$$

② 卤代烷与硫脲反应

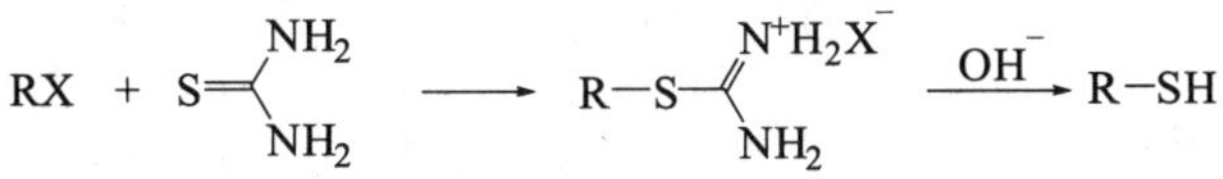

③ 醇与硫化氢进行高温催化

$$RCH_2OH + H_2S \xrightarrow[\text{高温}]{\text{催化剂}} RCH_2SH$$

④ 羧酸硫醇酯水解

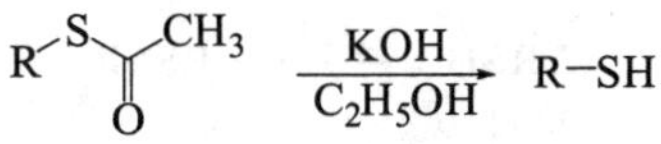

⑤ 金属有机化合物与硫作用

$$RM + S \longrightarrow RSM \xrightarrow{H_3O^+} R-SH$$

⑥ 二硫化合物还原

$$R-S-S-R \xrightarrow{[H]} 2\ R-SH$$

⑦ 磺酰氯的还原

$$RSO_2Cl \xrightarrow{[H]} R-SH$$

(3)硫醚的制备。

① 硫化钠与卤代烃反应

$$2\ RX + Na_2S \longrightarrow R-S-R$$

② 硫醇与硫酚的烃化

$$R-SH \xrightarrow{NaOH} R-SNa \xrightarrow{R'X} R-S-R'$$

③ 硫醇、硫酚与烯的加成

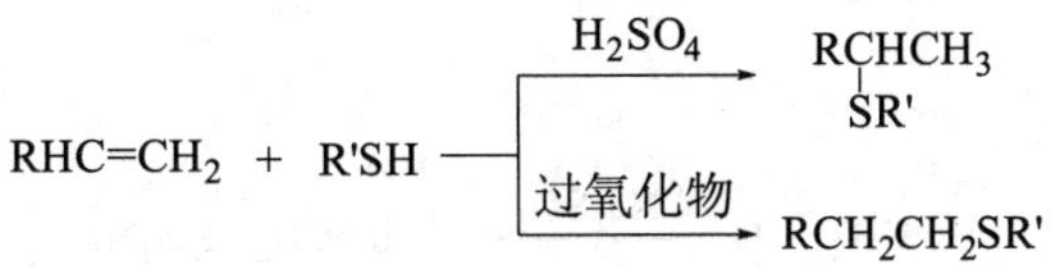

④ 硫醇、硫酚对环氧化合物开环

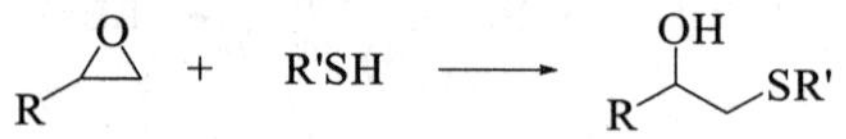

⑤ 亚砜和砜的还原(常用的还原剂有碘化氢、亚硫酸氢钠、三苯基膦、硼氢化钠、三氯硅烷、正丁基锂、电解还原等)

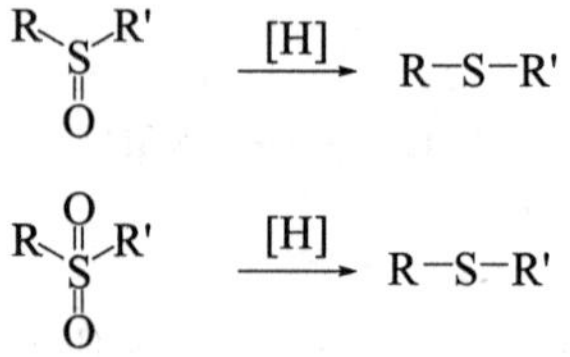

(4)二硫醚的制备。

① 二硫化钠的烃化

$$2\,RX + Na_2S_2 \longrightarrow RSSR$$

② 硫醇的氧化(包括空气直接氧气偶联法、过氧化氢氧化偶联法、过二硫酸铵氧化偶联法、电化学氧化偶联法等)

$$2\,RSH \xrightarrow{[O]} RSSR$$

(5)亚砜、砜的制备。

硫醚氧化时,依次会得到亚砜、砜。包括硝酸及硝酸盐氧化体系、卤化物氧化体系、金属氧化物体系、过氧化物体系、分子氧体系。

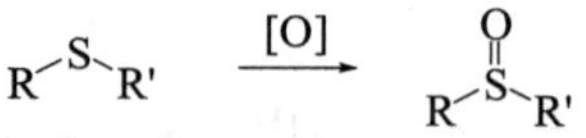

(6)亚磺酸的制备:二氧化硫与芳香族重氮盐反应。

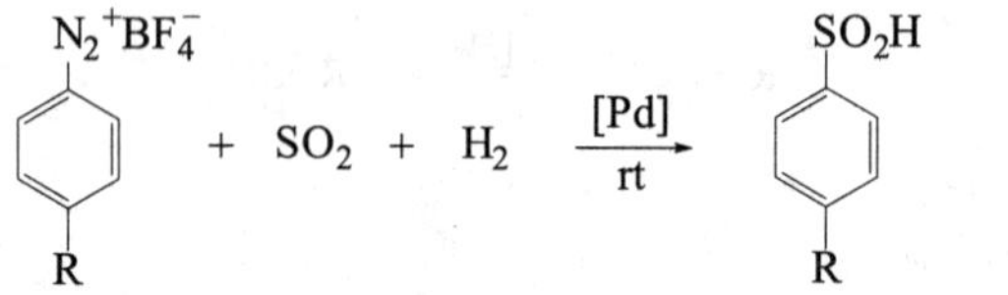

$R = H, CH_3, Cl$

(7)磺酸(钠)的制备。

① 芳环的磺化

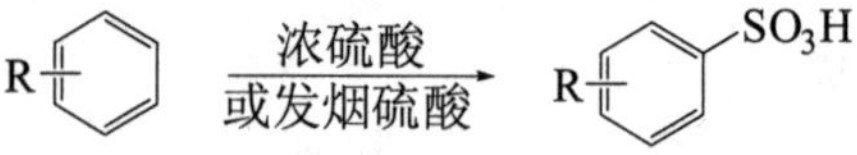

② 卤原子的置换

$$R{-}CH_2{-}Cl \xrightarrow{Na_2SO_3} R{-}CH_2{-}SO_3Na$$

(8)膦的制备。

$$PH_3 \xrightarrow{Na} Na^+PH_2^- \xrightarrow{RX} RPH_2 \xrightarrow[(2)RX]{(1)Na} R_2PH \xrightarrow[(2)RX]{(1)Na} R_3P$$

$$n\text{-}C_4H_9Br \xrightarrow[\text{无水乙醚}]{Mg} n\text{-}C_4H_9MgBr \xrightarrow{PCl_3} (n\text{-}C_4H_9)_3P$$

$$PhCl + Na + PCl_3 \longrightarrow Ph_3P + NaCl$$

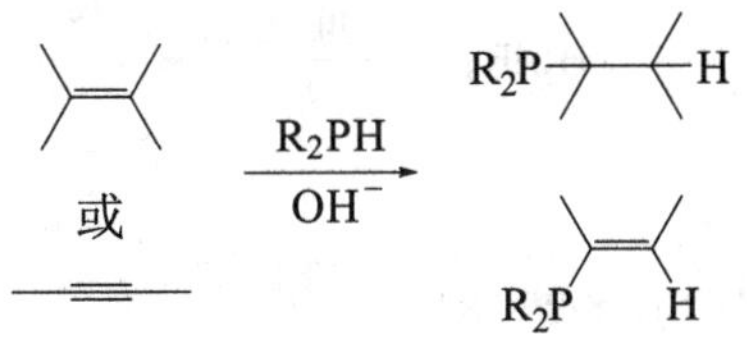

(9)膦酸酯的合成。

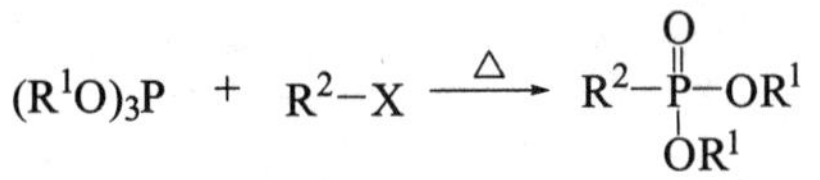
（Michaelis-Arbuzov膦酸酯合成）

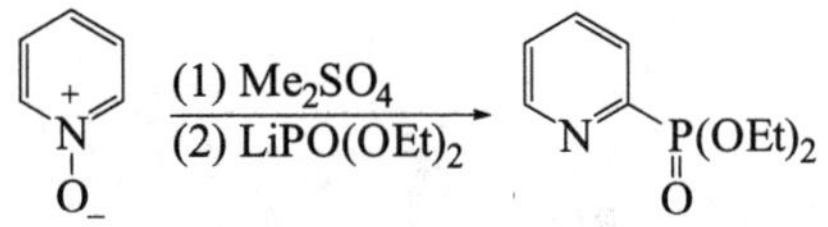
（Michaelis-Nylen吡啶膦酸化反应）

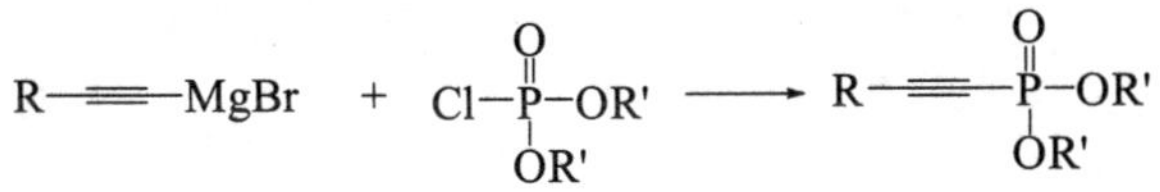

(10)金属催化碳磷键的形成。

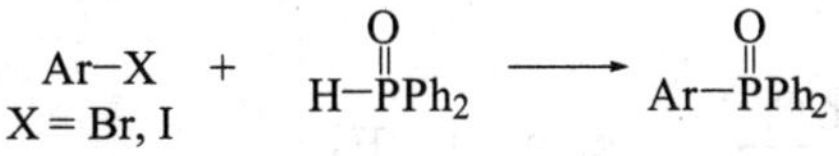

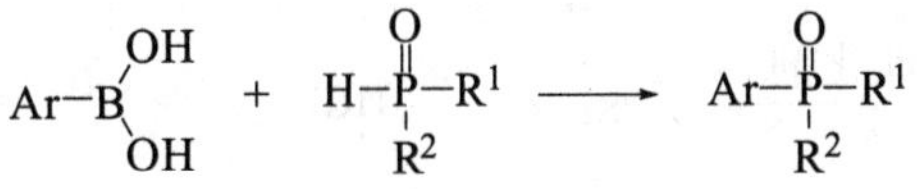

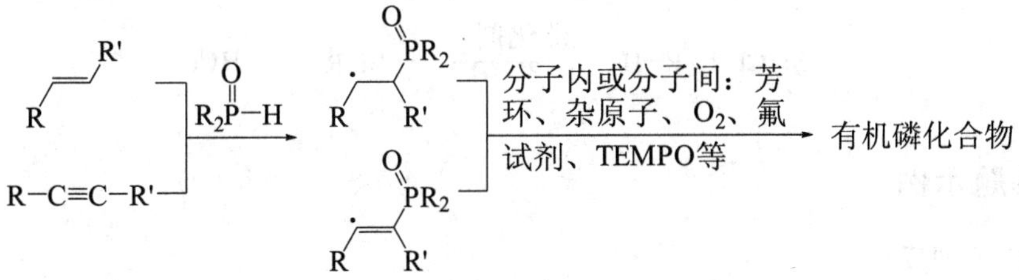

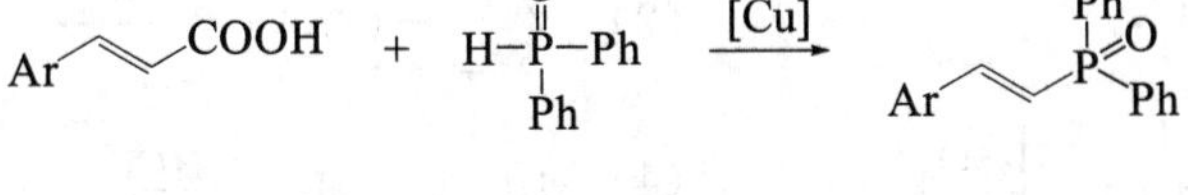

(11)碳硅键的形成。

① 传统法形成碳硅键

$$CH_3Cl + Si \xrightarrow[260\sim300\ ^\circ C]{Cu} \underset{5\%\sim8\%}{Me_3SiCl} + \underset{70\%\sim80\%}{Me_2SiCl_2} + \underset{10\%\sim18\%}{MeSiCl_3} + \underset{3\%\sim5\%}{MeSiHCl_2}$$

② 加成反应形成碳硅键

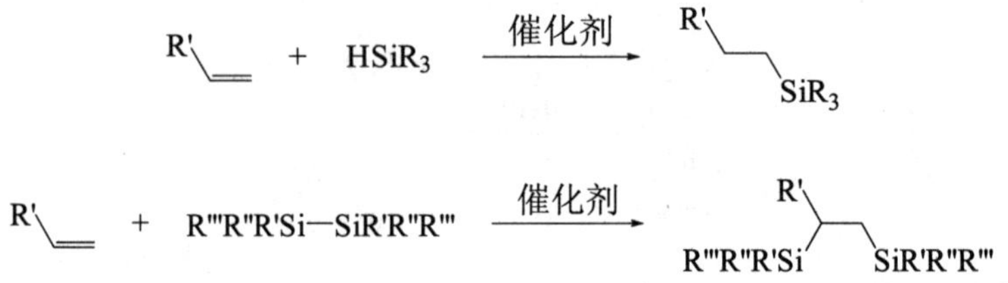

③ 与金属试剂反应形成碳硅键

a. 格氏试剂法

$$R{-}M + X{-}\overset{|}{\underset{|}{Si}}{-} \longrightarrow R{-}\overset{|}{\underset{|}{Si}}{-} + MX$$

b. 有机锂法

$$-\overset{|}{\underset{|}{Si}}{-}X\ \left(-\overset{|}{\underset{|}{Si}}{-}H \text{ or } -\overset{|}{\underset{|}{Si}}{-}OR'\right) \xrightarrow{RLi} -\overset{|}{\underset{|}{Si}}{-}R$$

c. 武兹法(钠缩合法)

$$SiCl_4 + 4\,PhCl + 8\,Na \longrightarrow Ph_4Si + 8\,NaCl$$

④ 催化偶联形成碳硅键

$$-\overset{|}{\underset{|}{Si}}{-}H + R{-}H \xrightarrow{\text{催化剂}} -\overset{|}{\underset{|}{Si}}{-}R + H_2$$

$$-\overset{|}{\underset{|}{Si}}{-}H + R{-}Cl \xrightarrow{\text{催化剂}} -\overset{|}{\underset{|}{Si}}{-}R + HCl$$

$$-\overset{|}{\underset{|}{Si}}{-}Cl + R{-}H \xrightarrow{\text{催化剂}} -\overset{|}{\underset{|}{Si}}{-}R + HCl$$

二、解题示例

1. 完成下列反应。

(1) 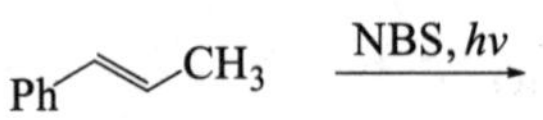

(2) 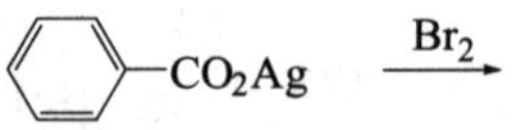

(3) 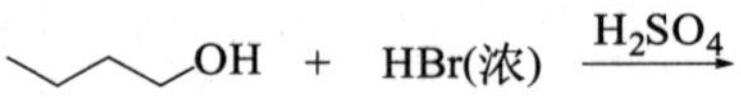

(4) $HC{\equiv}C{-}CH_3 \xrightarrow{HCl}$

（5）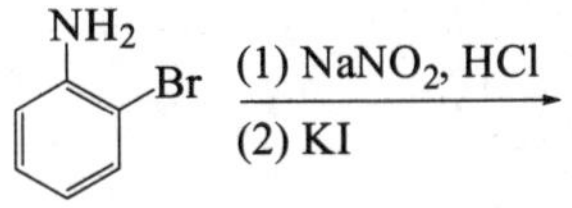　　（6）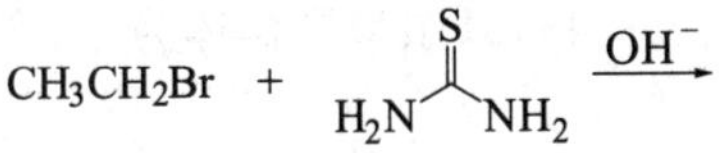

（7）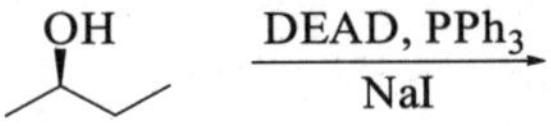　　（8）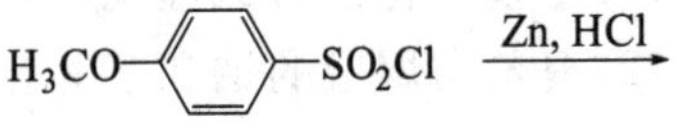

（9）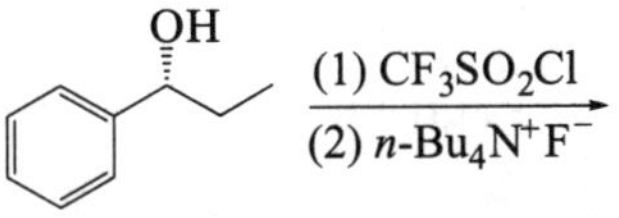　　（10）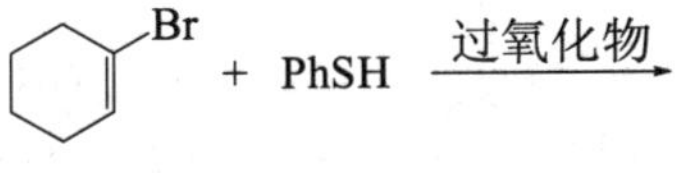

（11）$CH_3MgBr + Me_3SiCl$ ⟶　　（12）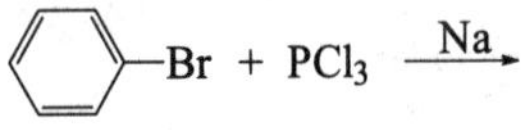

［解］

（1）光照条件下，发生烯丙位的卤代，生成 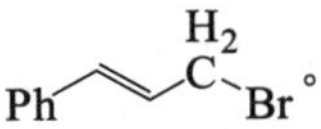。

（2）羧酸银与卤素共热，发生自由基 Hunsdiecker 反应，生成比羧酸少一个碳原子的溴代烃 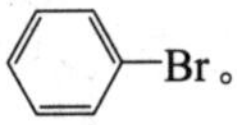。

（3）醇与 HBr 在硫酸的作用下，生成相应的溴代烃 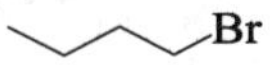。

（4）炔烃与 HCl 发生亲电加成，服从马氏规则，生成 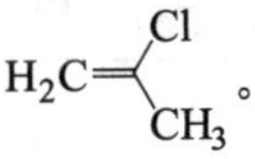。

（5）芳胺转化为重氮盐，碘离子取代重氮，生成碘代芳烃 。

（6）用卤代烷与硫脲一起反应制硫醇 CH_3CH_2SH，可以避免硫醚的生成。

（7）醇在偶氮二羧酸酯（DEAD）及三苯基膦催化下，碘负离子将醇进行 SN2 反应，产物的构型发生了翻转，得到 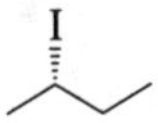。

（8）锌将磺酰氯还原成巯基 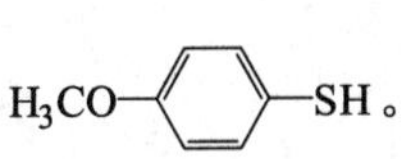。

（9）四丁基氟化铵的氟离子可以作为亲核试剂进攻醇衍生的三氟甲基磺酸盐，生成构型翻转的氟代烃 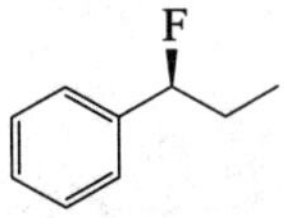。

（10）在过氧化物存在下，硫酚与烯烃进行加成，该反应是自由基反应历程，得反马氏规则加成产物,以顺型异构体为主,产物为 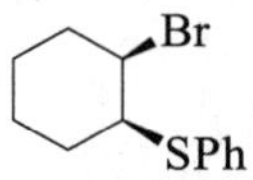 。

(11)甲基溴化镁对氯硅烷取代,得到四甲基硅烷。

(12)溴苯与熔融的钠和三氯化磷反应,生成三苯基膦。

2. 完成下列转化。

(1) 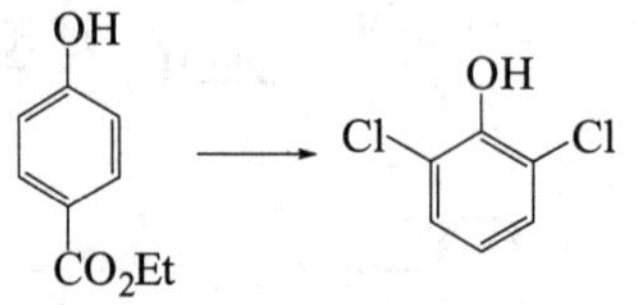

(2) 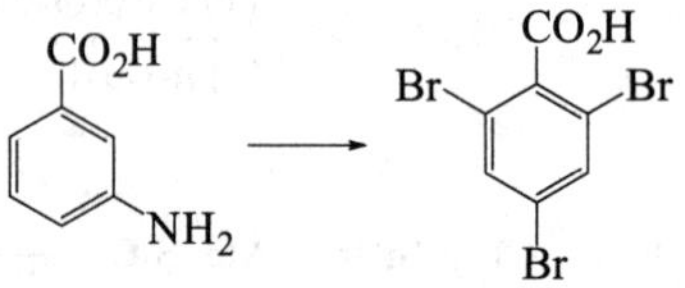

(3) 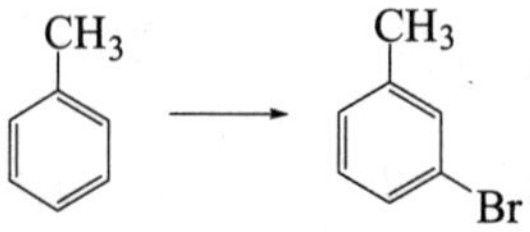

[解]

(1) 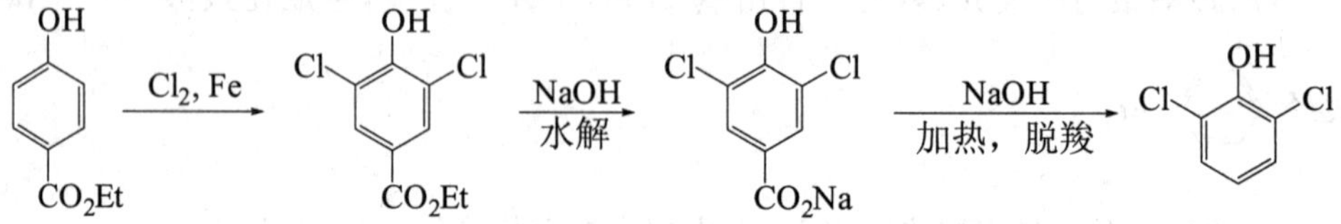

(2) 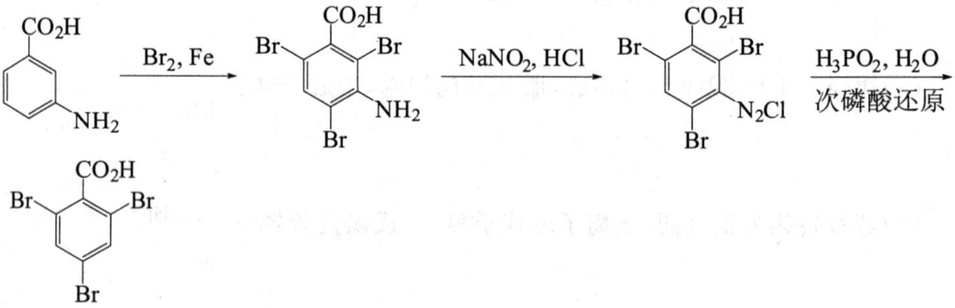

(3) 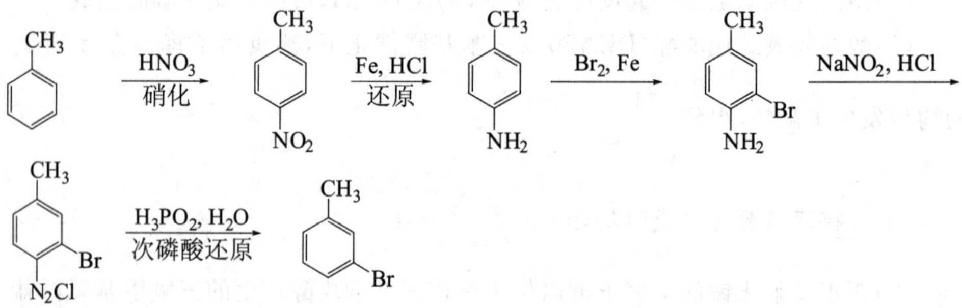

3. 设计下列化合物的合成路线。

(1) 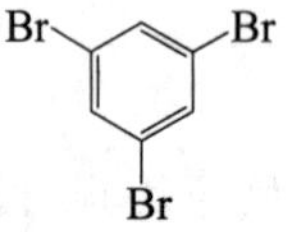

(2) 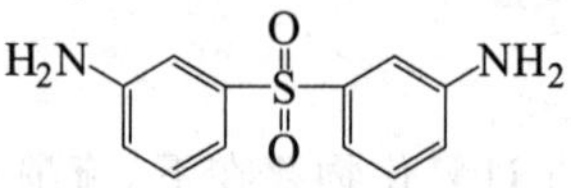

（3） 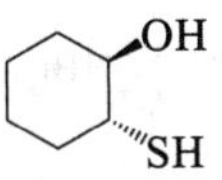

（4） 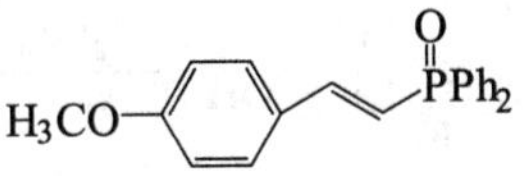

［解］

（1） 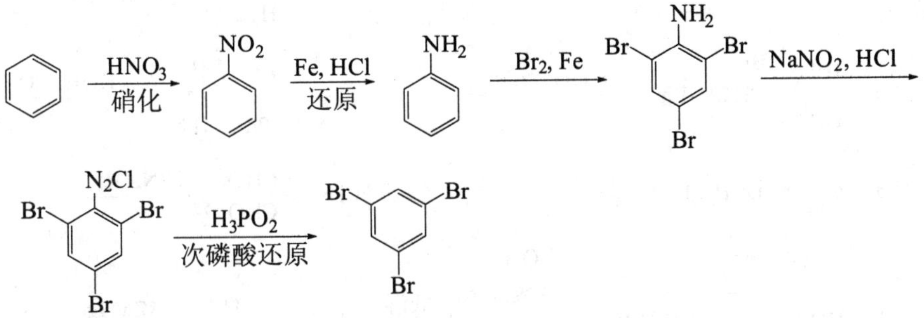

（2） 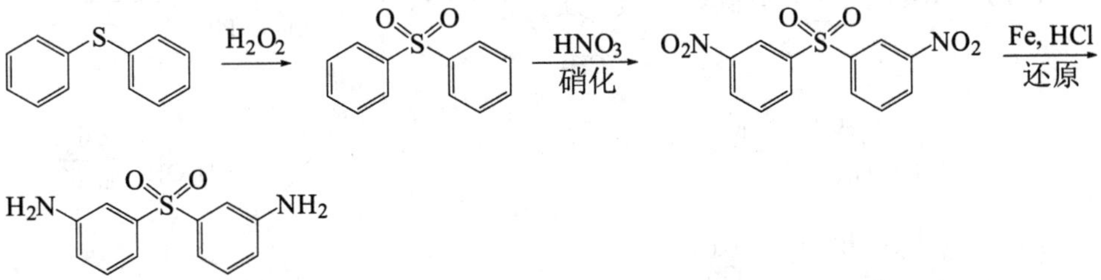

（3） 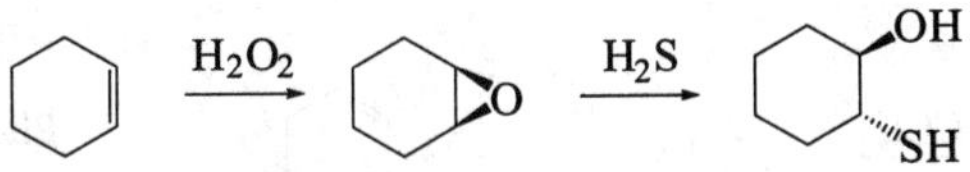

（4） 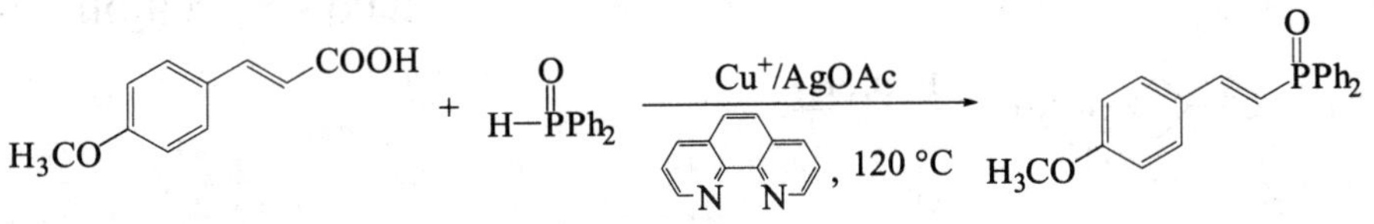

三、习题与参考答案

(一)习题

1. 由原料和反应条件写出产物,注意产物的立体化学结构。

（1） 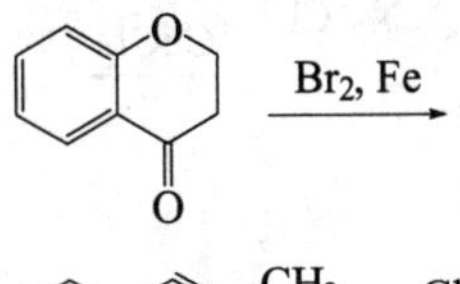

（2） 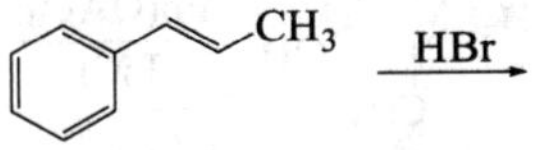

（3） 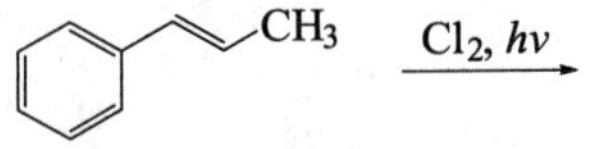

（4） 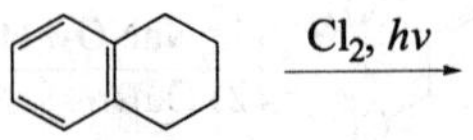

（5） 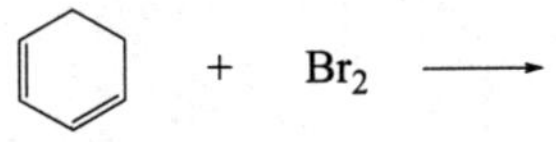

（6） 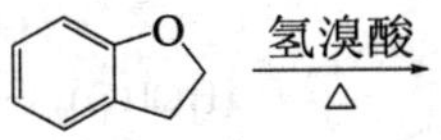

（7） 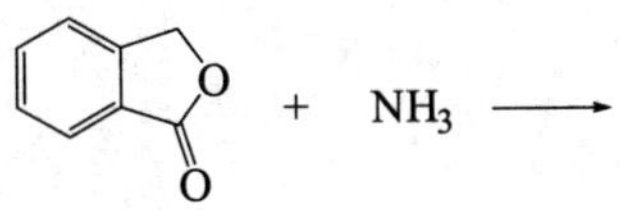

（8） 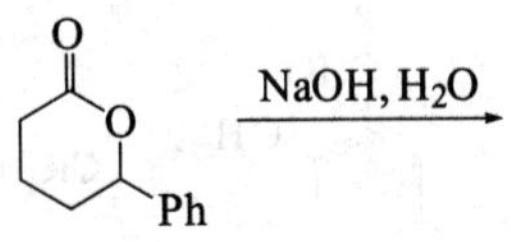

(9) 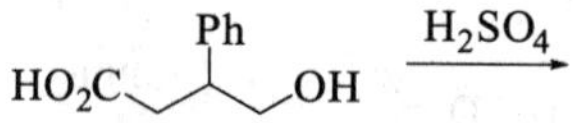

(10) 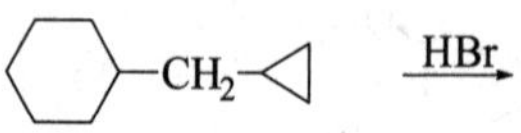

(11) 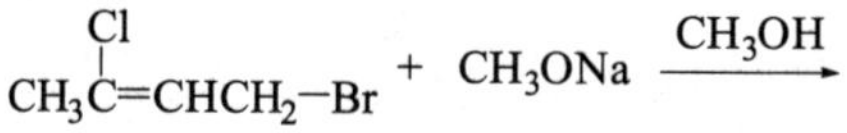

(12) 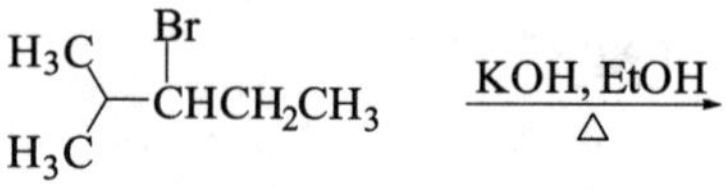

(13) 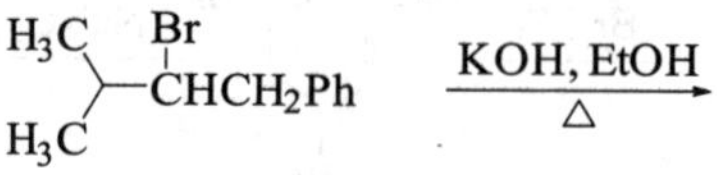

(14) 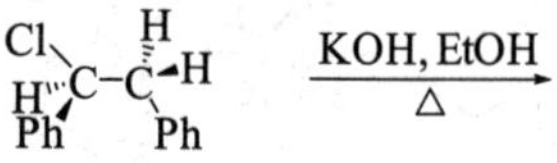

(15) 

(16) 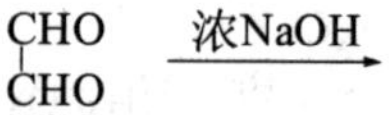

(17) 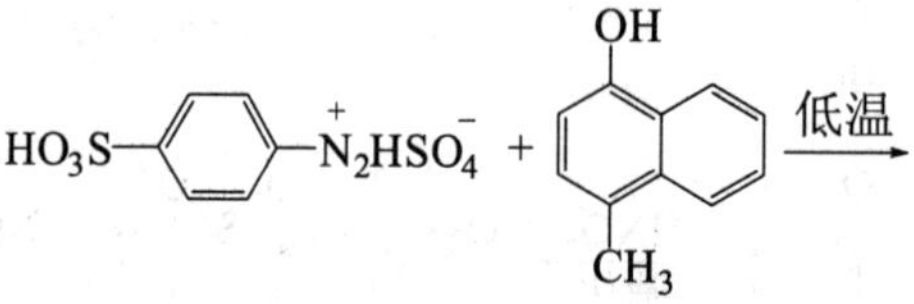

(18) 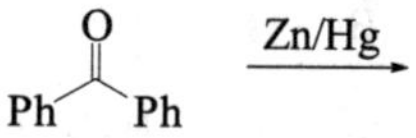

(19) 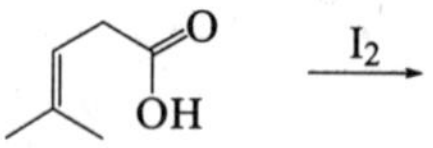

(20) 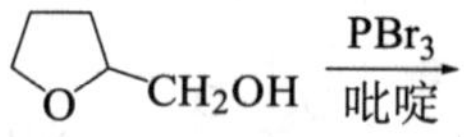

(21) 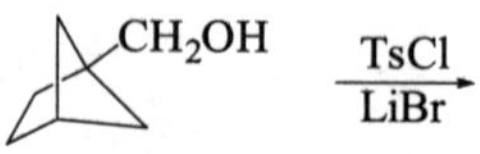

(22) 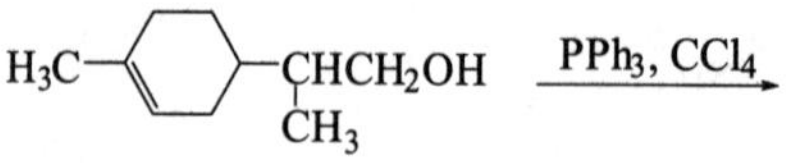

(23) 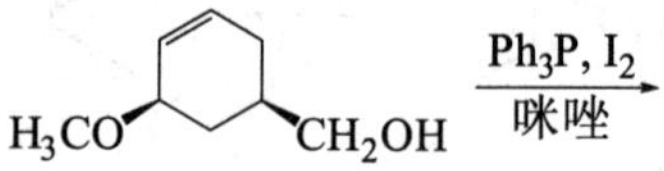

(24) 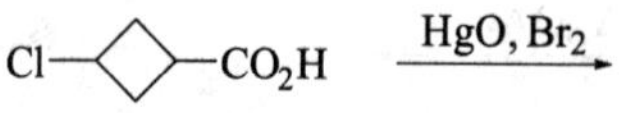

(25) 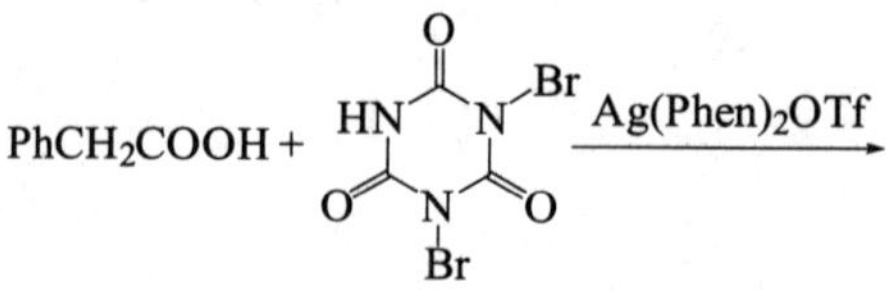

(26) 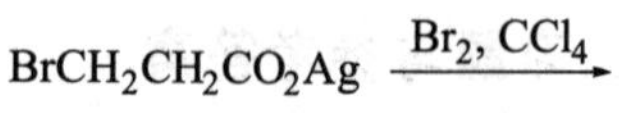

(27) 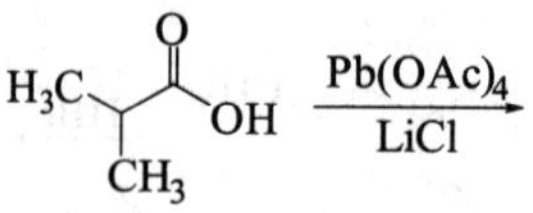

(28) 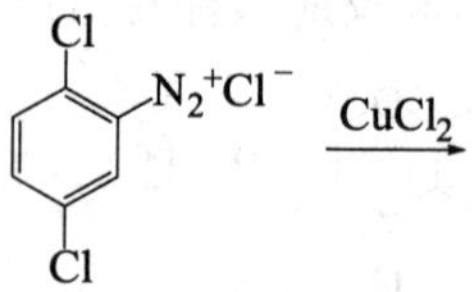

(29) 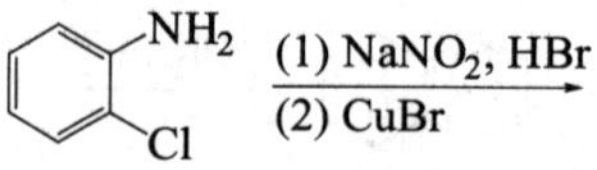

(30) 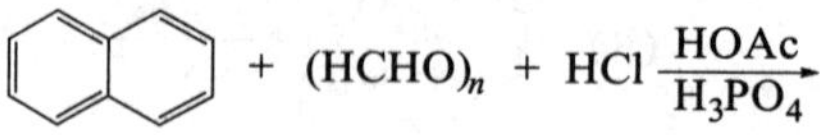

(31) 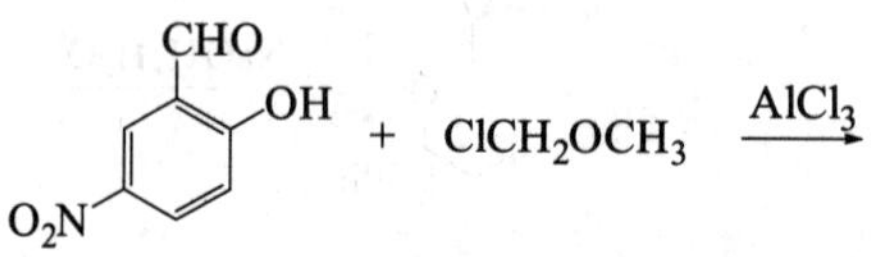

(32) 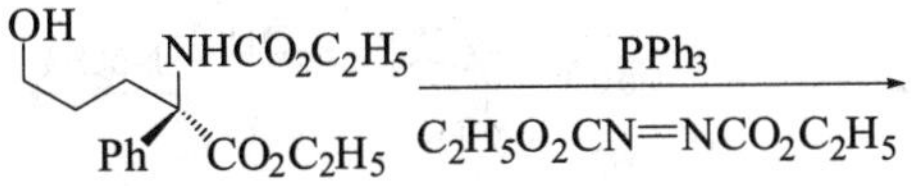

(33) 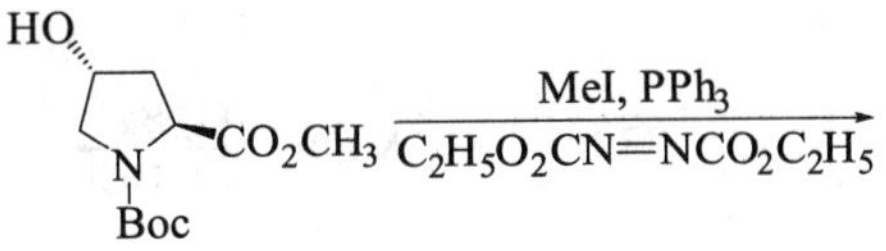

(34) 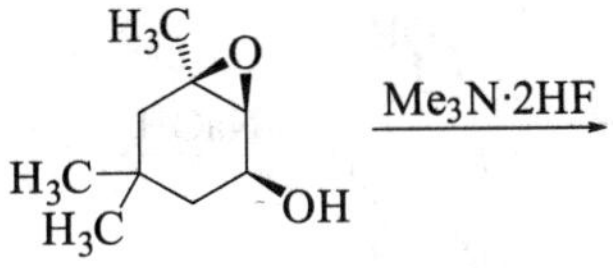

(35) 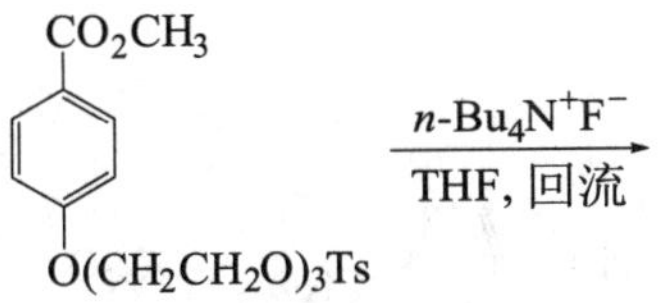

(36) 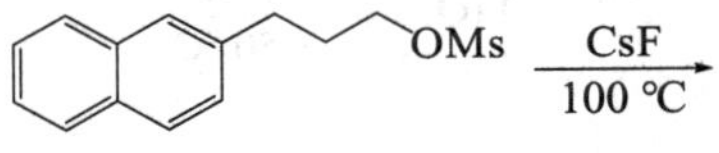

(37) 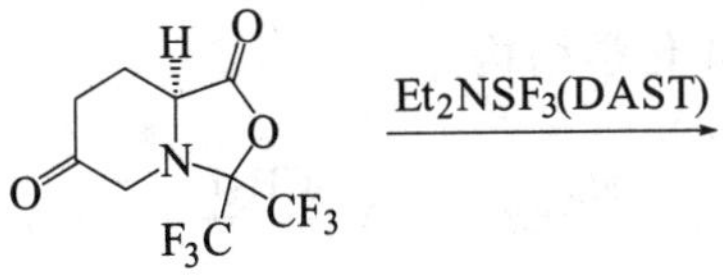

(38) 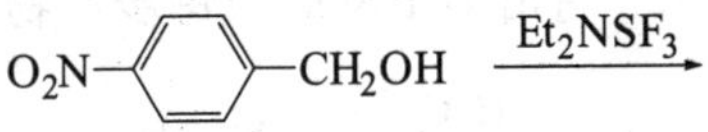

(39) 

(40) 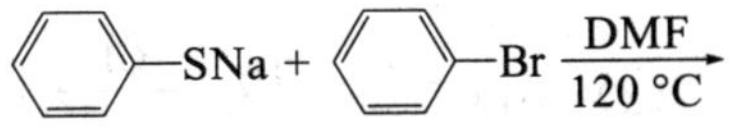

(41) $2\ HO(CH_2)_3Cl + K_2S_2 \xrightarrow{60\ °C}$

(42) 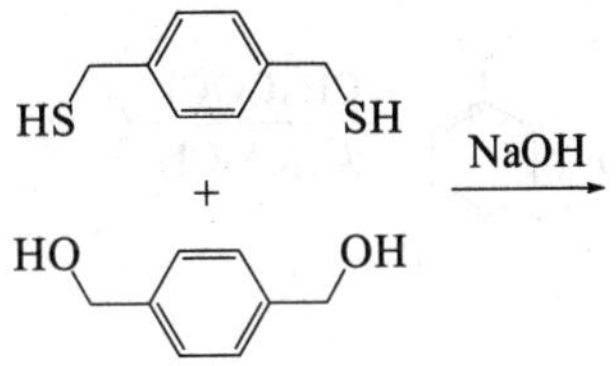

(43) $H_2C{=}CHCN + CH_3CH_2SH \xrightarrow{NaOH}$

(44) 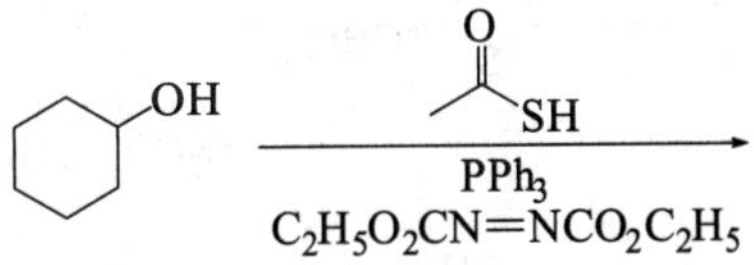

(45) 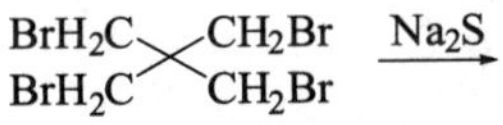

(46) $C_6H_5SCH_3 + t\text{-BuOOH} \xrightarrow{H_2SO_4}$

(47) 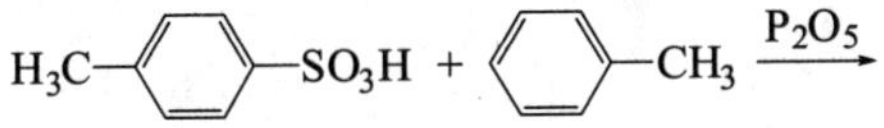

(48) 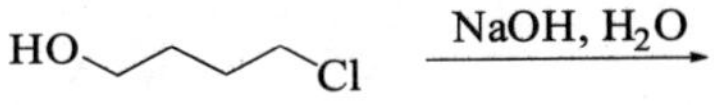

(49) 

(50) 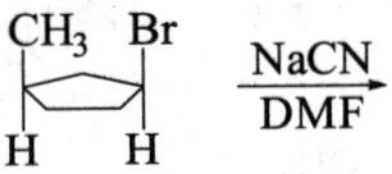

(51) 

(52) 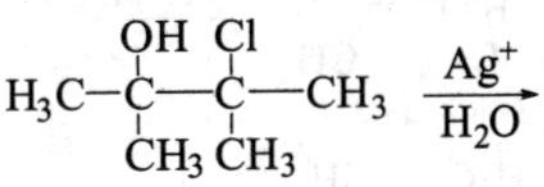

(53) 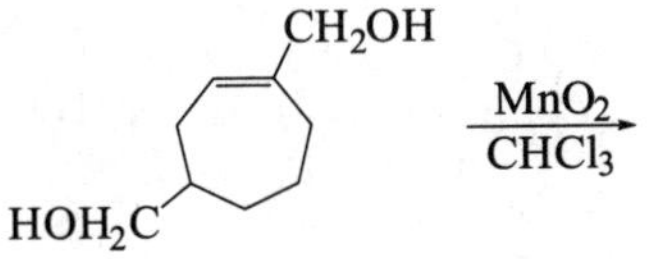

(54) 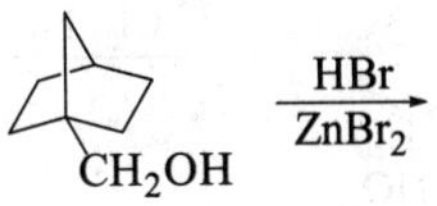

(55) 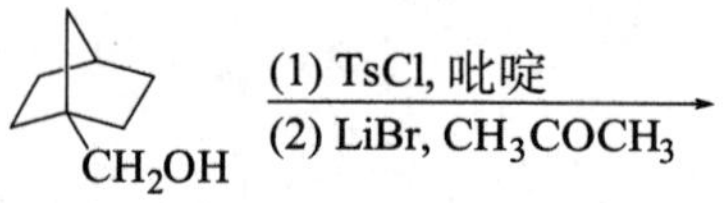

(56) 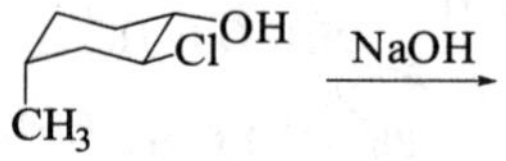

(57) 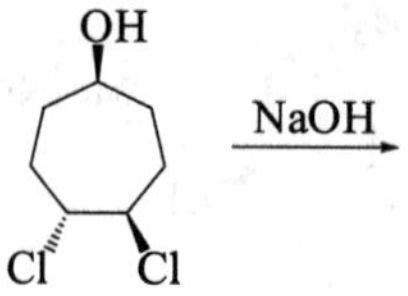

(58) 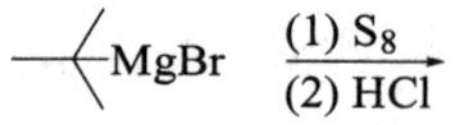

(59) $P(OBn)_3 \xrightarrow[150\ ^{\circ}C]{BnBr}$

(60) $BrCH_2CH_2Br + NaSCH_2CH_2SNa \longrightarrow$

(61) 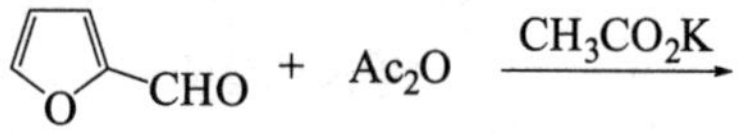

2. 写出多步反应的每步产物,注意产物的立体化学结构。

(1) 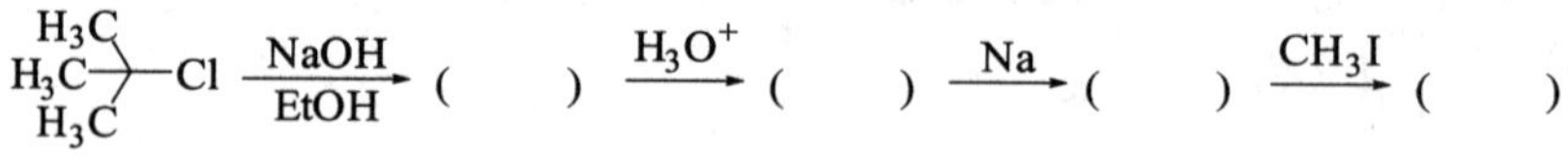

(2) 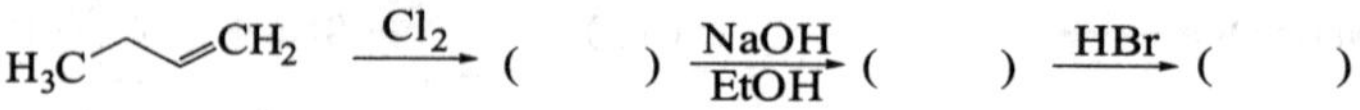

(3) 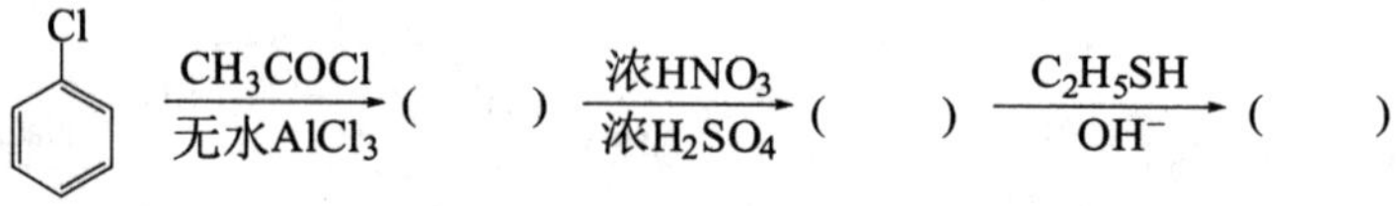

(4) 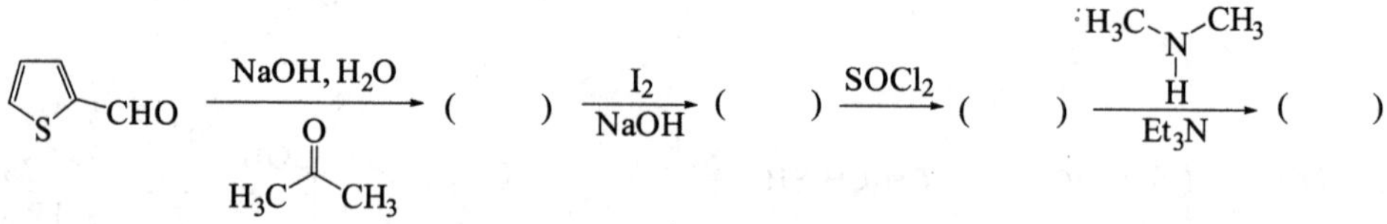

(5) 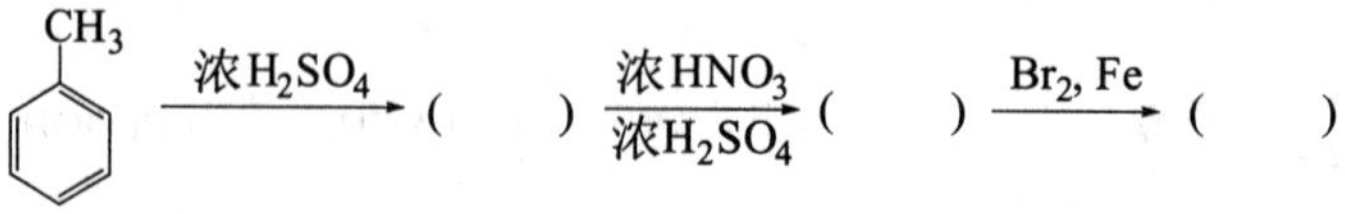

(6) 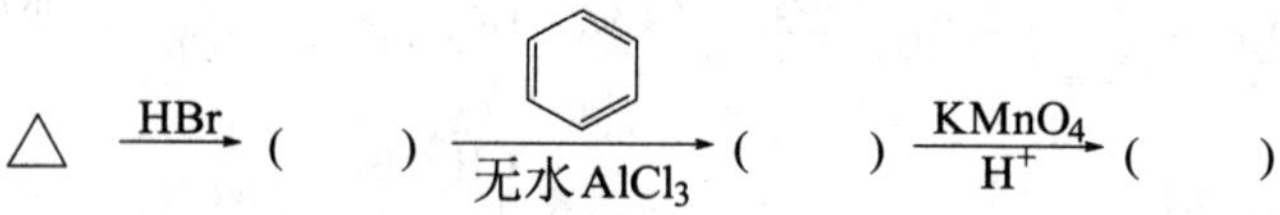

(7) 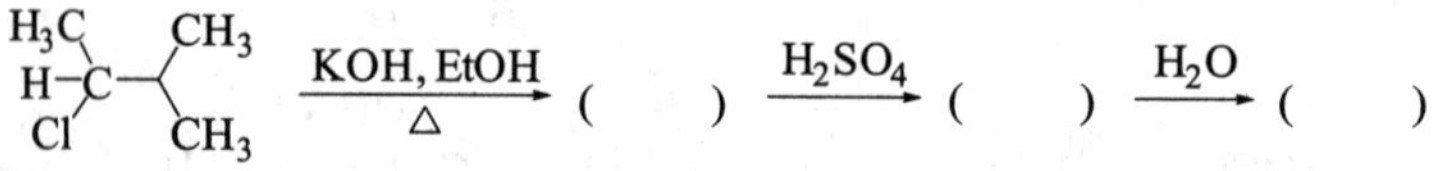

(8) 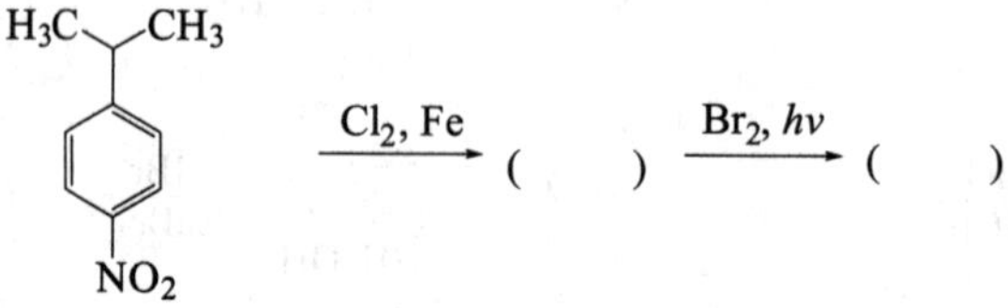

(9) 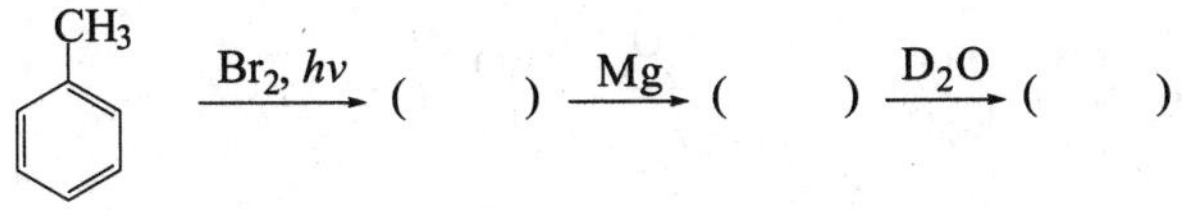

(10) 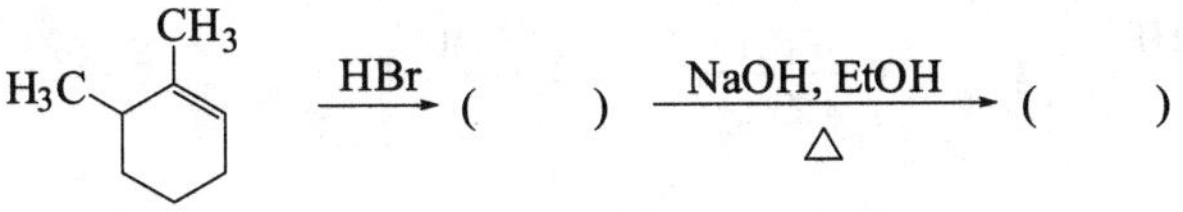

(11) $CH_3SH \xrightarrow{I_2} (\quad) \xrightarrow{HNO_3} (\quad)$

(12) 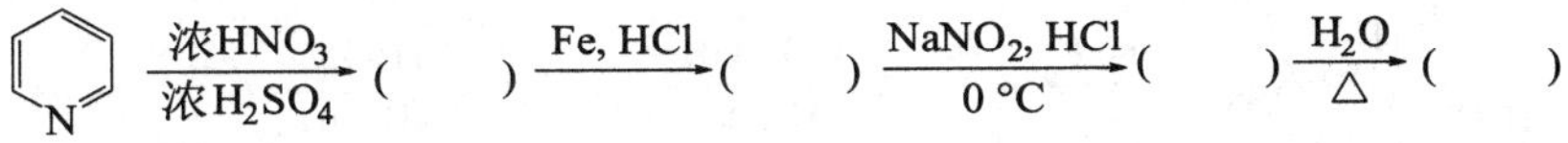

(13) $Ph_2C{=}CHCH_2CH_2OH \xrightarrow[Et_3N]{TsCl} (\quad) \xrightarrow{LiBr} (\quad)$

(14) 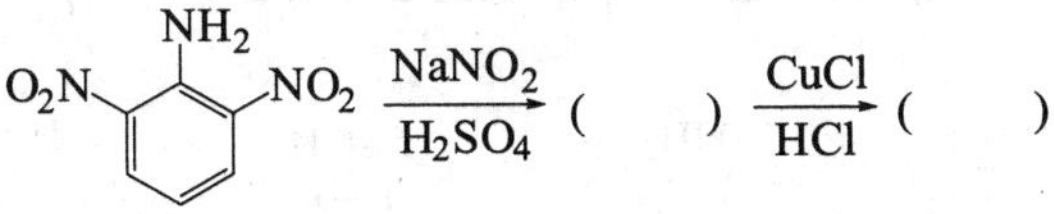

(15) 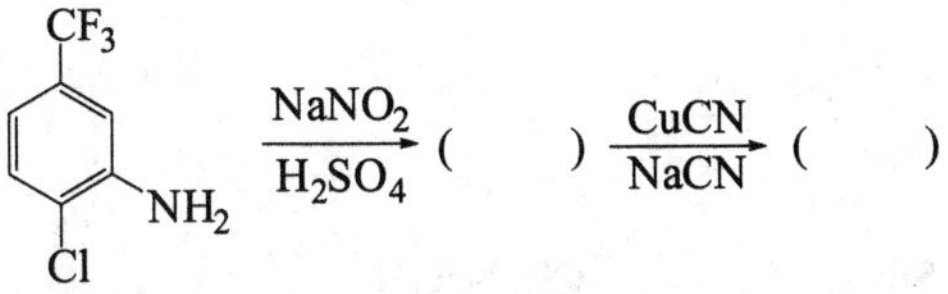

(16) 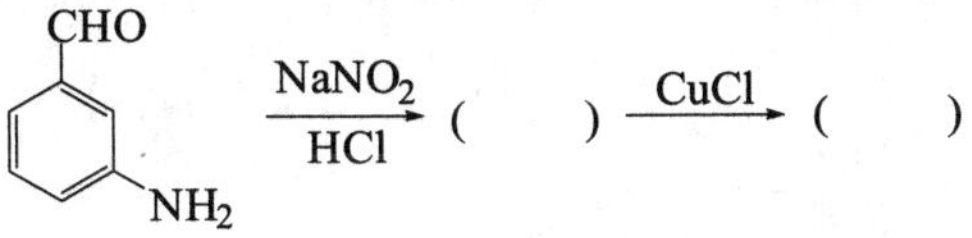

(17) 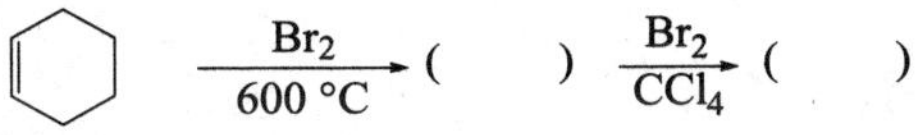

(18) 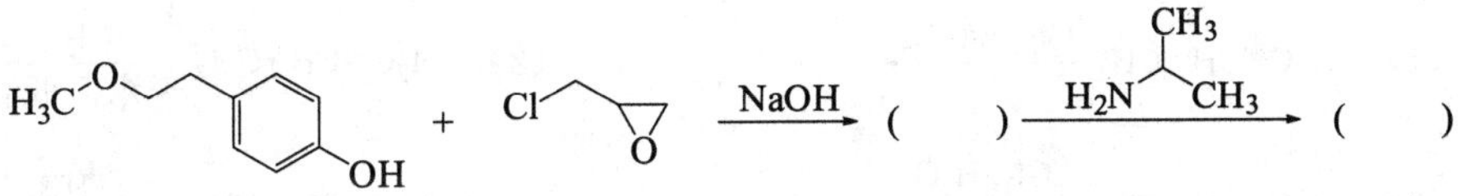

(19) 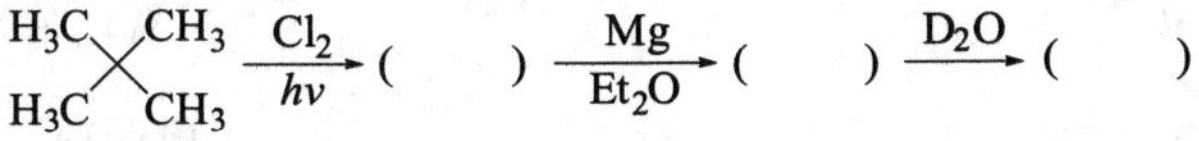

(20) 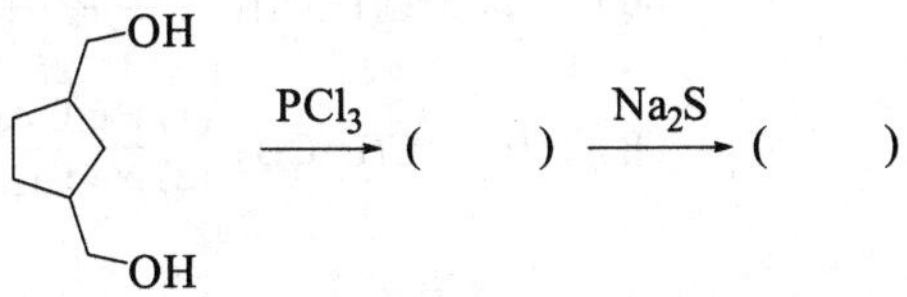

(21) 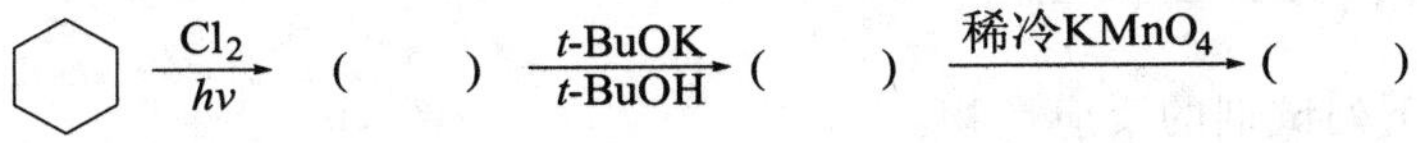

(22) 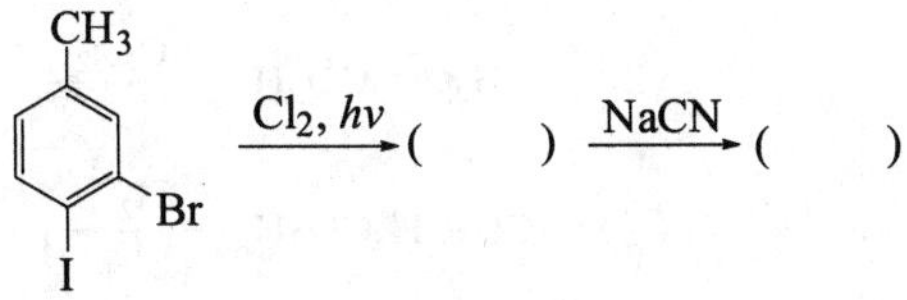

(23) 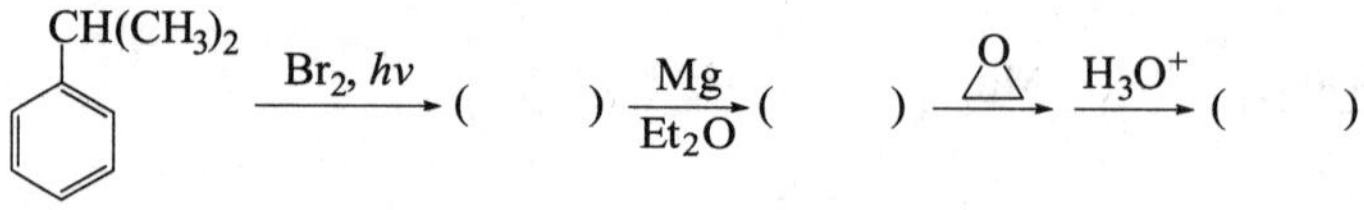

(24) 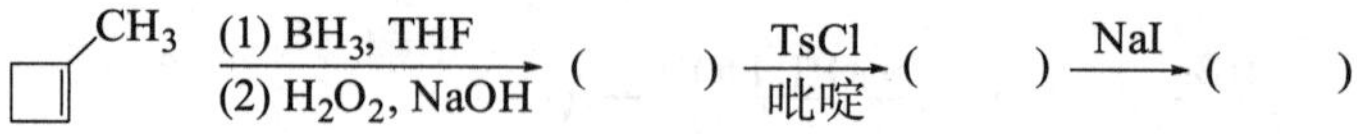

(25) 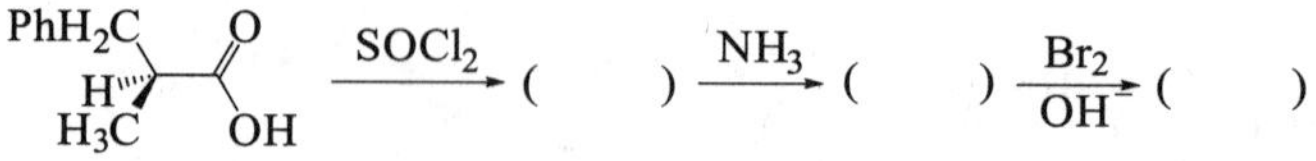

(26) 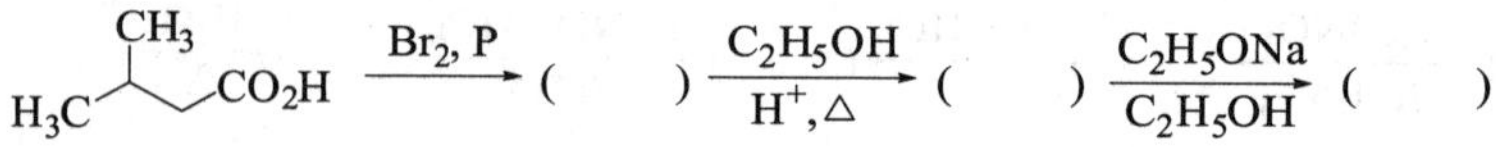

(27) 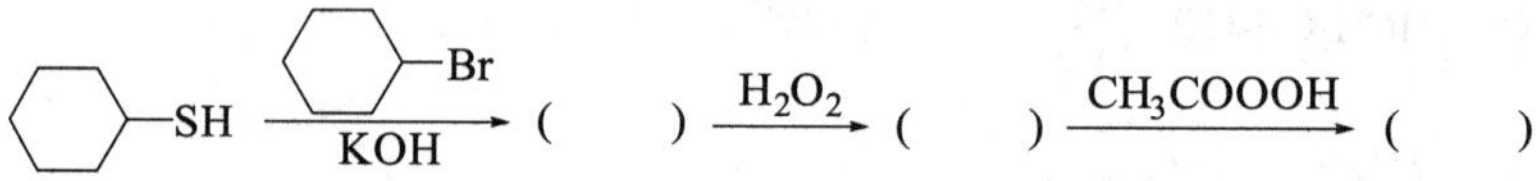

(28) $CH_3SH + H_2C{=}CHCHO \xrightarrow{KOH} (\quad) \xrightarrow[HCN]{NH_3} (\quad) \xrightarrow[H_2O]{NaOH} (\quad) \xrightarrow{H_3O^+} (\quad)$

(29) 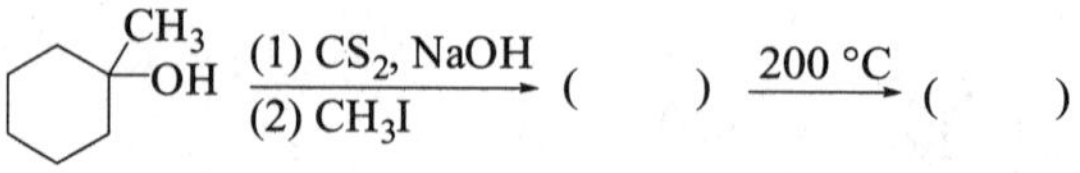

(30) 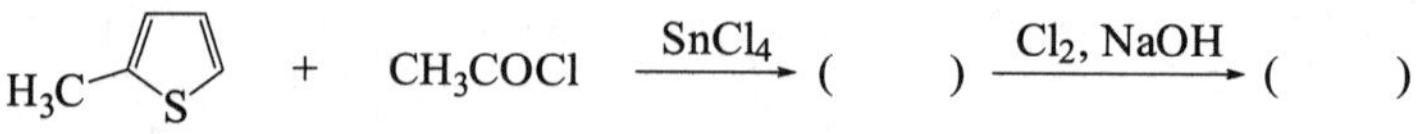

(31) 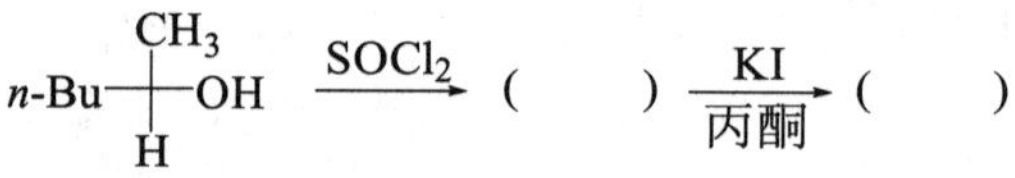

3. 写出丙烯在不同条件下的反应产物。

(1) $H_2C{=}CH{-}CH_3 \xrightarrow{Cl_2,\ 500\ °C}$

(2) $H_2C{=}CH{-}CH_3 \xrightarrow[\text{无水，低温}]{Cl_2,}$

(3) $H_2C{=}CH{-}CH_3 \xrightarrow[45\sim60°C]{Cl_2,\ H_2O}$

(4) $H_2C{=}CH{-}CH_3 \xrightarrow[\text{过氧化苯甲酰}]{HBr}$

(5) $H_2C{=}CH{-}CH_3 \xrightarrow{H_2SO_4}$

(6) $H_2C{=}CH{-}CH_3 \xrightarrow{Br_2,\ H_2O}$

(7) $H_2C{=}CH{-}CH_3 \xrightarrow[(2)\ H_2O_2,\ NaOH]{(1)\ B_2H_6,\ THF}$

(8) $H_2C{=}CH{-}CH_3 \xrightarrow[(2)\ NaBH_4]{(1)\ Hg(OAc)_2,\ CH_3OH}$

(9) $H_2C{=}CH{-}CH_3 \xrightarrow{\text{稀冷}KMnO_4}$

4. 写出丙酸与下列试剂的反应产物。

(1) $CH_3CH_2CO_2H \xrightarrow{LiAlH_4}$

(2) $CH_3CH_2CO_2H \xrightarrow{SOCl_2}$

(3) $CH_3CH_2CO_2H \xrightarrow[H_2SO_4]{C_2H_5OH}$

(4) $CH_3CH_2CO_2H \xrightarrow[\text{红磷}]{Cl_2}$

(5)　$CH_3CH_2CO_2H \xrightarrow{NaHCO_3,\ H_2O}$

(6)　$CH_3CH_2CO_2H \xrightarrow[\triangle]{P_2O_5}$

(7)　$CH_3CH_2CO_2H \xrightarrow[\triangle]{NH_3}$

(8)　$CH_3CH_2CO_2H \xrightarrow[\triangle]{NH_3} \xrightarrow[\triangle]{P_2O_5}$

(9)　$CH_3CH_2CO_2H \xrightarrow{SOCl_2} \xrightarrow{LiAlH(Ot\text{-}Bu)_3}$

5. 完成反应转化。

(1)由苯及两个碳的有机原料合成 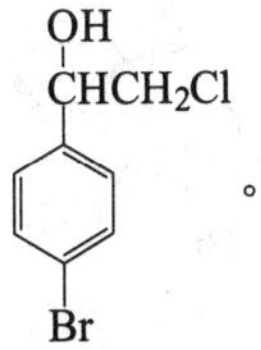。

(2)以新戊烷为原料合成 3,3 -二甲基丁酸。

(3)由 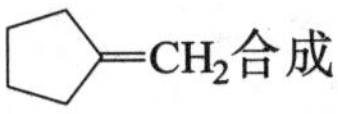 合成 。

(4)以甲苯为原料合成 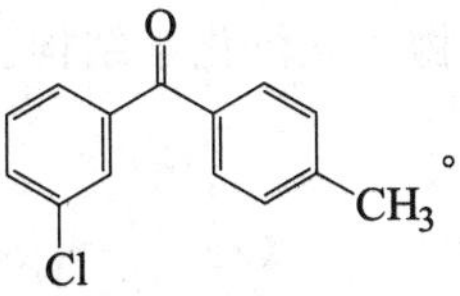。

(5)以苯为原料合成 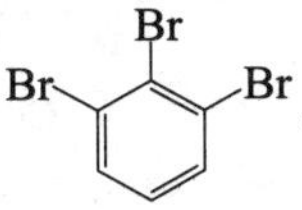。

(6)以三碳以下原料合成 $C_2H_5-\underset{}{\overset{Br}{HC}}-\underset{Br}{\overset{Br}{C}}-CH_3$。

(7)由苯和溴代环己烷及相应原料合成 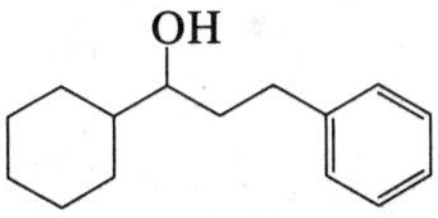。

6. 萘丁美酮的合成。

以 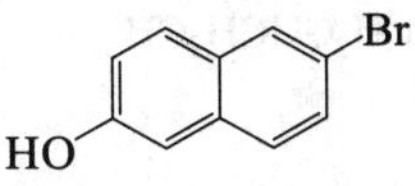 为原料合成止痛药 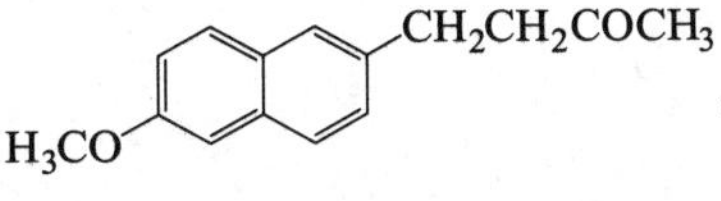。

7. 写出下列反应可能经历的反应历程。

(1) 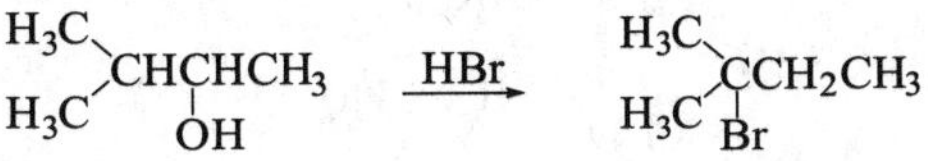

(2) 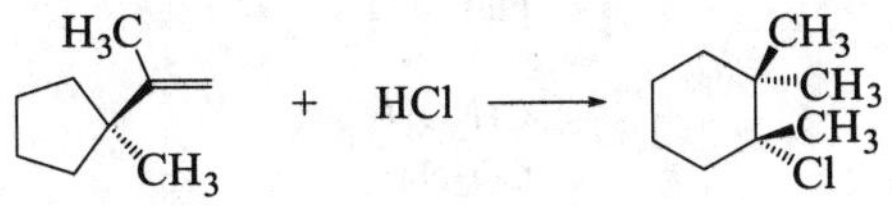

（3） 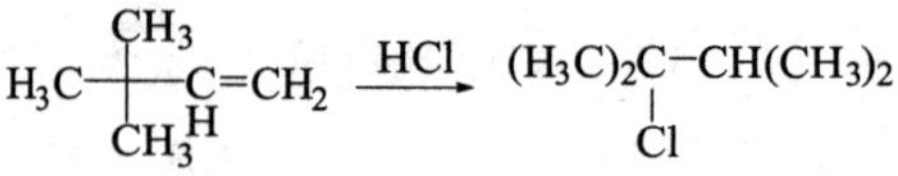

（4） 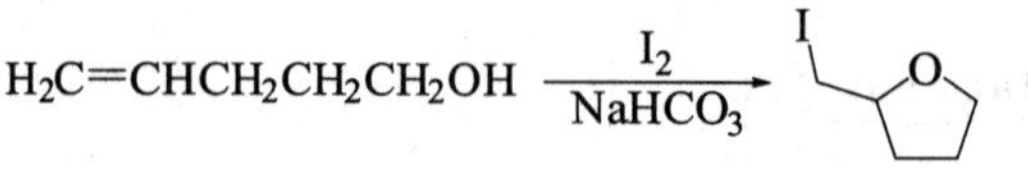

（5） 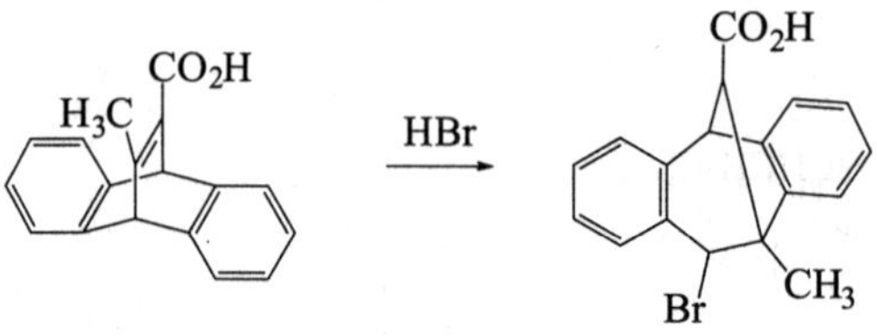

（6） 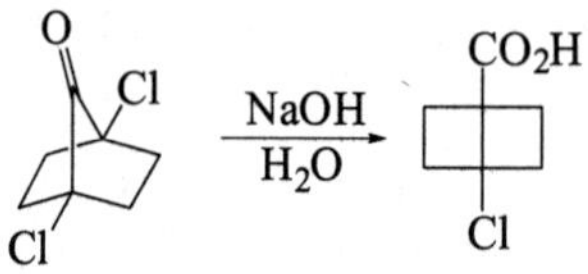

(二)参考答案

1．由原料和反应条件写出产物，注意产物的立体化学结构。

（1） 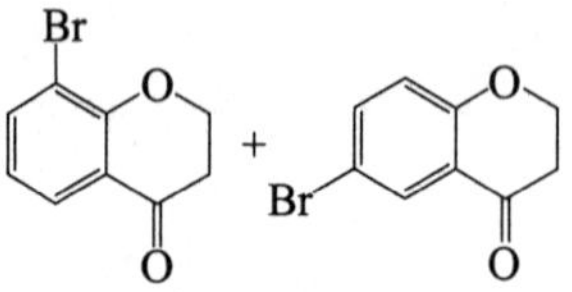

（2） 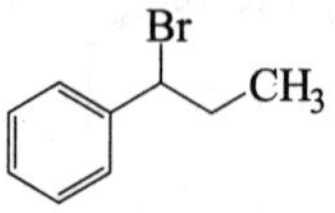

（3） 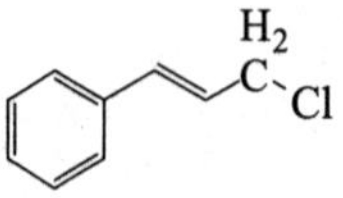

（4） 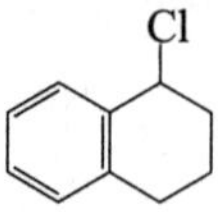

（5） 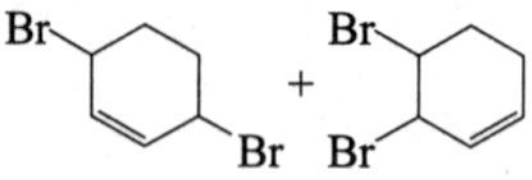

（6） 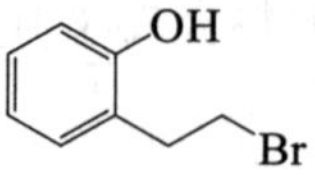

（7） 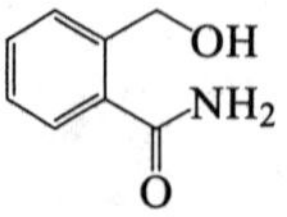

（8） 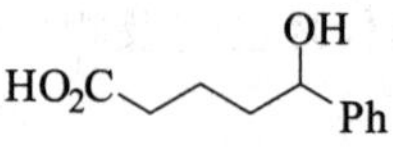

（9） 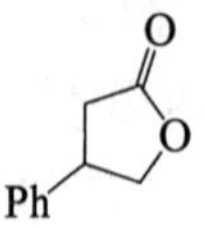

（10） 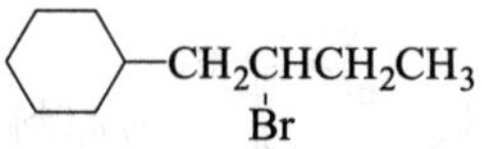

（11） 

（12） 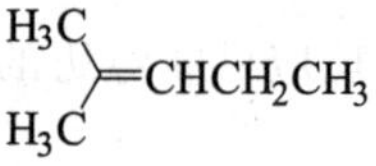

（13） 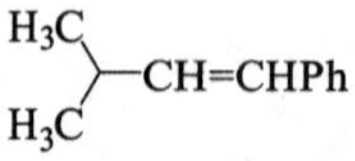

（14） 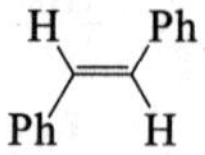

（15） 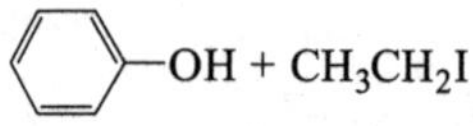

（16） 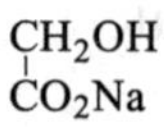

(17) 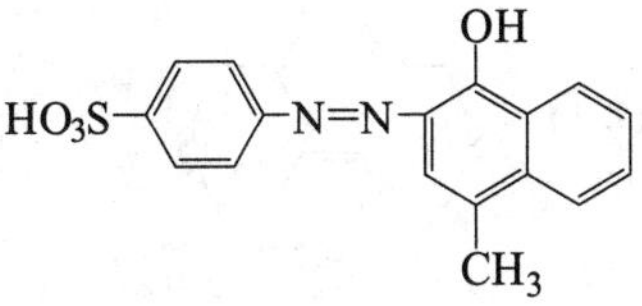

(18) 

(19) 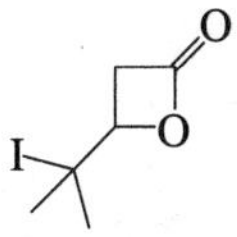

符合 Baldwin 规则

(20) 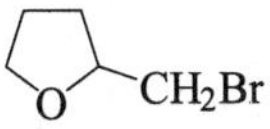

(21) 

(22) 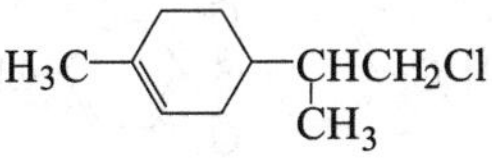

(23) 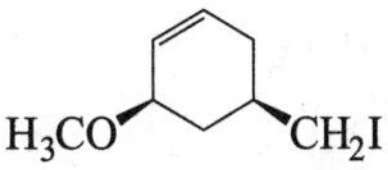

(24) 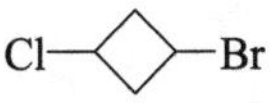

(25) $PhCH_2Br$

(26) $BrCH_2CH_2Br$

(27) 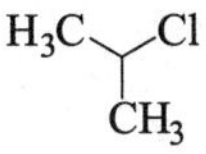

(28) 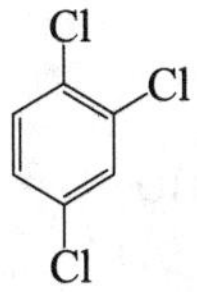

(29) 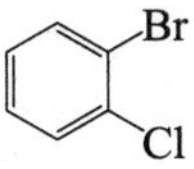

(30) 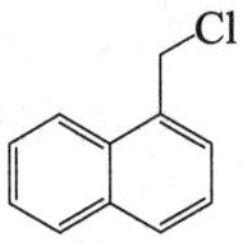

(31) 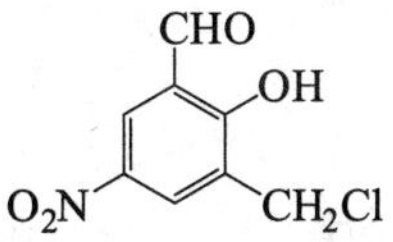

(32) 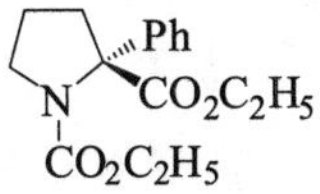

(33) 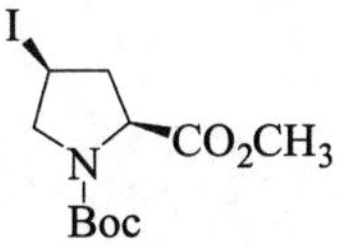

(34) 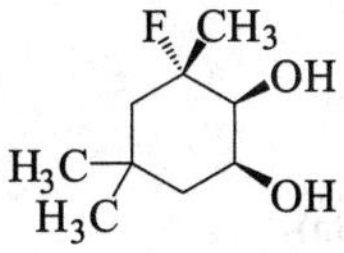

(35) 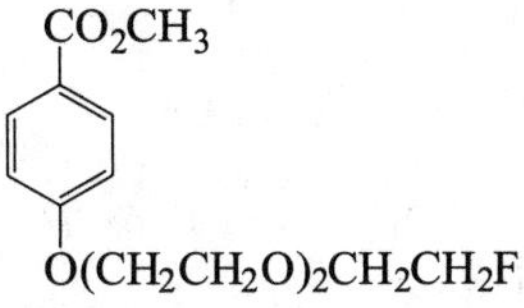

(36) 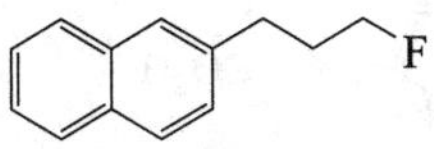

(37) 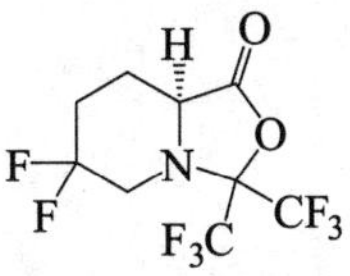

(38) 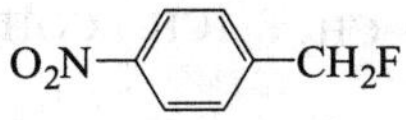

(39) 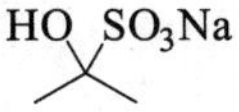

(40) 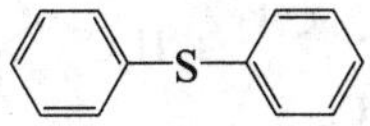

(41) $HO(CH_2)_3SS(CH_2)_3OH$

(42) 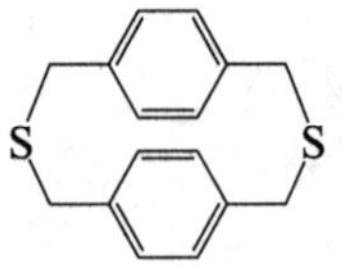

(43) $CH_3CH_2SCH_2CH_2CN$

(44) 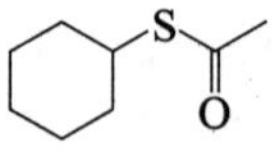

(45) 

(46) $C_6H_5\overset{O}{\overset{\|}{S}}CH_3$

(47) 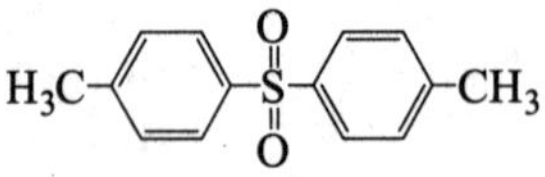

(48) 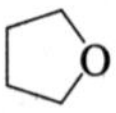

(49) 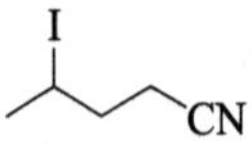

(50) 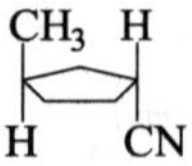

(51) 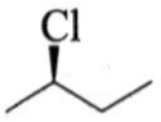

(52) $H_3C-\overset{O}{\overset{\|}{C}}-\underset{CH_3}{\overset{CH_3}{C}}-CH_3$

(53) 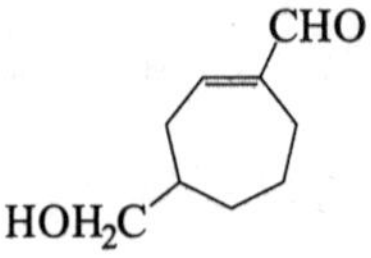

(54) 

(55) 

(56) 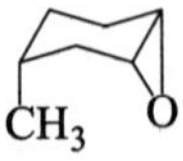

(57) 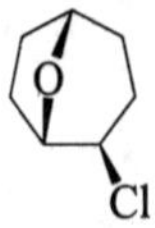

(58) 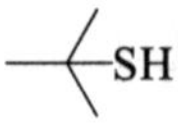

(59) $Bn\overset{O}{\overset{\|}{P}}(OBn)_2$

(60) 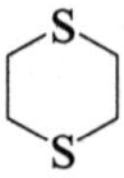

(61) 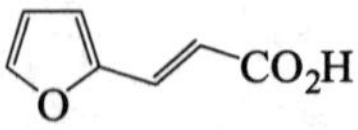

2. 写出多步反应的每步产物,注意产物的立体化学结构。

(1) 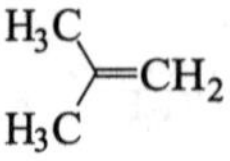 ; $(CH_3)_3COH$; $(CH_3)_3CONa$; $(CH_3)_3COCH_3$

(2) 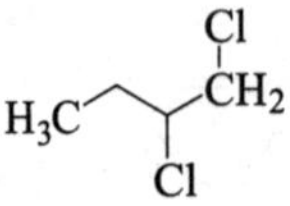 ; 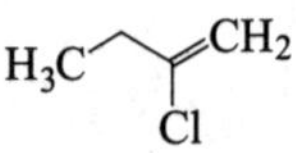 ; 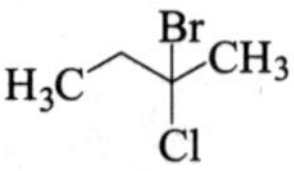

(3) 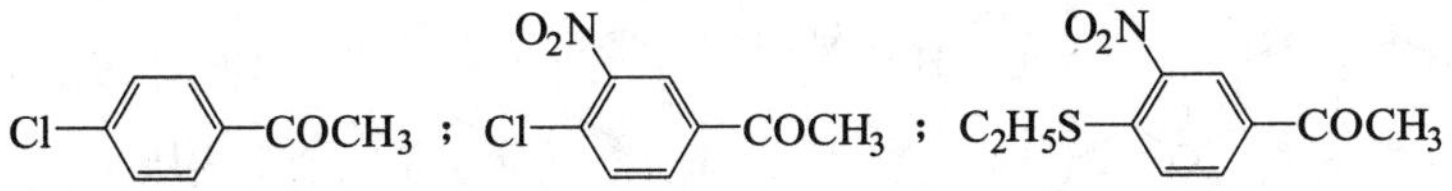

(4) 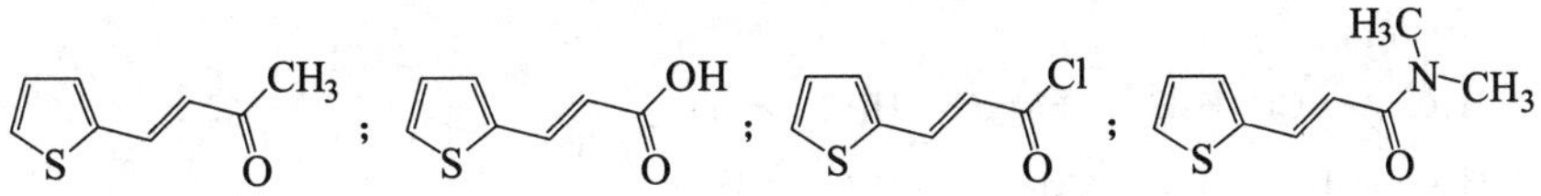

(5) 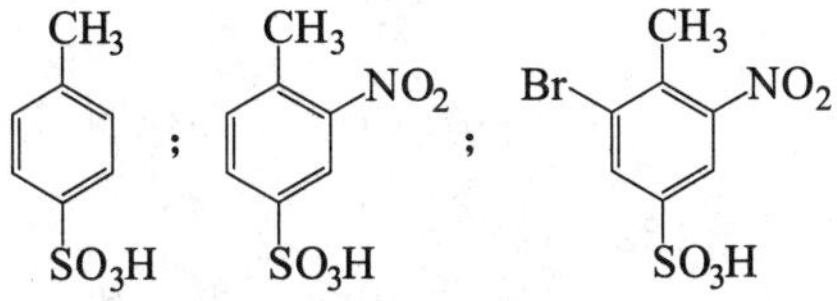

(6) $BrCH_2CH_2CH_3$; 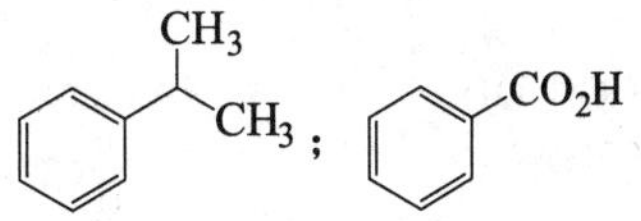

(7) 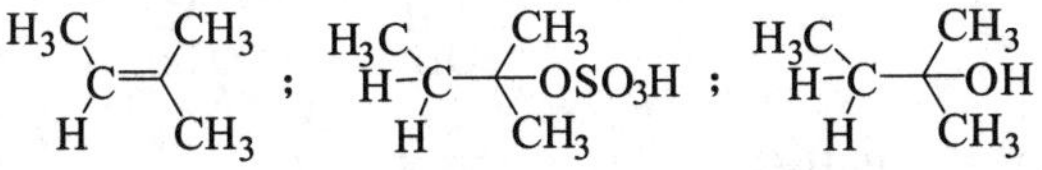

(8) 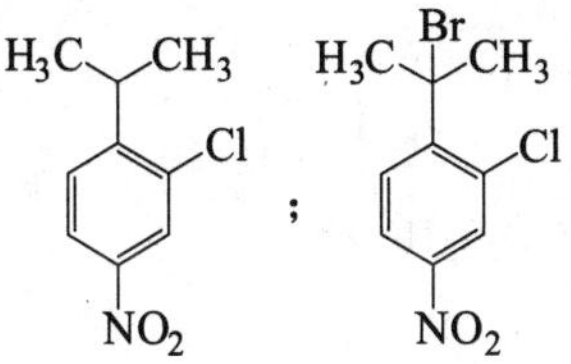

(9) 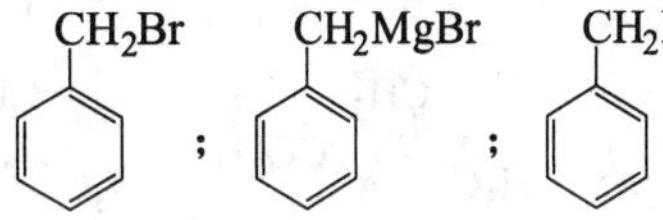

(10) 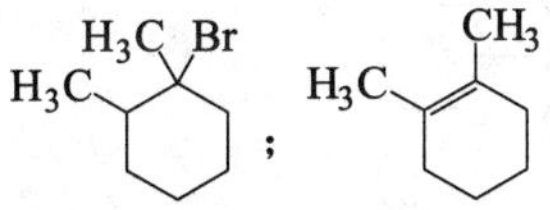

(11) $H_3C-S-S-CH_3$; CH_3SO_3H

(12) 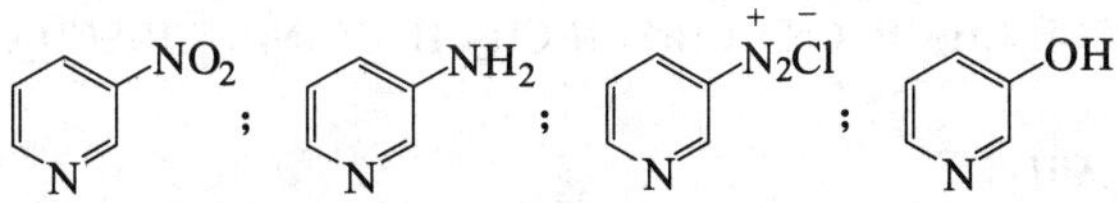

(13) $Ph_2C=CHCH_2CH_2OTs$; $Ph_2C=CHCH_2CH_2Br$

(14) 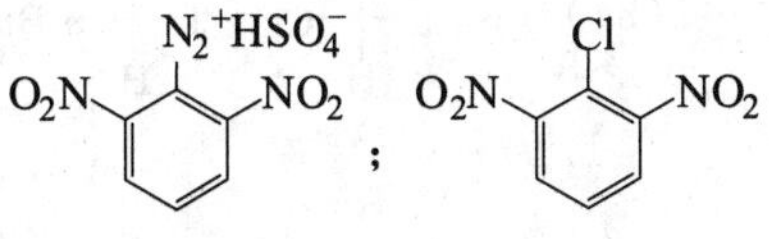

(15) 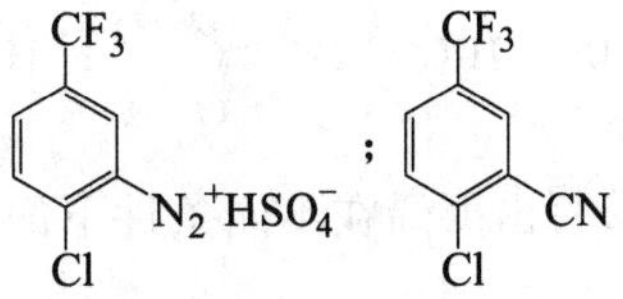

(16) 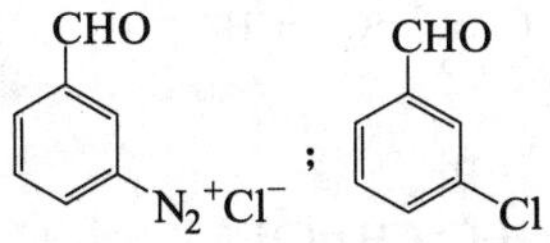

(17) 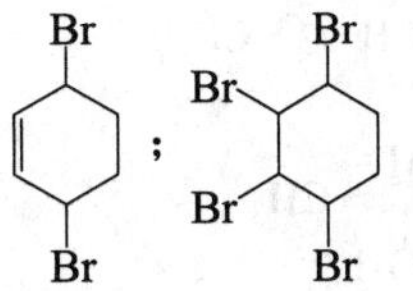

(18) 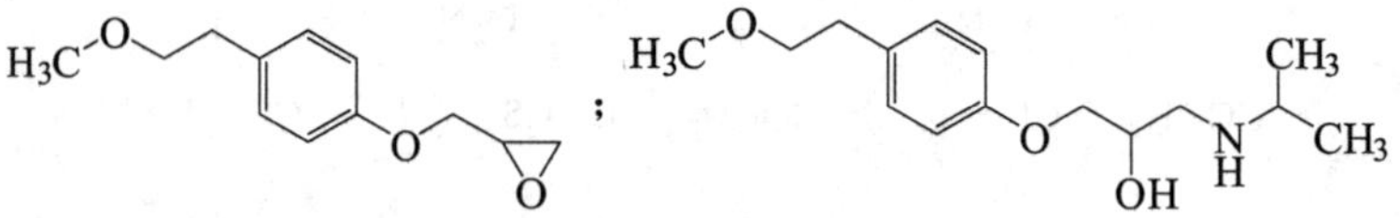

(19) 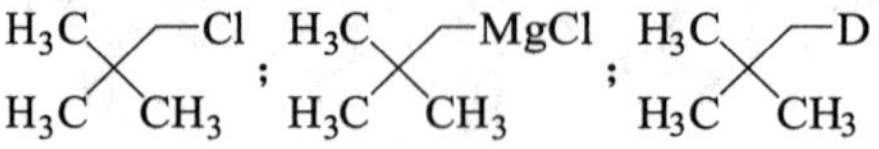

(20) 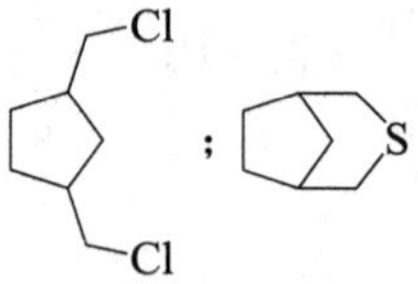

(21) 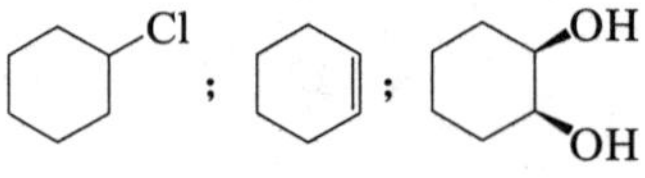

(22) 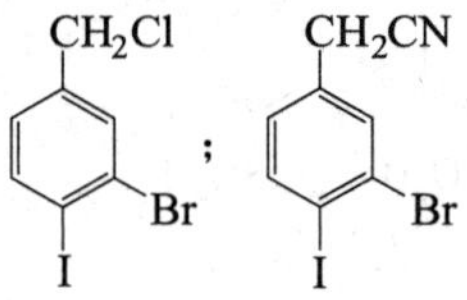

(23) 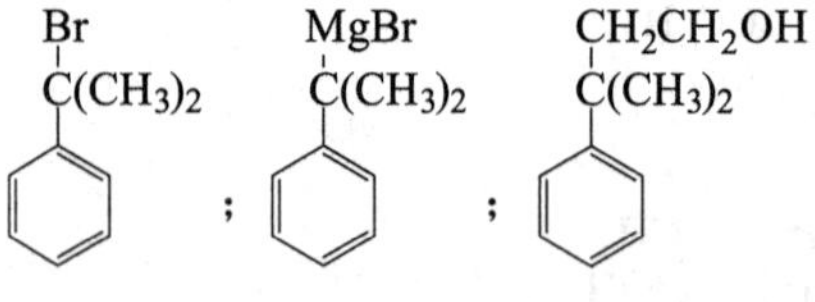

(24) 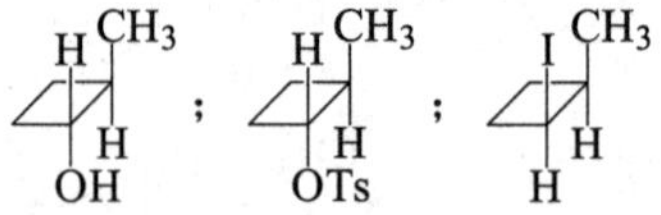

(25) 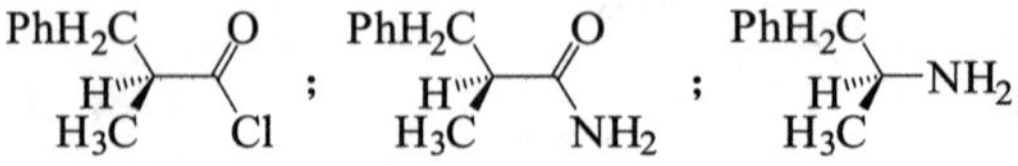

(26) 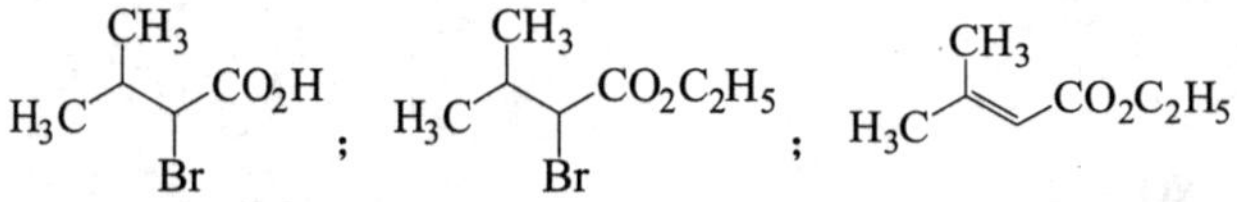

(27) 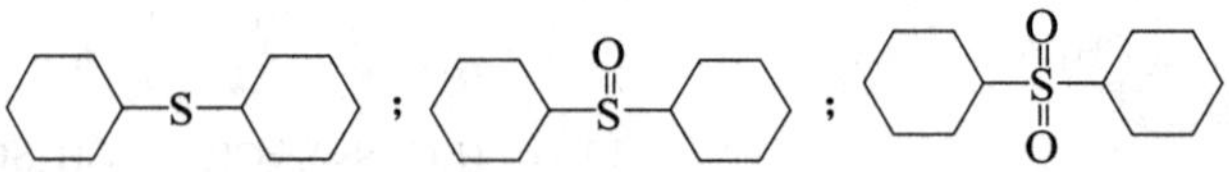

(28) $CH_3SCH_2CH_2CHO$；$CH_3SCH_2CH_2CH(NH_2)\text{-}CN$；$CH_3SCH_2CH_2CH(NH_2)\text{-}CO_2Na$；$CH_3SCH_2CH_2CH(NH_2)\text{-}CO_2H$

(29) 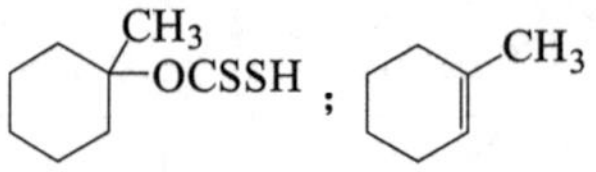

(30) 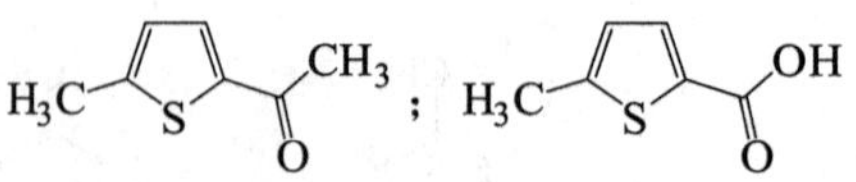

(31) 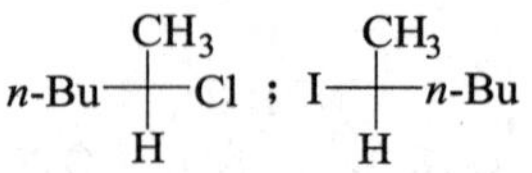

3. 写出丙烯在不同条件下的反应产物。

(1) $H_2C{=}CH\text{-}CH_2\text{-}Cl$

(2) $Cl\text{-}CH_2\text{-}CHCl\text{-}CH_3$

(3) $H_2C(Cl)\text{-}CH(OH)\text{-}CH_3$

(4) $BrH_2C\text{-}CH_2\text{-}CH_3$

（5） 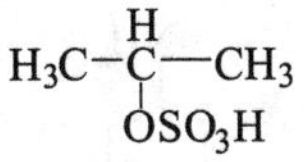

（6） 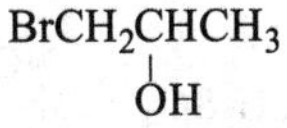

（7） 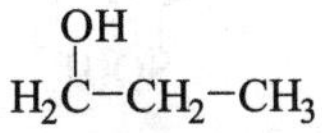

（8） 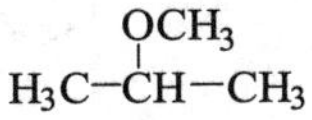

（9） 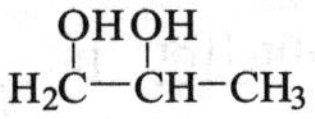

4. 写出丙酸与下列试剂的反应产物。

（1） $CH_3CH_2CH_2OH$

（2） CH_3CH_2COCl

（3） $CH_3CH_2CO_2CH_2CH_3$

（4） 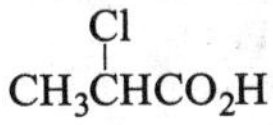

（5） $CH_3CH_2CO_2Na$

（6） 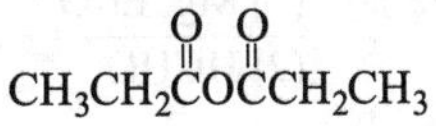

（7） $CH_3CH_2CONH_2$

（8） CH_3CH_2CN

（9） CH_3CH_2CHO

5. 完成反应转化。

（1） 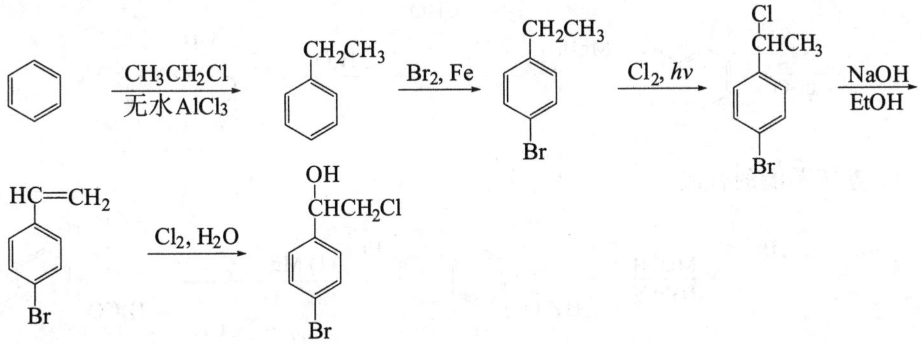

（2） 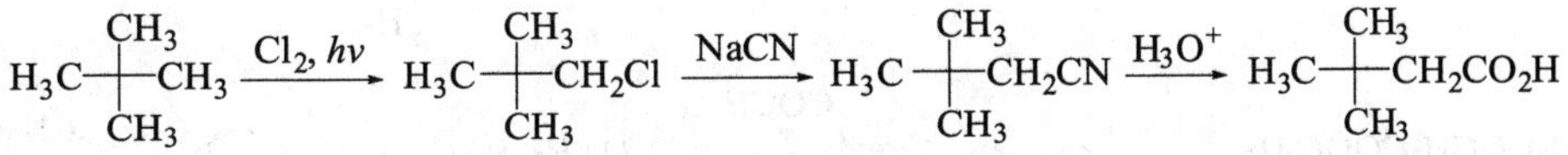

（3） 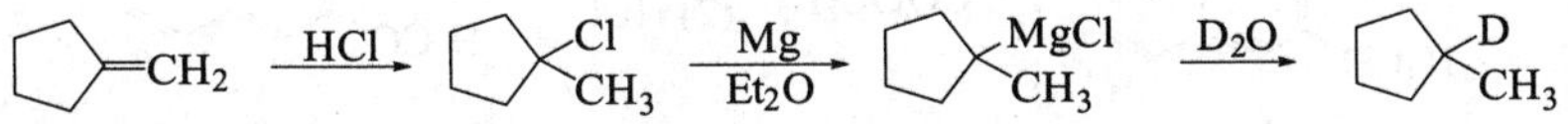

（4） 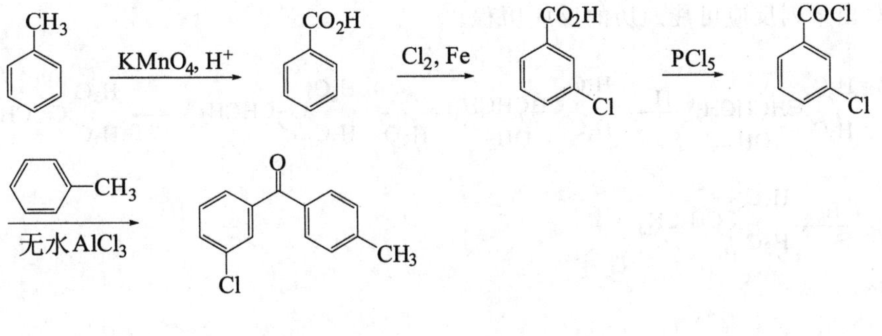

（5） 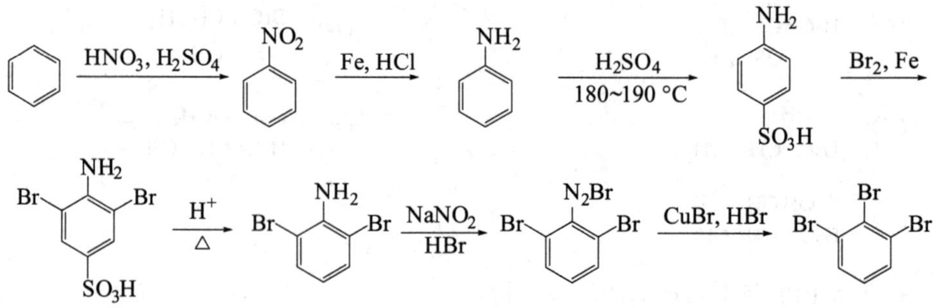

（6） 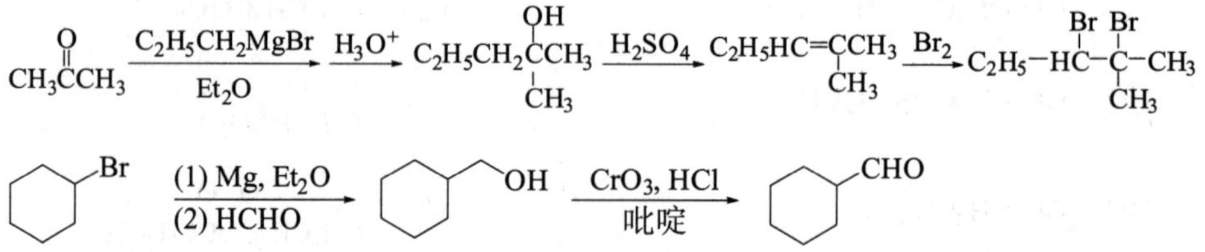

（7） 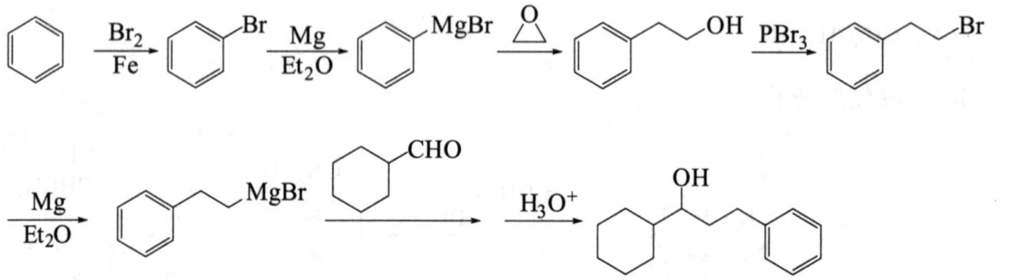

6. 萘丁美酮的合成。

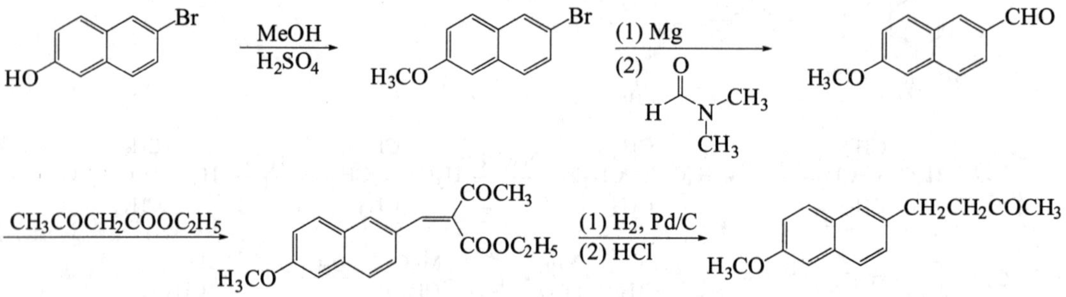

7. 写出下列反应可能经历的反应历程。

（1） 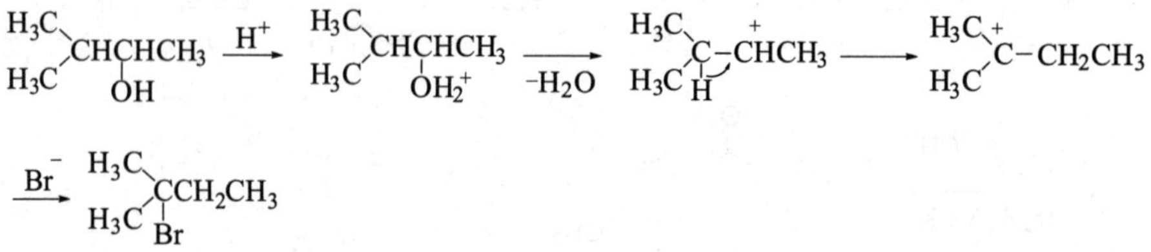

（2）

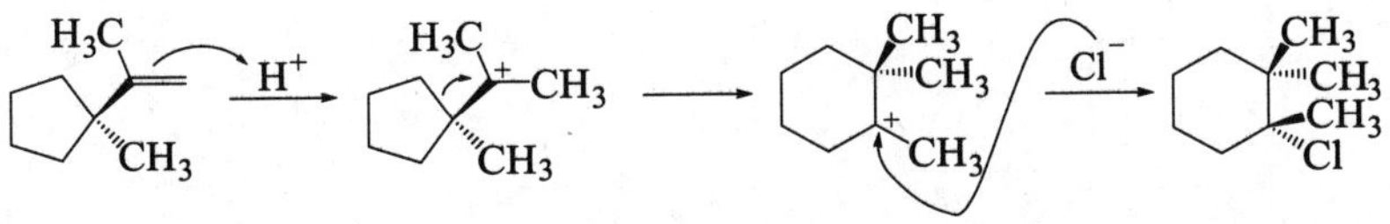

H₃C
H⁺
CH₃
Cl⁻
Cl

（3）

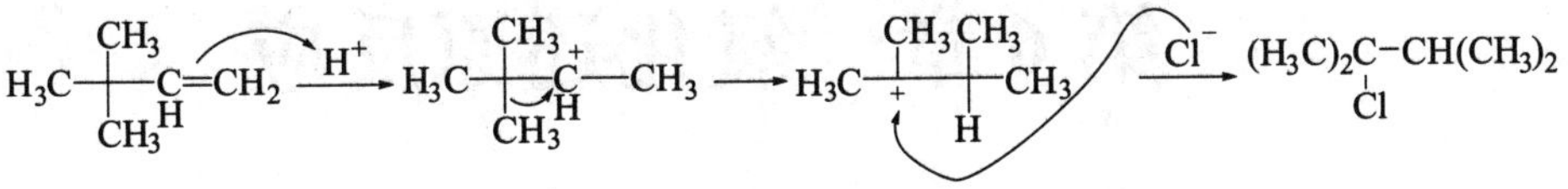

H₃C
CH₃
CH₂
H⁺
H
Cl⁻
(H₃C)₂C−CH(CH₃)₂
Cl

（4）

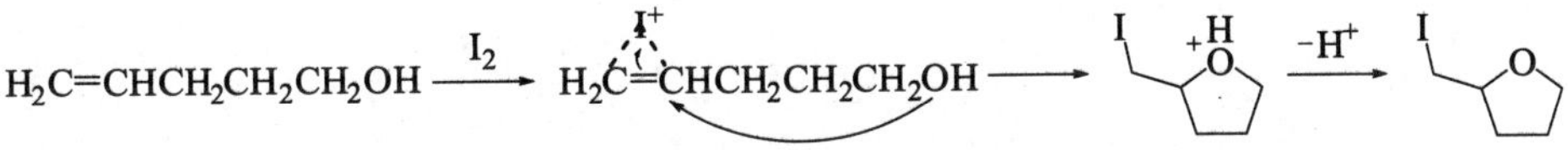

H₂C=CHCH₂CH₂CH₂OH
I₂
I⁺
H₂C=CHCH₂CH₂CH₂OH
I
H
O
−H⁺

（5）

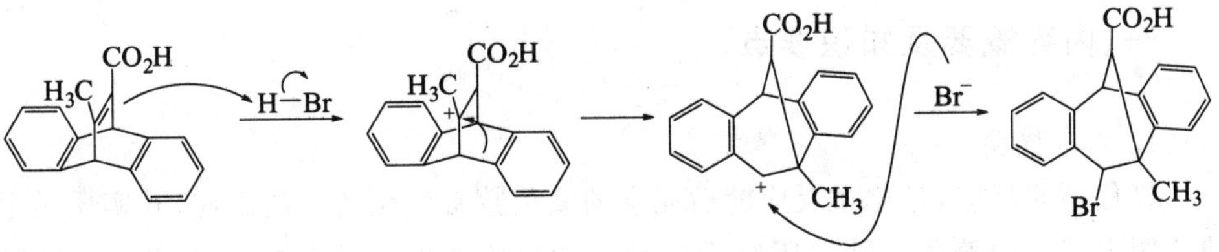

CO₂H
H₃C
H−Br
Br⁻
CH₃
Br

（6）

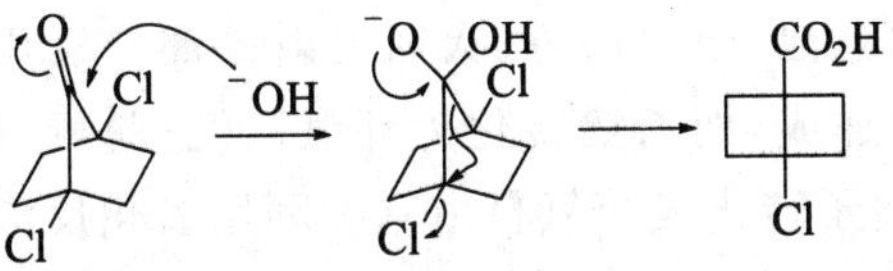

O
Cl
⁻OH
OH
CO₂H

第 6 章　氧化还原反应

一、内容概要及知识要点

1. 内容概要

氧化还原反应，是化学反应前后元素的氧化数有变化的一类反应，其实质是电子的得失或共用电子对的偏移。氧化还原反应是化学反应中的三大基本反应之一。自然界中的燃烧、呼吸作用、光合作用，生产生活中的化学电池、金属冶炼、火箭发射等都与氧化还原反应密切相关。氧化反应主要包括，氧对底物的加成，如乙烯转化为环氧乙烷；脱氢，如醇到醛，酮到酸；从分子中移除一个电子，如酚的负离子转化成苯氧自由基。利用氧化反应可以制得醇、醛、酮、羧酸、酚、环氧化合物和过氧化物等，还可以用来制备脱氢产物如环己二烯脱氢生成苯。还原反应主要是对碳碳不饱和键、碳氧双键、含氮官能团、巯基官能团及卤素的还原，包括使用氢以外的化学物质作为还原剂的化学还原，使用氢在催化剂的作用下使有机物还原的催化氢化，以及电化学还原。

脱氢氧化有热脱氢和催化脱氢两种，工业上脱氢反应以催化脱氢为主。催化脱氢可分为：(1)碳氢键催化脱氢，如烷烃、烯烃、芳烃和环烷烃等的脱氢；(2)氧氢键和氮氢键等的催化脱氢，如醇（直链醇、环烷醇）和胺的脱氢；(3)有氧化反应参加的脱氢反应（氧化脱氢），例如丁烯转化成丁二烯。

2. 知识要点

(1)氧化反应

① 醇的氧化

a. 铬类氧化剂氧化反应。铬类氧化剂按酸碱性可分为：酸性试剂，如铬酸（H_2CrO_4），氧化铬（CrO_3），Jone's 试剂（$CrO_3-H_2SO_4-H_2O$）等；微碱性试剂，如 Sarett 试剂（CrO_3－Pyridine），Collins 试剂（CrO_3－2Pyridine/CH_2Cl_2）等；微酸性试剂，如 PCC 试剂（CrO_3－Pyridine－HCl）；中性试剂，如 PDC 试剂（H_2CrO_7－2Pyridine）。

b. 活性锍盐（活化的 DMSO）氧化反应。活化的 DMSO 由 DMSO 与较强的亲电试剂制得。亲电活化试剂有草酰氯（Swern 氧化），碳二亚胺（Pfitzner－Moffatt 氧化），三氧化硫吡啶络合物（Parikh－Doering 氧化），乙酸酐（Albright－Goldman），五氧化二磷（Albright－Onodera），三氟乙酸酐（Omura－Sharma－Swern 氧化）等。

c. 高价碘氧化剂氧化反应。常见的高价碘氧化剂有如下三种。

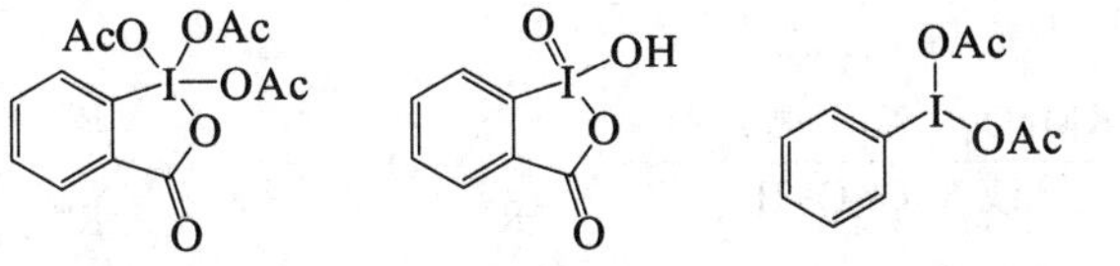

Dess-Martin　　IBX　　二醋酸碘苯

d. 高价锰氧化剂氧化反应。常见的氧化剂有高锰酸钾、二氧化锰等。

e. TEMPO 氧化反应。

f. Oppenauer 氧化反应。

② 醛的氧化

a. 空气氧化

$$ArCHO \xrightarrow{O_2} ArCO_2H$$

b. 温和氧化剂氧化

$$R{-}CHO + 2\,Ag(NH_3)_2OH \longrightarrow RCOONH_4 + 2\,Ag + H_2O + 3\,NH_3$$（Tollens试剂）

$$R{-}CHO + 2\,Cu^{2+} + NaOH + H_2O \xrightarrow{\triangle} RCOONa + Cu_2O + 4\,H^+$$（Fehling试剂）

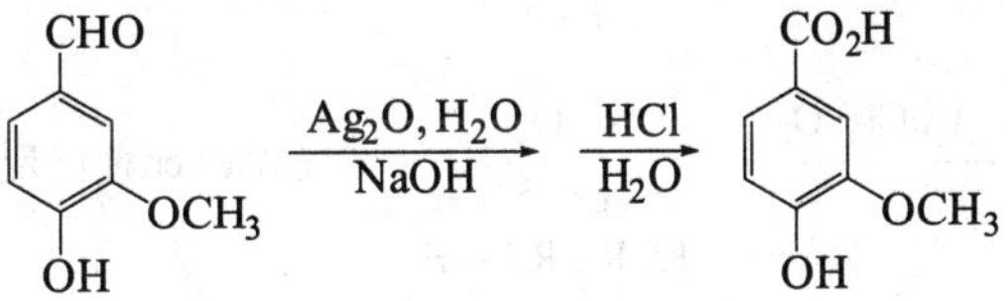

（氧化银）

c. 强氧化剂氧化

$$R{-}CHO \xrightarrow[\text{或}K_2Cr_2O_7,\ H^+]{KMnO_4,\ H^+} R{-}CO_2H$$

③ 酮的氧化

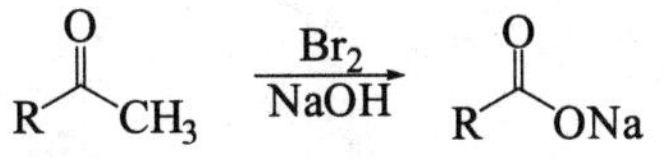

（Lieben 卤仿反应）

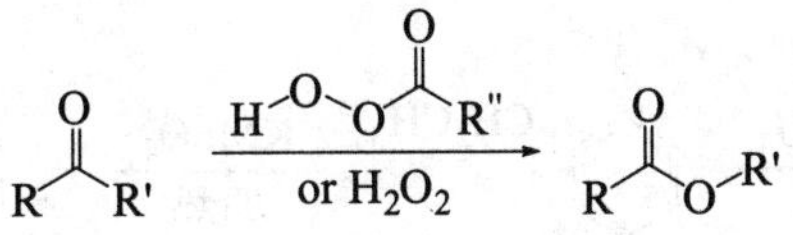

（Baeyer-Villiger 氧化）

④ 烯烃的氧化

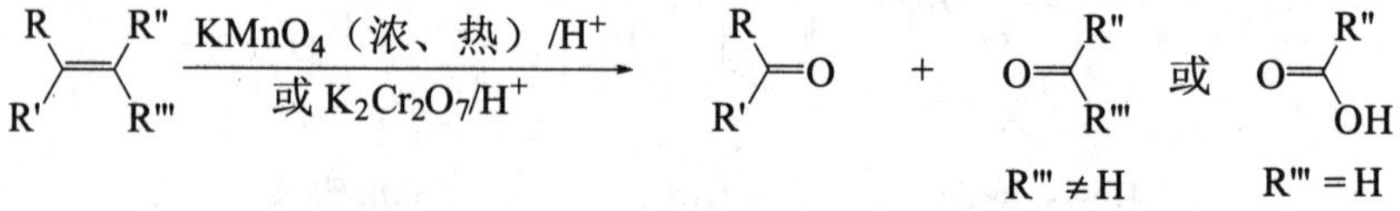

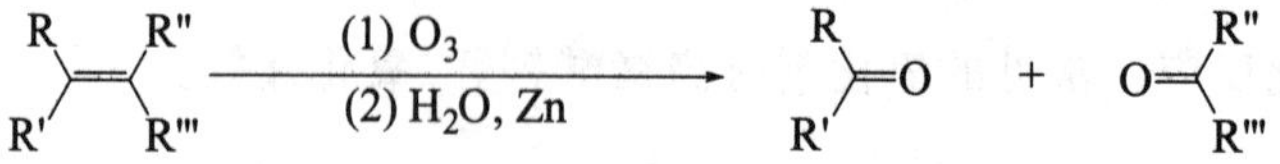

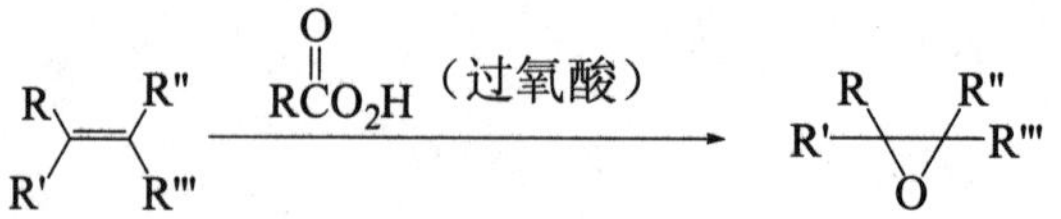

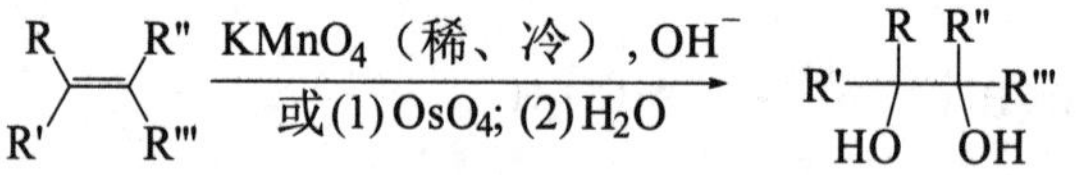

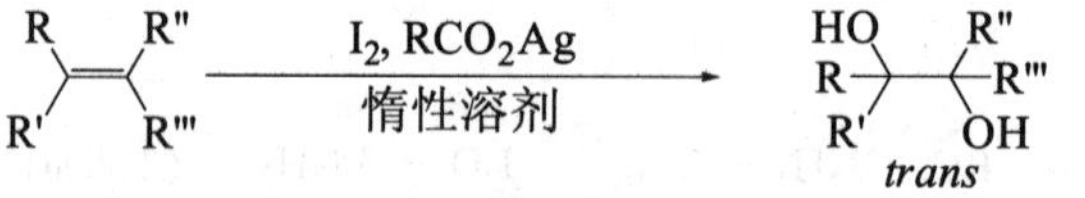

（Prévost反应）

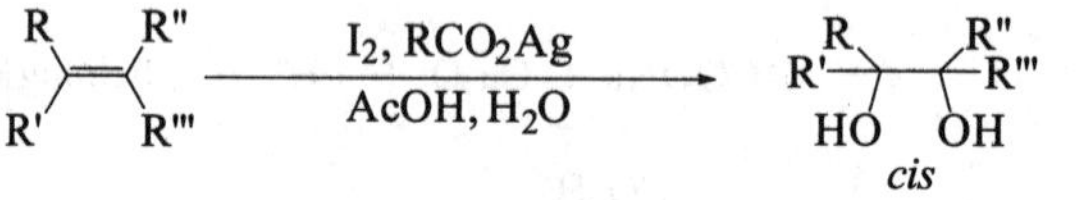

（Woodward反应）

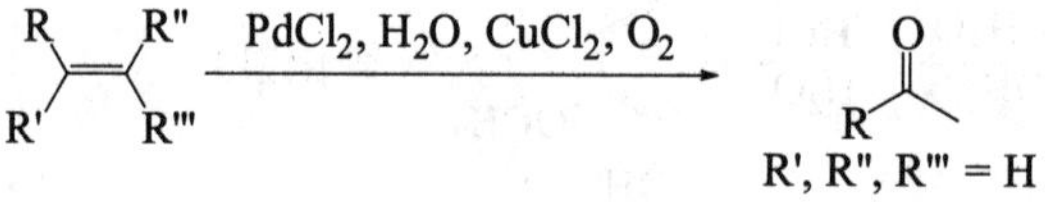

（Wacker氧化反应）

⑤ 邻二醇的氧化裂解

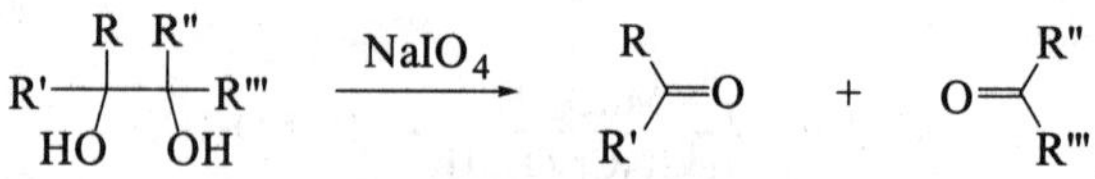

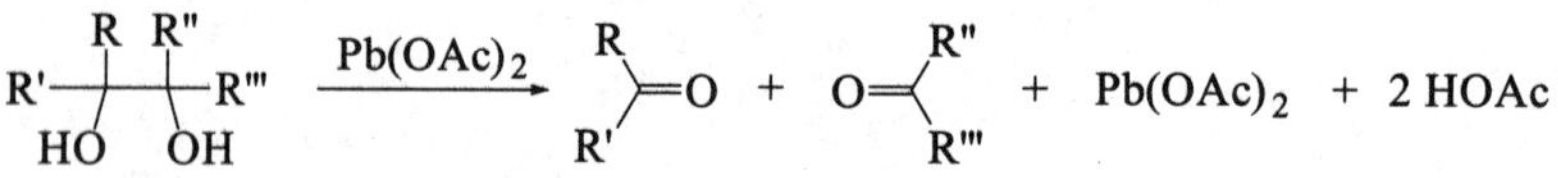

（Criegee 二醇裂解）

⑥ 饱和碳氢键的氧化

a. 与苯环相连的碳氢键

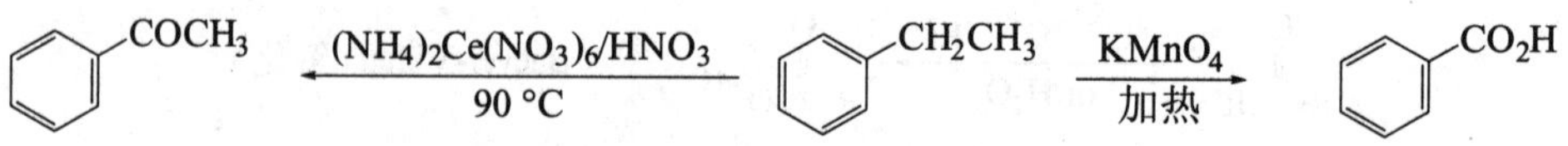

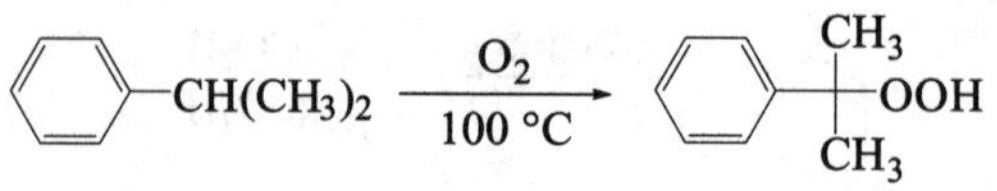

b. 与羰基相连的碳氢键

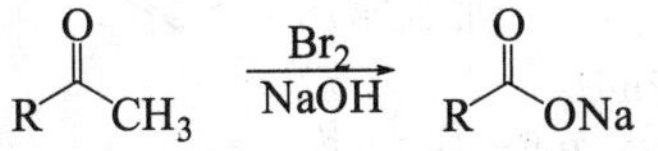

（Lieben 卤仿反应）

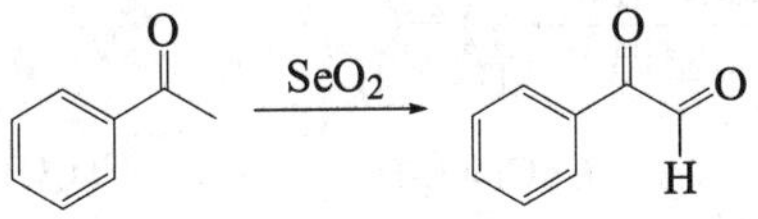

（Riley 氧化反应）

c. 烯丙位的碳氢键

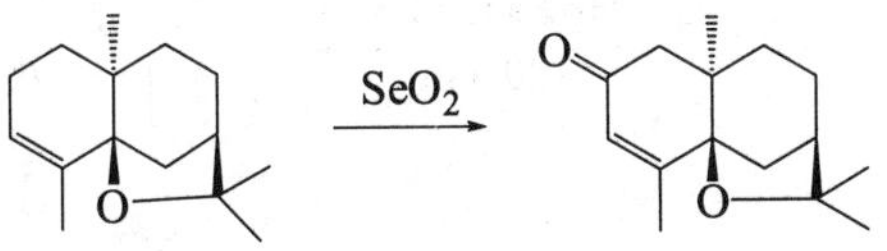

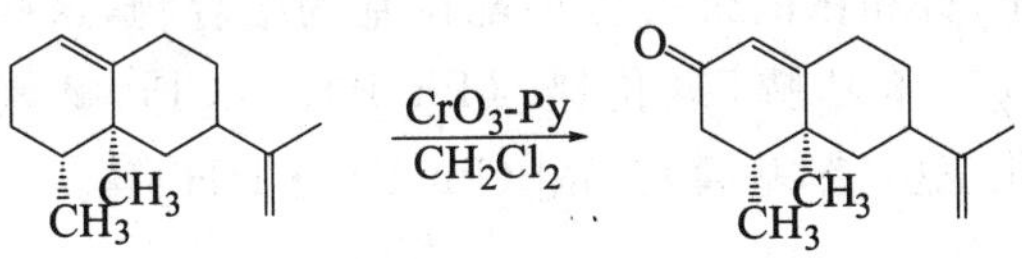

$$H_2C{=}CHCH_3 + Cl_2 \xrightarrow{h\nu} H_2C{=}CHCH_2Cl$$

⑦ 胺的氧化

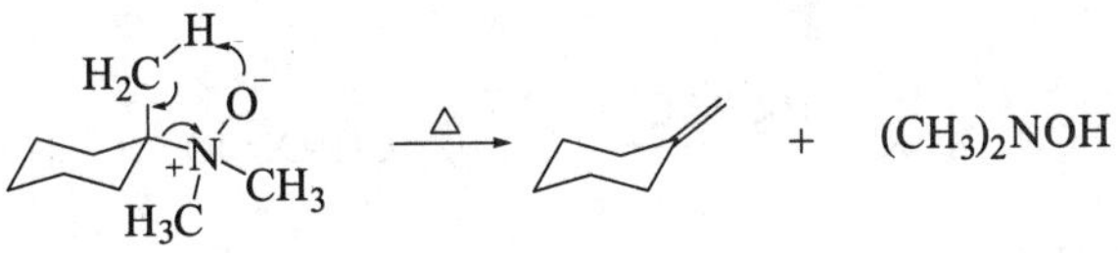

$$RCH_2NH_2 \xrightarrow[(2)\ H_2O]{(1)\ NaOCl} RCN$$

⑧ 硫的氧化

$$2\,RSH \xrightarrow{[O]} RSSR$$

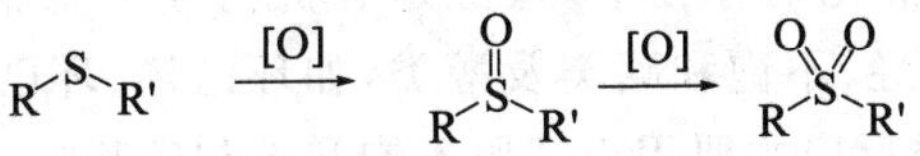

(2)催化氢化

① 非均相催化氢化

这类反应的关键是催化剂，主要包括高活性的雷尼镍、铂、钯、铑和铬酸亚铜等。铬酸亚铜的特点是对羰基的催化特别有效，对酯基、酰胺、酰亚胺等也有较高的催化能力，对烯、炔键则活性较低，对芳环基本上无活性。

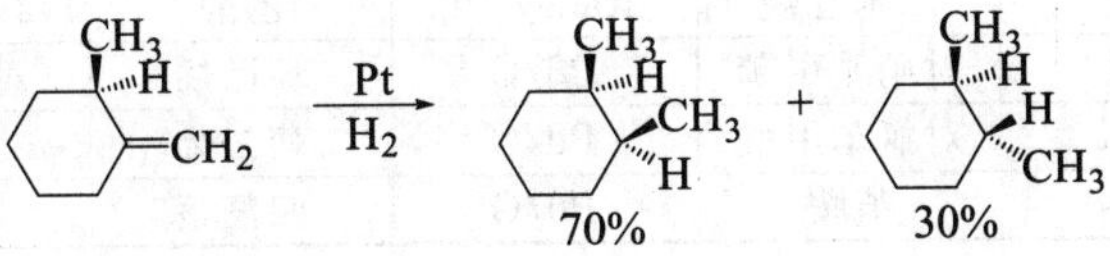

Adam催化剂 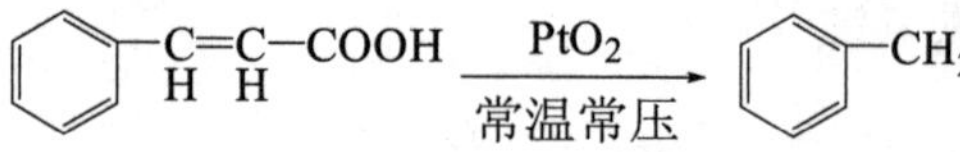

Lindlar催化剂 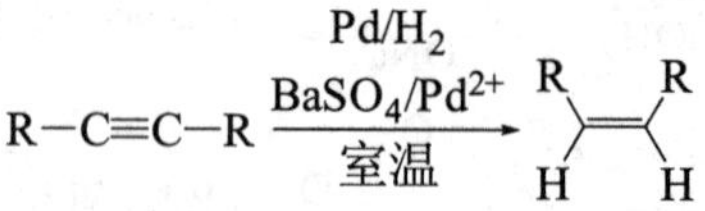

Adkin's催化剂 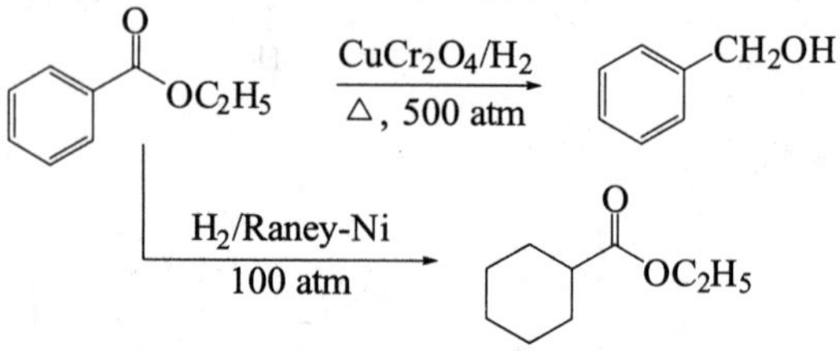

② 均相催化氢化

均相催化剂主要是铑、钌和铱的带有各种配位基的络合物，这些络合物能溶于有机相，较好的均相催化剂有三（三苯基膦）氯化铑[$(Ph_3P)_3RhCl$]、氯氢化三（三苯基膦）合钌[$(Ph_3P)_3 \cdot RuClH$]、氢化三（三苯基膦）合铱[$(Ph_3P)_3 \cdot IrH$]等。

③ 氢解反应

a. 脱卤氢解

b. 脱苄氢解

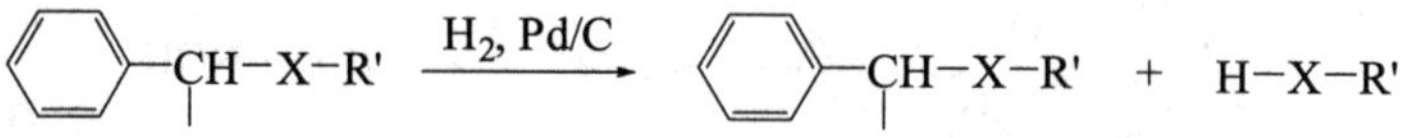

X＝O, N, S

c. 脱硫氢解

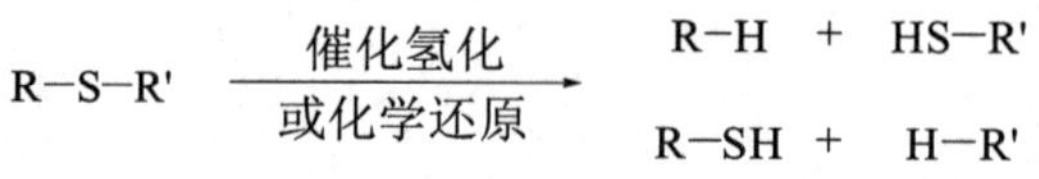

④ 催化转移氢化

该类反应的特点是在催化剂存在下，氢源是有机物分子而非气态氢进行的还原反应。一般常用的氢源是氢化芳烃、不饱和萜类及醇类，如环己烯、环己二烯、四氢萘、α-蒎烯、乙醇、异丙醇、环己醇等，这类反应主要用于还原不饱和键和硝基等，见表6-1所列。

表6-1　催化转移氢化实例

反应类型	官能团	反应物	催化剂	氢源	产物	收率/%
氢化	烯键	1-辛烯	Pd	环己烯	正辛烷	70
		烯丙基苯	Pd	环己烯	正丙基苯	90
		2-丁烯酸	Pd/C	α-水芹烯	丁酸	100
	炔键	二苯乙炔	Raney Ni	乙醇	1,2-二苯乙烷	77
	硝基	对硝基甲苯	Pd/C	环己烯	对甲苯胺	95
氢解	C—X	对氯苯甲酸	Pd/C	萜二烯	苯甲酸	90
	C—N	苄胺	Pd/C	四氢萘	甲苯	85

(3)金属还原剂还原反应

① 铁和低价铁盐为还原剂

铁屑在酸性条件下为强还原剂，可将芳香族硝基、脂肪族硝基及其他含氮氧官能团（亚硝基、羟氨基等）还原成氨基，将偶氮化合物还原成两分子胺，将磺酰氯还原成巯基。

② 锂、钠和钠汞齐作为还原剂

a. Birch 还原反应

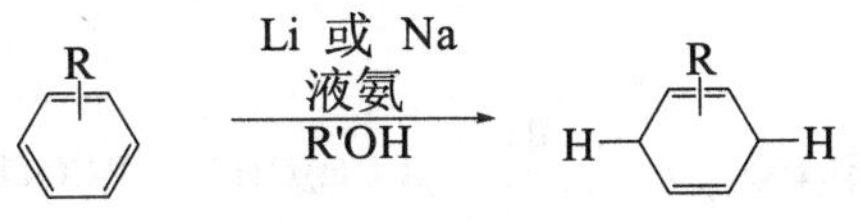

b. Bouveault－Blanc 反应

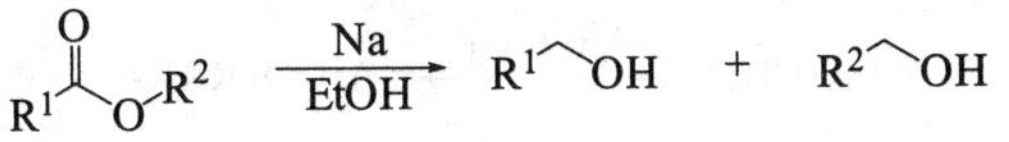

c. Wurtz 反应

$$2R-X \xrightarrow{Na} R-R$$

d. Acyloin 缩合反应

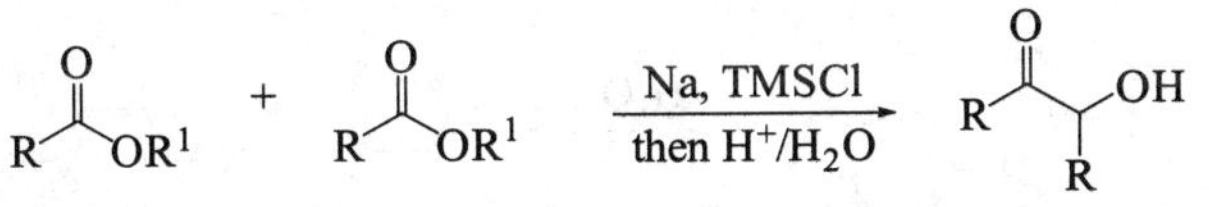

③ 镁和镁汞齐作为还原剂

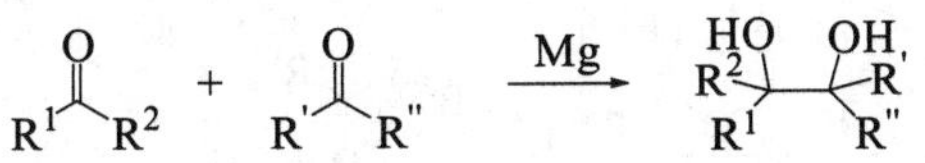 （Pinacol 偶联反应）

④ 锌和锌汞齐作为还原剂

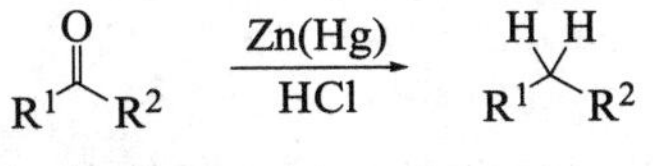 （Clemmensen 还原）

⑤ 锡和二氯化锡作为还原剂

$$R-CN \xrightarrow[HCl]{SnCl_2,\ Et_2O} R-CHO$$ （Stephen醛合成反应）

⑥ 钛和低价钛作为还原剂

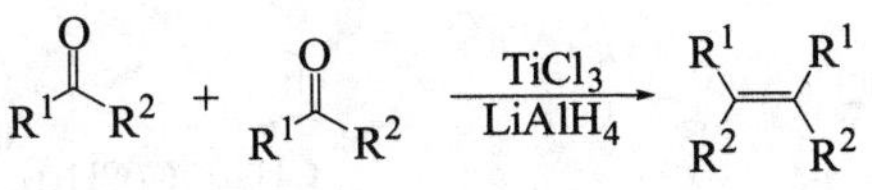 （McMurry反应）

⑦ 负氢转移试剂(金属氢化物)的还原反应

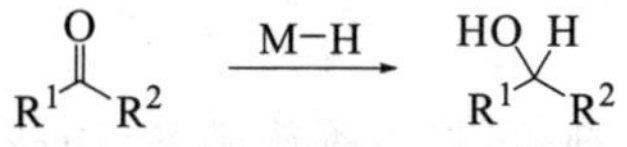

金属负氢转移试剂有氢化铝锂、三叔丁氧基氢化铝锂、红铝、二异丁基氢化铝、硼氢化钠、氰基硼氢化钠、三乙酰氧基硼氢化钠、硼氢化锂、硼氢化锌、三乙基硼氢化锂、硼烷、铝烷、异丙醇铝等。非金属负氢转移试剂有水合肼、甲酸、甲酸铵、硅烷等。

(4)歧化反应

① Cannizzaro 反应

$$2\,RCHO \xrightarrow{\text{浓}NaOH} RCH_2OH + RCOONa$$

$R = H, Ar$

② Tishchenko 反应

$$2\,ArCHO \xrightarrow{Al(OEt)_3} ArCOOCH_2Ar$$

③ 二苯乙醇酸重排反应

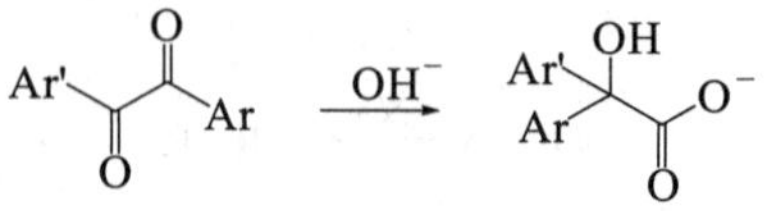

④ Wallach 重排反应

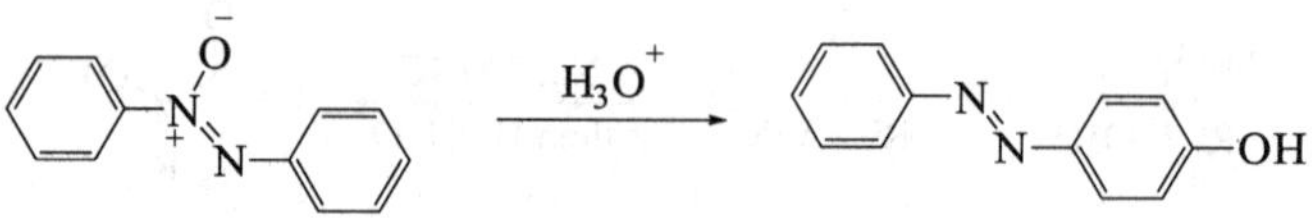

⑤ Pummerer 重排反应

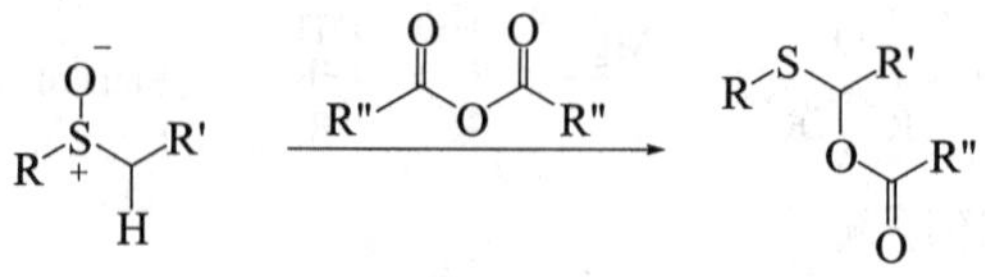

二、解题示例

1. 由原料和反应条件写出产物结构,注意产物的区域选择性和立体选择性。

(1) 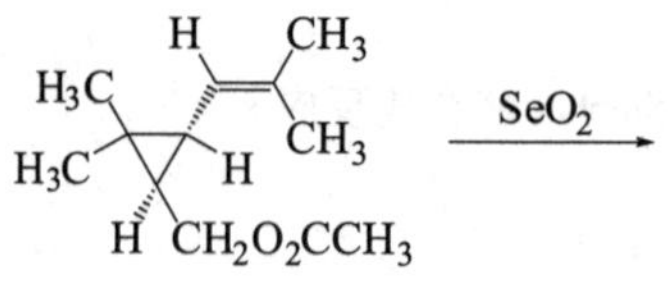

(2) 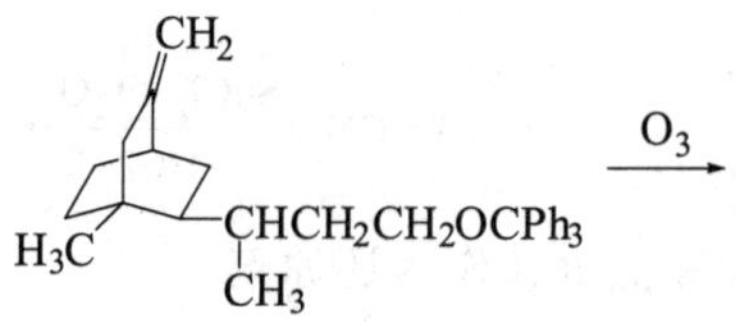

(3) 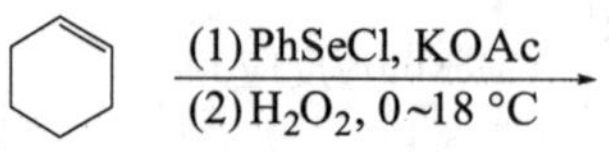

(4) 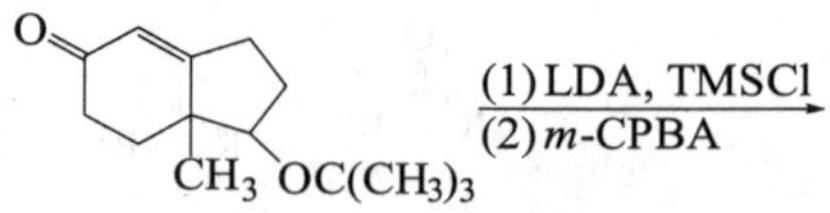

(5) 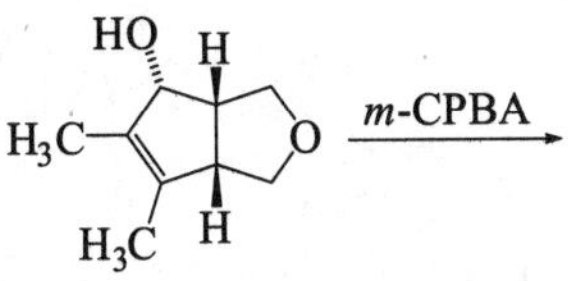

(6) 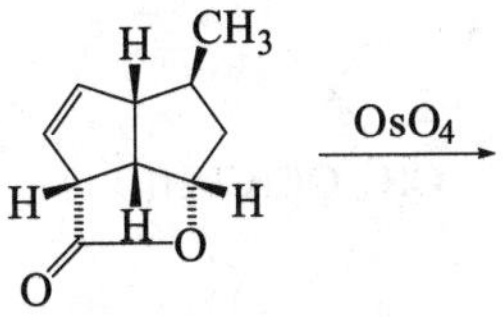

(7) 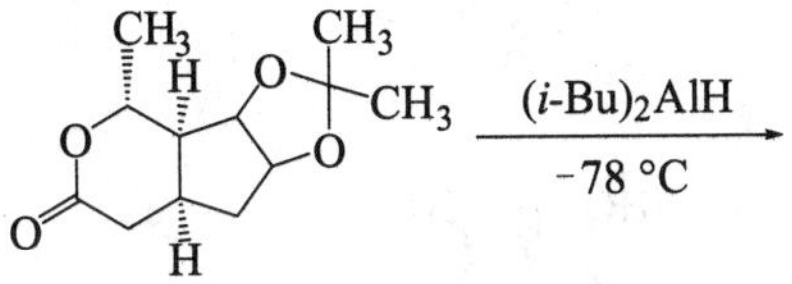

(8) 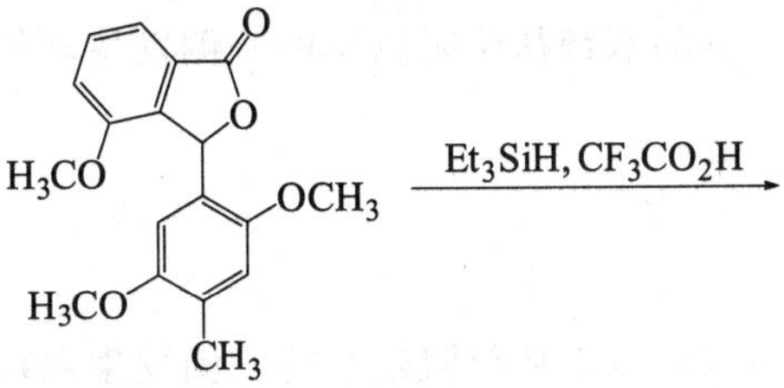

(9) 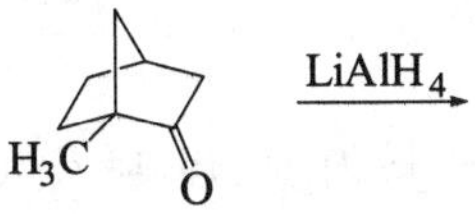

(10) 

(11) 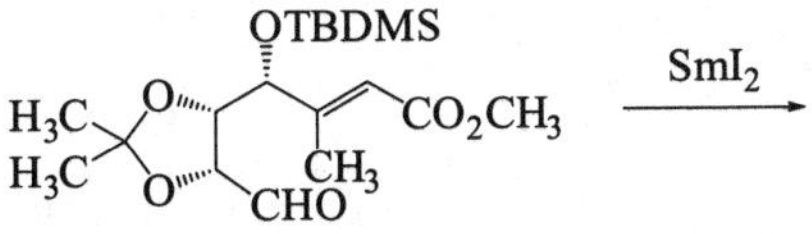

(12) 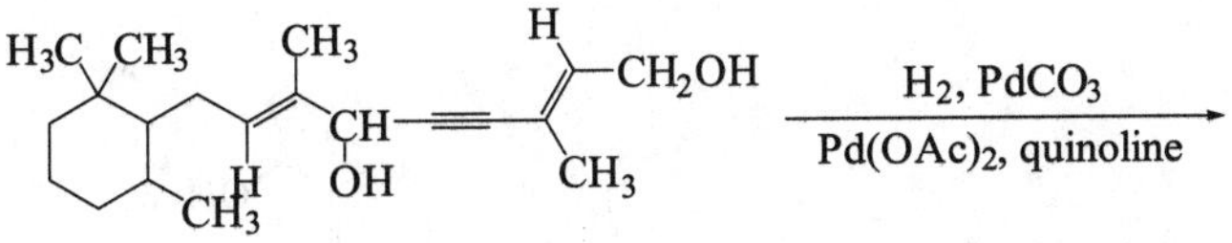

[解]

(1)二氧化硒氧化烯丙位，生成 E 式产物 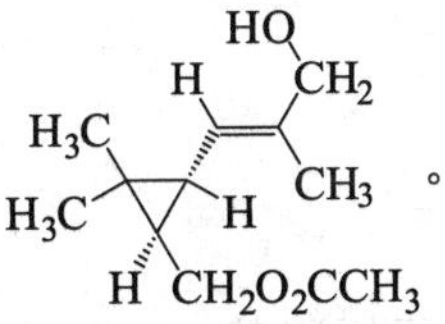 。

(2)臭氧氧化断裂双键，生成酮 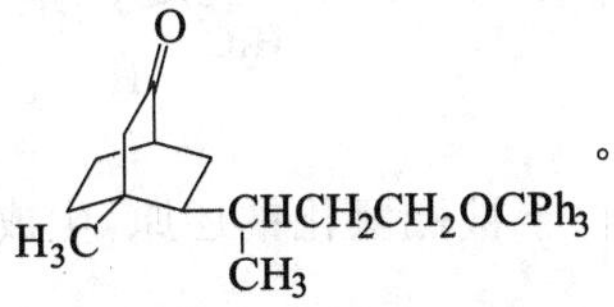 。

(3)环己烯与苯硒氯在醋酸钾条件下，生成 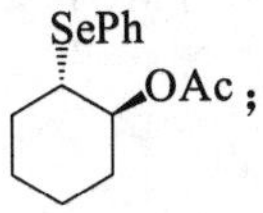；氧化条件下，硒被氧化，随后升温发生消除，生成 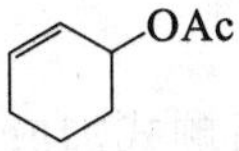 。

(4)羰基在强碱条件下转化为烯醇负离子，被三甲基硅基捕获后生成烯醇硅醚 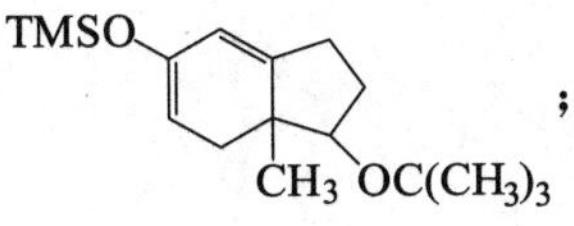；烯醇硅醚的双键更容易被氧化，在间氯过氧苯甲酸的条件下，生成

环氧化物 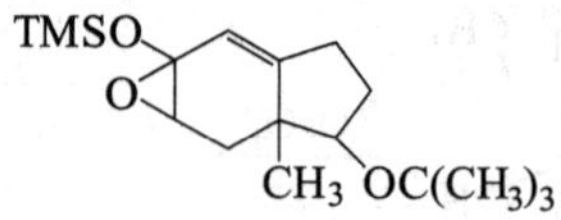。

(5)双键从位阻较小的一侧发生环氧化，生成 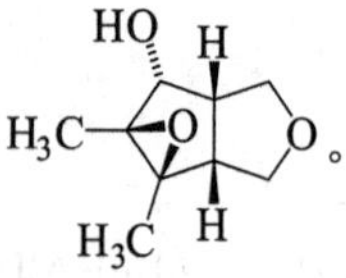。

(6)双键从位阻较小的一侧发生双羟化，生成 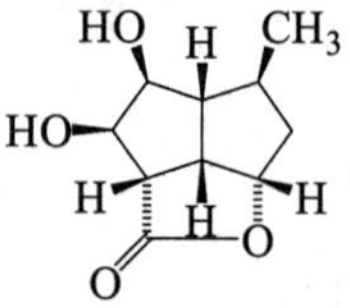。

(7) 酯羰基被 $(i\text{-Bu})_2AlH$ 还原成醛羰基，与分子内的羟基生成半缩醛

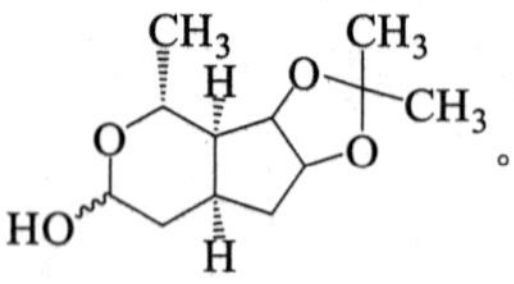。

(8)苄位的酯基，在三氟乙酸的活化下，被硅烷还原为 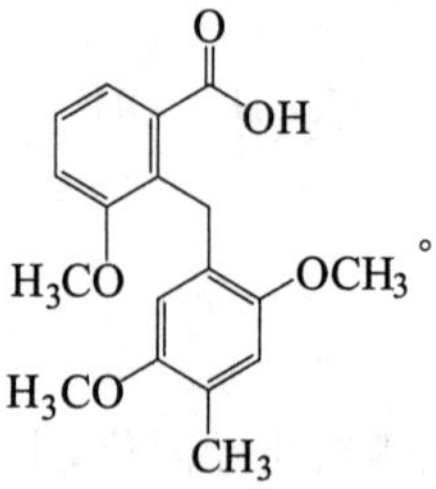。

(9)从位阻较小的一侧还原羰基，生成 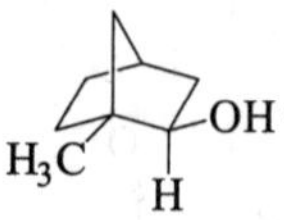。

(10)苄位溴原子，高温条件下被硼氢化钠还原，生成 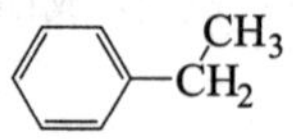。

(11)在 SmI_2 作用下，醛得到一个电子变成羰基自由基，发生分子内自由基加成反应，生成 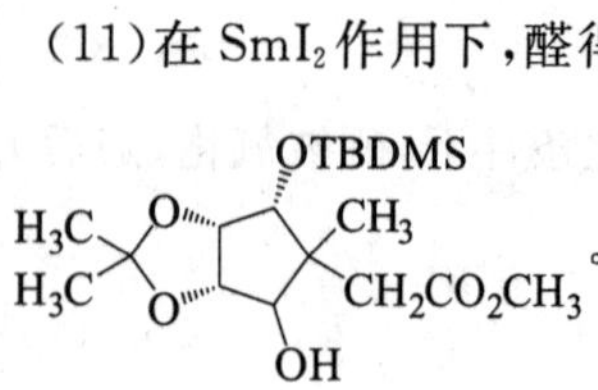。

(12)在使用 Lindlar 催化剂的催化氢化反应中，氢对炔键进行顺式加成，生成顺式烯烃

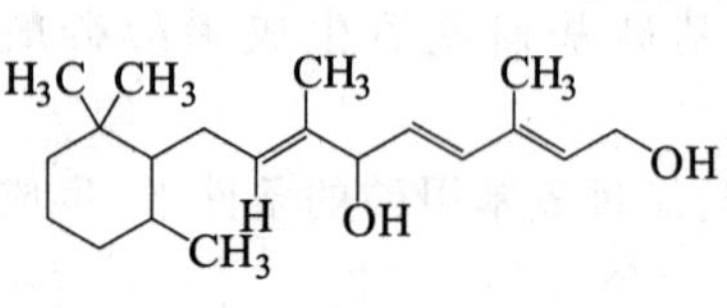。

2. 写出可能的反应历程。

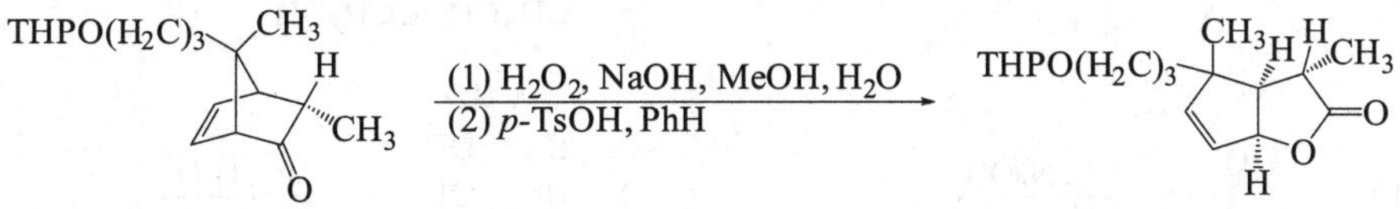

［解］

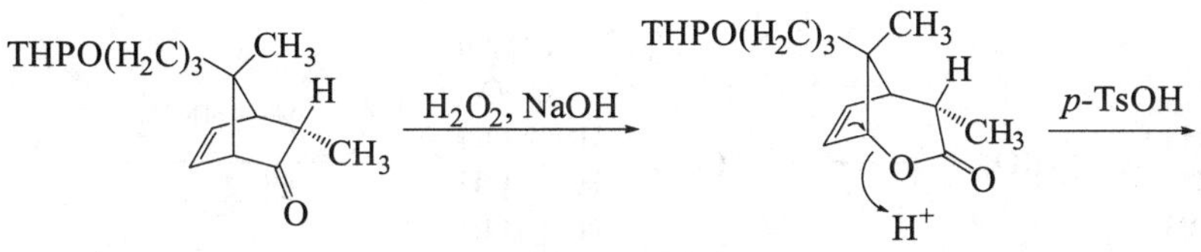

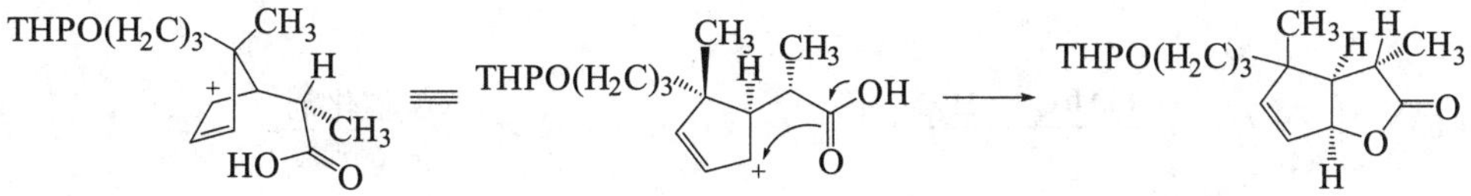

3. 2-甲氧基苯甲酸经过 Birch 还原、串联烷基化以及酸性水解，可以合成得到 2-取代的环己烯酮，写出每步反应的中间产物。

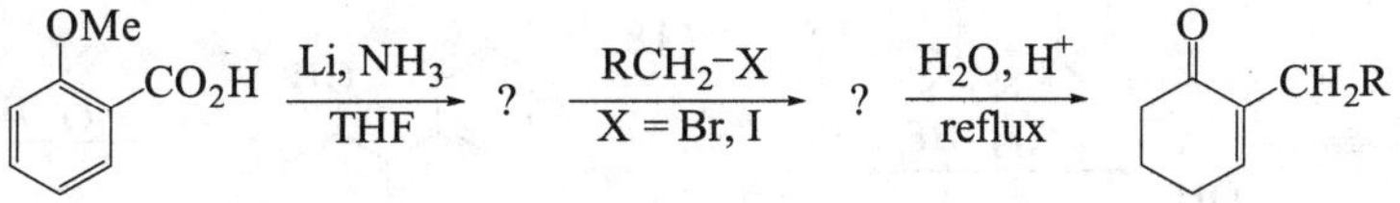

［解］

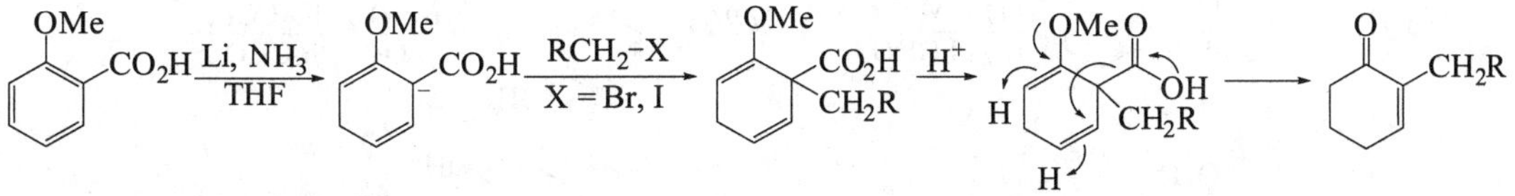

三、习题及参考答案

(一) 习题

1. 由原料和反应条件写出产物，注意产物的立体化学结构。

(1) $H_2C{=}CH{-}CH_3 \xrightarrow[\text{稀冷碱性溶液}]{KMnO_4}$

(2) $H_2C{=}CH{-}CH_3 \xrightarrow[H^+]{KMnO_4}$

(3) $HC{\equiv}C{-}CH_3 \xrightarrow{KMnO_4}$

(4) 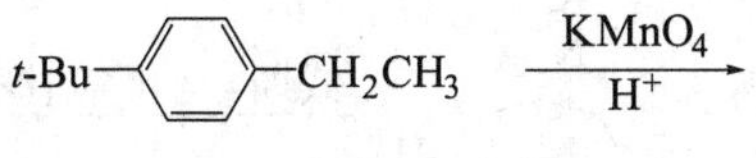

(5) 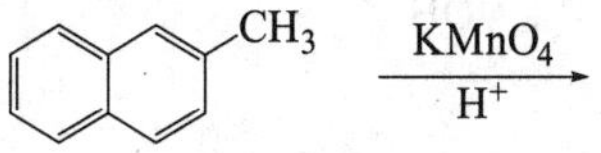

(6) 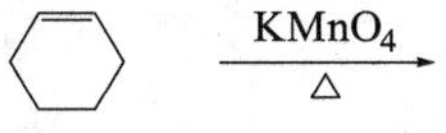

(7) 

(8) 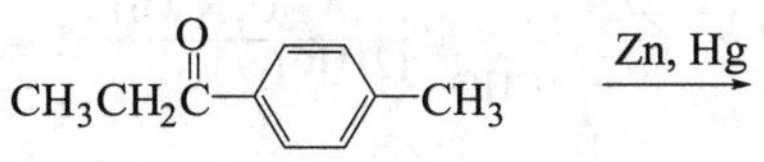

(9) 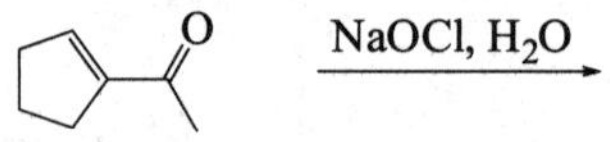

(10) 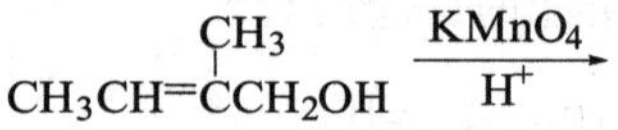

(11) 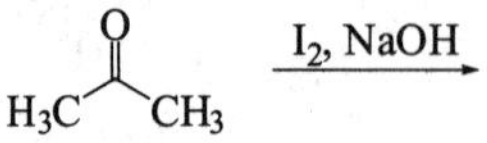

(12) 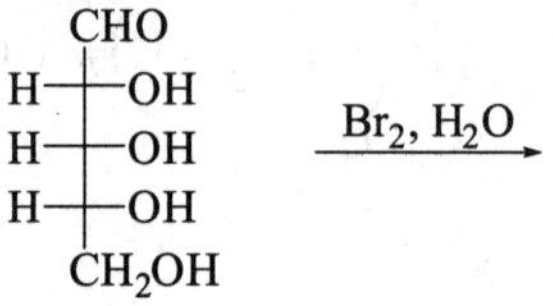

(13) 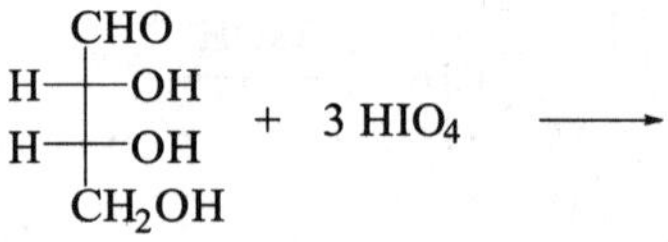

(14) 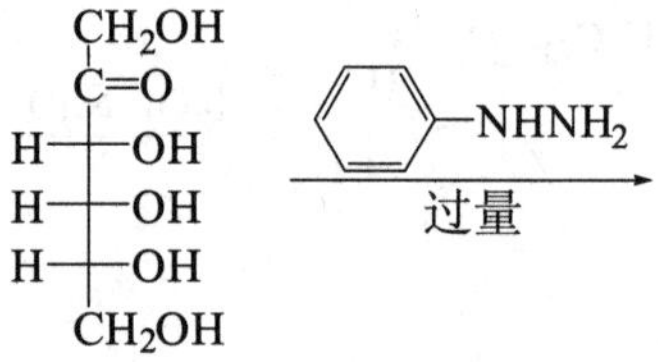

(15) 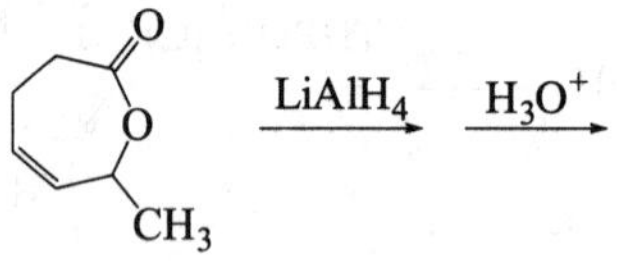

(16) 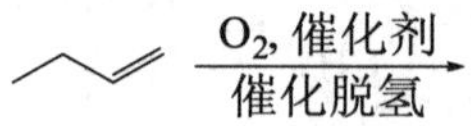

(17) 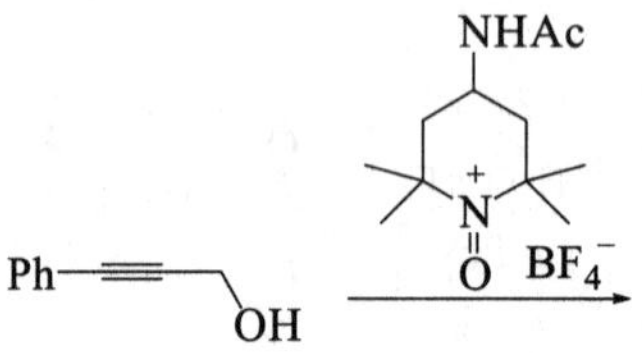

(18) 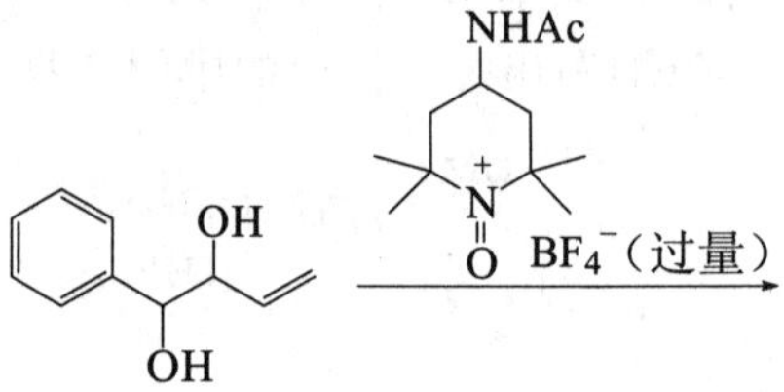

(19) 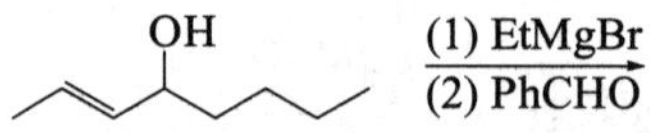

(20) 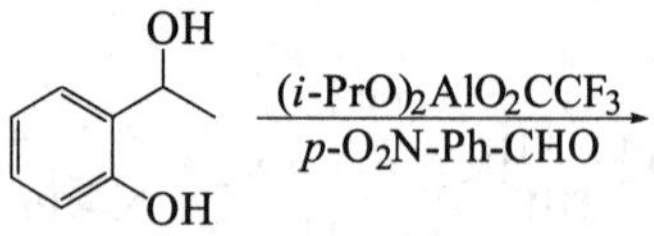

(21) 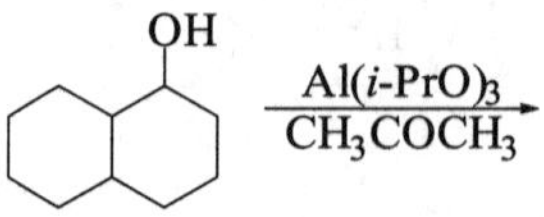

(22) 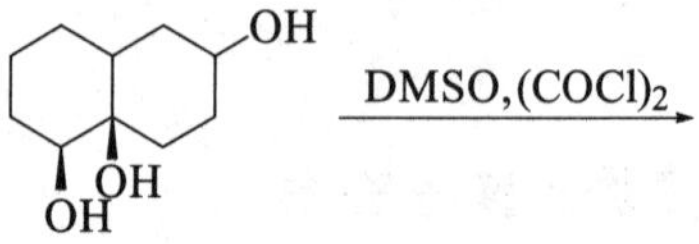

(23) 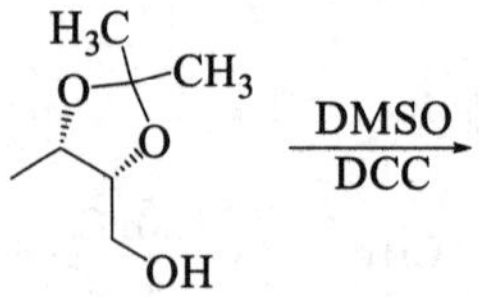

(24) 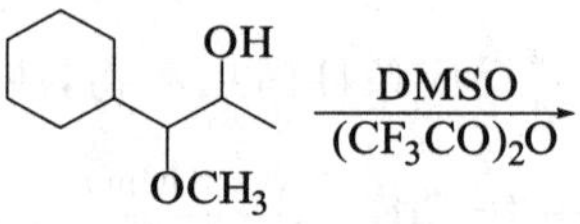

(25) 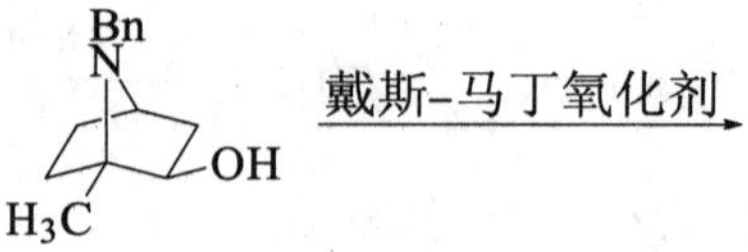

(26) 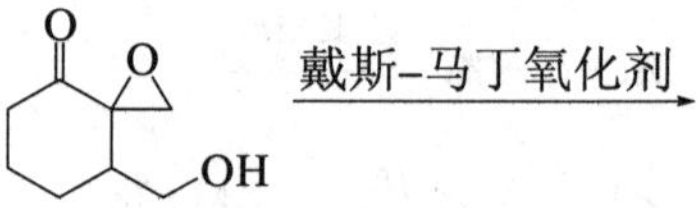

(27) 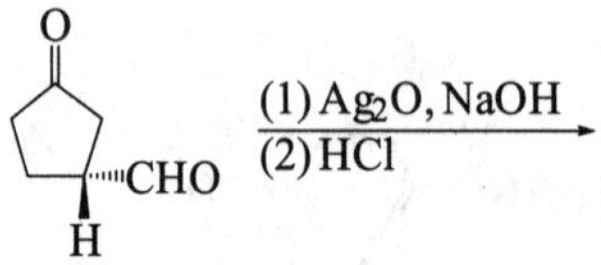

(28) 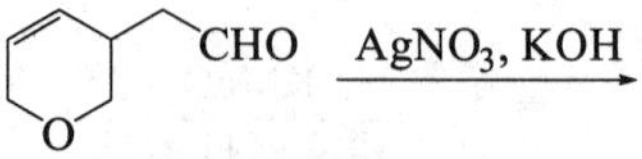

(29) 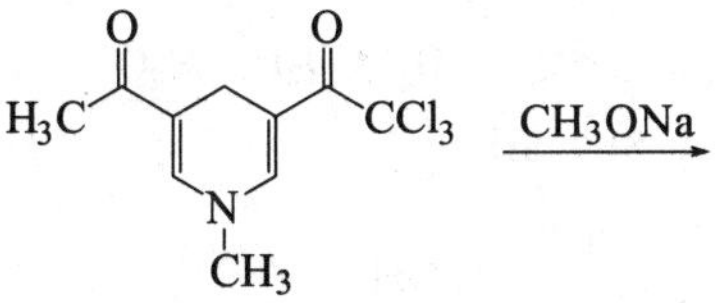

(30) 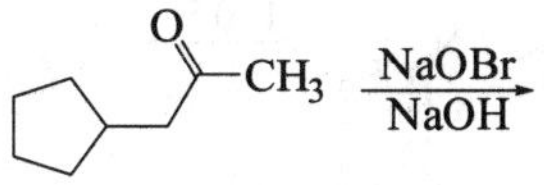

(31) 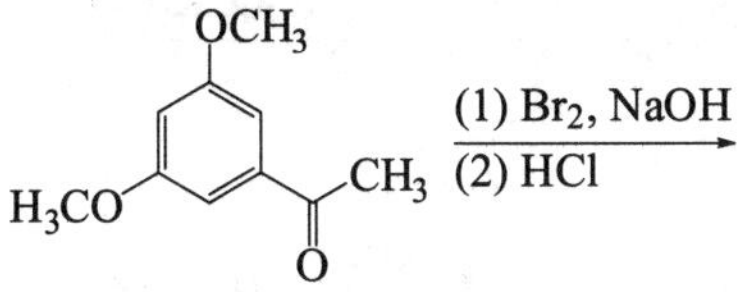

(32) 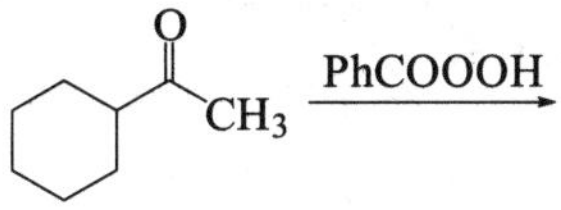

(33) 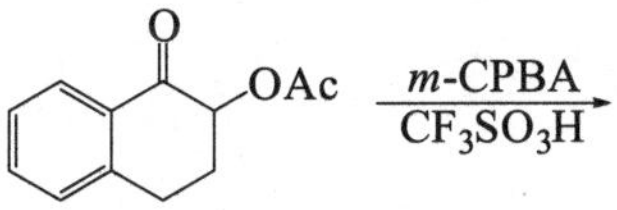

(34) 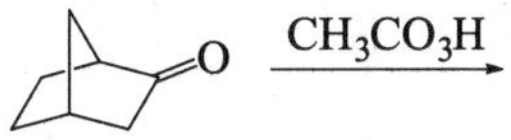

(35) 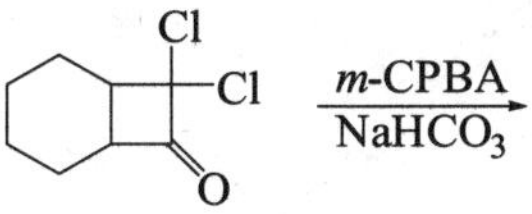

(36) 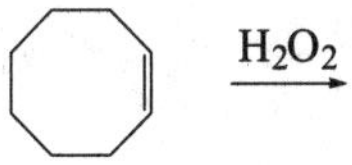

(37) 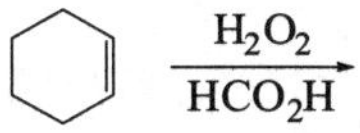

(38) 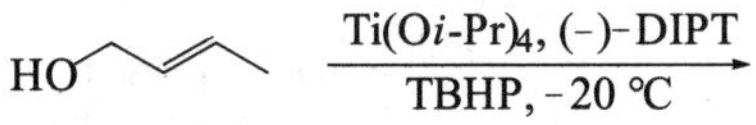

(39) 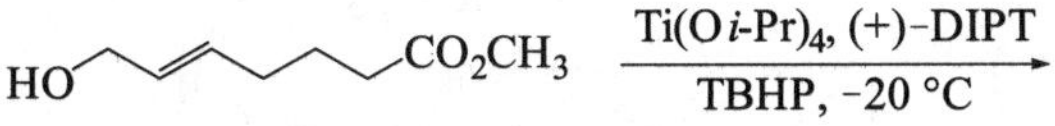

(40) 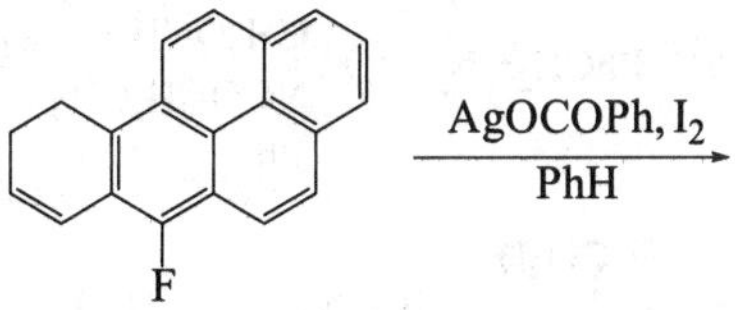

(41) 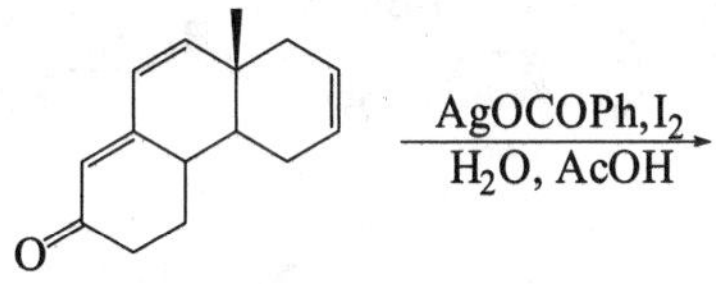

(42) 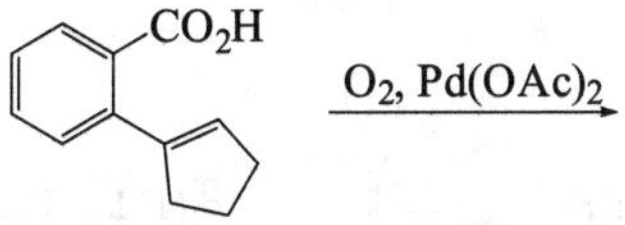

(43) 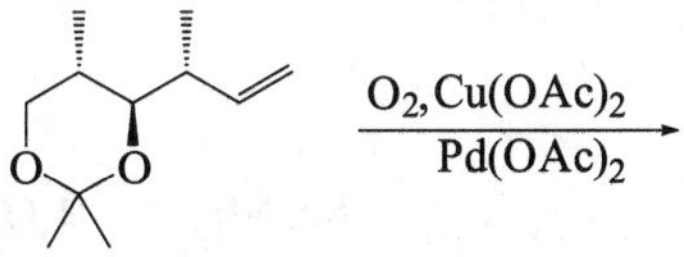

(44) 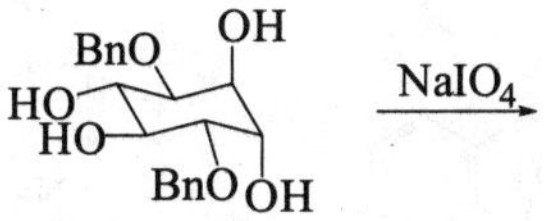

(45) 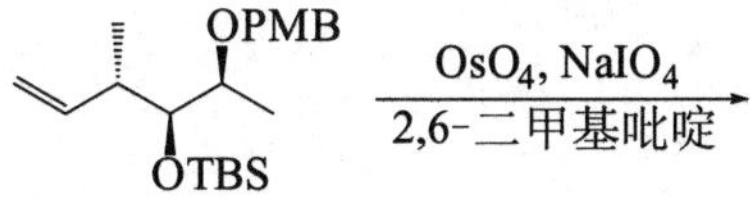

(46) 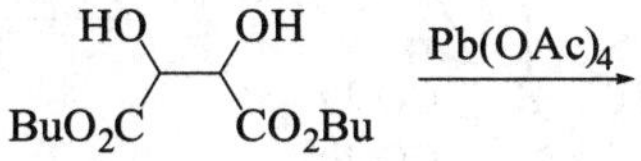

(47) 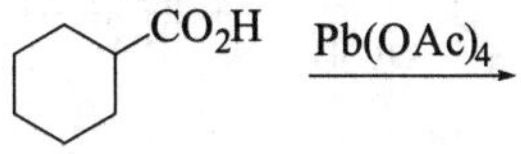

(48) 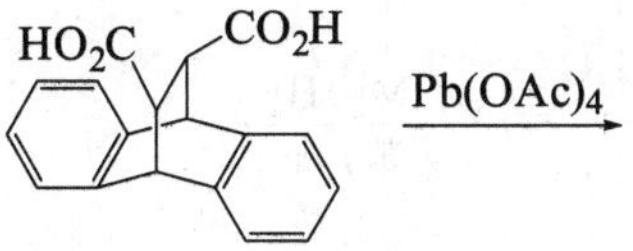

(49) 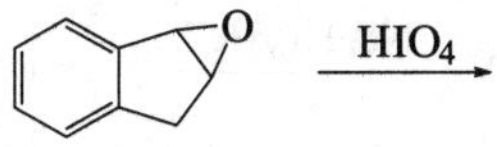

(50) 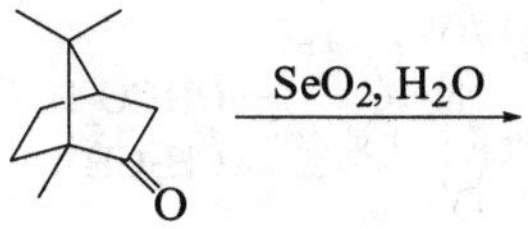

(51) 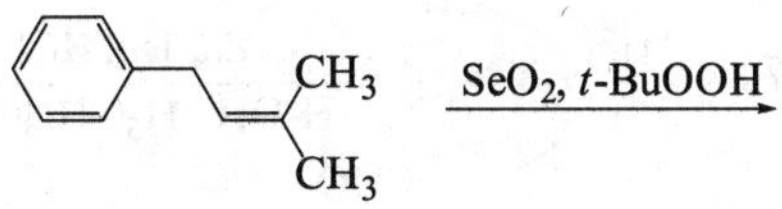

(52) 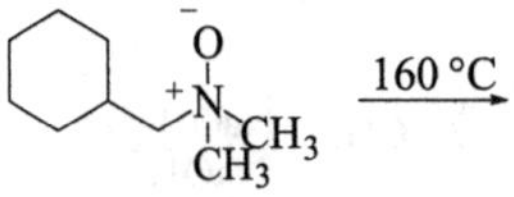

(53) 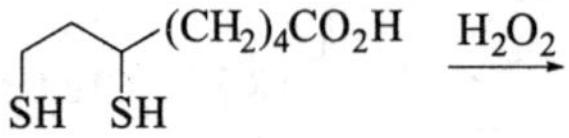

(54) 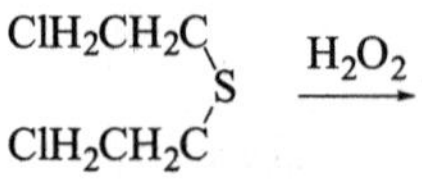

(55) 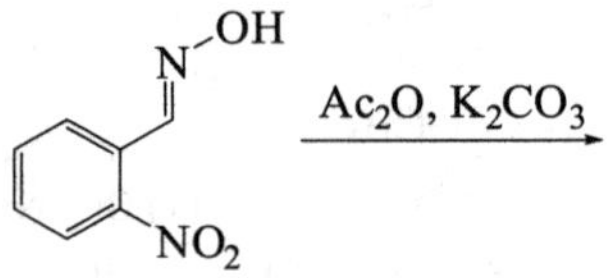

(56) 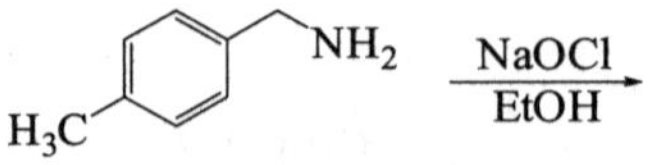

(57) 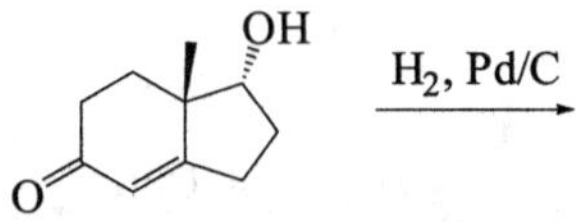

(58) 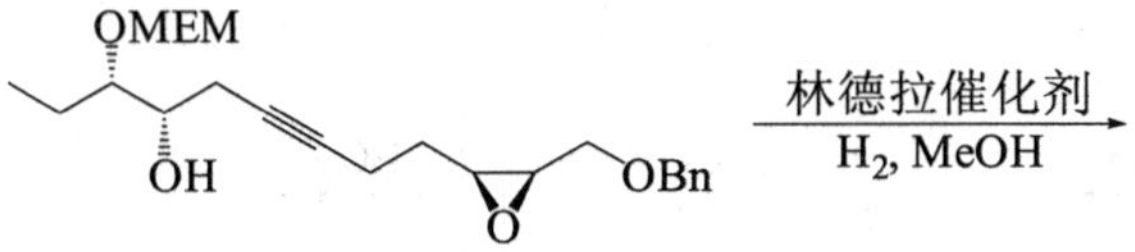

(59) 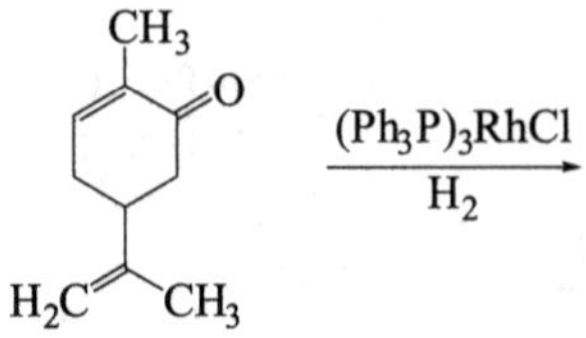

(60) 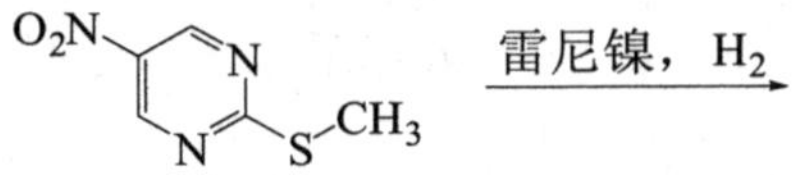

(61) 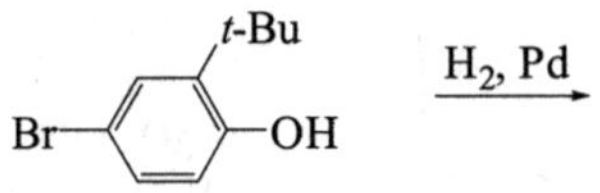

(62) 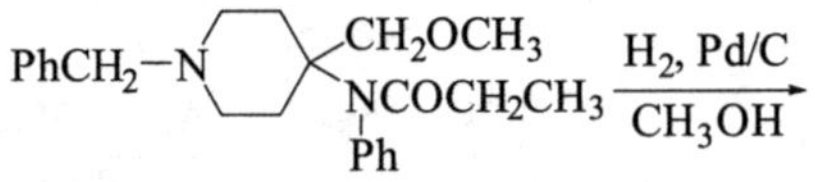

(63) 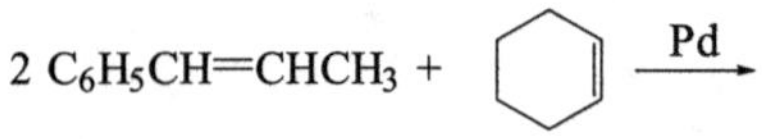

(64) 

(65) 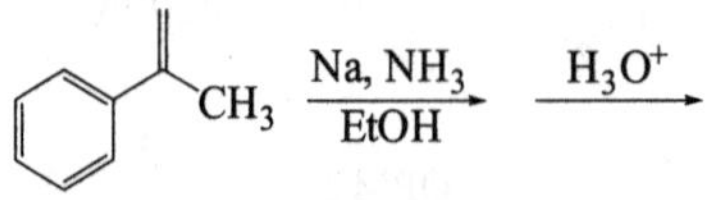

(66) 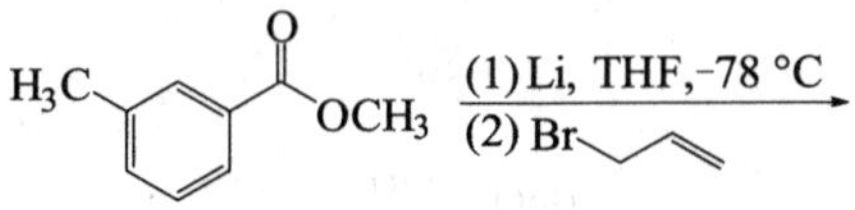

(67) 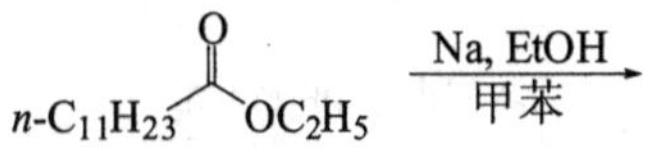

(68) 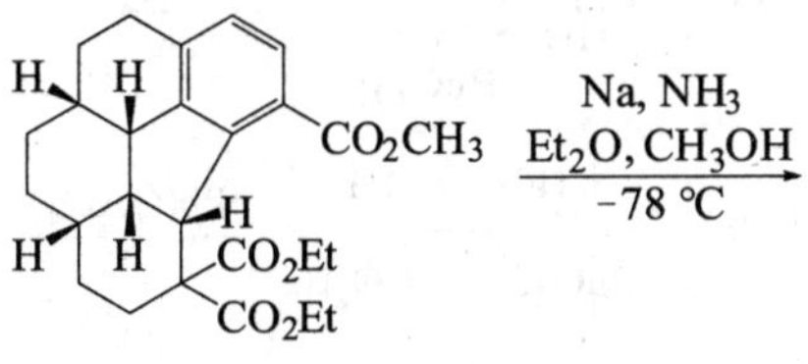

(69) 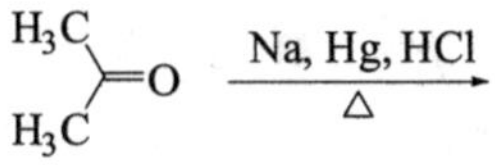

(70) 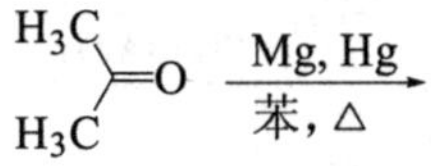

(71) 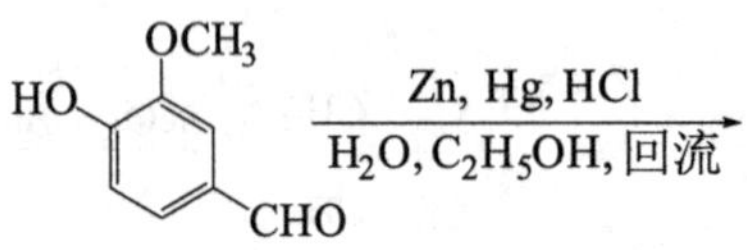

(72) 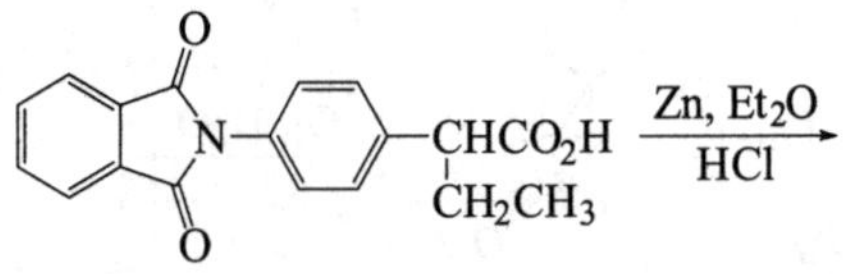

(73) 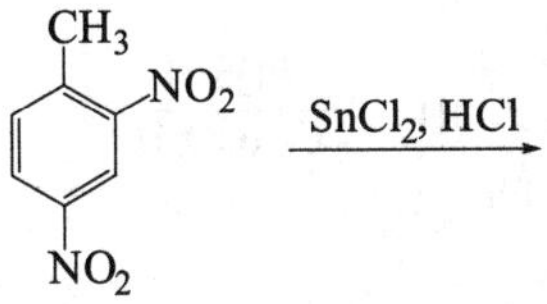

(74) 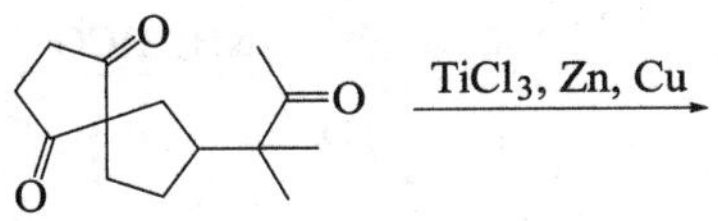

(75) 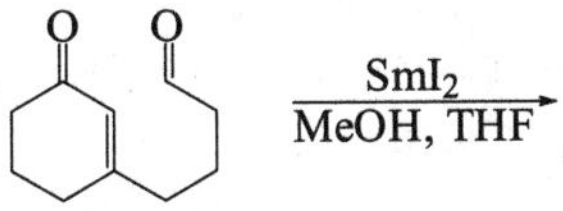

(76) 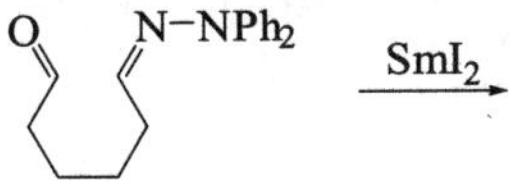

(77) 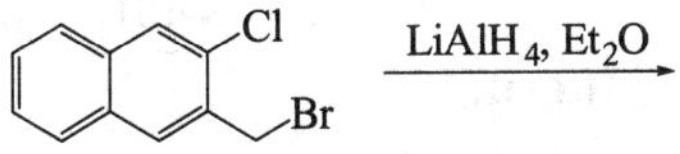

(78) 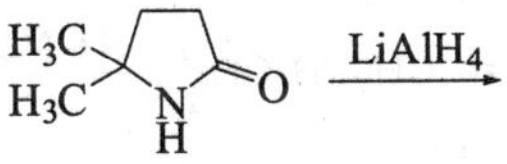

(79) 

(80) 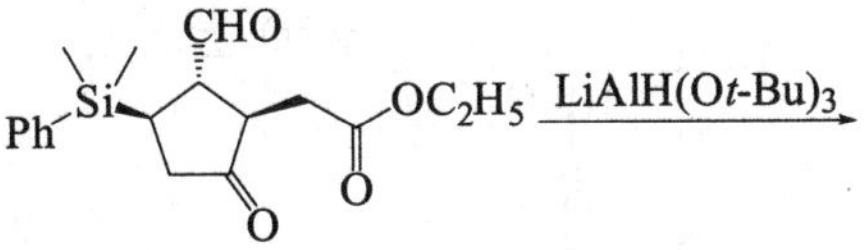

(81) 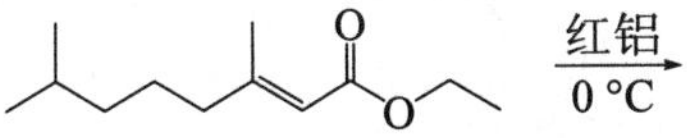

(82) 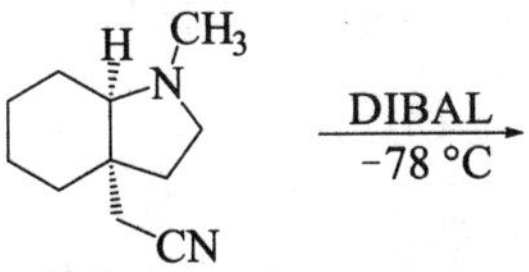

(83) 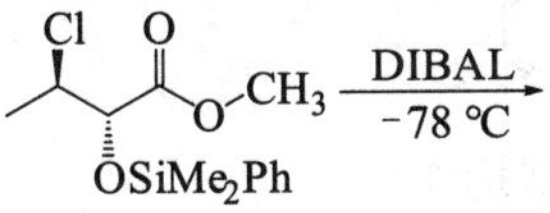

(84) 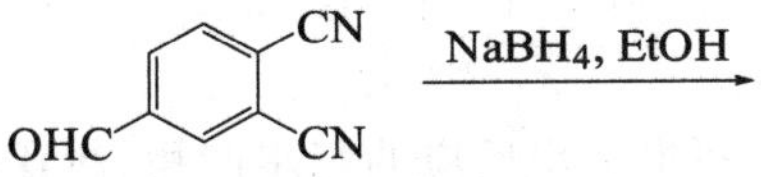

(85) 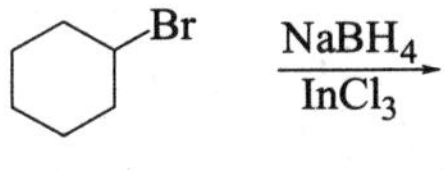

(86) 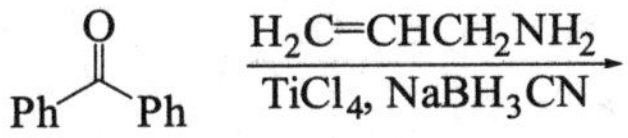

(87) 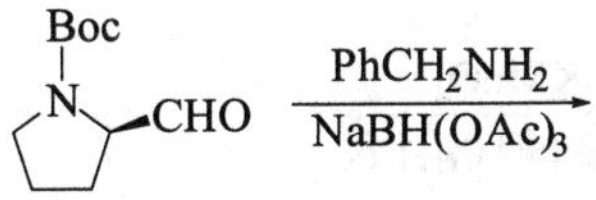

(88) 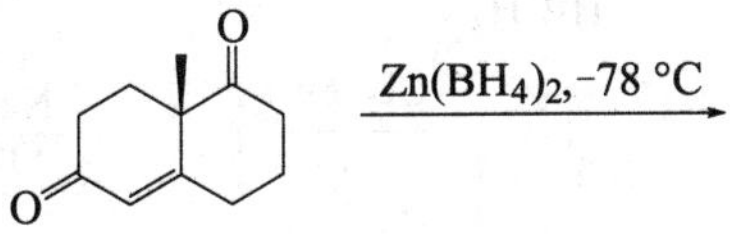

(89) 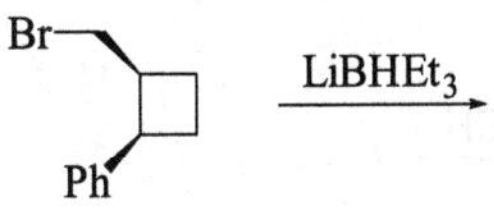

(90) 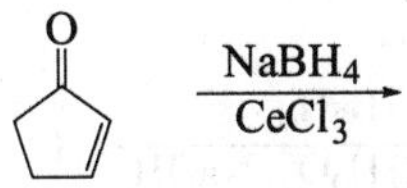

(91) 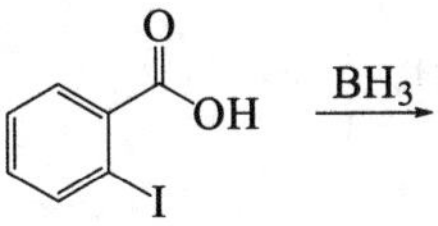

(92) 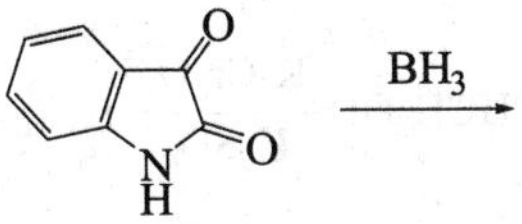

(93) 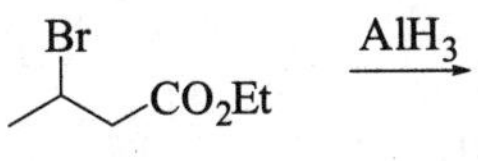

(94) 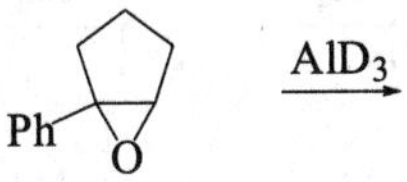

(95) 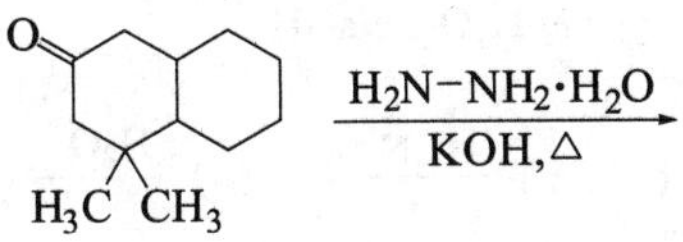

(96) 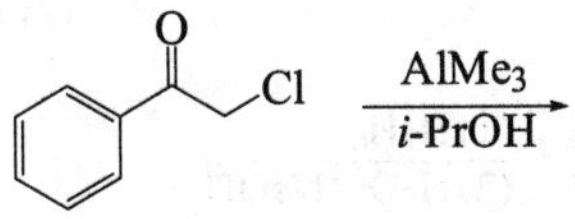

(97) 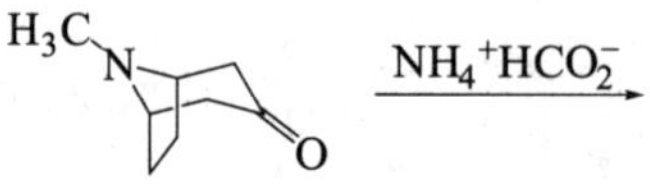

(98) 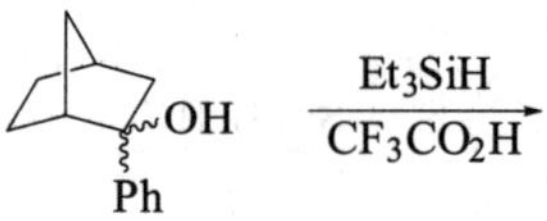

(99) 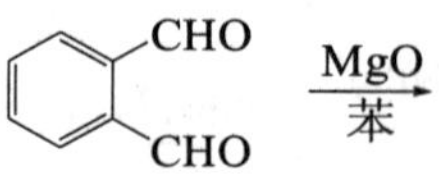

(100) 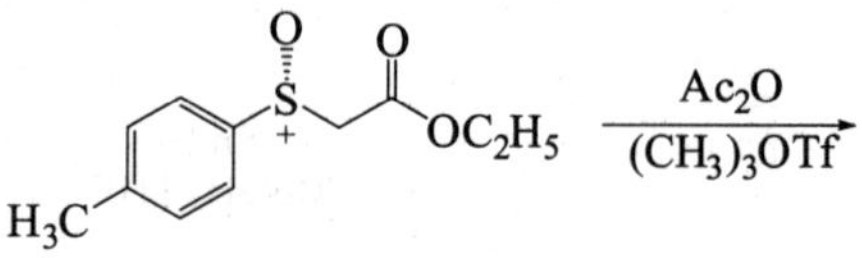

(101) $H_3CC{\equiv}CCH_2CH_2CH_3 \xrightarrow{Na,\ NH_3}$

(102) 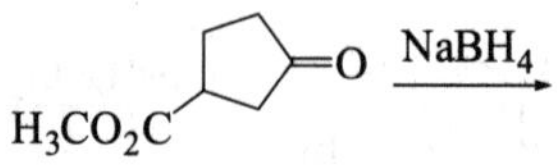

(103) 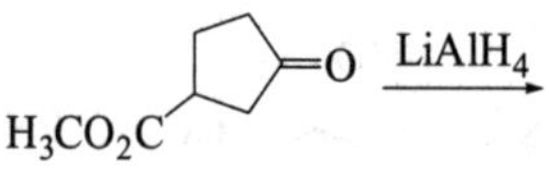

(104) 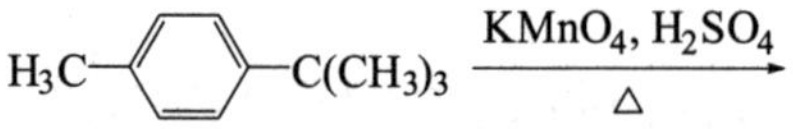

(105) 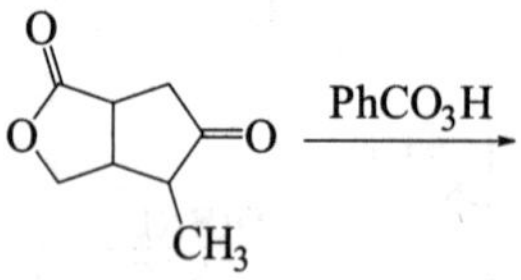

(106) 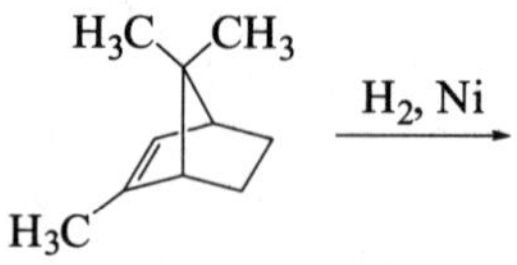

(107) 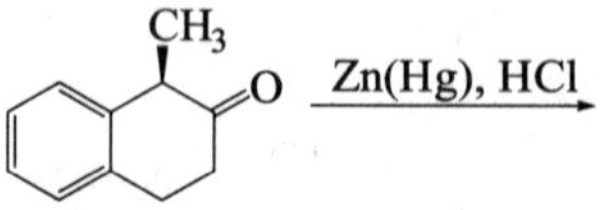

(108) 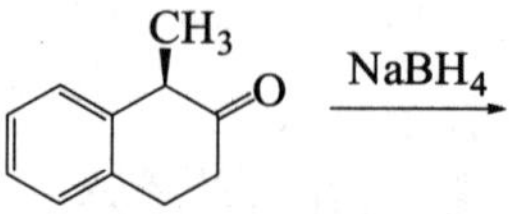

2. 写出多步反应的每步产物，注意产物的立体化学结构。

(1) 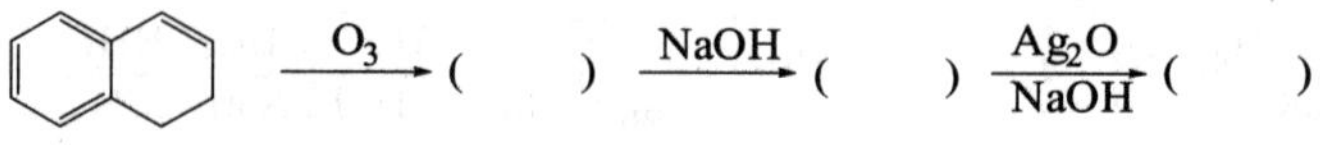

(2) 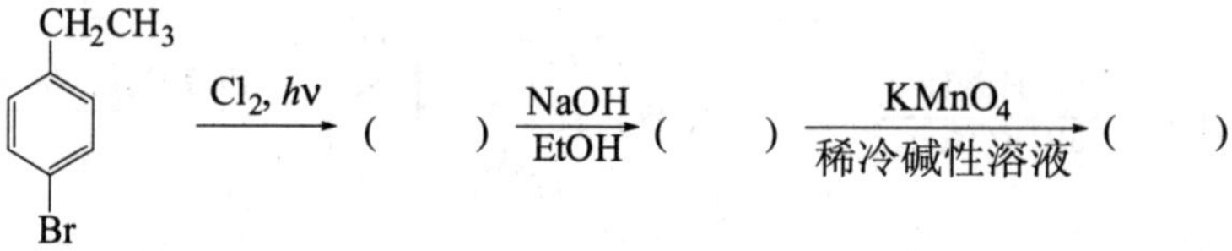

(3) 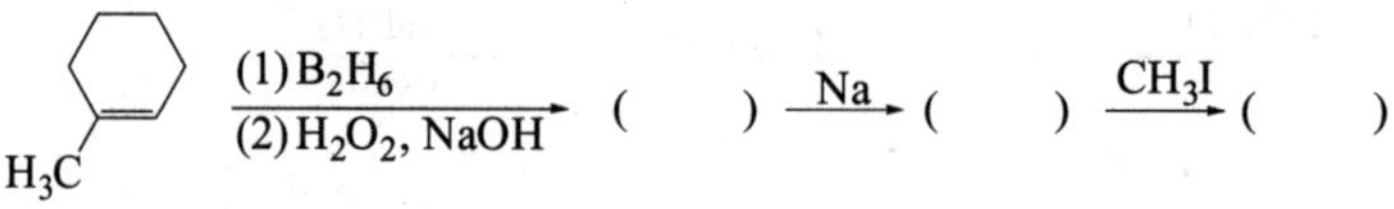

(4) $(CH_3)_2CHCH_2OH \xrightarrow[H_2SO_4]{K_2Cr_2O_7} (\quad) \xrightarrow[NaOH]{HCHO} (\quad) \xrightarrow{NaBH_4} (\quad)$

(5) 

(6) $H_2C{=}CHBr \xrightarrow{Mg} (\quad) \xrightarrow[(2)\ H_3O^+]{(1)\ CO_2} (\quad) \xrightarrow[(2)\ H_2O_2,\ NaOH]{(1)\ B_2H_6} (\quad)$

(7) 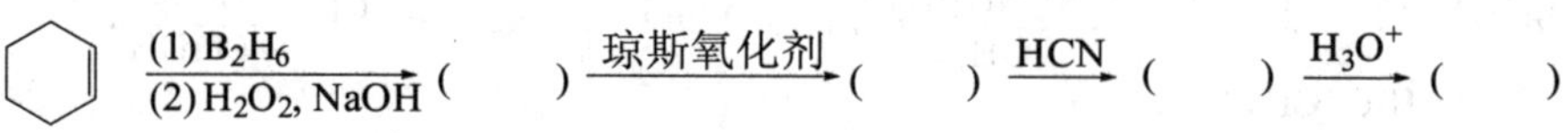

(8) 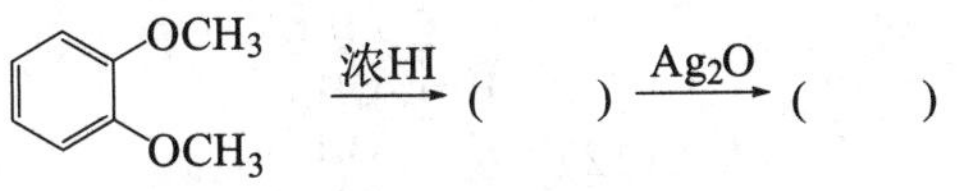

(9) $(CH_3CH_2)_2CO \xrightarrow{Mg} \xrightarrow{H_2O} (\quad) \xrightarrow[\triangle]{H_3O^+} (\quad)$

(10) $CH_3COCH{=}CH_2 + CH_3COCH_2COOCH_3 \xrightarrow[\triangle]{\text{哌啶}} (\quad) \xrightarrow{NaBH_4} (\quad) \xrightarrow[H_2SO_4]{K_2Cr_2O_7} (\quad)$

(11) 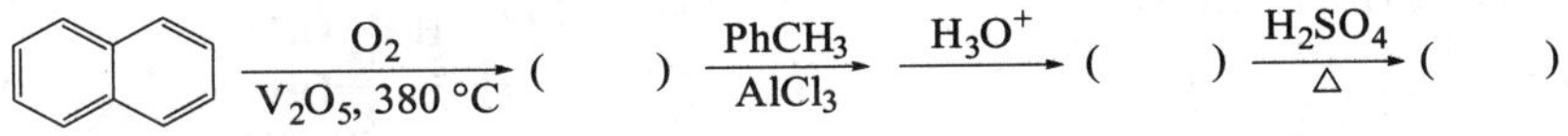

(12) 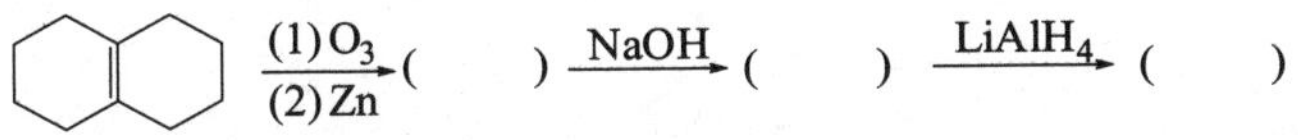

(13) 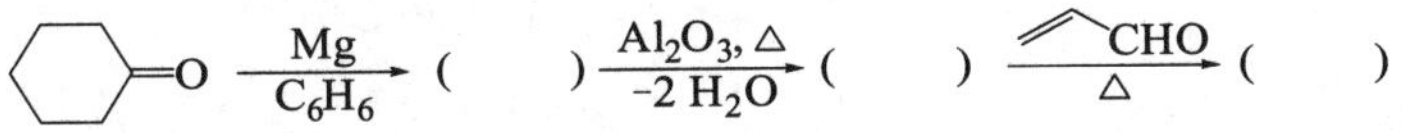

3. 以正丁醇为原料合成下列化合物。

(1) $CH_3CH_2CH_2CH(OH){-}CO_2H$

(2) $CH_3CH_2CH_2CH(OH)CH_2CH_2CH_2CH_3$

(3) $CH_3CH_2CH_2CH{=}C(C_2H_5)CH_2OH$

(4) $CH_3CH_2CH_2CH_2CH(C_2H_5)CH_2OH$

(5) $CH_3CH_2CH_2CH{=}C(C_2H_5)CO_2H$

4. 用 C5 以下原料合成下列化合物。

(1) $(H_3C)_3C{-}C({=}O){-}CH(OH)C_2H_5$

(2) 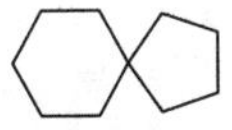

(二)参考答案

1. 由原料和反应条件写出产物,注意产物的立体化学结构。

(1) $H_2C(OH){-}CH(OH){-}CH_3$

(2) $CH_3COOH + CO_2 + H_2O$

(3) $CH_3COOH + CO_2 + H_2O$

(4) 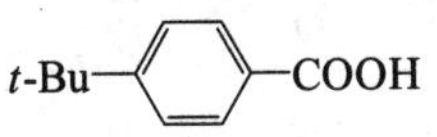

(5) 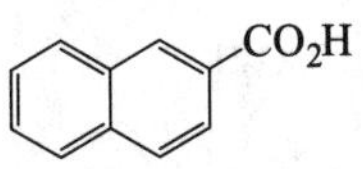

(6) 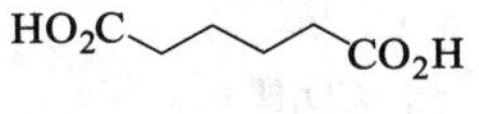

(7) 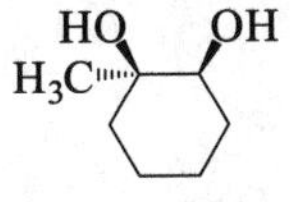

(8) 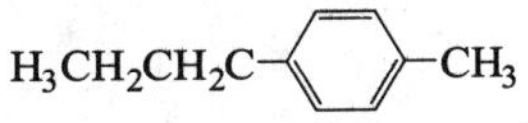

(9) 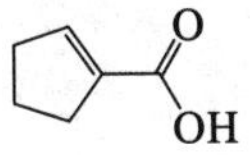

(10) $CH_3CO_2H + CH_3C({=}O)CO_2H$

(11) 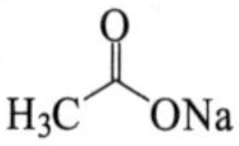 + CHI_3

(12) 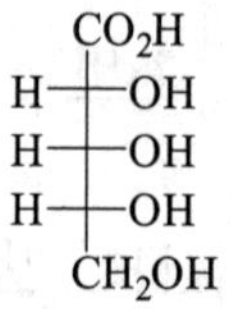

(13) 3 HCOOH + HCHO

(14) 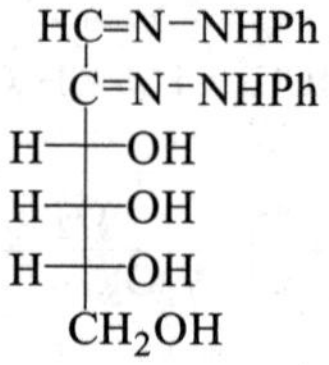

(15) 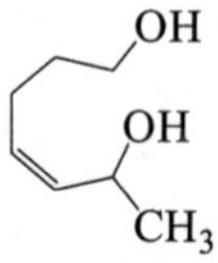

(16) 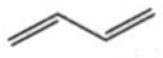

(17) Ph—≡—CHO

(18) 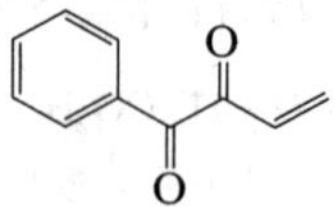

(19) 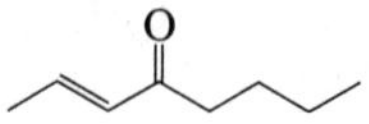

(20) 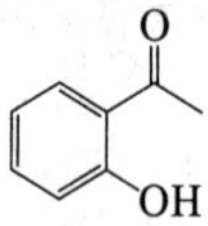

(21) 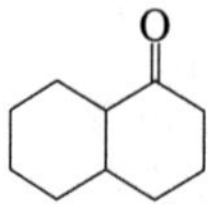

(22) 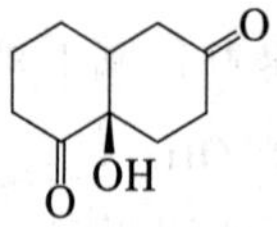

(23) 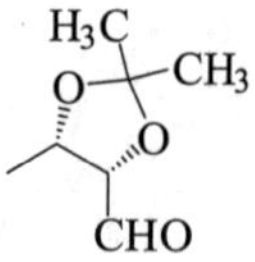

(24) 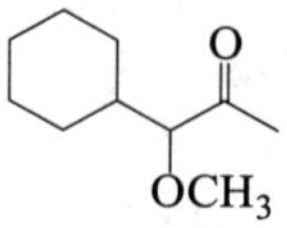

(25) 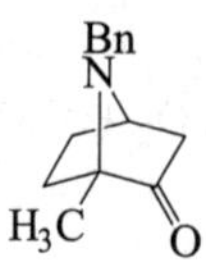

(26) 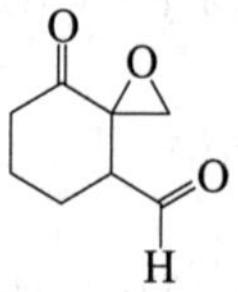

(27) 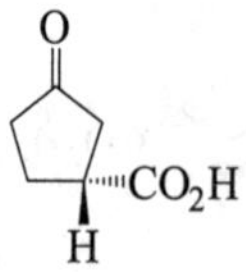

(28) 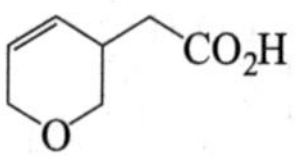

(29) 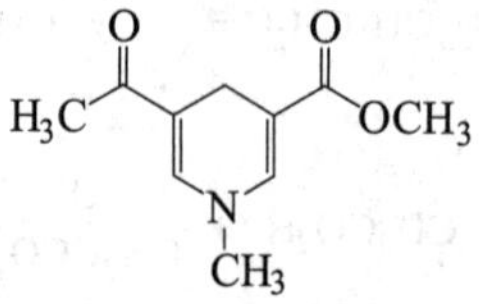

(30) 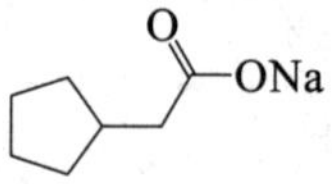

(31) 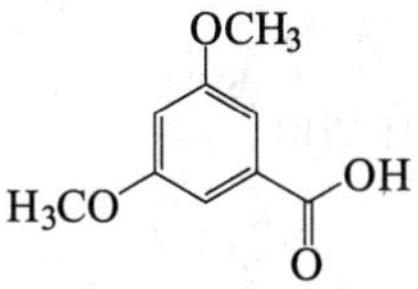

(32) 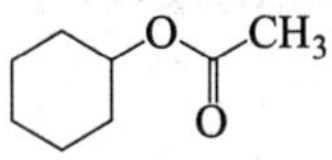

(33) 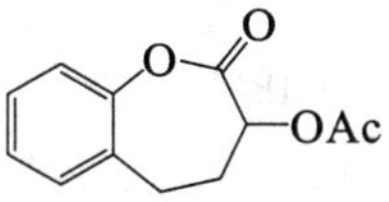

(34) 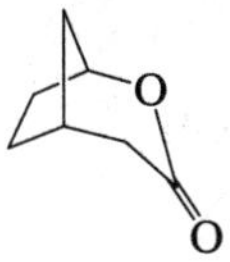

(35) 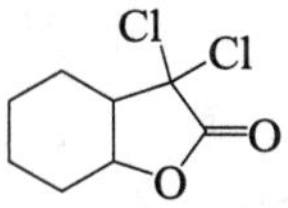

(36) 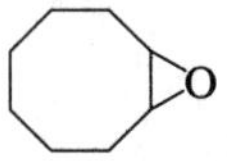

(37) 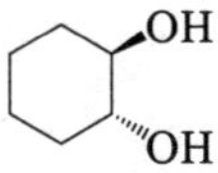

(38) 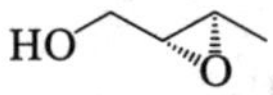

(39) 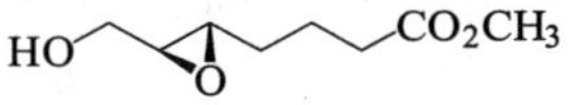

(40) 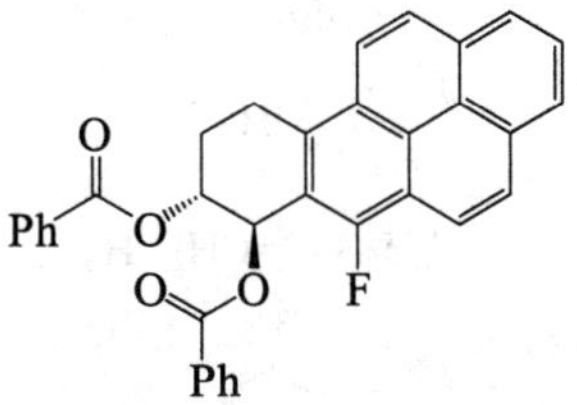

(41) 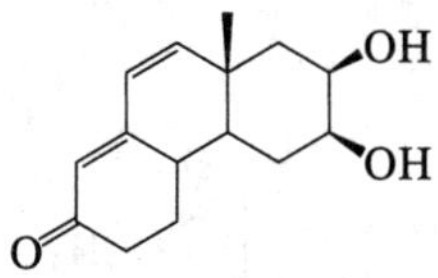

(42) 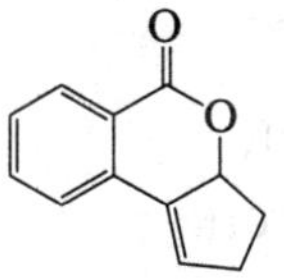

(43) 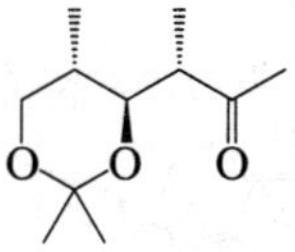

(44) 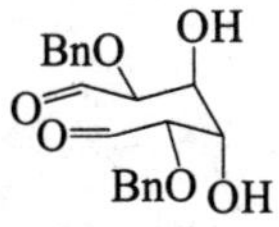

(45) 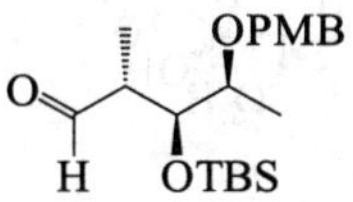

(46) BuO_2C-CHO

(47) 

(48) 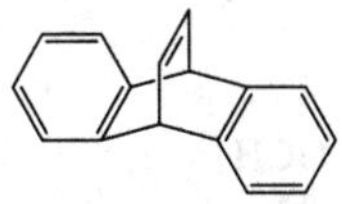

(49) 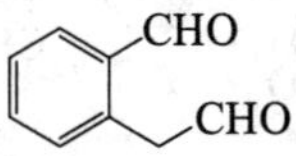

(50) 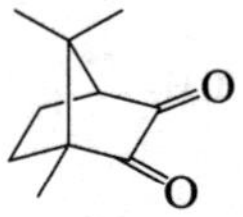

(51) 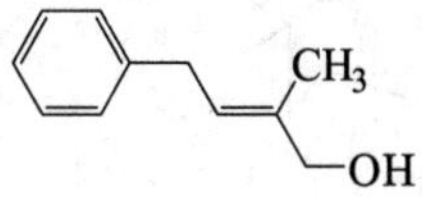

(52) 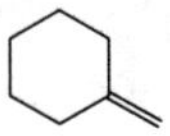

(53) 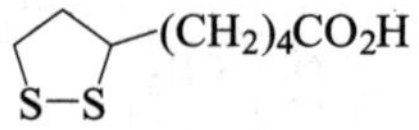

(54) 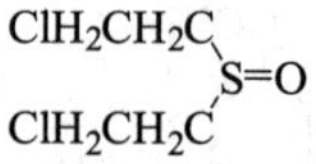

(55) 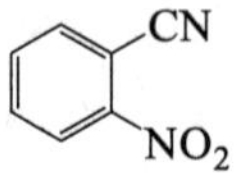

(56) 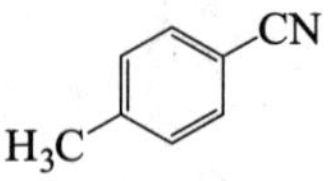

(57) 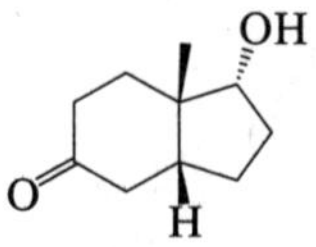

(58) 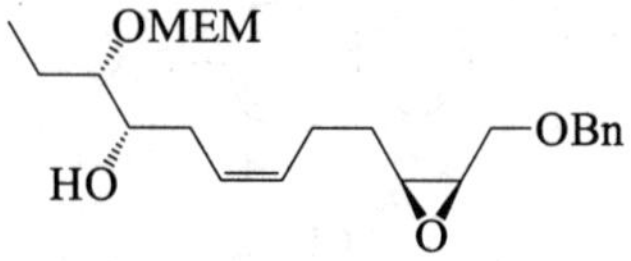

(59) 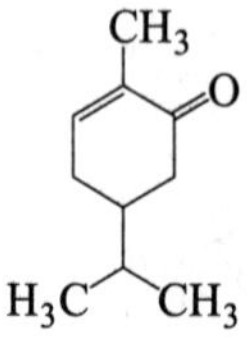

(60) 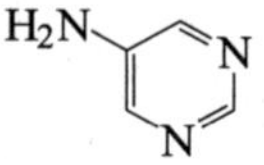

(61) 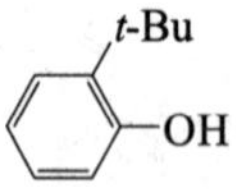

(62) 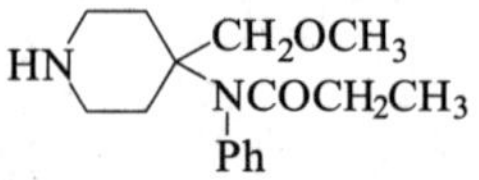

(63) $C_6H_5H_2C-CH_2CH_3$

+

(64) 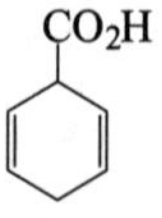

(65) 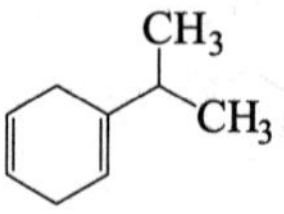

(66) 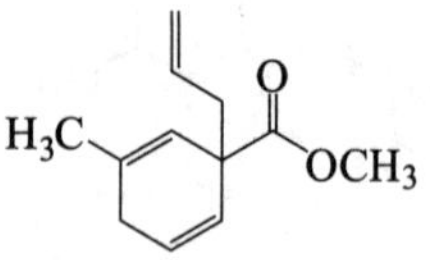

(67) 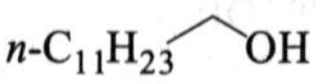

(68) 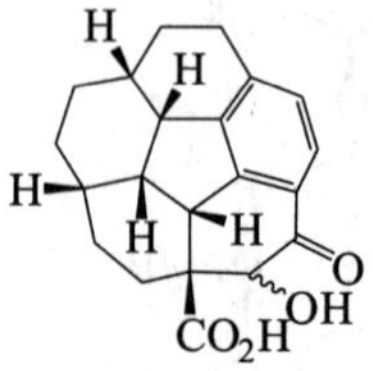

(69) 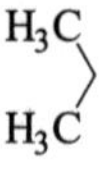

(70) 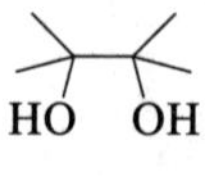

(71) 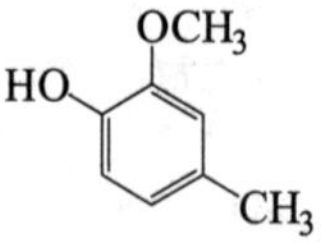

(72) 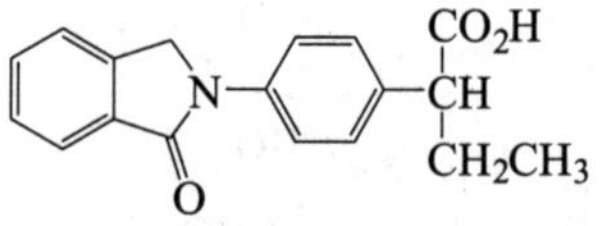

(73) 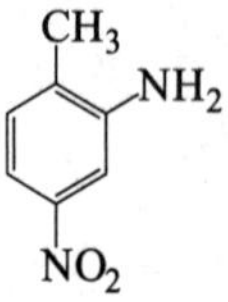

(74) 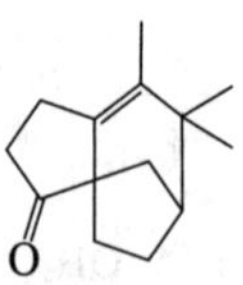

(75) 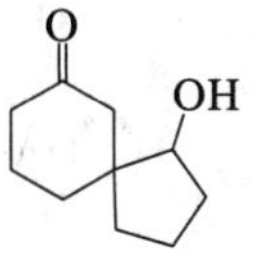

(76) 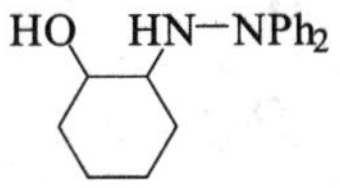

(77) 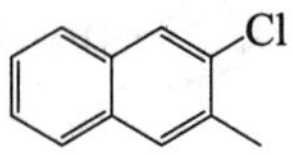

(78) 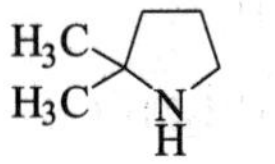

(79) 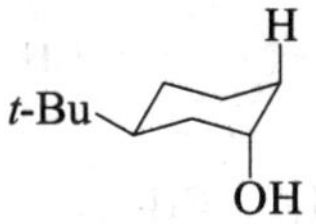

(80) 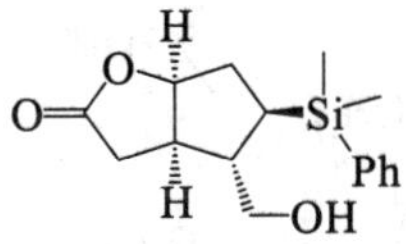

(81) 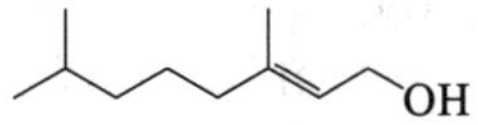

(82) 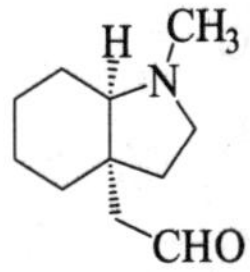

(83) 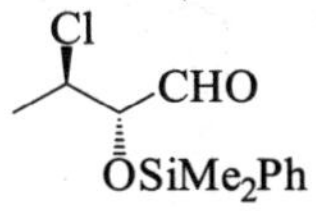

(84) 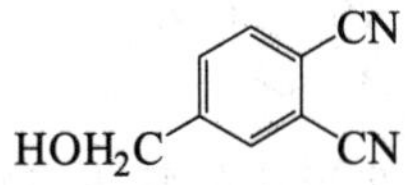

(85) 

(86) 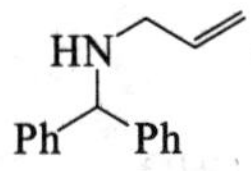

(87) 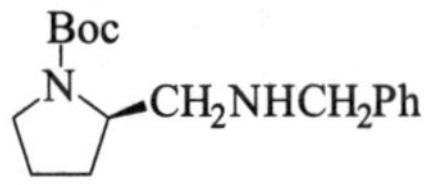

(88) 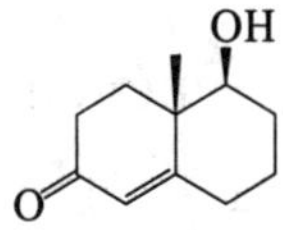

(89) 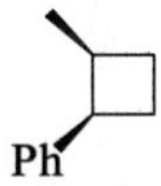

(90) 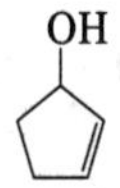

(91) 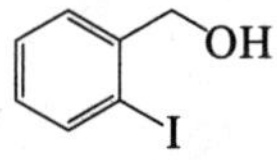

(92) 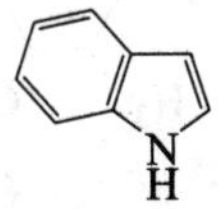

(93) 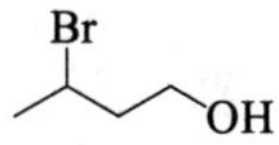

(94) 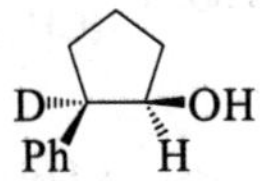

(95) 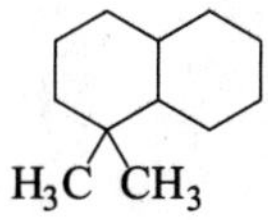

(96) 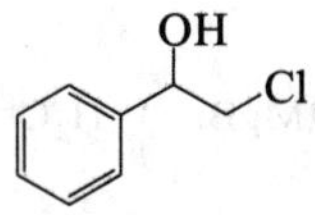

(97) 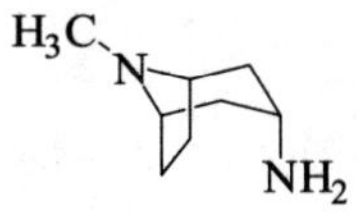

(98) 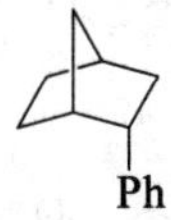

(99) 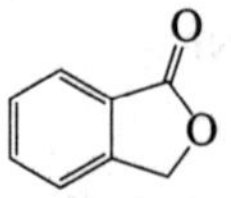

(100) 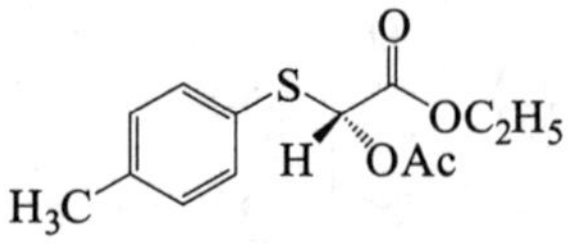

(101) 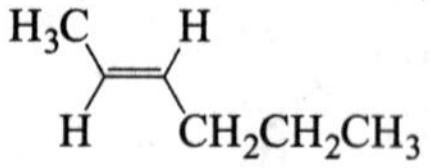

(102) 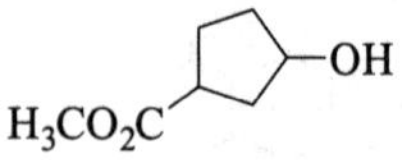

(103) 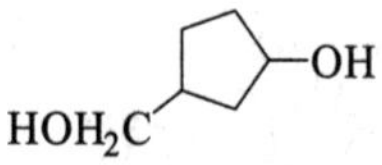

(104) 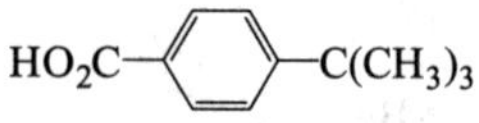

(105) 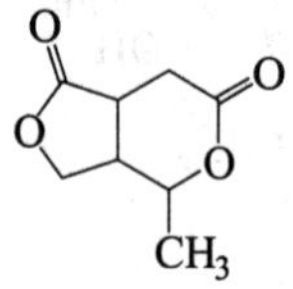

(106) 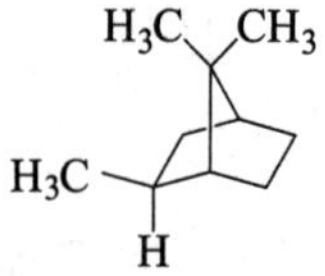

(107) 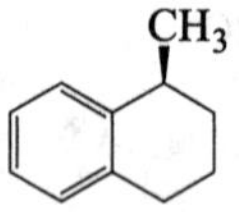

(108) 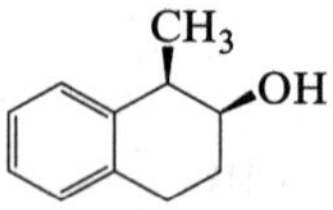

2. 写出多步反应的每步产物，注意产物的立体化学结构。

(1) 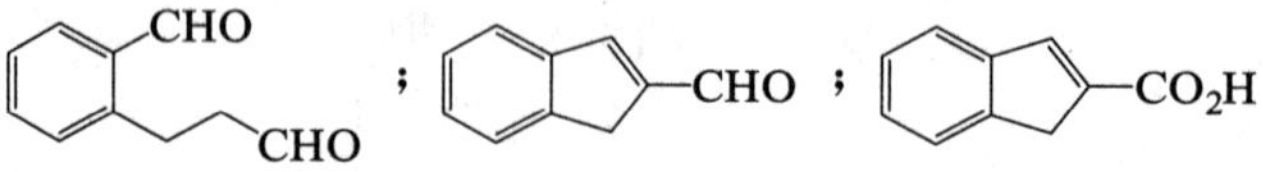

(2) 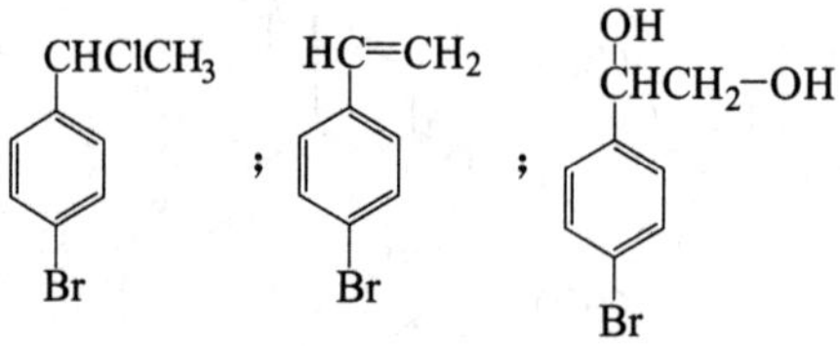

(3) 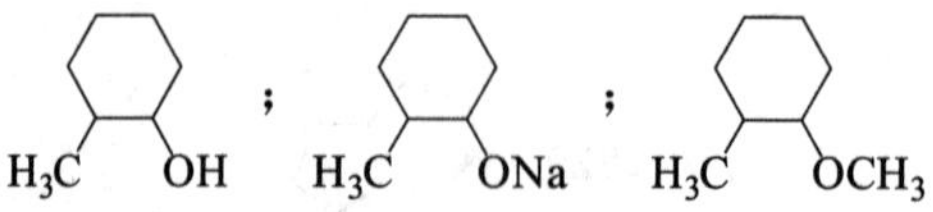

(4) $(CH_3)_2CHCHO$ ； $(CH_3)_2C(CH_2OH)CHO$ ； $(CH_3)_2C(CH_2OH)_2$

(5)  ； 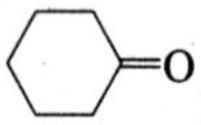 + CO_2 + H_2O

(6) $H_2C{=}CHMgBr$ ； $H_2C{=}CHCOOH$ ； $CH_3CH(OH)COOH$

(7) 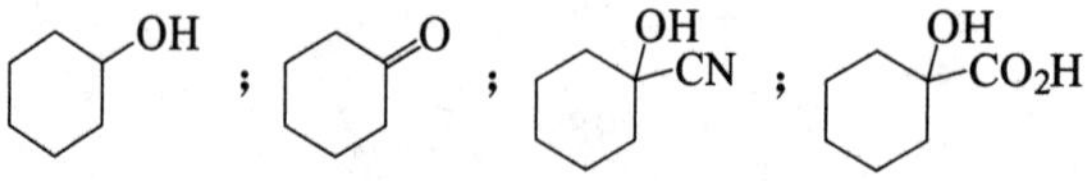

(8) 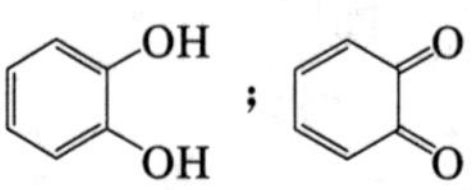

(9) $(C_2H_5)_2\underset{}{C}(OH)-C(OH)(C_2H_5)_2$ ； $(C_2H_5)_3C-\overset{O}{\overset{\|}{C}}C_2H_5$

(10) 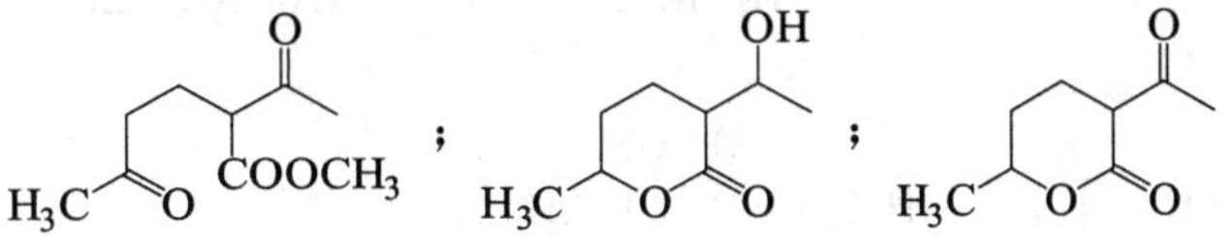

(11) 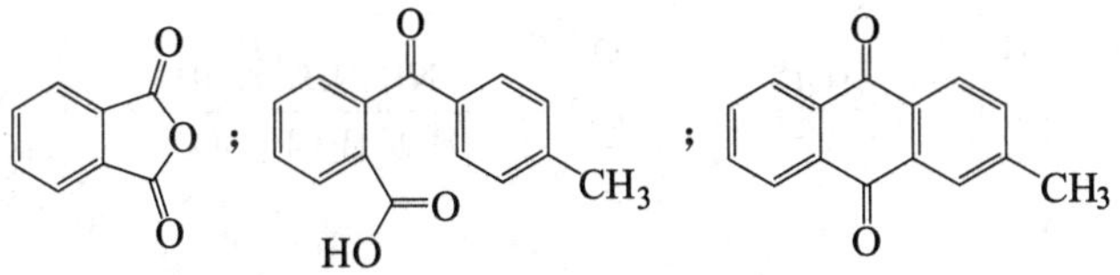

(12) 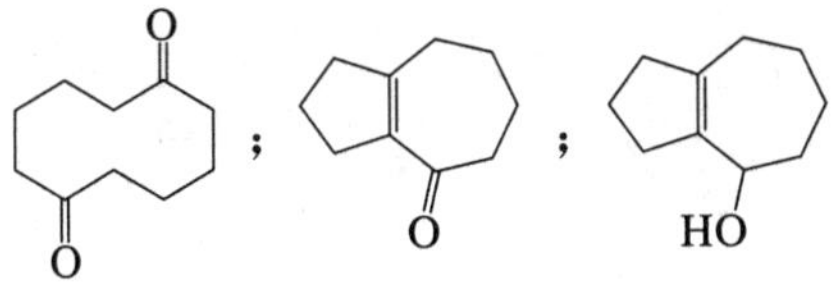

(13) 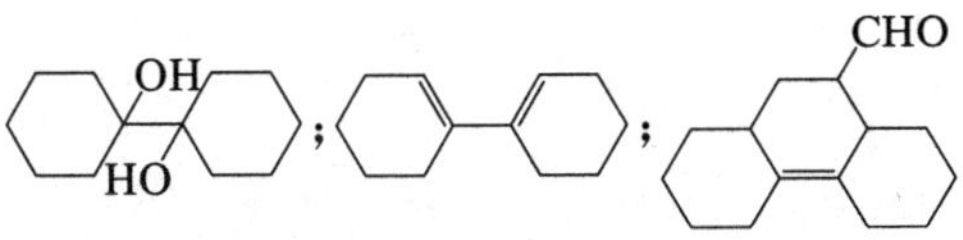

3. 以正丁醇为原料合成下列化合物。

(1) $CH_3CH_2CH_2CH_2OH \xrightarrow{CrO_3\cdot 2Py} CH_3CH_2CH_2CHO$

$CH_3CH_2CH_2CHO \xrightarrow{HCN} CH_3CH_2CH_2\underset{OH}{\underset{|}{C}}H-CN \xrightarrow{H_3O^+} CH_3CH_2CH_2\underset{OH}{\underset{|}{C}}H-CO_2H$

(2) $CH_3CH_2CH_2CH_2OH \xrightarrow{CrO_3\cdot 2Py} CH_3CH_2CH_2CHO$

$CH_3CH_2CH_2CH_2OH \xrightarrow{HBr} CH_3CH_2CH_2CH_2Br \xrightarrow{Mg} CH_3CH_2CH_2CH_2MgBr \xrightarrow{CH_3CH_2CH_2CHO}$

$CH_3CH_2CH_2\overset{OH}{\overset{|}{C}}HCH_2CH_2CH_2CH_3$

(3) $CH_3CH_2CH_2CH_2OH \xrightarrow{CrO_3\cdot 2Py} CH_3CH_2CH_2CHO$

$2\ CH_3CH_2CH_2CHO \xrightarrow{稀NaOH} CH_3CH_2CH_2CH{=}\underset{C_2H_5}{\underset{|}{C}}CHO \xrightarrow{NaBH_4} CH_3CH_2CH_2CH{=}\underset{C_2H_5}{\underset{|}{C}}CH_2OH$

(4) $2\ CH_3CH_2CH_2CHO \xrightarrow{稀NaOH} CH_3CH_2CH_2CH{=}\underset{C_2H_5}{\underset{|}{C}}CHO \xrightarrow{H_2,\ Ni} CH_3CH_2CH_2CH_2\underset{C_2H_5}{\underset{|}{C}}HCH_2OH$

(5) $CH_3CH_2CH_2CH{=}\underset{C_2H_5}{\underset{|}{C}}CHO \xrightarrow{琼斯氧化剂} CH_3CH_2CH_2CH{=}\underset{C_2H_5}{\underset{|}{C}}CO_2H$

4. 用 C5 以下原料合成下列化合物。

(1) 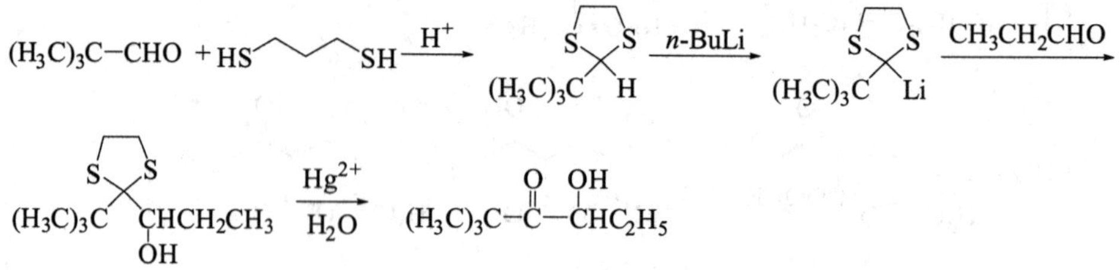

(2) 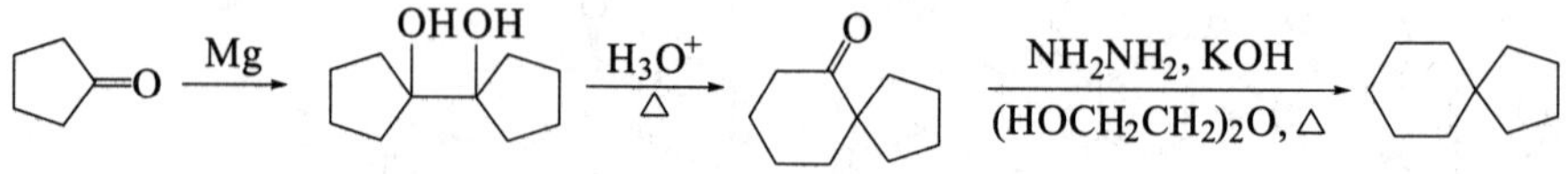

第 7 章　官能团的保护

一、内容概要及知识要点

1. 内容概要

在有机合成反应中，反应物的结构大多很复杂，且常含有多个官能团。为控制官能团反应的顺序、提高反应选择性、避免副反应的发生，反应前需在化合物的特定的官能团上引入保护基团，使该官能团暂时变为不活泼的官能团，反应完成以后，再把所保护的官能团恢复到原来的状态，这样做可以只使某个目标官能团发生变化。保护基应至少具有以下三个特征：(1)可以选择特定的官能团，并且进行有效率的反应；(2)在目标反应进行时，保护基不发生变化；(3)反应结束后，恢复到原来的官能团时，不会对其他的官能团产生影响，并且可以定量地恢复。保护基的使用，意义在于官能团的选择，但引入保护基至少会增加两道工序，所以保护基的添加和除去的产率必须是定量性的。不少保护/去保护工作是实现合成目标而必须进行的，许多保护/去保护工作的进行是一种无奈的选择，同时对化学工作者而言也是一种挑战，推动有机合成化学朝着无保护基合成的方向前进。

2. 知识要点

(1)保护羟基的常用基团：乙酰基(Ac)；2-甲氧基乙氧甲基醚(MEM)；甲氧甲基醚(MOM)；对甲氧基苄基醚(PMB)；甲硫甲基醚(MTM)；特戊酰基(Piv)；四氢吡喃(THP)；硅醚保护基；甲基醚。

(2)保护氨基的常用基团：苄氧羰基(Cbz)；叔丁氧羰基(BOC)；9-芴甲氧羰基(FMOC)；苄基(Bn)；对甲氧苯基(PMP)；三苯甲基衍生物保护基。

(3)保护羰基的常用基团：缩醛与缩酮；偕二酸酯；二噻烷。

(4)保护羧基的常用基团：甲基酯；苄基酯；叔丁基酯；硅基酯。

常用的脱保护基的方法：(1)酸脱除保护——质子酸、路易斯酸；(2)碱脱除保护——酯类水解；(3)氢化脱除保护——苄基保护基；(4)氧化脱除保护——DDQ，CAN，I_2；(5)还原脱除保护等。

二、解题示例

1. 分别写出羟基、羰基、羧基及氨基的保护方法(不少于 5 种)。

[解]

羟基的保护有形成硅醚、苄醚、取代苄醚、取代甲基醚、烯丙基醚等。

羰基的保护有形成二甲醇缩酮(醛)、乙二醇缩酮(醛)、丙二醇缩酮(醛)、二甲硫醇缩酮

(醛)、丙二硫醇缩酮(醛)等。

羧基的保护有形成叔丁酯、三氯乙酯、苄酯、酰胺、酰肼等。

氨基的保护有形成氨基甲酸酯，如与苄氧羰基、叔丁氧羰基、芴甲氧羰基形成氨基甲酸酯，也可以通过三氟乙酰基或苄基保护。

2. 完成下列转化。

(1) 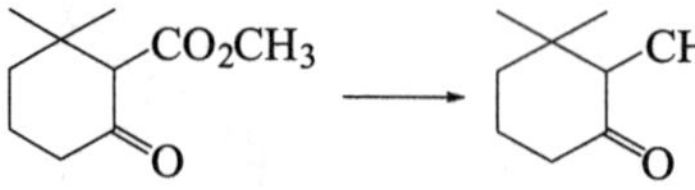

(2) 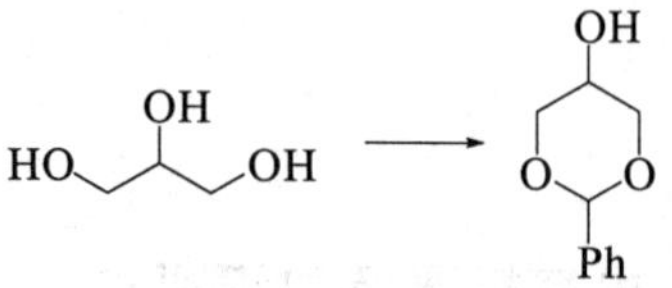

(3) 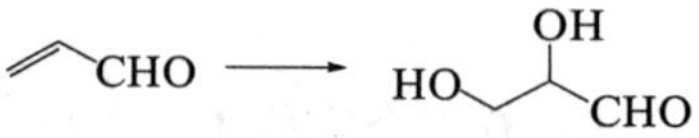

(4) 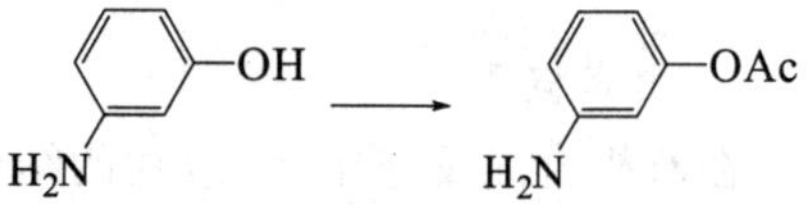

(5) 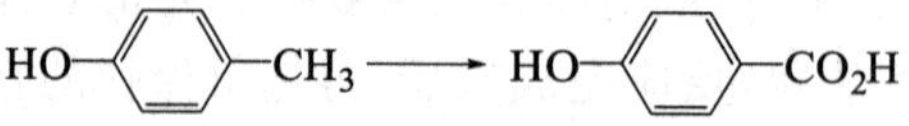

(6) 

(7) 

(8) 

[解]

(1) 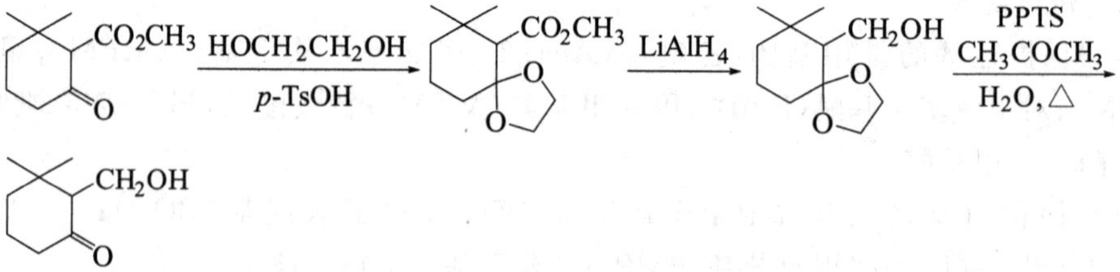

(2) 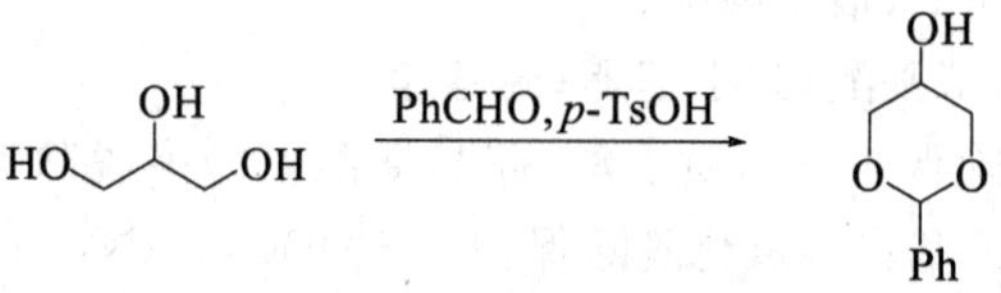

(3) 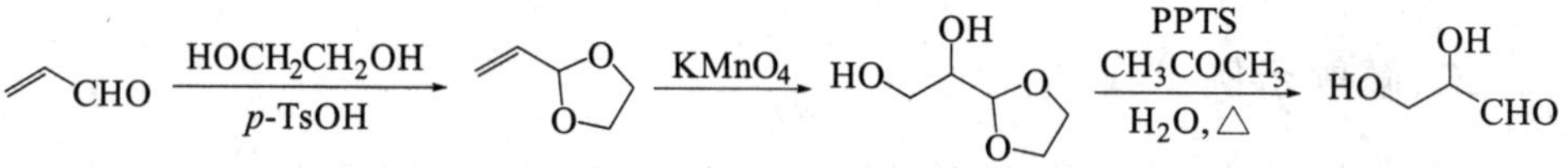

(4) 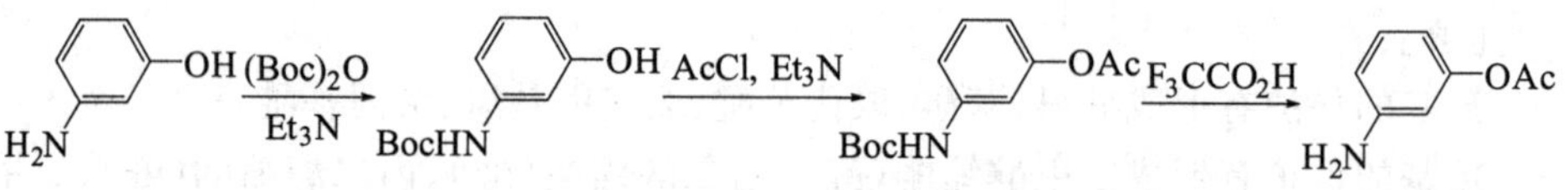

（5） 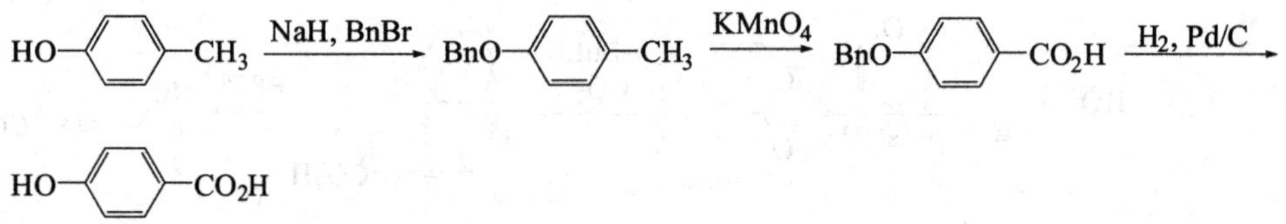

（6） 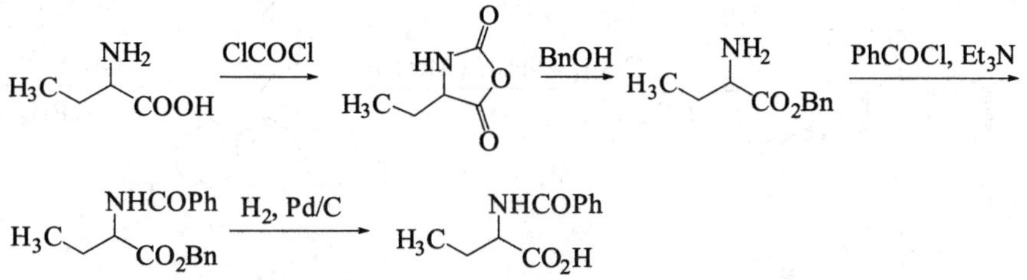

（7） 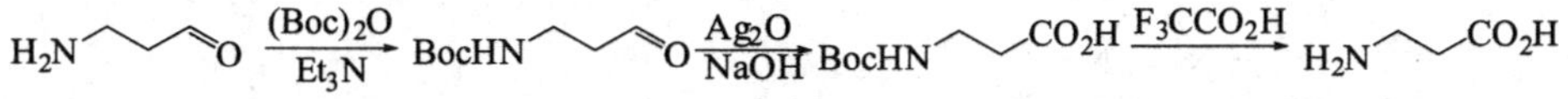

（8） 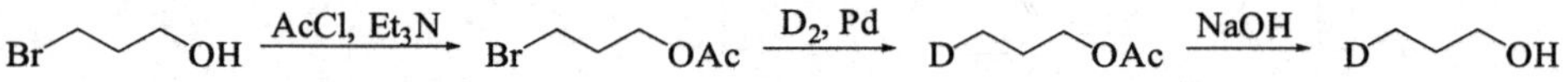

3．设计下列化合物的合成路线。

（1） 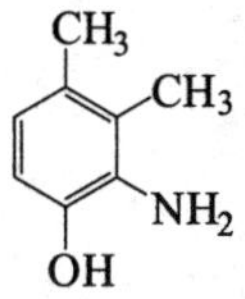

（2） 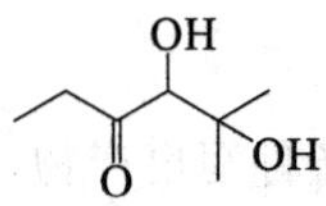

（3） 

（4） 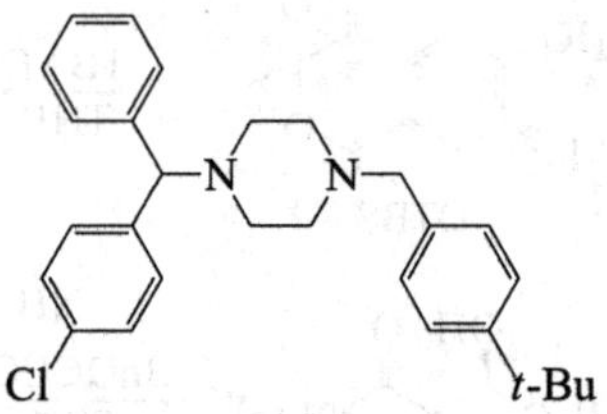

［解］

（1） 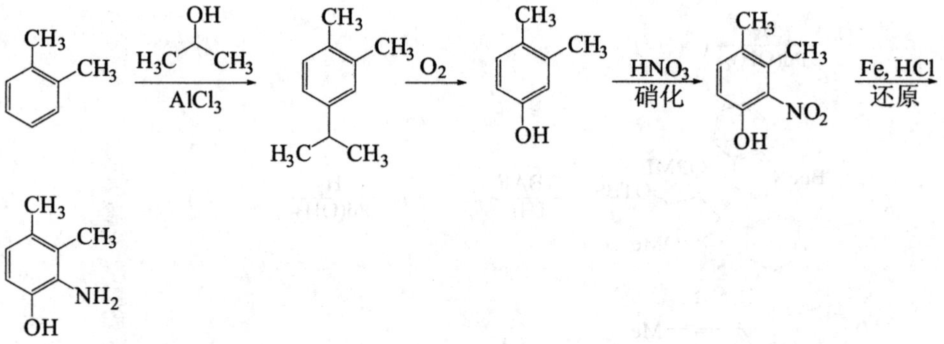

（2） 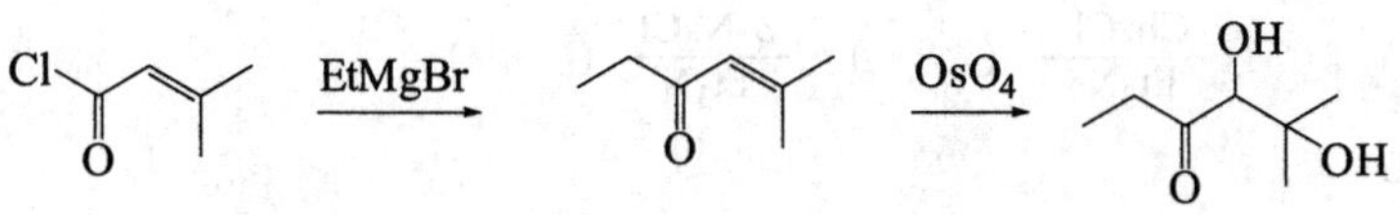

（3） 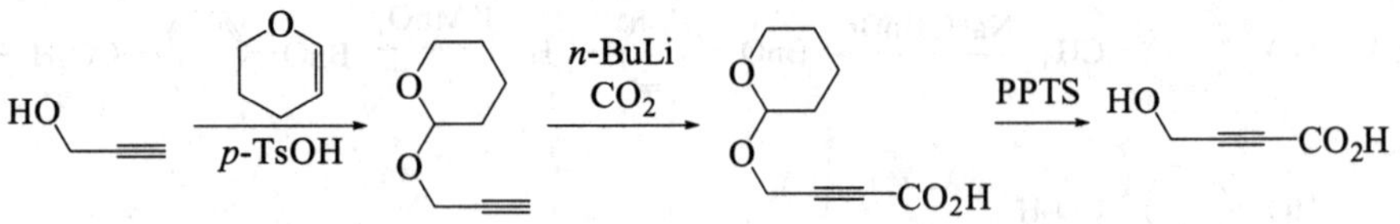

（4） 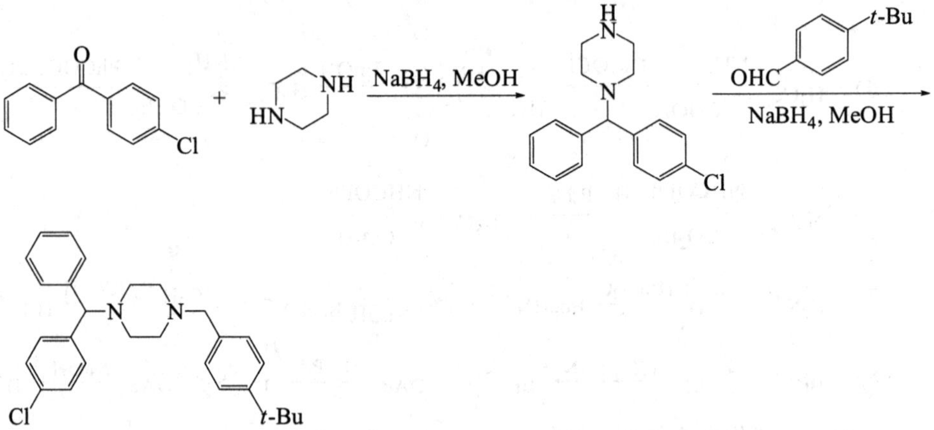

三、习题及参考答案

（一）习题

1. 由原料和反应条件写出产物，注意产物的立体化学结构。

（1） 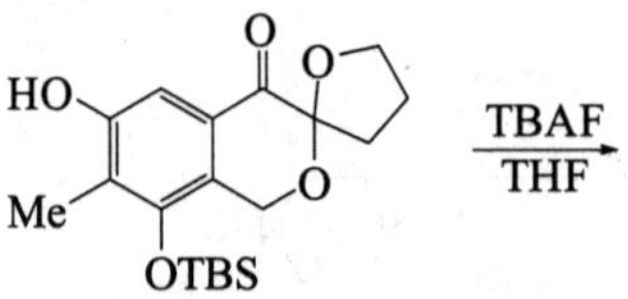

（2） 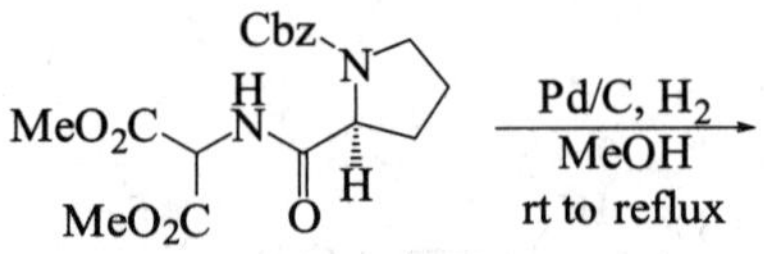

（3） 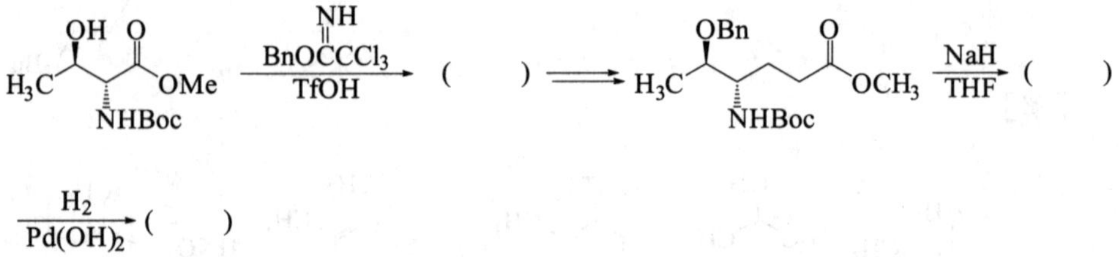

（4） 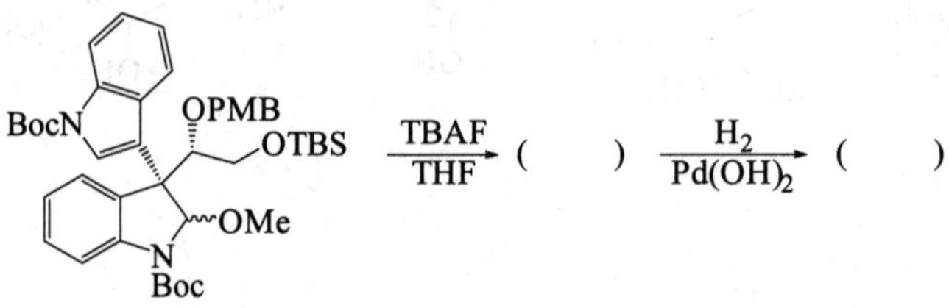

（5） 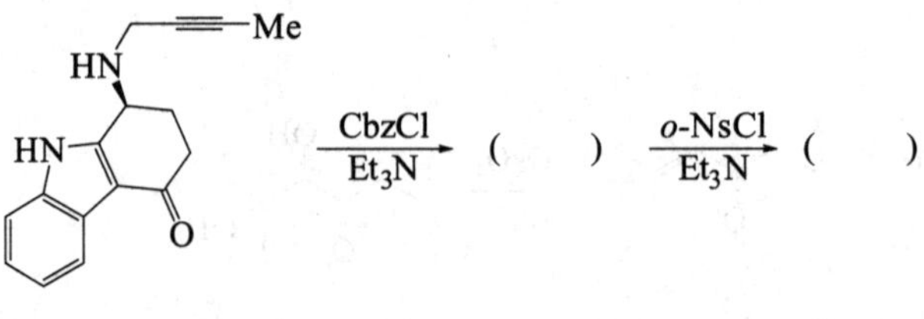

(6)

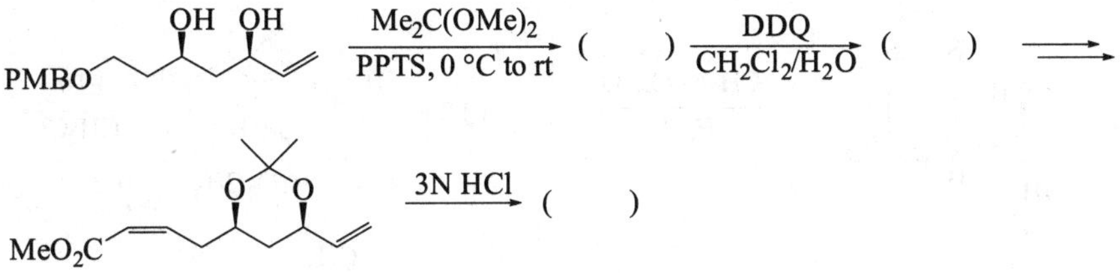

(7)

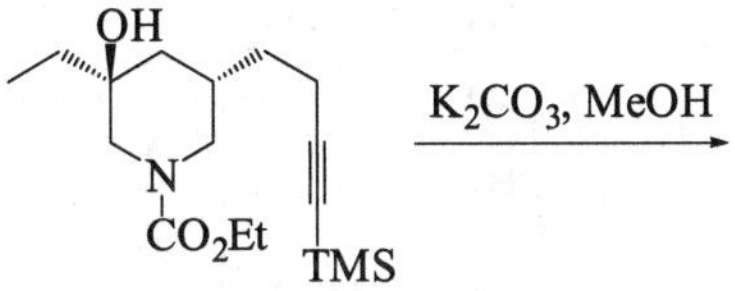

(8)

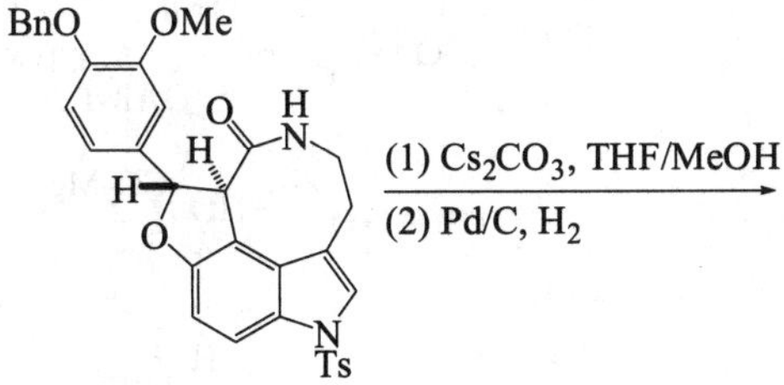

(9)

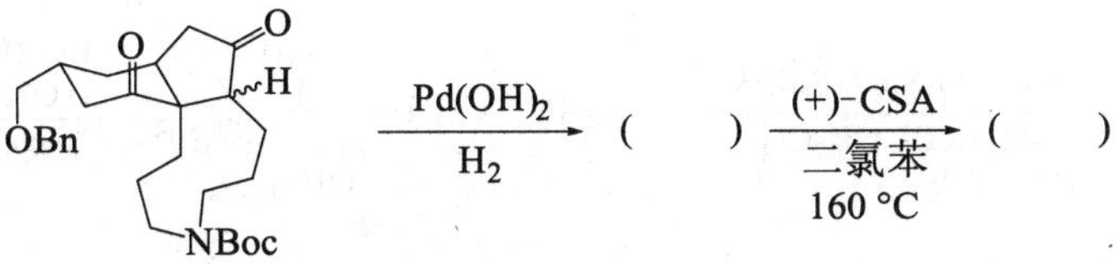

(10)

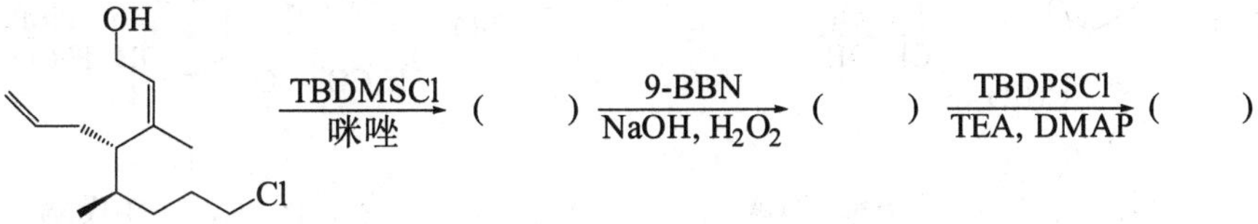

(11)

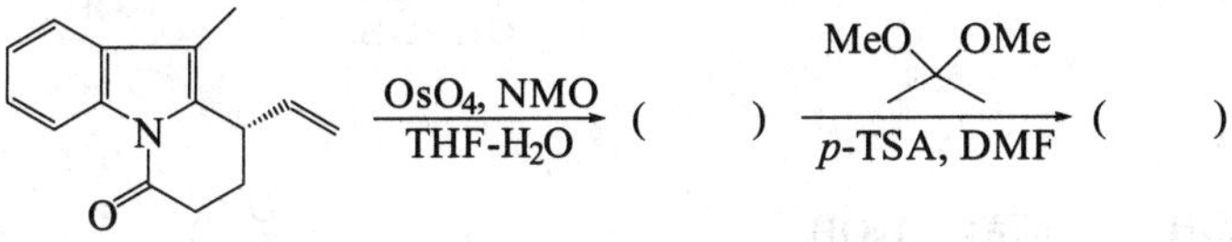

(12)

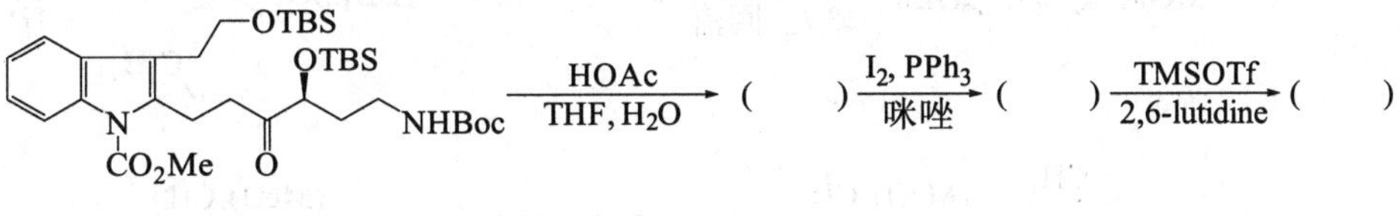

(13)

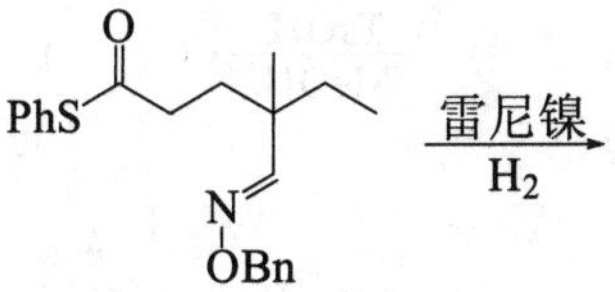

(14)

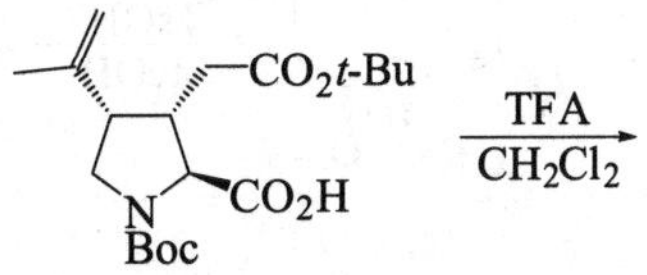

(15)

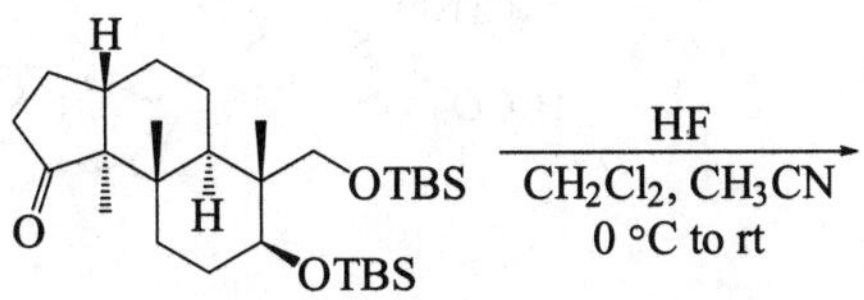

(16)

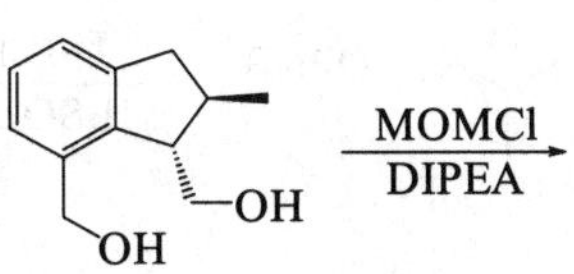

(17) 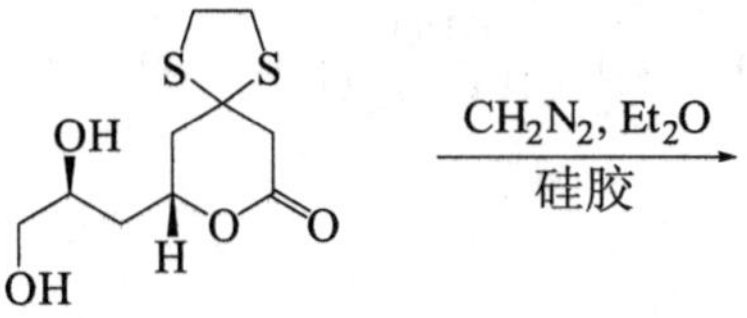

(18) 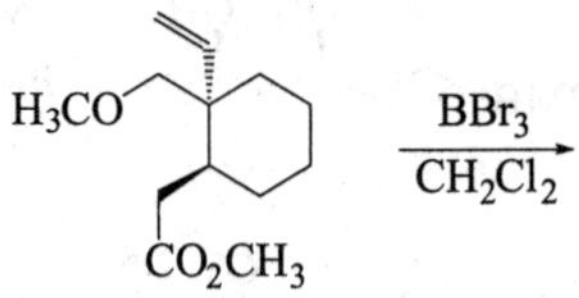

(19) 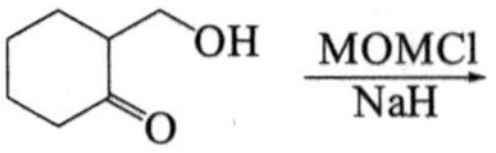

(20) 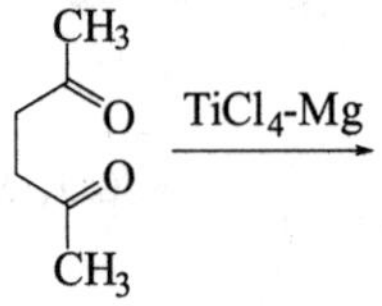

(21) 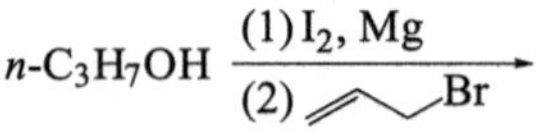

(22) 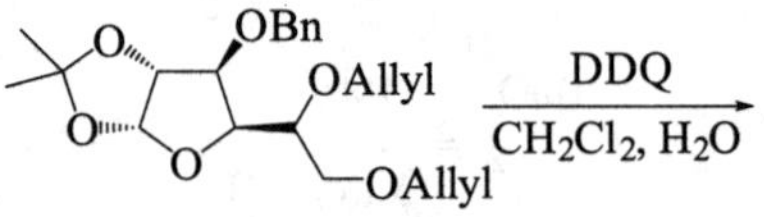

(23) 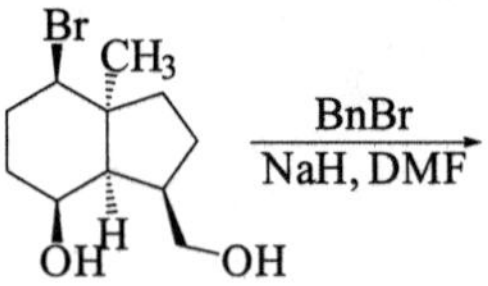

(24) 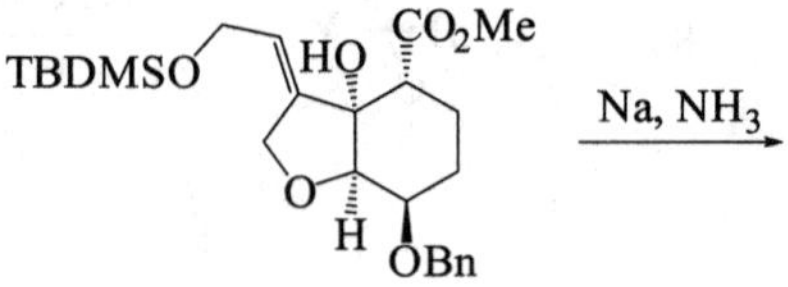

(25) 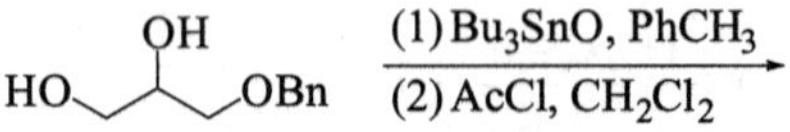

(26) 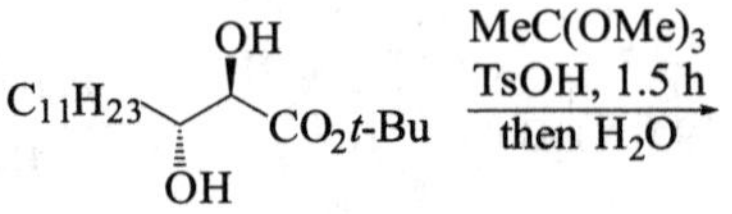

(27) 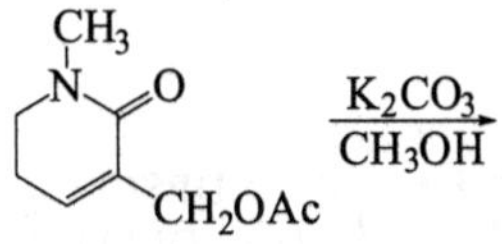

(28) 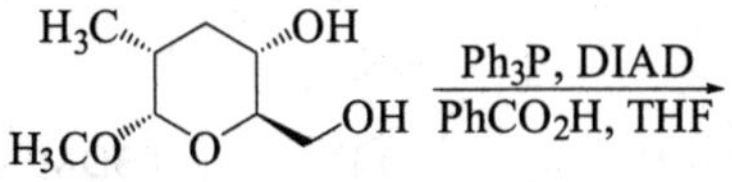

(29) 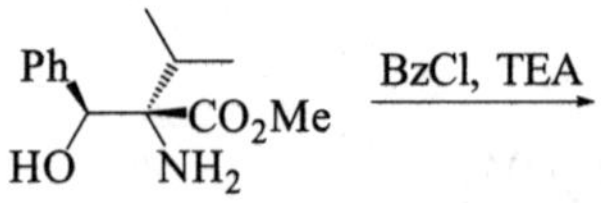

(30) 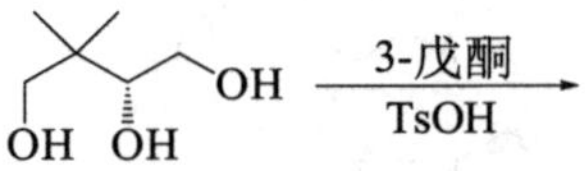

(31) 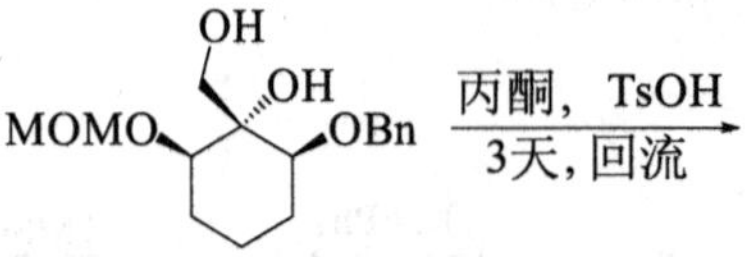

(32) 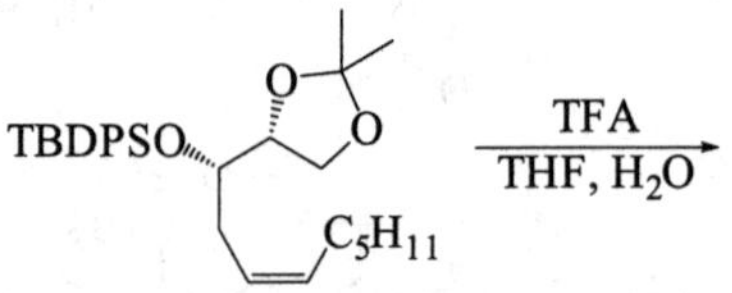

(33) 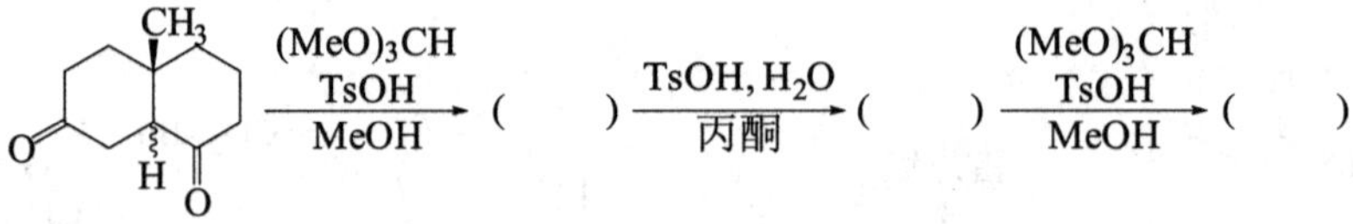

(34) 

(35) 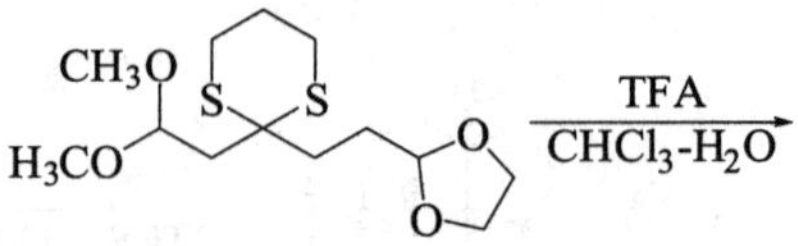

(36) 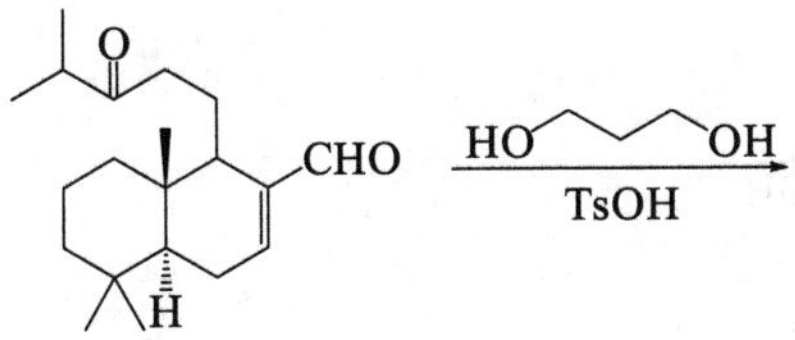

(37) 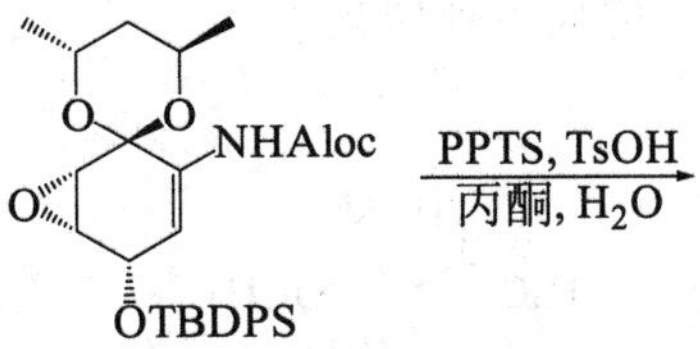

(38) 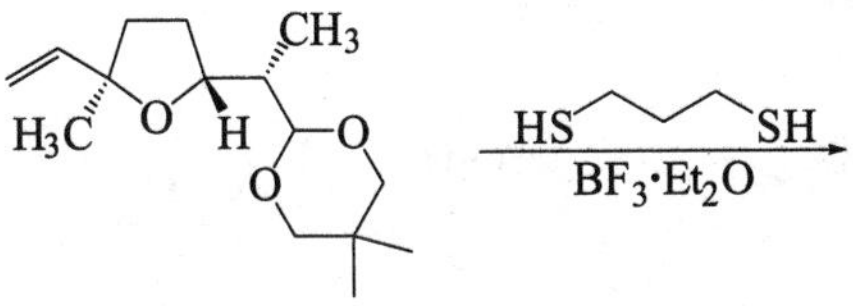

(39) 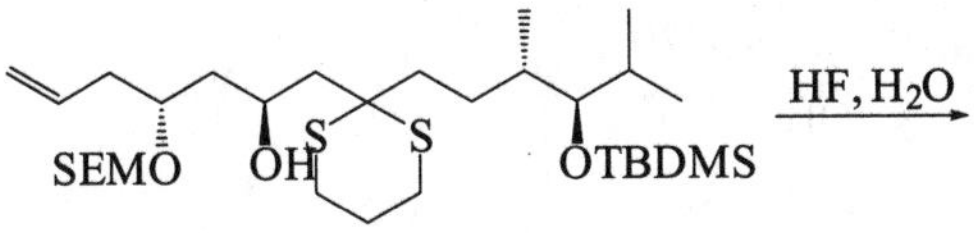

(40) 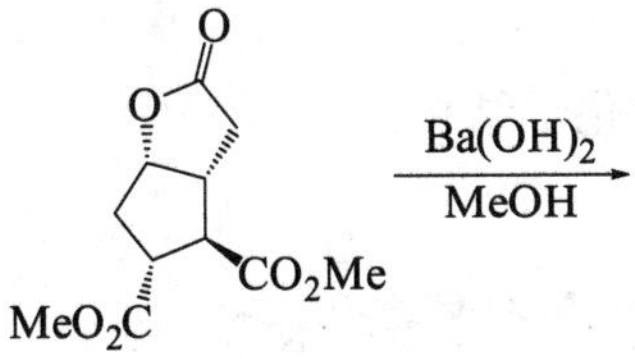

(41) 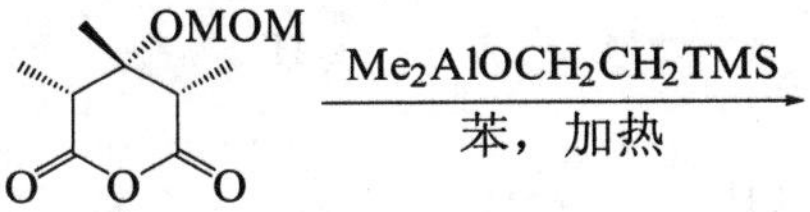

(42) 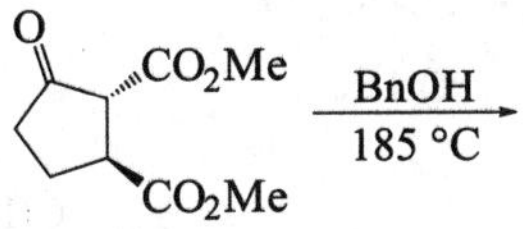

(43) 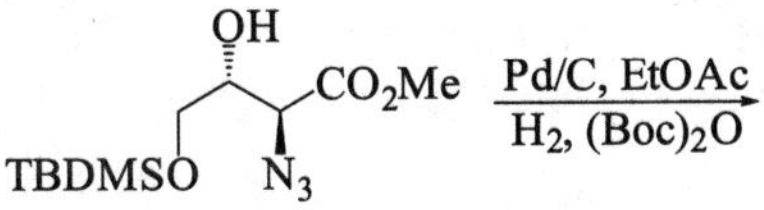

(44) 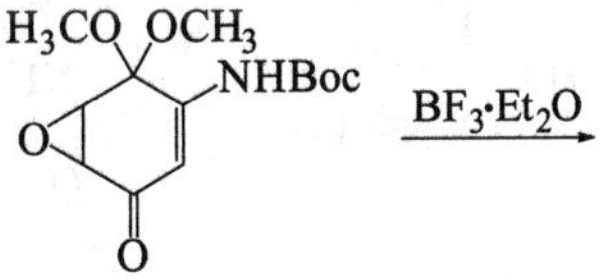

(45) 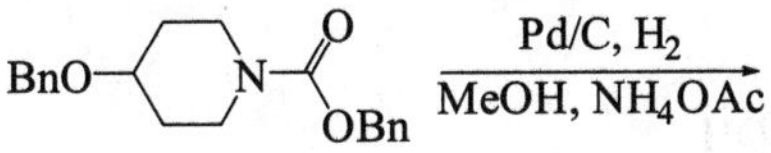

(46) 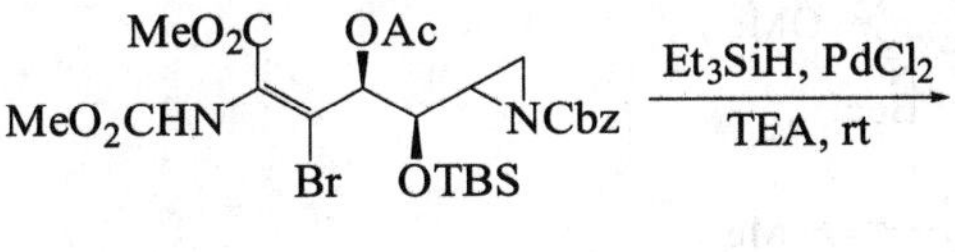

(47) 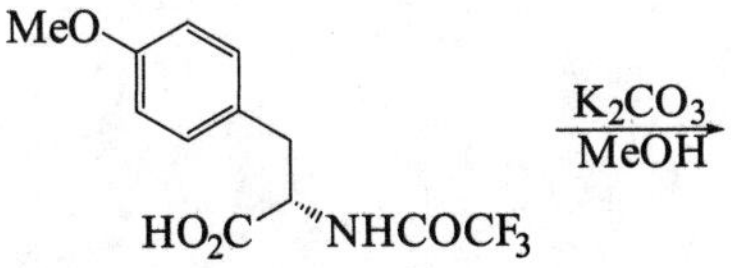

(48) 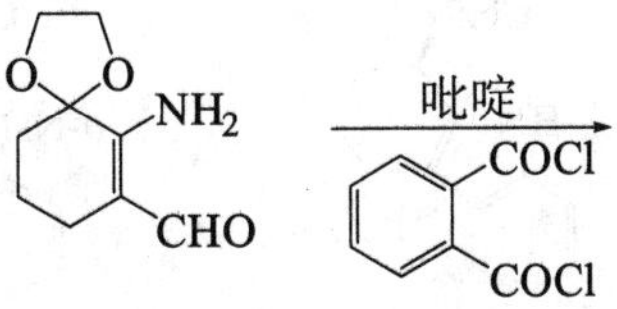

(49) 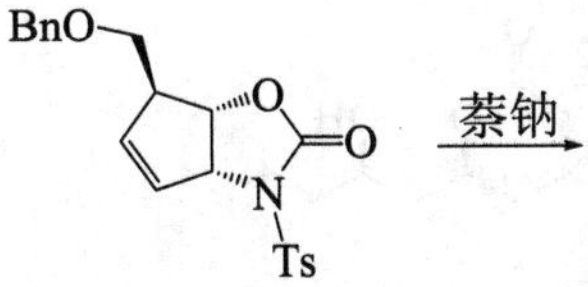

2. 完成下列转化。

（1） 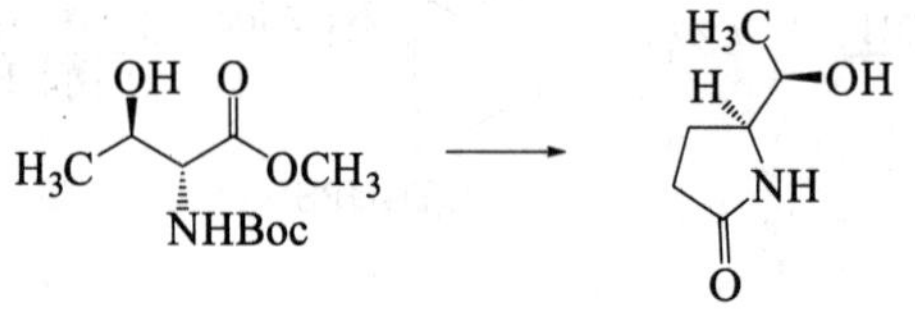

（2） 

（3） 

二、参考答案

1. 由原料和反应条件写出产物，注意产物的立体化学结构。

（1） 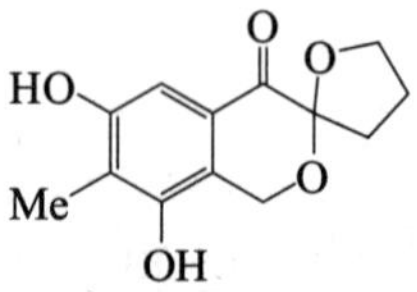

（2） 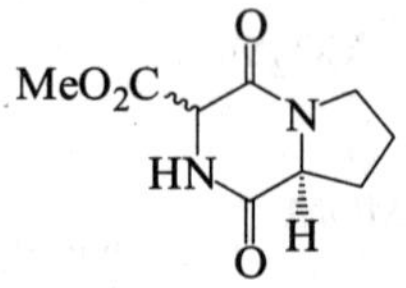

（3） 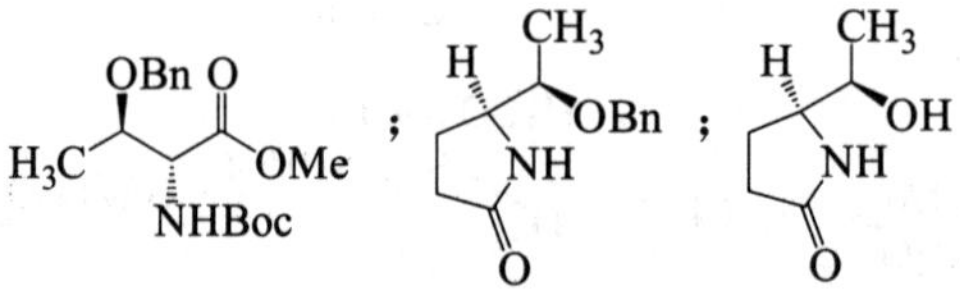

（4） 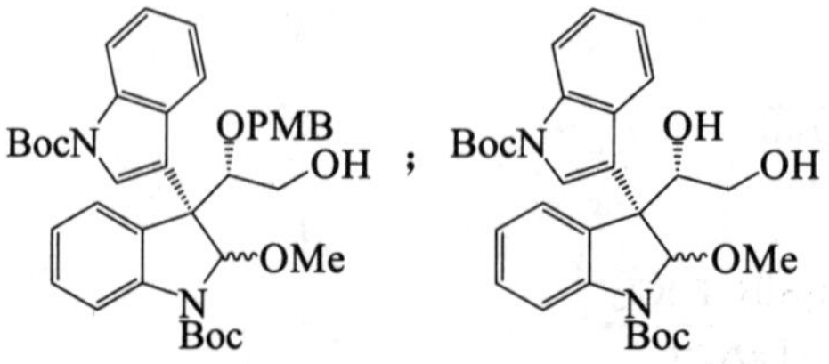

（5） 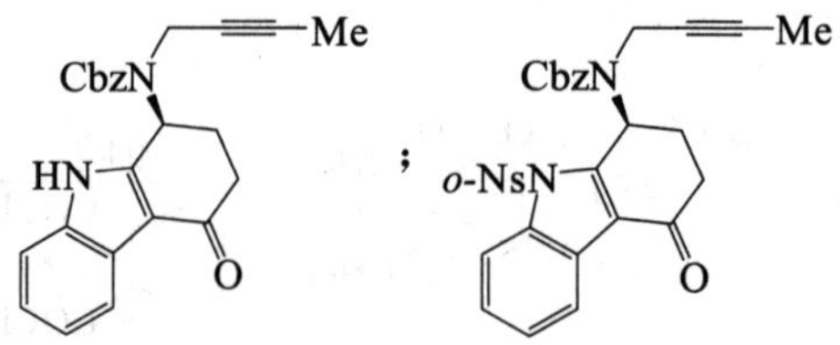

（6） 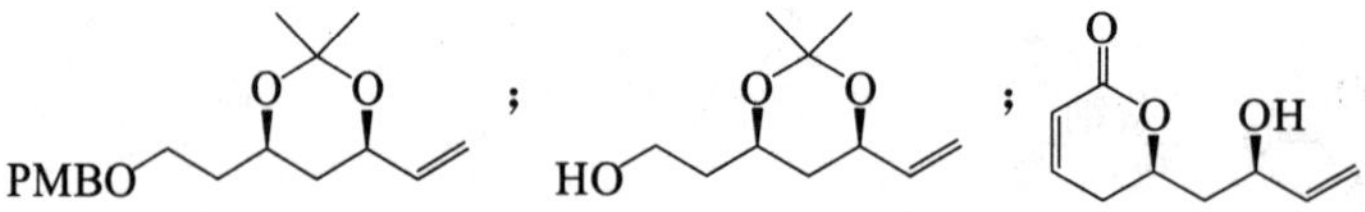

(7) 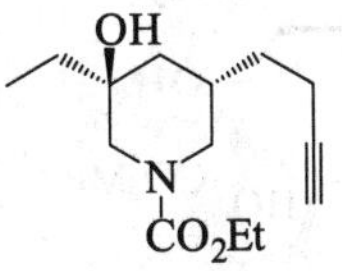

(8) 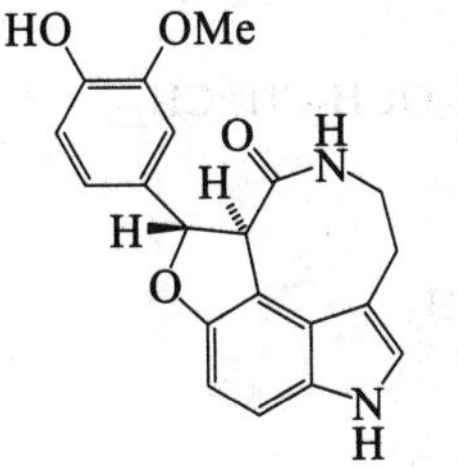

(9) 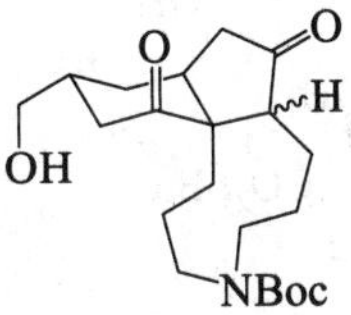 ; 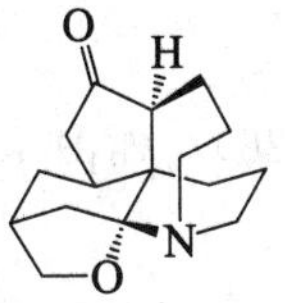

(10) 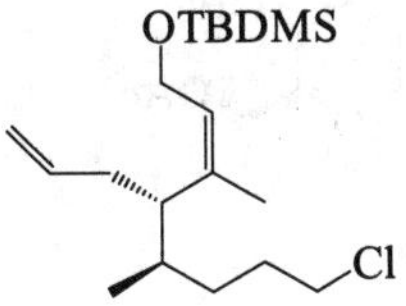 ; 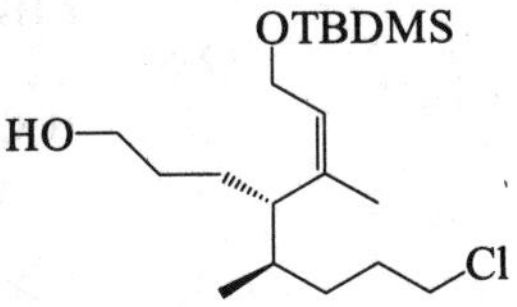 ; 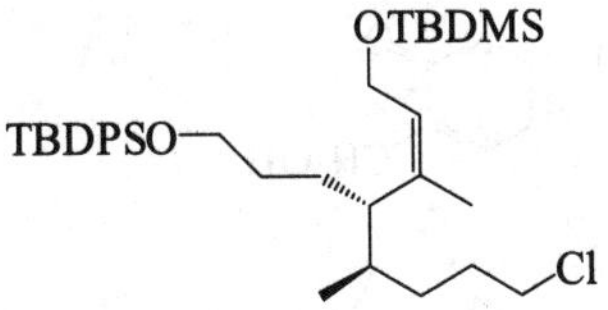

(11) 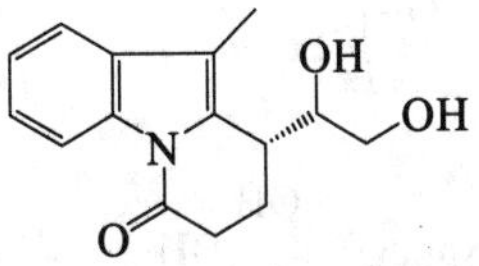 ; 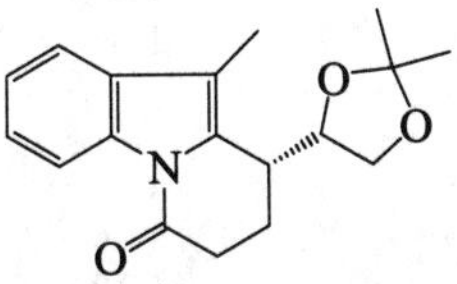

(12) 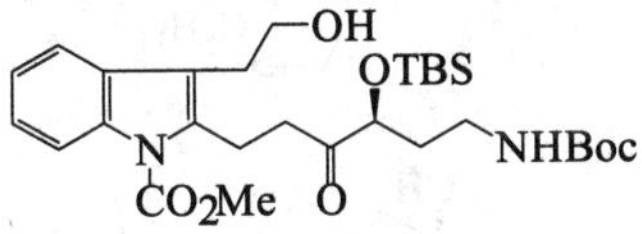 ; 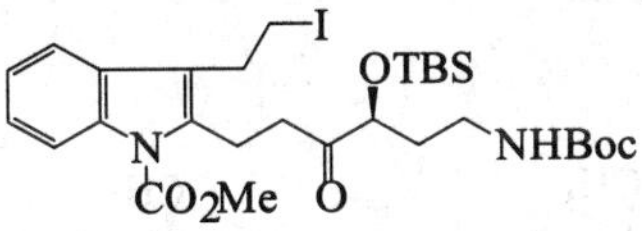 ; 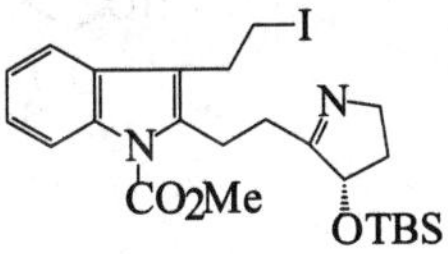

(13) 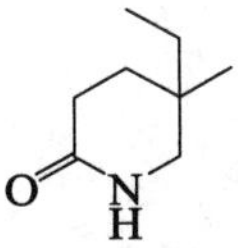

(14) 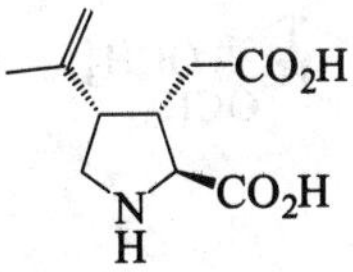

(15) 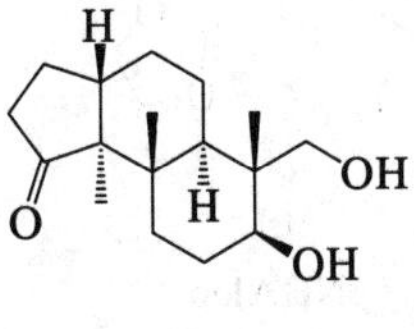

(16) 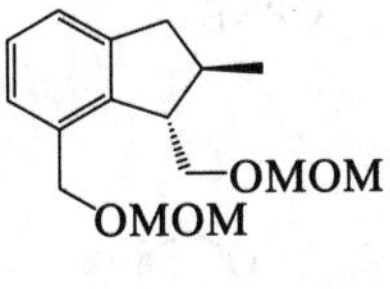

(17) 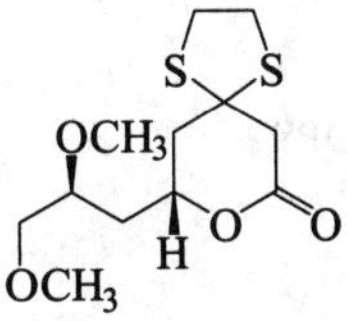

(18) 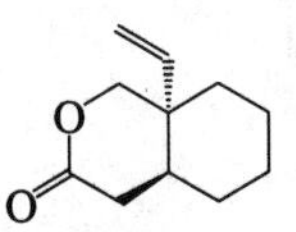

(19) 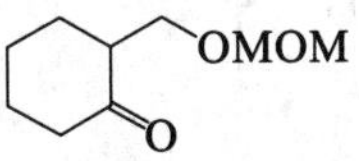

(20) 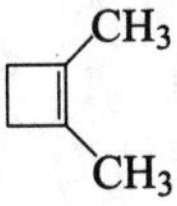

(21) $n\text{-}C_3H_7OCH_2CH{=}CH_2$

(22) 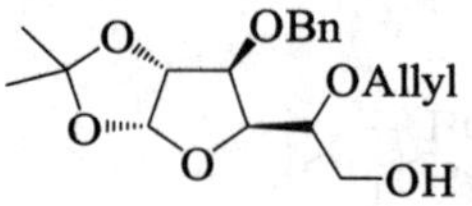

(23) 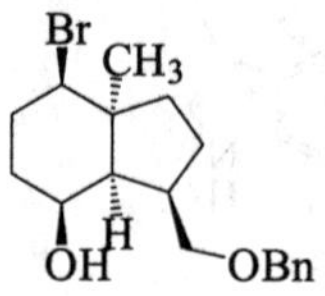

(24) 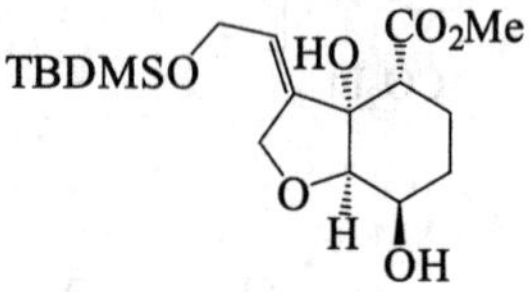

(25) 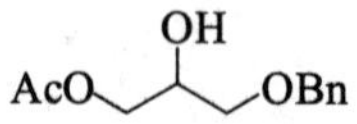

(26) 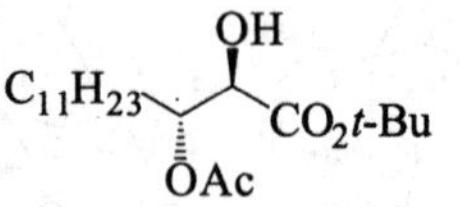

(27) 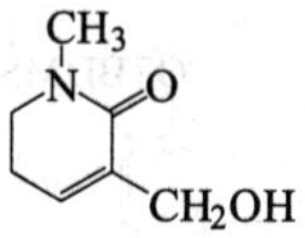

(28) 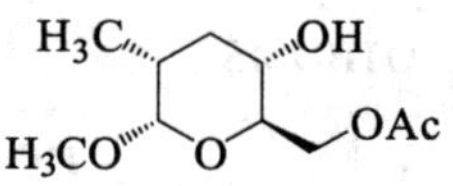

(29) 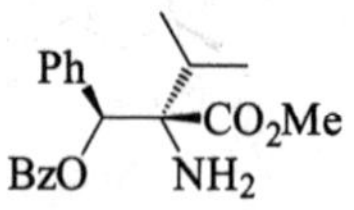

(30) 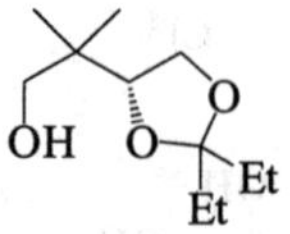

(31) 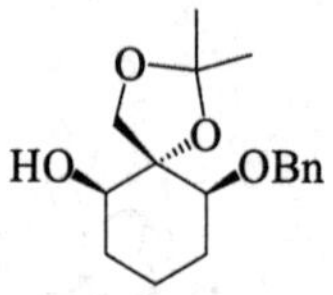

(32) 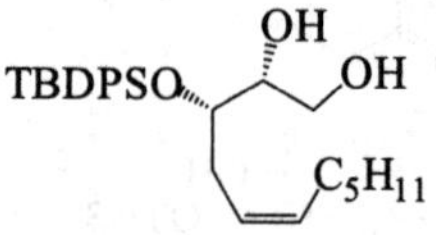

(33) 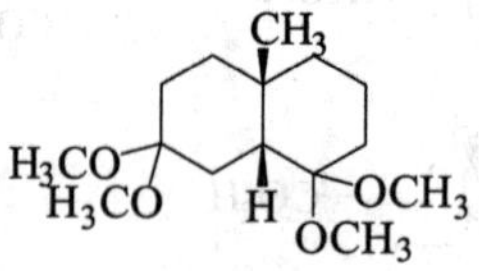 ; 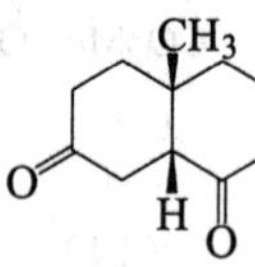 ; 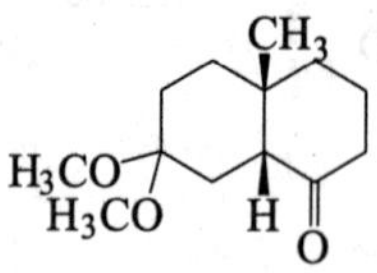

(34) 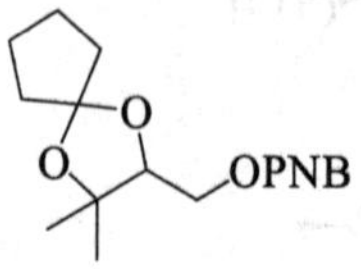

(35) 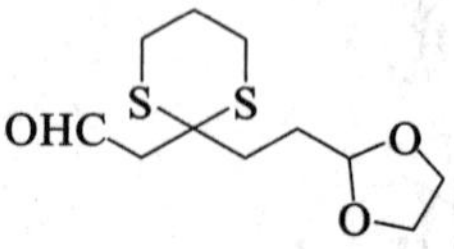

(36) 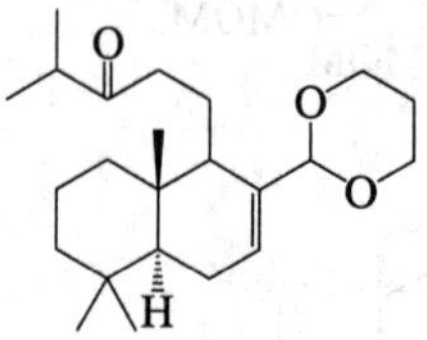

(37) 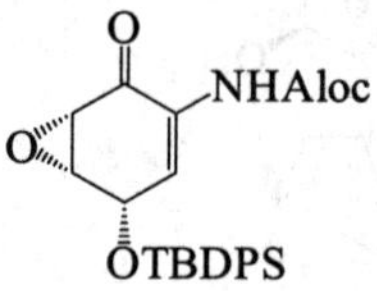

(38) 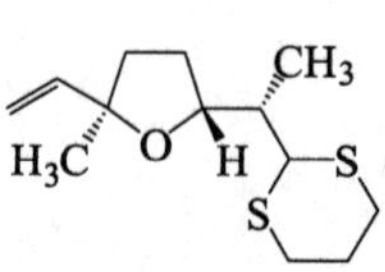

(39) 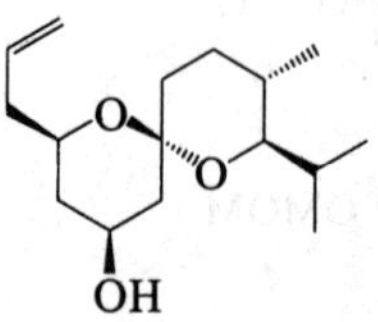

(40) 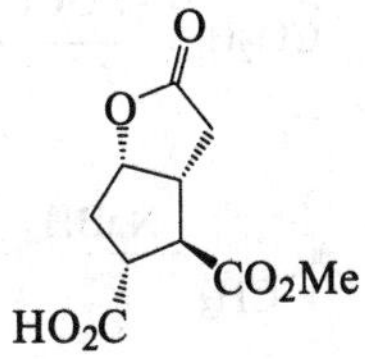

(41) 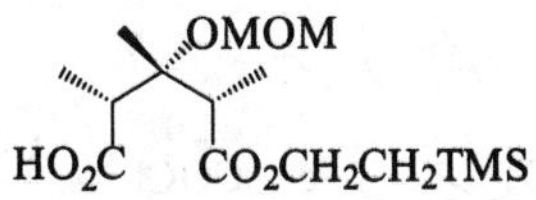

(42) 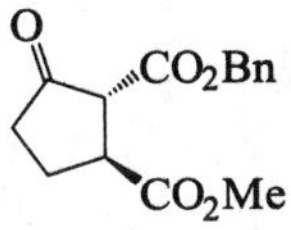

(43) 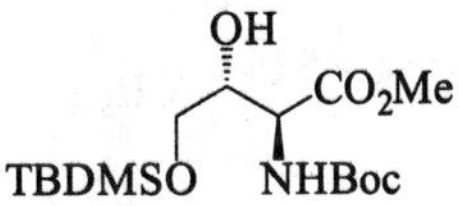

(44) 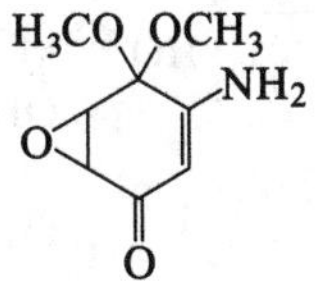

(45) 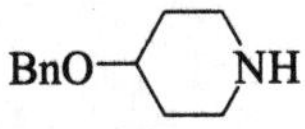

(46) 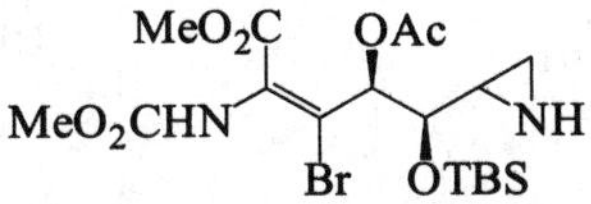

(47) 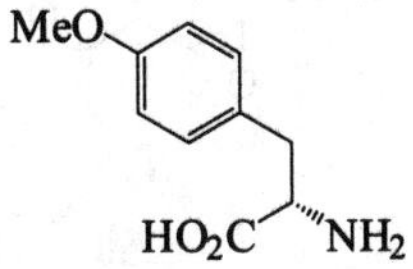

(48) 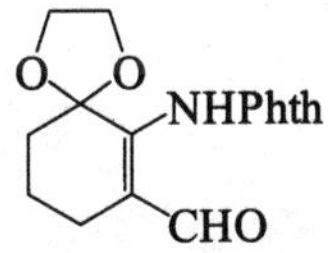

(49) 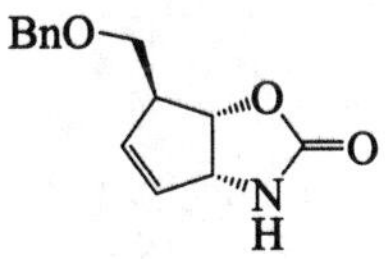

2. 完成下列转化。

(1) 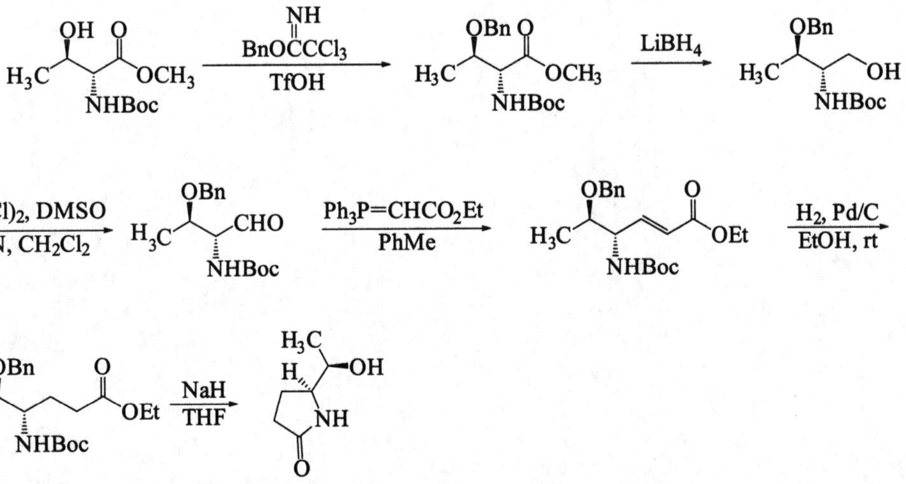

(2) 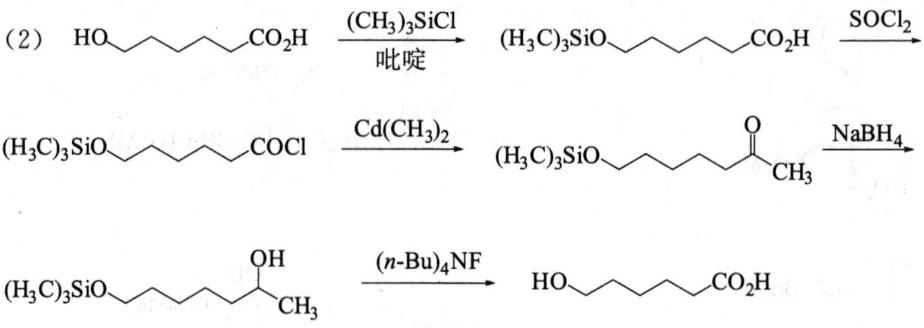

(3) 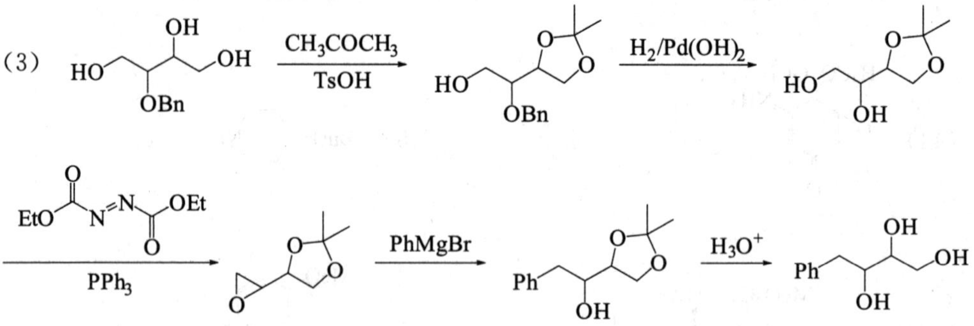

第8章 全合成实例分析

一、内容概要及知识要点

1. 内容概要

全合成是有机合成的一类，强调了天然产物目标分子用人工方法获得的可行性。全合成背后的哲学基础是还原论。全合成工作都是以自然界生物体中鉴定出的某种分子作为合成的目标，而这些目标分子往往具有某种药物活性；全合成是有机合成的一个分支，其产生和发展都是服务于社会的需求；全合成试图通过简单易得的原材料，通过化学反应，来获得某种有用的、结构复杂又难以用其他途径获得的化合物。全合成的原料通常是容易从自然界中取得的化学物质，如糖类、石油化工产品等；而目标分子通常是具有特定药效的天然产物，或在理论上有重要意义的分子。

当今全合成的意义，早已超过了以前为了验证生物活性或化学结构的目的，而已经成了试验和推广新化学反应，和展示有机合成化学精妙之处的场地。全合成的发展常会激励新机理、新催化剂和新技术的诞生。全合成中综合了很多有机反应的技巧，需要化学家对有机反应的熟练运用及相当程度的智慧。

2. 知识要点

(1)全合成分类

① 全合成(total synthesis)：技术含量最高的全合成(往往也是成本最高的)。从原料开始到最终产物的制备和反应路线全部都是由一个科研组独立设计完成的。

② 半全合成(semi total synthesis)：从自然界提取得到关键中间体，然后通过后续的化学修饰完成的全合成称为半全合成。比如很多甾醇类激素都是用从薯蓣里提取的薯蓣皂甙做原料合成的，再比如工业化的紫杉醇生产也是通过半全合成得到的。

③ 表全合成(formal total synthesis)：又叫接力全合成(relayed total synthesis)，指反应路线有一部分是完全拷贝他人已完成的工作而实现的全合成。

(2)有机合成路线的设计方法

① 正推法：从确定的某种原料分子开始，逐步经过碳链的连接和官能团的引入来完成。首先要比较原料分子和目标化合物分子在结构上的异同，包括官能团和碳骨架两方面的异同，然后设计出由原料分子转向目标化合物分子的合成路线。

② 逆推法：又称逆合成分析法，是从目标化合物分子逆推到原料分子，设计合理的合成路线的方法。在逆推过程中，需要逆向寻找到有机中间体，直至找到合适的起始原料。

(3)设计有机合成路线应遵循的原则

① 符合有机合成中原子经济性的要求。所选择的每个反应的副产物应尽可能少,所要得到的主产物的产率尽可能高且易于分离,避免采用副产物多且难分离的有机合成反应。

② 发生反应的条件要适宜,反应的安全系数要高,反应步骤尽可能少而简单。

③ 要按一定的反应顺序和规律引入官能团,必要时应采取一定的措施保护先引入的官能团。

④ 所选用的合成原料要价廉易得,所选用的试剂与催化剂要无公害。

二、解题示例

设计合成下列化合物。

(1)

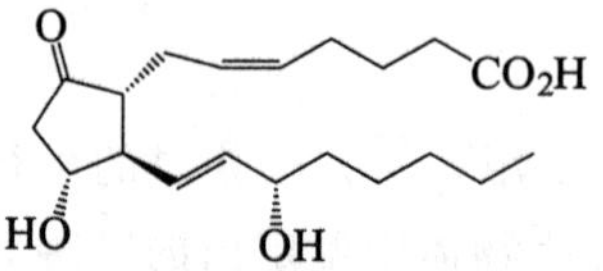

(2)

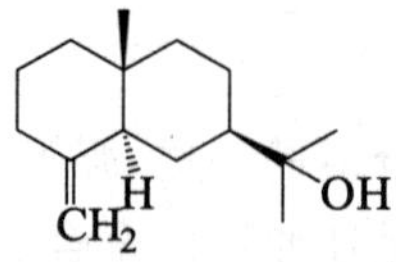

(3)

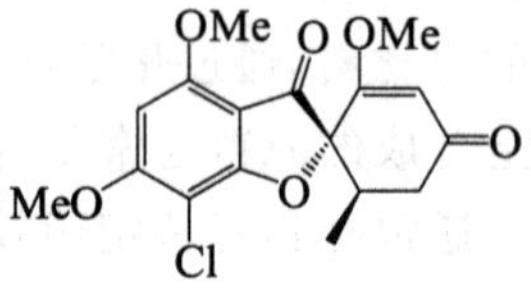

(4)

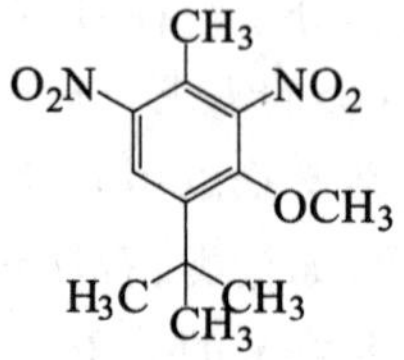

[解]

(1)该化合物为前列腺素 E2,具体合成路线见参考文献。

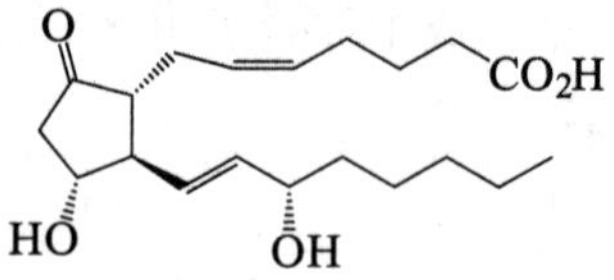

参考文献:ZHU K, HU S, LIU M, et al. Access to a key building block for the prostaglandin family via stereocontrolled organocatalytic Baeyer-Villiger oxidation [J]. Angewandte Chemie International Edition, 2019, 58(29): 9923 - 9927.

XU C, SHEN X, HOVEYDA A H. In situ methylene capping: a general strategy for efficient stereoretentive catalytic olefin metathesis. The concept, methodological implications, and applications to synthesis of biologically active compounds [J]. Journal of the American Chemical Society, 2017, 139(31): 10919 - 10928.

(2)该化合物为 β-桉叶油醇,具体合成路线见参考文献。

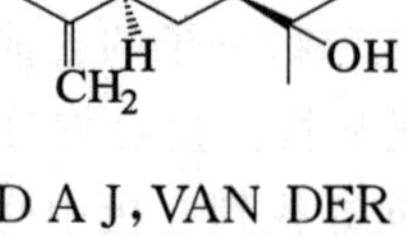

参考文献:PIET D P, MINNAARD A J, VAN DER HEYDEN K A, et al. Biotransformation of (±)- 4,8 - dimethylcyclodeca - 3(E),7(E)- dien - 1β - ol and (+)- hedycaryol by *Cichorium intybus*[J]. Tetrahedron,1995,51(1):243 - 254.

MASH E A,FRYLING J A. Homochiral ketals in organic synthesis. Enantioselective synthesis of (+) - β - eudesmol [J]. The Journal of Organic Chemistry, 1987, 52 (14):3000 - 3003.

(3)该化合物为灰黄霉素,合成路线见参考文献。

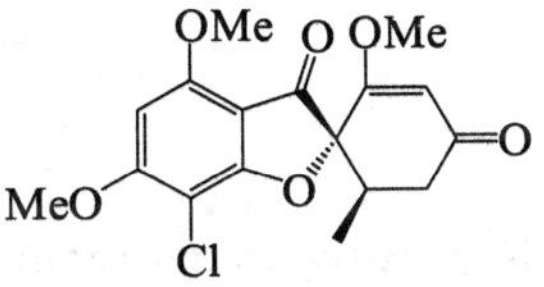

参考文献:PETERSEN A B,RØNNEST M H,LARSENT O,et al. The chemistry of griseofulvin[J]. Chemical Reviews,2014,114(24):12088 - 12107.

(4)该化合物为麝香,合成路线如下。

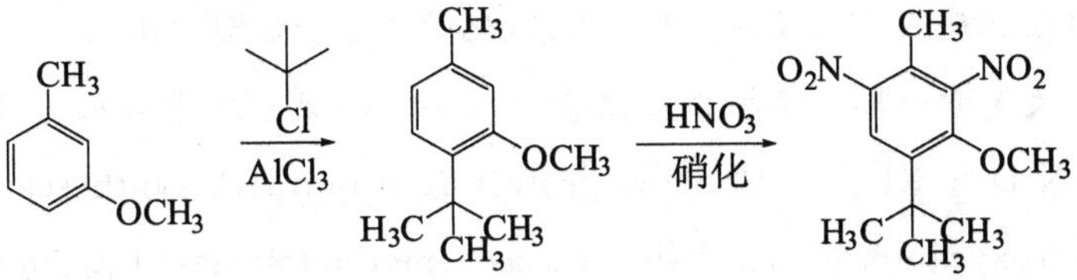

参考文献

[1] CAREY F A, SUNDBERG R J. Advanced organic chemistry, part B: reaction and synthesis[M]. 5ed. New York: Springer science & business media, 2010.

[2] 汉森 J R. 有机合成方法[M]. 唐川江,译. 北京:中国纺织出版社,2007.

[3] 谢如刚. 现代有机合成化学[M]. 上海:华东理工大学出版社,2007.

[4] 胡跃飞,林国强. 现代有机反应[M]. 北京:化学工业出版社,2008.

[4] 檜山爲次郎,大嶌幸一郎. 有機合成化学[M]. 東京:東京化学同人,2012.

[5] XU P, CHEN D S, XI J, et al. Short protecting group-free syntheses of camptothecin and 10 - hydroxycamptothecin using cascade methodologies[J]. Chemistry an Asian Journal, 2015, 10(4): 976 - 981.

[6] NICOLAOU K C, YANG Z, LIU J J, et al. Total synthesis of taxol[J]. Nature, 1994, 367(6464): 630 - 634.

[5] COREY E J, WEINSHENKER N M, SCHAAF T K, et al. Stereo-controlled synthesis of prostaglandins $F_{2\alpha}$ and E_2 (*dl*)[J]. Journal of the American Chemical Society, 1969, 91(20): 5675 - 5677.

[6] WENDER P A, BADHAM N F, CONWAY S P, et al. The pinene path to taxanes. 5. Stereocontrolled synthesis of a versatile taxane precursor[J]. Journal of the American Chemical Society, 1997, 119(11): 2755 - 2756.

[7] HOLTON R A, SOMOZA C, KIM H B, et al. First total synthesis of taxol. 1. Functionalization of the B ring[J]. Journal of the American Chemical Society, 1994, 116(4): 1597 - 1598.

[8] MASTERS J J, LINK J T, SNYDER L B, et al. A total synthesis of taxol [J]. Angewandte Chemie International Edition, 1995, 34(16): 1723 - 1726.

[9] WENDER P A, BADHAM N F, CONWAY S P, et al. The pinene path to taxanes. 5. Stereocontrolled synthesis of a versatile taxane precursor[J]. Journal of the American Chemical Society, 1997, 119(11): 2755 - 2756.

[10] COWDEN C J, PATERSON I. Asymmetric aldol reactions using boron enolates

[J]. Organic Reactions, 1997.

[11] GAWLEY R E. The Robinson annelation and related reactions[J]. Synthesis, 1976 (12): 777 - 794.

[12] BALDWIN J E, LUSCH M J. Rules for ring closure: application to intramolecular aldol condensations in polyketonic substrates[J]. Tetrahedron, 1982, 38(19): 2939 - 2947.

[13] GROVES J K. The Friedel-Crafts acylation of alkenes[J]. Chemical Society Reviews, 1972, 1(1): 73 - 97.

[14] PERKINS M J. Radical chemistry: the fundamentals[M]. New York: Oxford University Press, 2000.

[15] SCHUSTER M, BLECHERT S. Olefin metathesis in organic chemistry[J]. Angewandte Chemie International Edition, 1997, 36(19): 2036 - 2056.

[16] BELETSKAYA I P, CHEPRAKOV A V. The Heck reaction as a sharpening stone of palladium catalysis[J]. Chemical Reviews, 2000, 100(8): 3009 - 3066.

[17] SUN M, ZHANG H Y, HAN Q, et al. Nickel-catalyzed C—P cross-coupling by C—CN bond cleavage[J]. Chemistry—a European Journal, 2011, 17(35): 9566 - 9570.

[18] CANDEIAS N R, BRANCO L C, GOIS P M P, et al. More sustainable approaches for the synthesis of N-based heterocycles[J]. Chemical Reviews, 2009, 109(6): 2703 - 2802.